DIERCKE Geographie

für Gymnasien in Sachsen-Anhalt

7/8

Moderatorinnen:
Margit Colditz
Notburga Protze

Autoren:
Margit Colditz
Anne-Kathrin Lindau
Cornelia Linde
Notburga Protze
Olaf Sedelky

westermann

Einbandfoto: Arbeiter beim Bau des Shanghai World Financial Centers (2006)

	Additum
	Methode
	Geo-Wissen
	Wichtige Merksätze und Grundbegriffe
Info	Hier werden wichtige Informationen gegeben
www	Internet-Adressen zu den einzelnen Themen
M1 - MX	Arbeitsmaterial (Fotos, Grafiken, Tabellen, Karten usw.)

Auf verschiedenen Seiten dieses Buches befinden sich Verweise (Links) auf Internet-Adressen.
Haftungshinweis: Trotz sorgfältiger inhaltlicher Kontrolle wird die Haftung für die Inhalte der externen Seiten ausgeschlossen. Für den Inhalt dieser externen Seiten sind ausschließlich deren Betreiber verantwortlich. Sollten Sie bei dem angegebenen Inhalt des Anbieters dieser Seite auf kostenpflichtige, illegale oder anstößige Inhalte treffen, so bedauern wir dies ausdrücklich und bitten Sie, uns umgehend per E-Mail unter www.westermann.de davon in Kenntnis zu setzen, damit beim Nachdruck der Verweis gelöscht wird.

Druck A^3 / Jahr 2014
Alle Drucke der Serie A sind im Unterricht parallel verwendbar.

Lektorat: Thomas Eck
Layout: Thomas Schröder
Herstellung: Thomas Eck
Druck und Bindung: westermann druck GmbH, Braunschweig

ISBN 978-3-14-**144871**-9

In Südasien 118

Im Orient 140

In Schwarzafrika 172

Kultur- und Naturräume

Times Square, New York

EU-Gebäude, Brüssel

Trinidad, Kuba

Ephesus, Türkei

Hochland in den Anden, Bolivien

Nomaden, Sahel

der Erde

Kreml, Moskau

Ganesha-Fest, Mumbai

Reisterrassen, Indonesien

Mahamuni-Buddha, Mandalay

Aborigines, Australien

Südseeparadies Tonga

Ein buntes Völkergemisch

Auf der Erde leben rund 6,7 Milliarden Menschen! Wäre es nicht langweilig, würde man überall gleich sprechen, essen, singen und tanzen? Wie schön ist es, auch in unseren Städten oder im Urlaub fremde Kulturen zu erleben. Da gibt es Völker, die essen mit den Fingern, andere wiederum nehmen dazu Stäbchen. So wie für uns Kartoffeln und Fleisch nicht vom Speisezettel wegzudenken sind, können sich andere Menschen eine Mahlzeit ohne Reis, Mais oder auch Bohnen nicht vorstellen. Auch die Behausungen sind sehr vielfältig: runde Lehmhütten, Zelte wie das Tipi oder die Jurte, Iglus, Häuser aus Holz und Papier, Höhlen, Baumhütten oder auch Boote.

Arm wäre unsere Musik ohne Instrumente wie die Balalaika, die Busuki, die Panflöte, den Dudelsack oder die Trommel.

Das Leben auf unserer Erde ist sehr bunt. Ist es nicht gerade auch wegen der vielfältigen Kulturen schön?

Ein anderer Blick auf die Erde

Du hast bereits die Einteilung der Erde in Kontinente und Ozeane kennengelernt. Dieser natürlichen Einteilung der Welt wird eine weitere durch den Menschen hinzugefügt (M1). Die Regionen gehen über bestehende Ländergrenzen hinaus und haben gleiche oder ähnliche Merkmale. **Kulturerdteile** unterscheiden sich beispielsweise in der Religion, der Sprache, der Wirtschaftsform, den Schriftzeichen, der Kleidung und der Behausung sowie den Sitten und Gebräuchen.

Unter den genannten Merkmalen spielt die vorherrschende Religion eine entscheidende Rolle. Das lässt sich schon an der Form und der Ausstattung der Gotteshäuser, wie Kirchen oder Moscheen, erkennen. Sie gehören zu den prachtvollsten Bauten des jeweiligen Ortes.

1 Vergleiche die Einteilung der Erde nach Kontinenten mit der nach Kulturerdteilen (Arbeitsheft, S. 4/5).

Merke

Die Erde kann neben physischen Gesichtspunkten auch nach kulturellen Merkmalen eingeteilt werden.

Grundbegriff

- Kulturerdteil

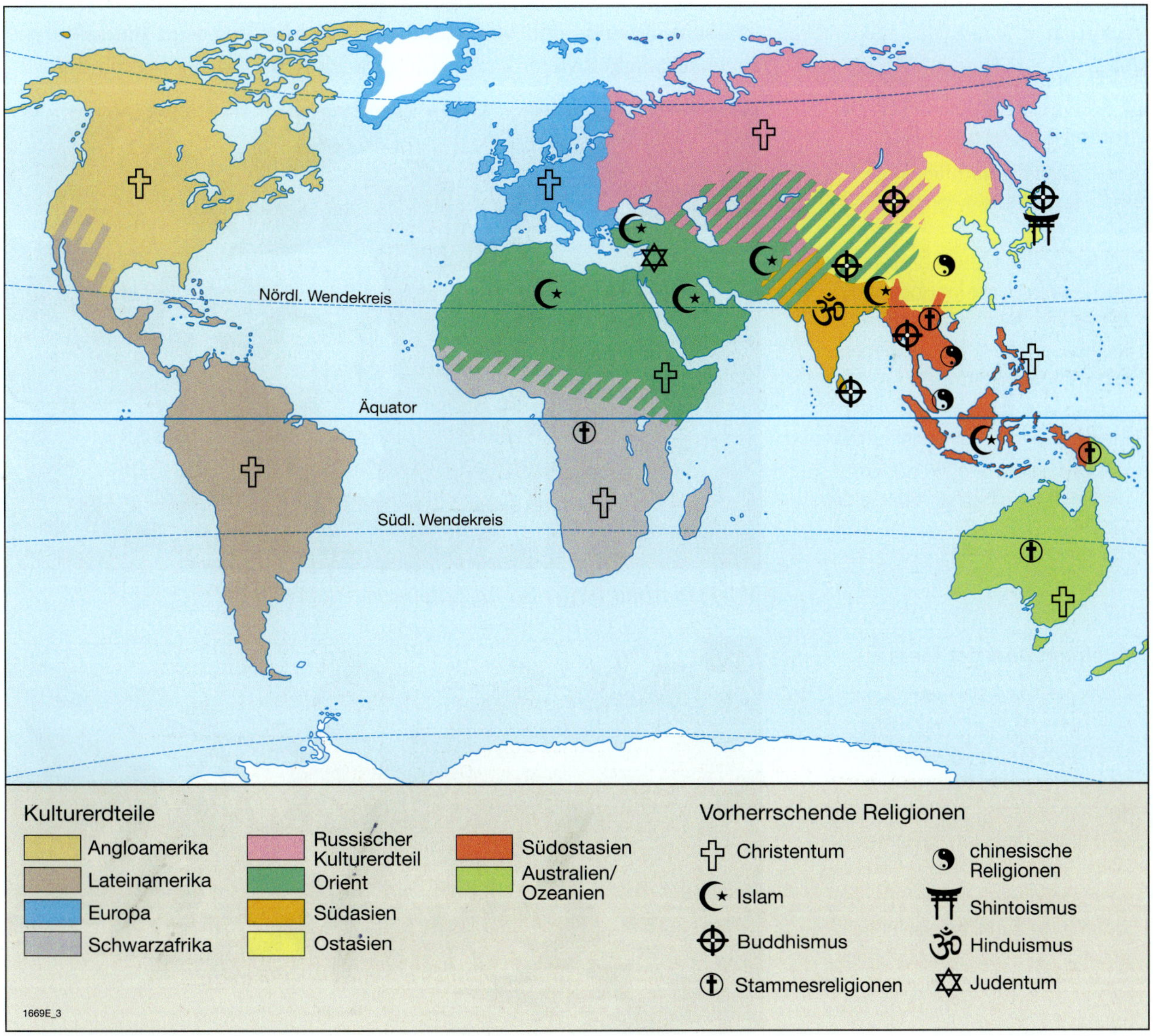

M1 *Die zehn Kulturerdteile*

1 Ordne die fünf Beispiele Kulturerdteilen zu (Atlas; Seite 9 M1).

2 Vergleiche das Leben der Menschen miteinander.
Belege anhand eines Beispiels: Das Leben auf der Erde wird sowohl durch natürliche als auch kulturelle Merkmale geprägt.

Leben in unterschiedlichen Kulturräumen

Manchmal kommen uns Menschen, die in anderen Ländern zu Hause sind, fremd und ungewöhnlich vor. Dabei lässt sich ihre Lebens- und Wirtschaftsweise oftmals aus der Kenntnis der kulturellen Merkmale und natürlichen Voraussetzungen ihres Herkunftsgebietes verstehen. In regenreichen oder trockenen, warmen oder kalten Gebieten der Erde leben und wirtschaften die Völker sehr unterschiedlich und kleiden sich auch anders. So bauen zum Beispiel die Völker Schwarzafrikas aufgrund der tropischen Bedingungen ganz andere Früchte an als wir. In Südasien wird das Leben im starken Maße durch jahreszeitlich wechselnde Luftmassen sowie durch den Hinduismus und Islam geprägt. Im Orient dominiert das trockene Klima und der Islam.
Mit der Entdeckung und Eroberung dieser fremden Regionen durch die Europäer sind viele ursprüngliche Kulturen verloren gegangen. Durch Massentourismus und wirtschaftliche Erschließung wird die kulturelle Eigenständigkeit vieler Ureinwohner auch heute noch eingeschränkt.

Indios von Peru

Indios sind die Nachfahren der indianischen Ureinwohner Lateinamerikas.
Mit einfachen Mitteln bestellen sie ihre kargen Felder im Hochland der Anden. Hier helfen sich die Kleinbauern beim Kartoffellegen. Die Erträge an Kartoffeln und Mais reichen aber nicht zur Ernährung ihrer Familien. Die Männer arbeiten deshalb häufig auf den Feldern der Großgrundbesitzer oder in der Stadt.

M1 *Feldarbeit in der Sierra Lateinamerikas*

In einem Dorf der Massai

Die Massai sind ein Wanderhirtenvolk in den Savannen Ostafrikas (Kenia/Tansania). Rinder, Ziegen und Schafe stellen die wichtigste Grundlage ihres Lebens dar: das Grundnahrungsmittel ist Milch und die Hütten bestehen aus getrocknetem Rindermist. Die Massai leben in Rundlingssiedlungen, Kraal genannt. In der Mitte ihrer Dörfer halten sie ihre Herden.

M2 *Massaisiedlung in Schwarzafrika*

M3 *Varanasi – heilige Stadt am Ganges*

M4 *Dorfschule in Afghanistan*

M5 *Ozeanien: Gewinnung von Kopra (Mark der Kokosnuss)*

Hindus am heiligen Ganges
Der Ganges ist der heilige Fluss der Hindus. Millionen Menschen pilgern in die heilige Stadt Varanasi um im Wasser des Ganges alle Sünden von sich zu waschen. An seinen Ufern wird gebetet, meditiert, werden Kranke gebadet.
Am Ganges zu sterben ist der Wunsch vieler Hindus. Häufig wird die Asche der Verstorbenen in sein Wasser gestreut.

Dorfschule in Afghanistan
Das um den Kopf geschlungene Tuch deutet darauf hin, dass die Jungen Muslime sind. Oft ist der Koran das einzige Buch, das sie besitzen.
Zu den wichtigsten Aufgaben der islamischen Schule gehört es, den Kindern neben Lesen und Schreiben die Heilige Schrift, die Botschaft Allahs, zu lehren. Sie lesen aus den 114 Suren (Abschnitte) des Korans laut vor oder lernen die Verse auswendig.

Traditionelle Lebensformen in Ozeanien
Die Mikronesier sind auf den vielen kleinen Inseln im Pazifik zu Hause. Jahrtausende lebten sie im Einklang mit der Natur und ernährten sich von Fischen und Früchten. Die Gewinnung von Öl und Fett aus Kopra hat eine lange Tradition. Die farbenfrohe Kultur und das tropische Klima lassen uns diese fernen Gebiete wie Paradiese erscheinen.

Beleuchtung der Erde

Die Sonnenstrahlen erwärmen die Atmosphäre und die Oberfläche der Erde. Jedoch erhält nicht jeder Ort zu jeder Zeit die gleiche Energiemenge. Ursache dafür sind die Kugelgestalt der Erde, ihre Drehbewegungen und die Neigung der Erdachse: Der Einfallswinkel der Sonnenstrahlen nimmt vom Äquator zu den Polen hin ab. Dadurch entstehen die drei Beleuchtungszonen.

1 Beschreibe die Bestrahlung der Erde durch die Sonne (Einfallswinkel der Sonnenstrahlen, Unterschiede in der Erwärmung).

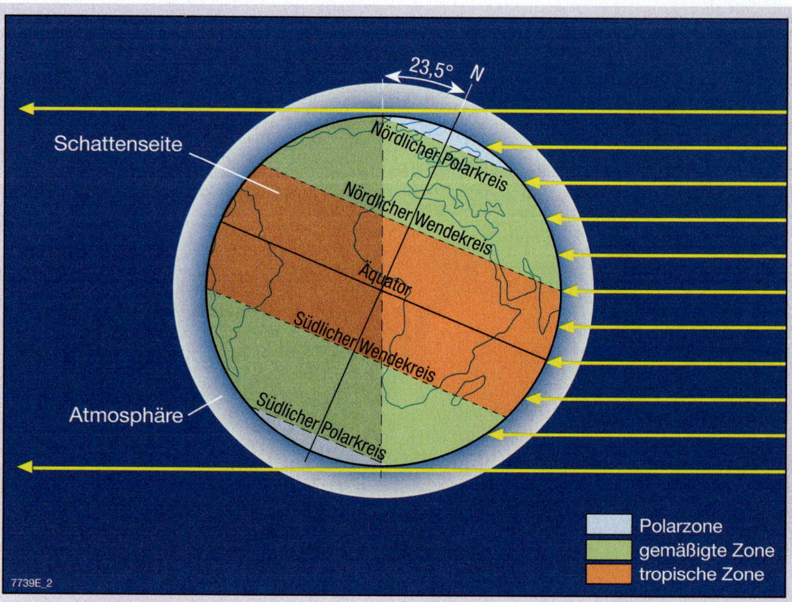

Am nördlichen Polarkreis

Die Polarzonen erstrecken sich zwischen 66,5 ° nördl. bzw. südl. Breite und den beiden Polen. In ihnen herrschen aufgrund des geringen Einfallswinkels der Sonnenstrahlen sehr niedrige Temperaturen. Hier treten Polartag und Polarnacht auf, die an den Polen jeweils ein halbes Jahr andauern. Der Niederschlag fällt zumeist als Schnee, der über viele Jahrtausende zur Gletscherbildung führte.

In Sachsen-Anhalt

Die gemäßigten Zonen breiten sich auf beiden Halbkugeln zwischen den Wende- und Polarkreisen aus (23,5 ° und 66,5° nördl. bzw. südl. Breite). In ihnen herrschen ausgeprägte Jahreszeiten. Mit zunehmender Entfernung von den Wendekreisen werden die Sommer kürzer und kühler und die Winter länger und kälter. Auf Europa und Asien bezogen nimmt der Einfluss des Meeres von West nach Ost ab und die Kontinentalität zu.

Am Äquator

Die tropische Zone (**Tropen**) liegt beiderseits des Äquators zwischen den **Wendekreisen**. In ihr wandert die Sonne scheinbar hin und her und steht jährlich zwei Mal im **Zenit** (genau senkrecht über dem Beobachter). Durch die intensive Sonneneinstrahlung herrschen ganzjährig hohe Temperaturen. Hier gibt es keine Jahreszeiten. Durch die hohe Verdunstung kommt es mittags zu starker Wolkenbildung. Heftige Gewitter sind die Folge.

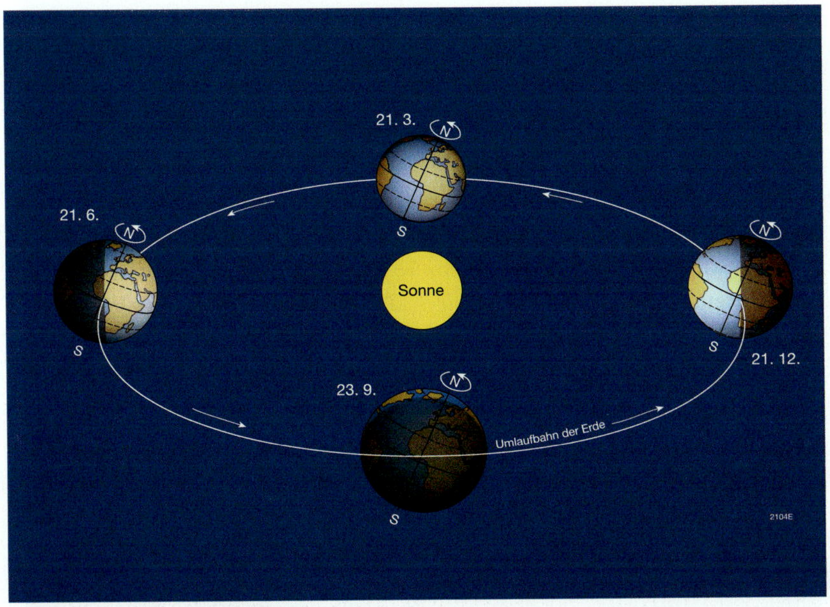

M1 *Jahresgang der Erde*

Jahreszeitenkalender

21. Juni: Die Sonne steht über dem nördlichen Wendekreis im Zenit. Auf der Nordhalbkugel beginnt der Sommer, auf der Südhalbkugel dagegen der Winter. Die Sonne erreicht bei uns ihren höchsten Mittagsstand.

21. Dezember: Die Beleuchtungsverhältnisse sind genau umgekehrt.

21. März und 23. September: Die Sonne steht über dem Äquator im Zenit. Es beginnen Frühjahr bzw. Herbst. Auf der Erde herrscht Tag- und Nachtgleiche.

Wie Jahreszeiten entstehen

Bei der Drehung der Erde um die Sonne im Verlaufe eines Jahres behält die Erde ihre Erdachsneigung und ihre Neigungsrichtung bei. Das hat zur Folge, dass im Juni stärker die Nordhalbkugel und im Dezember stärker die Südhalbkugel der Sonne zugewandt sind. Dadurch werden die beiden Halbkugeln im Verlaufe eines Jahres abwechselnd intensiv beleuchtet, Tag und Nacht sind unterschiedlich lang. Nur im Frühjahr und Herbst wird die Erde von Pol zu Pol gleichmäßig beschienen.

Wie Klimazonen entstehen

Innerhalb der Beleuchtungszonen herrscht kein einheitliches Klima. Dieses wird neben der Breitenlage vor allem auch durch die wehenden Luftmassen, die Entfernung zum Meer, Meeresströmungen und die Höhenlage bestimmt.

Mit dem Wandern des Zenitstandes der Sonne zwischen den Wendekreisen verschieben sich nicht nur die Gebiete der stärksten Erwärmung in nördliche und südliche Richtung, sondern auch die Luftmassen: die regenreiche Äquatorialluft, die trockene Passatluft und die feuchten Westwinde. Deshalb gibt es auf der Erde Regionen, in denen ganzjährig gleiche klimatische Bedingungen vorherrschen und solche, in denen die Niederschlagsverhältnisse im Verlauf eines Jahres wechseln. So entstehen stetige Klimate (Äquatorialklima, Passatklima, gemäßigtes Klima und Polarklima) und Wechselklimate (tropisches und subtropisches Wechselklima, Subpolarklima). Es folgen vom Äquator aus in nördliche und südliche Richtung jeweils die gleichen Klimazonen aufeinander.

2 Vergleiche die Beleuchtungsverhältnisse in der tropischen, gemäßigten und polaren Zone.

3 Erläutere die Ursachen für die Entstehung von Polartag und Polarnacht.

4 Begründe, weshalb die Sonne niemals über Deutschland im Zenit steht (Arbeitsheft, S. 6).

Merke

Durch die Kugelgestalt der Erde verringert sich polwärts der Einstrahlungswinkel der Sonne. Die Drehung der Erde um die Sonne unter Beibehaltung der Erdachsneigung ist Ursache für die Entstehung der Jahreszeiten.

Grundbegriffe

- Tropen
- Wendekreis
- Zenit

1 Erläutere, warum die Klimazonen nahezu parallel zu den Breitenkreisen verlaufen (Arbeitsheft, S. 7).

2 Erkläre, warum die gemäßigte Klimazone noch in Klimatypen untergliedert ist.

3 Suche auf der physischen Weltkarte im Atlas die Regionen mit den Klimaten der Hochgebirge und nenne die jeweiligen Hochgebirge und Hochländer. Fertige dazu eine Tabelle an.

4 Begründe, weshalb sich auch die Vegetationszonen gürtelartig um die Erde anordnen.

Die Klimazonen der Erde

Je nach dem Einfallswinkel der Sonnenstrahlen wird die Erdoberfläche unterschiedlich intensiv erwärmt. Da der Einfallswinkel von der geographischen Breite abhängt, ist die Breitenlage ein wichtiger, klimabestimmender Faktor. Die unterschiedliche Erwärmung der Erde in Nord-Süd-Richtung führt zur Ausbildung von Gebieten mit übereinstimmenden Klimamerkmalen. Diese Gebiete bezeichnet man als **Klimazonen**. Sie verlaufen annähernd breitenparallel in Form von Gürteln um den Erdball.

Einige Klimazonen sind in Klimatypen untergliedert. Das betrifft besonders die gemäßigte Klimazone (M1). So wird das Klima in der gemäßigten Klimazone zwar insgesamt von der Breitenlage (außertropische Zone der Westwinde) bestimmt, daneben ist aber auch die Lage zum Meer ein wichtiger klimabestimmender Faktor, der unter anderem die Höhe der Niederschläge und die Höhe der jährlichen Temperaturschwankung beeinflusst. Innerhalb der gemäßigten Klimazone unterscheidet man fünf verschiedene Klimatypen.

Eine Besonderheit stellt das Klima der Hochgebirge dar, in dem die Höhenlage der entscheidende klimabestimmende Faktor ist.

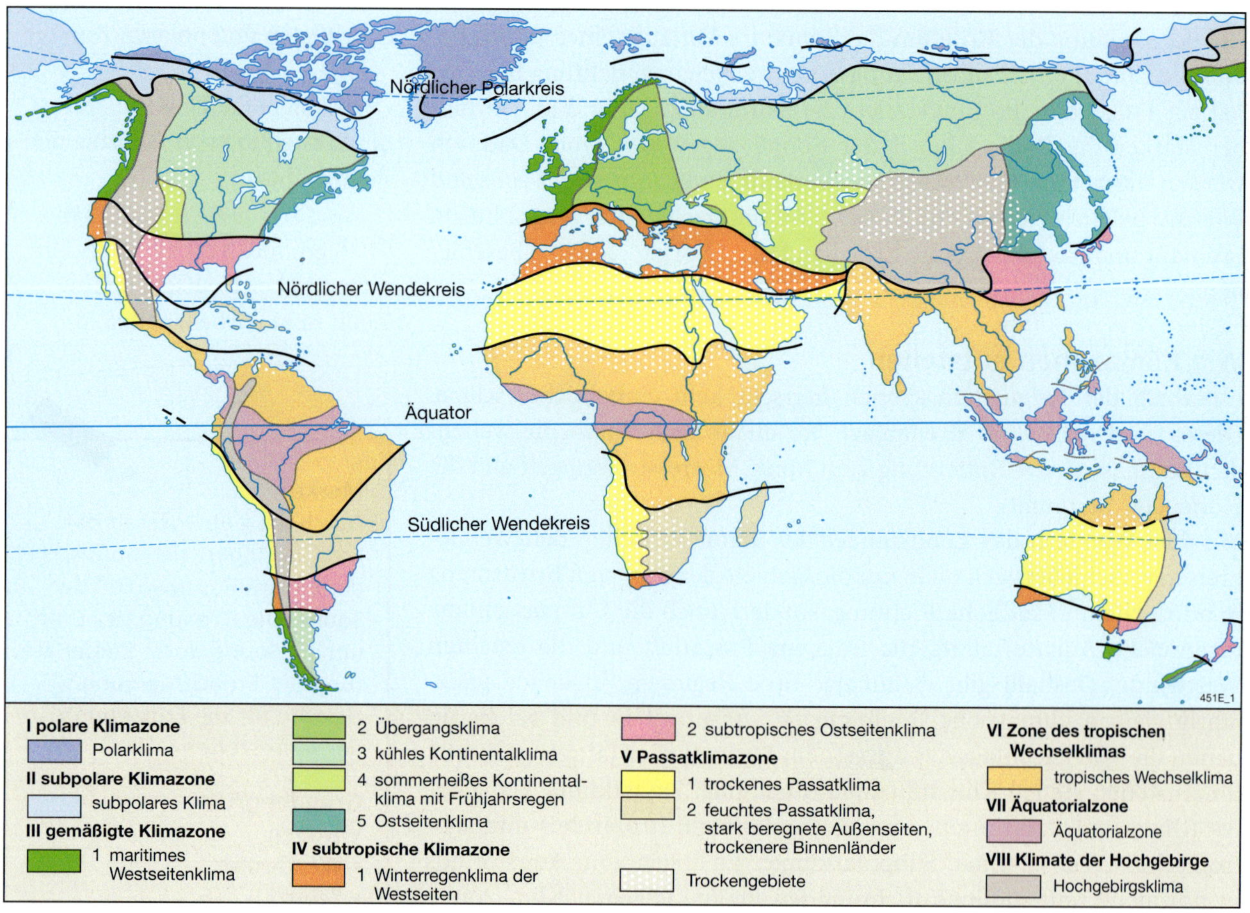

M1 *Klimazonen der Erde (nach Neef)*

Vielfalt an Vegetation

Unsere Erde weist einen vielgestaltigen Pflanzenwuchs auf. Auf einer Reise durch die Kontinente kann man Regenwälder, Grasländer, Wüstengebiete, Laub- und Nadelwälder und die Tundrenvegetation erleben.
In Abhängigkeit von der Breitenlage auf der Erde und damit vom Klima ist auch die Vegetation gürtelartig ausgeprägt. Die Ausbreitung und Merkmale der **Vegetationszonen** kannst du M2 entnehmen. Die ursprüngliche Vegetation ist jedoch fast vollständig der land- und forstwirtschaftlichen Nutzung durch den Menschen gewichen.

Die Vegetation weist Höhenstufen auf

Eine vergleichbare Abfolge der Vegetation, wie sie auf einer Strecke von etwa 10 000 km zwischen Äquator und Pol vorkommt, ist auch bei einem Aufstieg in einem Hochgebirge feststellbar. Diese Höhenstufung der Vegetation ist am vollständigsten in den Tropen ausgeprägt. Beim Aufstieg durchquert man nacheinander den tropischen Regenwald, die Savanne, den Berg- oder Nebelwald, die Strauch- und Staudenzone, die Wiesen- und Mattenregion, bis schließlich Moose und Flechten in die Fels- und Schneeregion übergehen.

5 Wiederhole, wie sich Klima und Vegetation mit zunehmender Höhe in den Alpen verändern.

Merke
Um die Erde breiten sich gürtelartig verschiedene Klimazonen aus. An die klimatischen Bedingungen hat sich die Vegetation angepasst.

Grundbegriffe
- Klimazone
- Vegetationszone

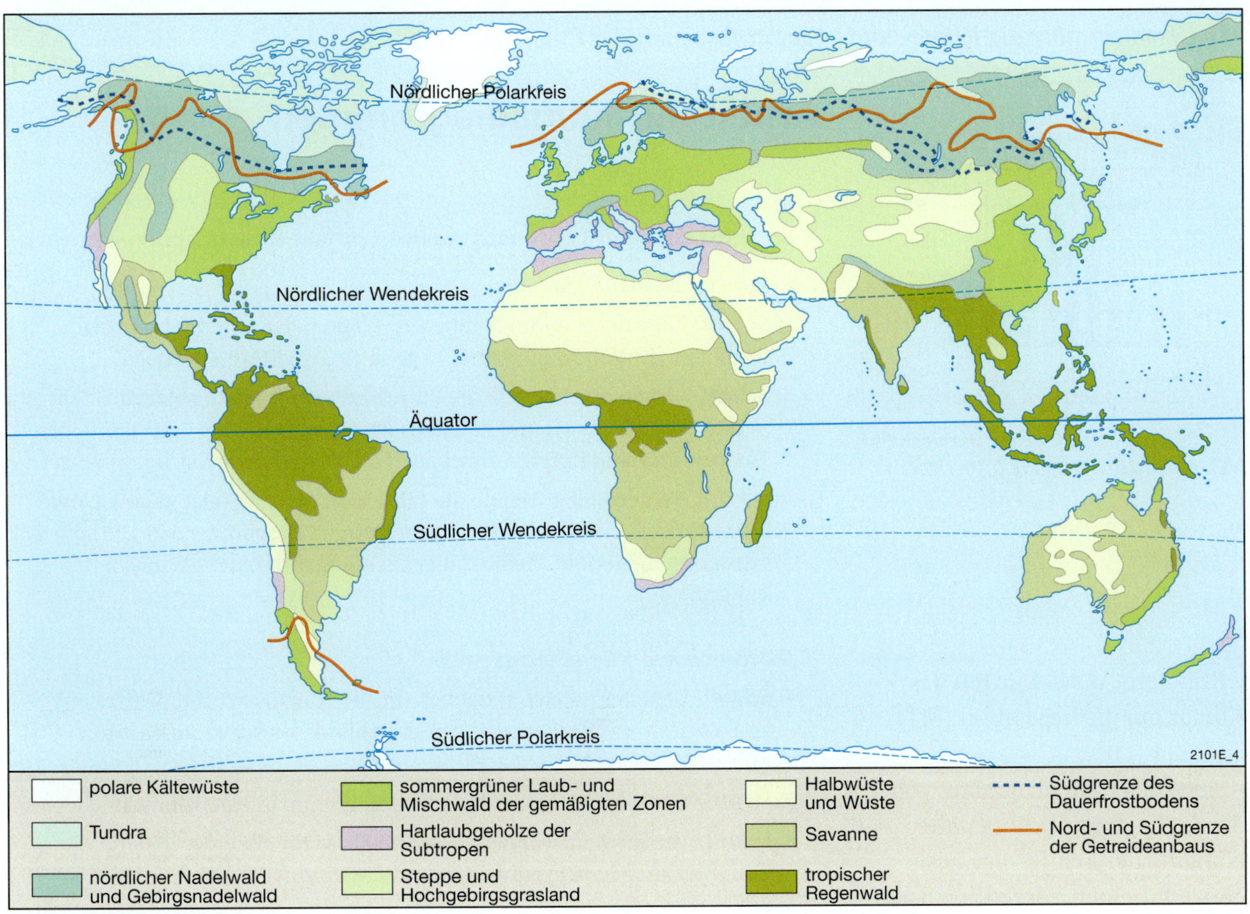

M2 *Vegetationszonen der Erde*

Klima-zone	polare Klimazone	subpolare Klimazone	gemäßigte Klimazone	
			kühles Kontinentalklima	Übergangsklima
typische Vegetations-bilder				
Vegetations-zone	polare Kältewüste	Tundra	Taiga	Laub- und Mischwaldzone
Vegetations-merkmale	ausgedehnte Gletscherfelder, nahezu vegetationslos	Baumlosigkeit, Moose, Flechten, niedriger Graswuchs	Nadelwälder mit Kiefern, Fichten, Tannen, Lärchen	sommergrüne Laub- und Mischwälder (nur noch kleinflächig erhalten, da vom Menschen größtenteils gerodet)

M1 *Übersicht über die Klima- und Vegetationszonen der Erde*

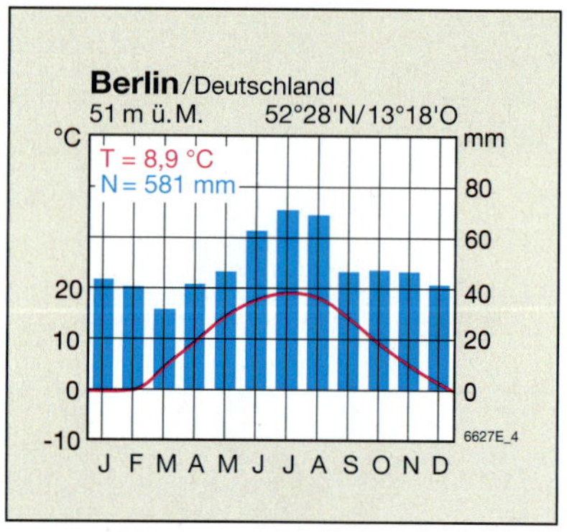

M2 *Klimadiagramm von Berlin*

Arbeit mit Klimadiagrammen

So gehst du beim Lesen und Auswerten von Klimadiagrammen vor:

Lesen von Klimadiagrammen

1. *Schritt:* Lage der Station: Nenne den Namen der Station. Beschreibe ihre Lage (Kulturerdteil, Land, Lage über dem Meeresspiegel).
2. *Schritt:* Temperatur: Nenne die Jahresmitteltemperatur sowie die Temperatur des wärmsten und kältesten Monats. Beschreibe den jährlichen Temperaturverlauf. Achte dabei auch auf vorhandene Schwankungen.
3. *Schritt:* Niederschlag: Nenne die Jahresniederschlagsmenge sowie den niederschlagsreichsten und -ärmsten Monat. Beschreibe den jährlichen Niederschlagsverlauf. Achte dabei auch auf vorhandene Schwankungen.

Auswerten von Klimadiagrammen

4. *Schritt:* Ursachen: Zeige Ursachen für die Klimawerte auf. Denke dabei an Faktoren wie Breitenlage, vorherrschende Luftmassen, Lage zum Meer, Höhenlage.
5. *Schritt:* Einordnen: Ordne das Klimadiagramm in eine Klimazone ein.
6. *Schritt:* Vergleichen: Vergleiche die Klimawerte mit einer anderen Station. Ermittle Gemeinsamkeiten und Unterschiede. Nenne Ursachen dafür.

1 Erläutere Auswirkungen des Klimas auf die Vegetation (M1).

2 Lies das Klimadiagramm von Schanghai und werte es unter Nutzung der Schrittfolge aus. Nutze für einen Vergleich ein ausgewähltes Klimadiagramm (M3).

sommerheißes Kontinentalklima	subtropische Klimazone	Passatklimazone	Zone des tropischen Wechselklimas	Äquatorialzone

vinterkalte Steppen, ußertropische Halbwüsten und Wüsten	Hartlaubgewächse	tropische Halbwüsten und Wüsten	Savannen	tropischer Regenwald
waldfreie Grasländer (Steppe) Vegetationsarmut bis Vegetationslosigkeit (Halbwüsten/Wüsten)	immergrüne Bäume und Sträucher wie Zypressen, Pinien, Oleander, der Sommertrockenheit angepasst	Vegetationsarmut bis Vegetationslosigkeit	tropische Grasländer mit unterschiedlich dichtem Wald	immergrüner, sehr dichter, stockwerkartiger Wald mit großer Artenvielfalt

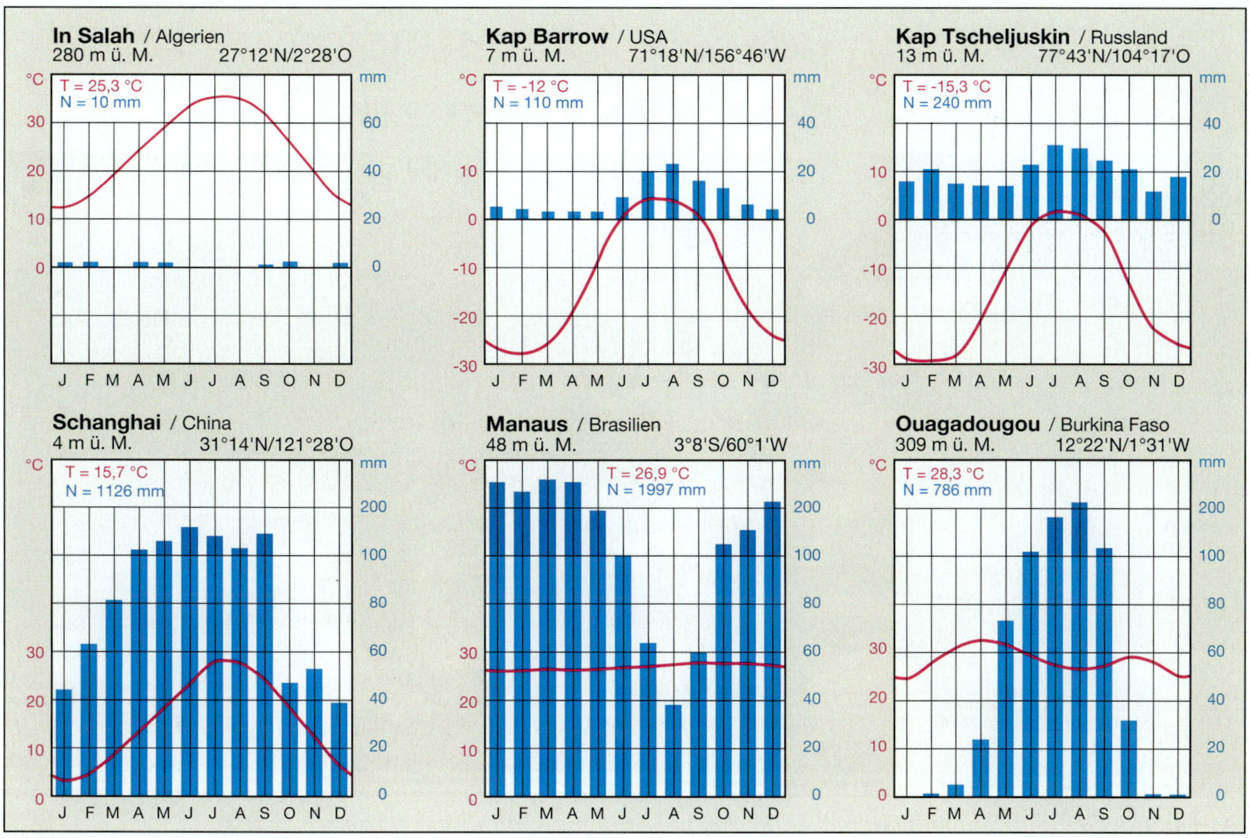

M3 *Klimadiagramme*

1 Beschreibe die Verteilung der Bevölkerung auf der Erde. Begründe.

2 Wiederhole aus dem Geschichtsunterricht, wo sich die ersten Siedlungsgebiete der Menschheit befanden.

3 Wähle eine Behausung aus und beschreibe sie unter Nutzung von M2. Denke an:
- Lage in Kultur- und Naturräumen,
- Bauweise und Baumaterial,
- Zweckmäßigkeit und Angepasstheit an die Lebensweise der Bewohner.

Präsentiere deine Ergebnisse (z. B. durch Poster, Pinnwand, eine gestaltete Weltkarte).

Siedlungsräume und Behausungen

Die mehr als 6,7 Milliarden Bewohner der Erde leben unterschiedlich über das Festland verteilt. Sie siedeln insbesondere entlang von Küsten oder Flüssen sowie in Tieflandsbereichen. Wichtigste Voraussetzung für eine Besiedlung war die Möglichkeit, sich mit Nahrung zu versorgen. Die Sesshaftwerdung der Menschen wurde durch Ackerbau, Viehzucht und den Abbau von Rohstoffen begünstigt. Heute leben die meisten Menschen in Städten.

Die Behausungen der einzelnen Familien werden von den vorherrschenden Naturbedingungen und den jeweiligen kulturellen Gewohnheiten bestimmt. In Abhängigkeit von der Art zu leben und wirtschaften können die Behausungen transportable Hütten oder Zelte, aber auch feste Häuser sein. Es werden sehr unterschiedliche Baumaterialien genutzt.

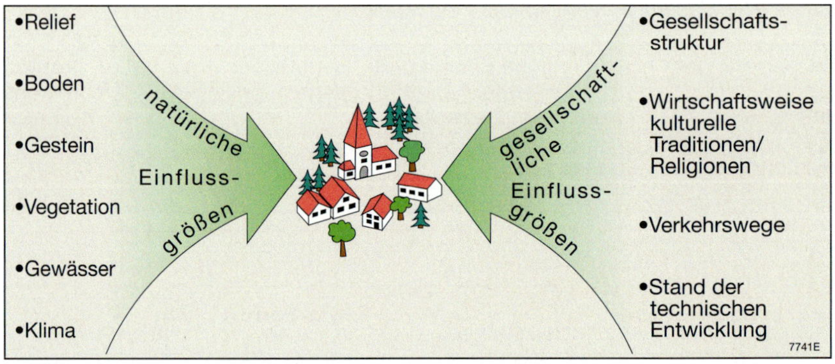

M2 *Einflussgrößen der Siedlungsgestaltung*

M1 *Familie Getu aus einem Dorf bei Addis Abeba/Äthiopien mit ihrem gesamten Besitz*

M3 *Hochhausarchitektur in Chicago*

M6 *Jurte in der Mongolei*

M4 *Rundhütten der Bantu*

M7 *Iglu der Inuit*

M5 *Russisches Landhaus*

M8 *Umgebindehaus in der Oberlausitz*

Additum: Welt- und Kartenbilder im Wandel

M1 *Der Behaim-Globus*

1 Beschreibe die Veränderung des Welt- und Kartenbildes im Laufe der geschichtlichen Entwicklung (M2).

Welt- und Kartenbilder verändern sich

Im Laufe der Geschichte existierten unterschiedliche Theorien vom Aussehen der Erde. So wurde im Altertum angenommen, dass die Erde eine Scheibe ist und die feste Landmasse als Insel auf dem Ozean schwimmt. Nach dieser Vorstellung wurden auch die Karten von der Welt gezeichnet.

Später beschrieb der griechische Naturforscher Ptolemäus die Erde als Kugel. Bewiesen wurde die Kugelgestalt der Erde jedoch erst im Jahr 1521 durch die Weltumsegelung des portugiesischen Seefahrers Magellan.

Neben den Erkundungen auf dem Seeweg spielten auch die Entdeckungsreisen auf dem Landweg eine wichtige Rolle. Je nach Erkundungsphase wurden zunächst die küstennahen Gebiete sowie die Regionen im Bereich von Handelsstraßen in Karten dargestellt. Da die Vermessungsmethoden noch nicht so genau wie heute waren, unterscheiden sich die überlieferten Landkarten der Erde teilweise sehr stark von den heutigen. Ein Beispiel dafür ist die Kartendarstellung der Erde von Pietro Coppo aus dem Jahr 1520 (M3).

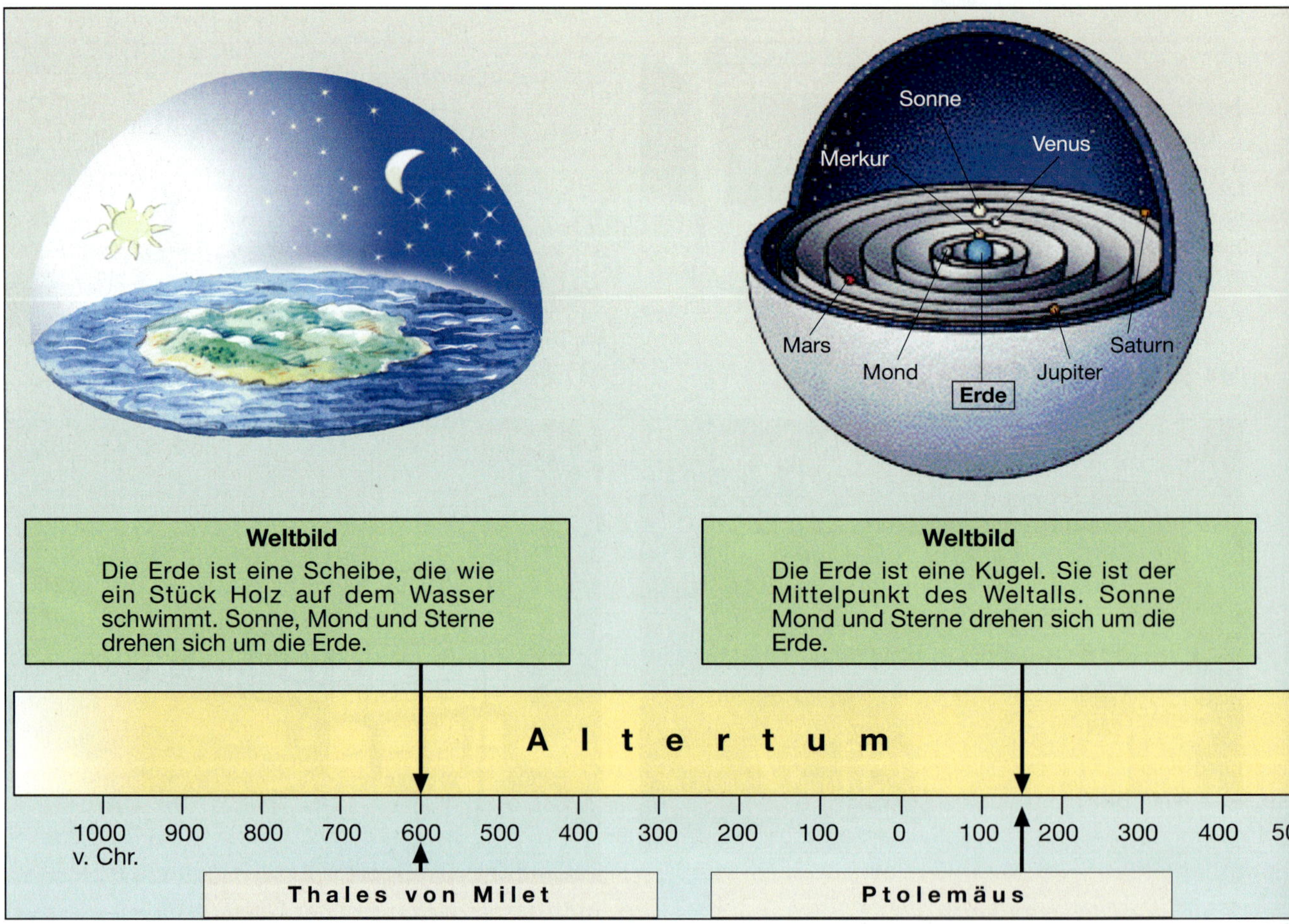

M2 *Weltbild im Wandel*

M3 *Weltkarte um 1520*

2 Vergleiche die Karte von Pietro Coppo (M3) mit der heutigen Kartendarstellung. Nutze dazu deinen Atlas.

3 Informiert euch über große Entdecker und ihre Entdeckungsreisen. Nutzt dazu www.planet-wissen.de unter dem Suchbegriff „Große Entdecker".

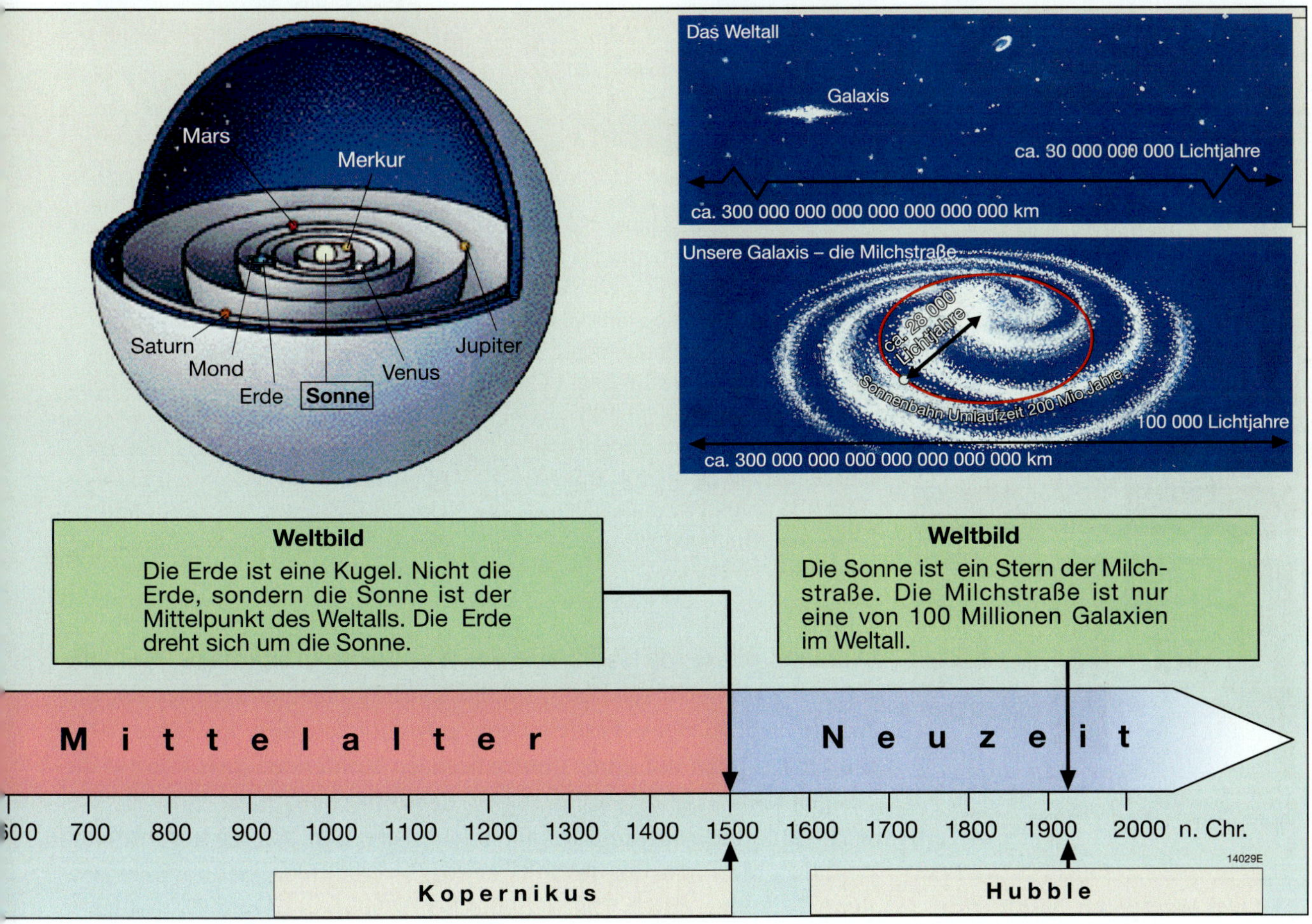

1 Beschreibe das Gradnetz.

2 Errechne, wie viele Kilometer du auf einer Reise von 50° n. Br. bis 55° n. B. zurücklegen musst.

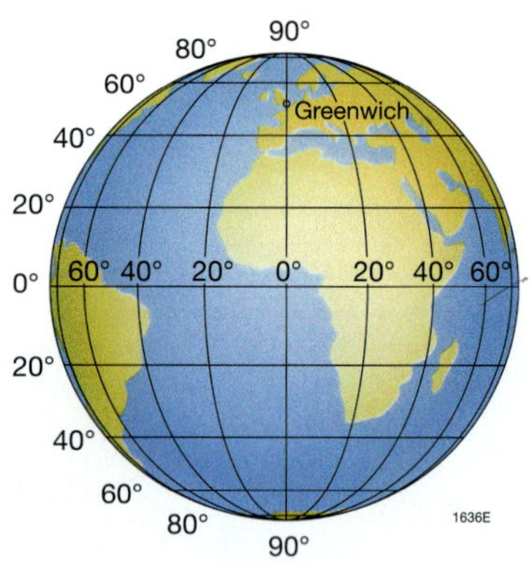

M1 *Das Gradnetz der Erde – ein System aus Breiten- und Längenkreisen*

M2 *Der Verlauf des Nullmeridians durch Greenwich*

Ein Netz von Linien um die Erde

Der Globus ist mit einem Netz regelmäßiger Linien überzogen. Sie dienen der genauen Orientierung und Bestimmung der Lage eines Objektes. Beispielsweise muss die Besatzung eines in Seenot geratenen Schiffes möglichst genaue Angaben über den Unglücksort funken können. Die Zählung dieser Linien erfolgt in Grad. Deshalb wird das Liniennetz als **Gradnetz** bezeichnet. Es besteht aus Breiten- und Längenkreisen.

<table>
<tr><th>Breitenkreise</th><th>Längenkreise</th></tr>
<tr><td>• verlaufen parallel zueinander,
• haben immer den gleichen Abstand (111 km) und
• sind unterschiedlich lang.</td><td>• führen über beide Pole,
• besitzen nicht überall den gleichen Abstand voneinander und
• sind gleich lang.</td></tr>
<tr><td>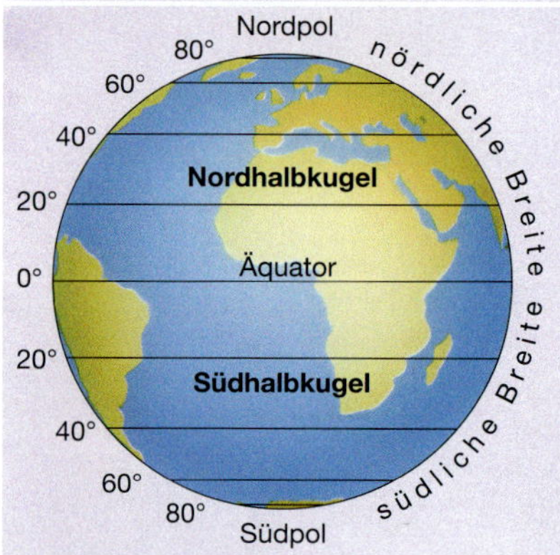
</td><td>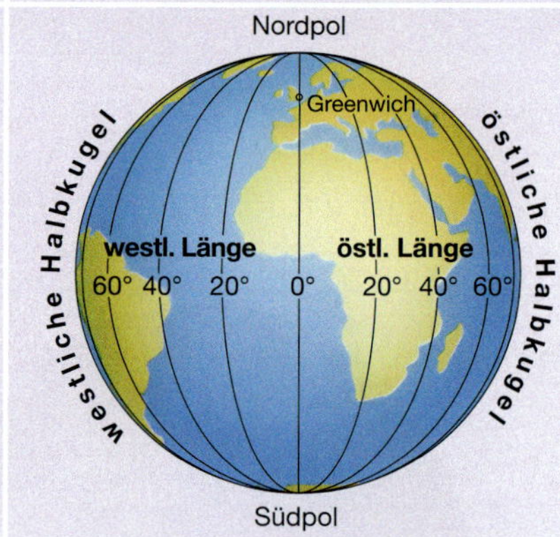
</td></tr>
<tr><td>Der Äquator (lat. äquus = gleich) ist der längste Breitenkreis (40 076 km) und teilt die Erdkugel in zwei gleich große Hälften, in die Nord- und Südhalbkugel. Vom Äquator aus zählt man in nördliche und südliche Richtung bis zum Nord- bzw. Südpol je 90 Breitenkreise (0° – 90°). Nordpol und Südpol sind die beiden kleinsten Breitenkreise, sie erscheinen als Punkte.</td><td>Halbe Längenkreise heißen Meridiane. Man zählt 180 Längenkreise oder 360 Meridiane. Vom Nullmeridian werden je 180 Meridiane in östliche und westliche Richtung gezählt (0° – 180°). Der 180. Meridian in östlicher und der 180. in westlicher Richtung fallen zusammen (diese Linie heißt Datumsgrenze). Der Abstand zwischen zwei Meridianen verringert sich vom Äquator zu den Polen.</td></tr>
</table>

Während für die Breitenkreise der Äquator eine natürliche Nulllinie darstellt, fehlt eine solche für die Längenzählung. Nachdem es seit der Antike verschiedene Festlegungen gab, einigten sich im Jahre 1911 die Geographen auf einer internationalen Konferenz, dass künftig die Längenhalbkreise (Meridiane) von der britischen Sternwarte Greenwich (Stadtteil von London) aus nach Osten und Westen gezählt werden. Den Meridian, der durch Greenwich verläuft, bezeichnet man seitdem als Nullmeridian. Deutschland liegt zwischen 6° und 15° östlicher Länge.

Lage- und Ortsbestimmung auf der Erde

Breiten- und Längenkreise bilden zusammen das Koordinatensystem und stehen senkrecht aufeinander (M1). Die Lage eines jeden Ortes auf der Erde kann durch Angabe seiner geographischen Breite und Länge ermittelt werden.
Die geographische Breite eines Ortes ist die in Grad gemessene Entfernung vom Äquator. Je nach Lage auf der Nord- bzw. Südhalbkugel wird sie als nördliche bzw. südliche Breite (Abkürzung n.Br./s.Br. oder N/S) bezeichnet.
Die geographische Länge eines Ortes dagegen ist die in Grad gemessene Entfernung vom Nullmeridian. Von ihm aus werden Meridiane westlicher Länge bzw. östlicher Länge (Abkürzung w.L./ö.L. oder W/O) unterschieden.
Um die Lage eines Objektes ganz exakt angeben zu können, unterteilt man die Grade noch in Minuten (') und Sekunden (").
Aus Übersichtsgründen kann auf dem Globus und auf Karten nicht das gesamte Gradnetz eingetragen werden. Sie enthalten nur die wichtigsten Breiten- und Längenkreise. Deshalb sollte beim Lagebestimmen ein Lineal zu Hilfe genommen werden.
Eine genaue Ortsangabe mithilfe des Gradnetzes kann in schwierigen Situationen Menschenleben retten.

3 a) Nenne zwei Städte, die zwischen 40° n. Br. und 50° n. Br. liegen.
b) Entlang welchen Meridians verläuft das Uralgebirge?
c) Bestimme die geographische Breite und Länge von Moskau und Peking (M3, Atlas).
d) Welche Orte liegen auf folgenden Koordinaten:
- 40° n.Br. und 33° ö.L.
- 36° n.Br. und 140° ö.L.
- 6° s.Br. und 106° ö.L.
- 29° n.Br. und 77° ö.L

M3 *Asien – Lage im Gradnetz*

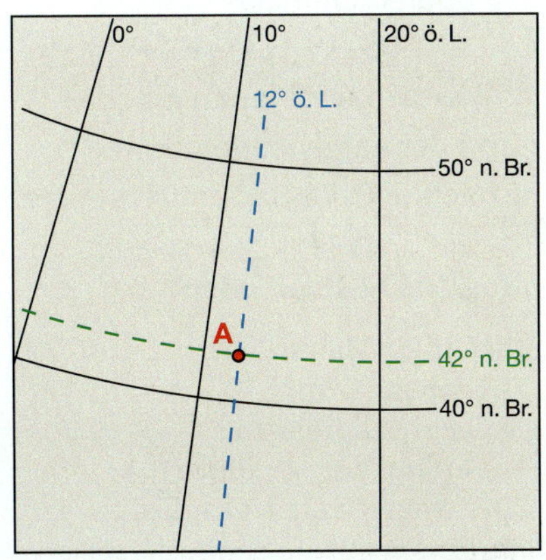

M4 *Koordinaten eines Punktes*

Merke
Das Gradnetz besteht aus Breiten- und Längenkreisen. Es dient der genauen Lagebestimmung.

Grundbegriffe
- Gradnetz
- Meridian

M1 *Weltzeituhr auf dem Berliner Alexanderplatz*

Unterschiedliche Zeiten auf der Erde

Wenn die Kinder in Deutschland aus der Schule nach Hause gehen, legen sich die Kinder in Japan bereits schlafen und die in den USA stehen gerade erst auf.

Als während der Olympischen Sommerspiele im Jahr 2008 in Peking/China in den frühen Nachmittagsstunden Sportwettkämpfe stattfanden, mussten wir, um live am Fernsehapparat dabei gewesen zu sein, früh aufstehen. Beispiele für unterschiedliche Zeiten auf der Erde ließen sich noch viele aufzählen. Worin liegen die Ursachen dafür?

Du weißt bereits, dass sich die Erde in 24 Stunden einmal um ihre eigene Achse dreht. Dabei erreicht die Sonne über jedem Meridian einmal ihren höchsten Stand. Bei einer vollen Umdrehung der Erde werden demnach alle 360 Meridiane überschritten. In 60 Minuten sind dies 15 Meridiane. Jeder Ort der Erde hat somit seine eigene Zeit. Sie wird wahre Ortszeit genannt.

1 Experiment: Vollziehe mit einem Globus und einer einfachen Lichtquelle die Rotation der Erde und damit den Wechsel zwischen Tag und Nacht nach.

2 Weshalb wird Japan als „das Land der aufgehenden Sonne“ bezeichnet?

Info

Zeitzonen – Zonenzeit

Erst 1883 einigten sich die Länder darauf, die Erde in 24 **Zeitzonen** einzuteilen. In der Regel erstrecken sie sich jeweils über 15 Meridiane, wobei aber auch der Verlauf von Staatsgrenzen beachtet wurde. Die Zonenzeit des Nullmeridians wird auch Westeuropäische Zeit bzw. Greenwich- oder Weltzeit genannt. Deutschland liegt in der Mitteleuropäischen Zeitzone (MEZ). Länder mit großer West-Ost-Ausdehnung haben an mehreren Zeitzonen Anteil.

Tag-Nacht-Experiment

Benötigte Materialien:
- Globus
- Overheadprojektor
- Verdunklung im Raum

Der eingeschaltete Overheadprojektor soll die Sonne darstellen und der Globus die Erde. Drehe den Globus entgegen dem Uhrzeigersinn, wenn du von oben schaust.

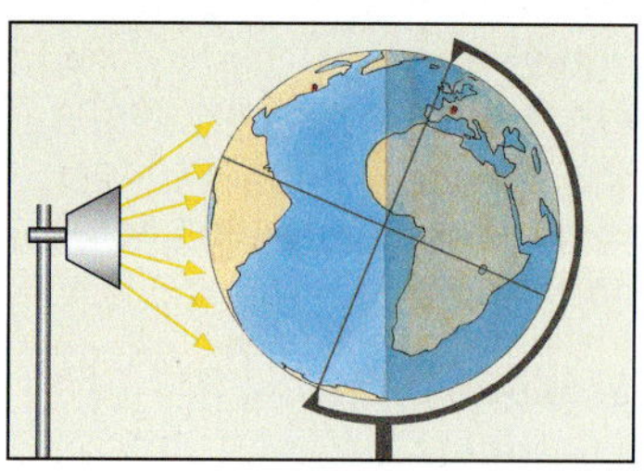

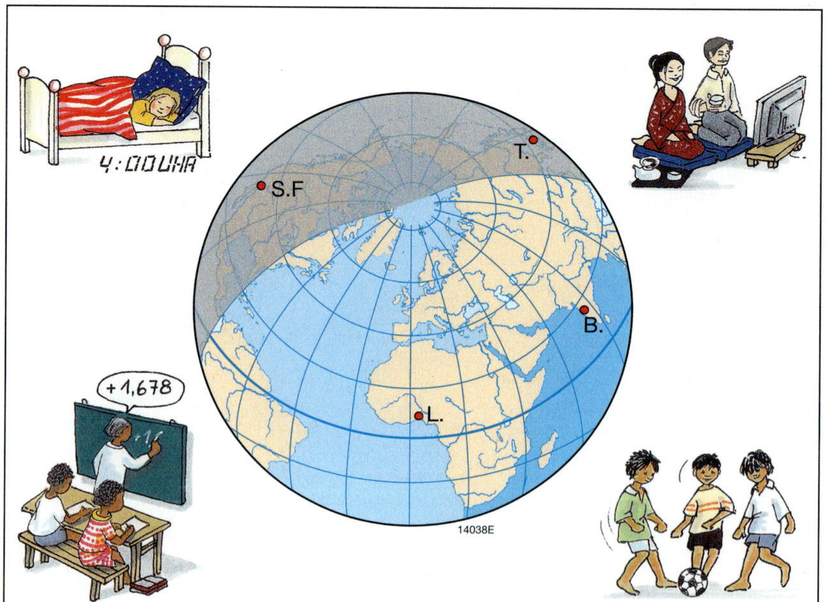

M2 *Zur selben Zeit auf der Erde. Ermittle mithilfe von M3: Wie viel Uhr ist es in den vier Städten? (Indien hat eine Zwischenzeit!)*

Wenn einer eine Reise tut, dann ...

... sollte er sich, um keine bösen Überraschungen zu erleben, stets nach der jeweiligen Zonenzeit erkundigen und seine Uhr anpassen. Bei Reisen in östliche Richtung ist sie vor-, in westliche zurückzustellen. Würde gar die Erde einmal umkreist, wäre die Uhr 24-mal um eine Stunde zu verstellen. So könnte ein ganzer Tag gewonnen werden oder verloren gehen.

Datumsgrenze

Sie verläuft entlang des 180. Längenkreises durch den Pazifik. Überquert man diese gedachte Linie von West nach Ost, muss das bisherige Datum noch einen Tag beibehalten werden. In umgekehrter Richtung wird die Uhr um 24 Stunden vorgestellt und damit ein Tag im Kalender übersprungen. Bei einer Kreuzfahrt durch die Inselwelt Mikronesiens kann es passieren, dass man auf einer „Insel des bereits vergangenen Tages“ landet.

Party an der Datumsgrenze

Ein Reiseveranstalter bietet jedes Jahr zu Silvester die Möglichkeit, den Jahreswechsel zweimal zu feiern. Er bringt seine Gäste ins Inselreich des Südpazifik, durch das die Datumsgrenze verläuft.
Die Gäste reisen zunächst auf die Tongainseln, auf denen das neue Jahr einen Tag eher anbricht als auf der anderen Seite der Datumsgrenze. Am 1. Januar packen die Gäste die Koffer und fliegen ein paar hundert Meilen weiter in Richtung Nordosten nach Samoa. Während man auf den Tongainseln den 1. Januar schreibt, ist auf Samoa erst der 31. Dezember. Die Reisegruppe hat dort Gelegenheit, nochmals zu feiern.

3 Auf einer Reise von der Halbinsel Labrador über New York, Florida und Kolumbien bis nach Peru musst du die Uhr nicht vor- bzw. zurückstellen. Warum?

4 Du reist in östliche Richtung. Musst du die Uhr vor- oder zurückstellen? Begründe.

5 Ermittle, an wie vielen Zeitzonen Russland, China, Australien und die USA Anteil haben (Atlas sowie M3).

Merke

Seit 1883 ist die Erde in 24 Zeitzonen eingeteilt. Rein rechnerisch erstreckt sich jede Zeitzone über 15 Meridiane. Staaten mit einer großen Ost-West-Ausdehnung haben an mehreren Zeitzonen Anteil.

Grundbegriff
- Zeitzone

M3 *Die 24 Zeitzonen der Erde (schematisch)*

Teste dich selbst!

1. Löse das Kreuzworträtsel. Übertrage es in dein Heft. Das Lösungswort benennt einen Kulturerdteil.

3 Eine Behausung der Inuit (Eskimos)

2 Gotteshaus der Christen

1 Heilige Schrift der Muslime

4 Hauptnahrungsmittel in Asien

6 Eine Behausung der Indianer Angloamerikas

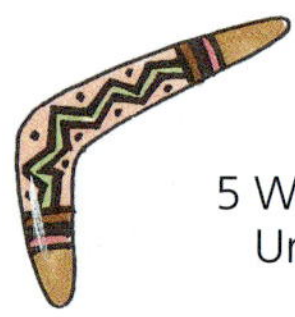

5 Wurfgerät der australischen Ureinwohner

2. Vervollständige die Sätze mit der richtigen Antwort. Schreibe Sie in dein Heft.

Die parallel zum Äquator verlaufenden Linien heißen

a) Längenkreise
b) Wendekreise
c) Breitenkreise
d) Polarkreise

Die Wüste Sahara steht unter dem ständigen Einfluss der

a) Polarluft
b) Westwinde
c) Äquatorialluft
d) Passatluft

Die Sonne steht am 21. Juni im Zenit über dem

a) nördlichen Wendekreis
b) nördlichen Polarkreis
c) südlichen Wendekreis
d) Äquator

Die Datumsgrenze verläuft

a) durch den Atlantischen Ozean
b) entlang des Nullmeridians
c) durch den Pazifischen Ozean
d) entlang des Äquators

Das Wichtigste kurz gefasst:

Kulturelle Vielfalt

Das Leben auf der Erde ist sehr bunt. In den unterschiedlichen Kulturerdteilen wohnen, essen, wirtschaften und kleiden sich die Menschen anders. Verschiedene natürliche und kulturelle Voraussetzungen sind die Ursache dafür.

Diese Vielfalt spiegelt sich auch bei uns in Deutschland wider: Geschäfte, Restaurants, Kulturveranstaltungen, Bauwerke und anderes mehr bringen kulturelle Vielfalt in unser Leben.

Die Natur hat System

Die Erde ist ein kugelförmiger Planet, der sich einmal im Jahr um die Sonne dreht. Da bei der Rotation die Neigung der Erdachse beibehalten wird, erhalten die einzelnen Gebiete unterschiedlich starke Sonnenbestrahlung. Deshalb breiten sich um die Erde gürtelartig Klimazonen aus.

An die verschiedenen klimatischen Bedingungen hat sich auch der Pflanzenwuchs angepasst. Das Leben und Wirtschaften der Menschen wird durch die jeweilige Vegetationszone, in der sie beheimatet sind, beeinflusst.

Orientierung auf der Erde

Zur besseren Orientierung auf der Erde haben die Menschen den Globus mit einem Netz von Breiten- und Längenkreisen versehen, dem Gradnetz. Mit seiner Hilfe kann die Lage eines jeden Ortes genau bestimmt werden. Zur besseren zeitlichen Orientierung wurde die Erde in 24 Zeitzonen aufgeteilt. Die Datumsgrenze verläuft entlang des 180. Längenhalbkreises durch den Pazifischen Ozean.

Grundbegriffe

Kulturerdteil
Tropen
Wendekreis
Zenit
Klimazone
Vegetationszone
Gradnetz
Meridian
Zeitzone

Blick auf die Basilius-Kathedrale am Roten Platz in Moskau

Im russischen Kulturerdteil

M1 *a) Russland, b) die Ukraine und c) Weißrussland (Belarus) bilden zusammen den russischen Kulturerdteil*

А	а	*a*	Р	р	*r*
Б	б	*b*	С	с	*ss, s*
В	в	*w*	Т	т	*t*
Г	г	*g*	У	у	*u*
Д	д	*d*	Ф	ф	*f*
Е	е	*e, je*	Х	х	*ch*
Ё	ё	*o, jo*	Ц	ц	*z*
Ж	ж	*sh*	Ч	ч	*tsch*
З	з	*s*	Ш	ш	*sch*
И	и	*i*	Щ	щ	*schtsch*
Й	й	*j*	-	ъ	-
К	к	*k*	-	ы	*y*
Л	л	*l*	-	ь	-
М	м	*m*	Э	э	*e*
Н	н	*n*	Ю	ю	*ju*
О	о	*o*	Я	я	*ja*
П	п	*p*			

M2 *Kyrillisches Alphabet*

Info

Orthodoxe Kirche

Die Mehrzahl der russischen Christen bekennt sich zu der orthodoxen Kirche. Es wird berichtet, dass im 10. Jahrhundert der Herrscher des Kiewer Reiches, Fürst Wladimir, eine Staatsreligion einführen wollte. Er entschied sich für die byzantinisch-orthodoxe Kirche, weil ihm das Zeremoniell der orthodoxen Kirche am Besten gefallen haben soll. Auch das von orthodoxen Missionaren für die slawischen Völker entwickelte kyrillische Alphabet wurde für ganz Russland übernommen.

M3 *Eroberungen und Expeditionen*

Entwicklung und Gliederung des Kulturraumes

Als Kernraum des russischen Kulturerdteils gilt ein Gebiet, das von den Städten Kiew, Kasan und Sankt Petersburg begrenzt wird. Bereits im 9. Jh. schlossen sich die dort siedelnden ostslawischen Stämme zur „Kiewer Rus“ zusammen. Aus „Rus“ entwickelte sich der spätere Name „Rossija“ – Russland.

Die Machtzentren wechselten im Russischen Reich mehrmals. Nach dem Einfall der Reiterheere der Mongolen wurde Moskau im 13. Jh. Sitz der russischen Herrscher. Sie orientierten sich weiterhin am oströmischen Byzanz und spalteten den russischen Kulturerdteil jahrhundertelang kirchlich wie kulturell vom übrigen Europa ab. Von Süden her fanden auch das orthodoxe Christentum und die kyrillische Schrift ihren Eingang. Erst Zar Peter I. öffnete Russland nach Westen. Während der über 200 Jahre dauernden Mongolenherrschaft entwickelte sich ein russisches Nationalbewusstsein. Heute zählen zum russischen Kulturraum die Länder Russland, Ukraine und Weißrussland (Belarus).

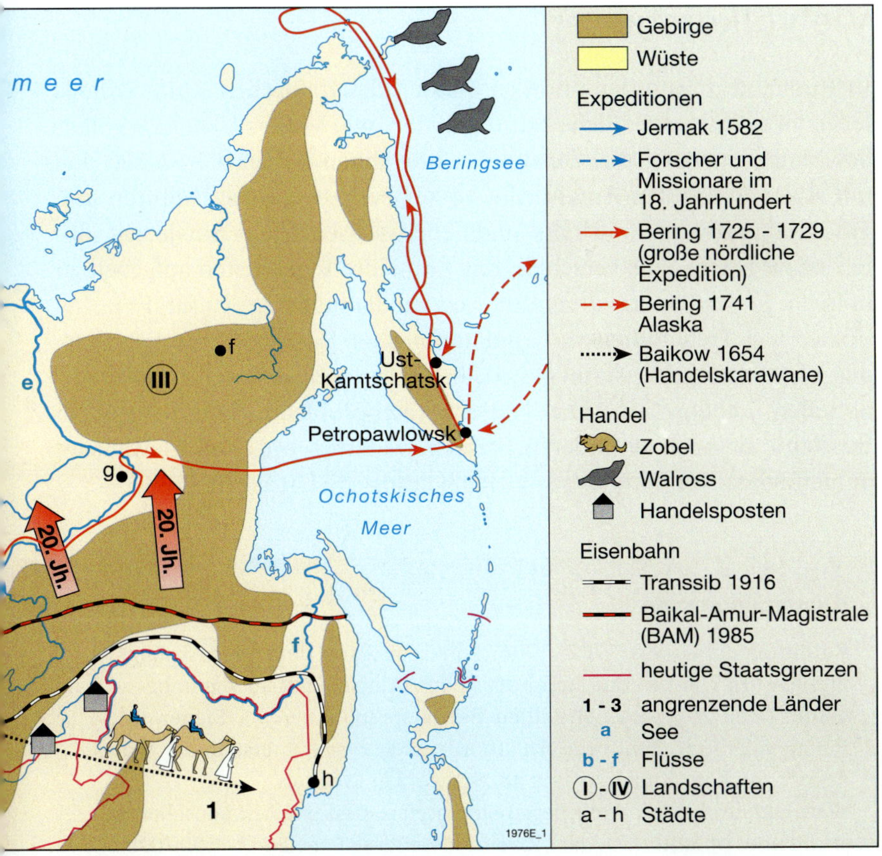

M4 *Herzlich Willkommen in Russland!*

1 Beschreibe die Lage Russlands (Atlas, Arbeitsheft, S. 8).

2 Berichte über die Erschließung und die Besiedlung Russlands.

3 Der Text in der Sprechblase (M4) heißt übersetzt: Herzlich willkommen in Russland. Lies ihn mithilfe des Alphabets (M2).

Russland – der größte Staat der Erde

Russland ist mit etwa 17 Mio. km^2 das flächenmäßig größte Land der Erde. Es ist fast doppelt so groß wie die USA und 48-mal größer als die Bundesrepublik Deutschland. Die Ost-West-Ausdehnung ist so gewaltig, dass sie sich über elf Zeitzonen erstreckt.

In Russland leben etwa 143 Mio. Menschen – vier von fünf Einwohnern sind Russen, die restliche Bevölkerung verteilt sich auf viele verschiedene Völker. Der europäische Landesteil Russlands ist am dichtesten bevölkert. Bei einem Blick auf die Karte fällt sofort der starke Gegensatz zwischen dicht und dünn bzw. gar nicht besiedelten Gebieten auf. Während das Gebiet zwischen Rostow, der **Hauptstadt** Moskau und Nowosibirsk in Südsibirien relativ dicht besiedelt ist, sind die Tundren und die Taiga des Nordens fast unbewohnt. In der Jakutischen Republik, einer Region im Norden Sibiriens zum Beispiel, leben auf einem Raum von der Größe Westeuropas nur etwa so viele Menschen wie in Bremen!

Die Ursache für die ungleiche Bevölkerungsverteilung liegt vor allem in den natürlichen Lebensgrundlagen, die sich in den einzelnen Teilräumen stark voneinander unterscheiden. Aber auch ein Blick in die Geschichte gibt Aufschluss: So gehörte das heute am dichtesten besiedelte Gebiet schon im Mittelalter zum russischen Staatsgebiet.

Info

Steckbrief Russland

Fläche:	17,075 Mio. km^2
Einwohner:	142 Mio. (2008)
Hauptstadt:	Moskau
Bevölkerungsdichte:	8,3 Einw./km^2
BNE:	5770 US-$/Einw. (2006)
Währung:	Rubel (Rub) (1 Euro = 45 Rub, Stand: 04.03.09)

Vielvölkerstaaten

1 Welche Staaten und russischen Republiken liegen in der Kaukasus-Region (Atlas)?

2 Viele der neuen unabhängigen Staaten und russischen Republiken tragen einen Namen, der von einer dort lebenden Volksgruppe abgeleitet ist. Liste auf, z.B. Kasachstan: Kasachen (Atlas).

3 Welche Religionen sind in Russland verbreitet (Atlas)?

In Russland und in den anderen Staaten des russischen Kulturerdteils leben viele unterschiedliche Nationalitäten oder Völker. Über 120 Völker bewohnen zum Beispiel Russland. Unter ihnen haben die Russen den mit Abstand größten Anteil. Alle Völker besitzen eigene Kulturen und Traditionen sowie Wirtschafts- und Lebensweisen. In der Sowjetzeit sollten sie zu einem Volk verschmelzen, ohne ihre Eigenheiten aufgeben zu müssen. In der Realität dominierte jedoch die russische Kultur. Einzelne Völker wie Tschetschenen, Krimtataren oder Russlanddeutschen wurden sogar zwangsweise umgesiedelt. Sie verloren dadurch ihren traditionellen Lebensraum. Die Nationalitätenprobleme sind sowohl in Russland als auch in anderen Staaten weiterhin ungelöst. Gewaltsam ausgetragene Konflikte haben vielfach ethnische Ursachen.

Info

Russlanddeutsche

Katharina die Große (1762 – 1796), russische Zarin deutscher Abstammung, warb Handwerker und Bauern aus Deutschland an, die unbebautes Land urbar machen sollten. Sie versprach ihnen u.a. Steuer- und Religionsfreiheit. Zahlreiche Deutsche siedelten sich zuerst an der Wolga, danach auch im Kaukasus und am Schwarzen Meer an.
Während der beiden Weltkriege betrachteten russische Mitmenschen sie als Feinde. Im und nach dem Zweiten Weltkrieg wurden über 900 000 Deutsche zwangsweise nach Nordrussland, Kasachstan und Sibirien umgesiedelt. Viele Russlanddeutsche kehren viele als Spätaussiedler seit 1988 in die Bundesrepublik zurück.

M1 *Gesichter aus Russland geben einen Einblick in die ethnische Vielfalt*

M2 *Nenzen auf der Halbinsel Jamal*

„Kleine Völker" Sibiriens – das Alltagsleben

In Sibirien sind 60 Völker und Volksgruppen beheimatet. Wegen der Anzahl ihrer Mitglieder wird etwa die Hälfte von ihnen zu den „Kleinen Völkern" gezählt.
Sie kämpfen heute um ihre nationalen Rechte, um Eigentum an Grund und Boden sowie an Naturschätzen. Alle Völker und Volksgruppen haben eine eigene Kultur und eigene Wirtschafts- und Lebensweisen. Einige von ihnen ziehen noch mit ihren Herden als Nomaden über Weidegebiete.

Fächerübergreifendes Projekt
Führt ein Projekt zum Kennenlernen der „Kleinen Völker Sibiriens" und anderer indigener Völker der Welt durch. Nutzt für eure Recherchen insbesondere das Internet. Gebt in eine Suchmaschine (z. B. www.google.de) den Begriff „indigene Völker" ein oder nutzt folgende Adresse: www.gfbv.de/voelker/sibirien.

Religiöse Traditionen
Der Schamanismus ist die traditionelle Religion der Völker Sibiriens. Ihm liegt der naturverbundene Glaube an die Geister der Tundra, des Meeres, der Flüsse und der Sonne zu Grunde. Schamanen gelten als Mittler zwischen der Welt der Menschen und der Natur. Schamane kann nur sein, wer aus einer Schamanensippe stammt, denn die Seele eines verstorbenen Priesters sucht sich nur in einem seiner Nachkommen eine neue Behausung. Schamanen müssen von den Naturgottheiten wie von den Menschen anerkannt werden. Durch Trance treten sie mit den Geistern in Verbindung. Man sagt ihnen bioenergetische und heilende Kräfte sowie hellseherische Fähigkeiten nach.

Schulbildung in den sibirischen Weiten
Die Kinder der Völker Sibiriens lernen heute in der eigenen Sprache lesen und schreiben. In der Oberstufe kommt Russisch hinzu, denn nur über diese Sprache ist der Weg frei zu höherer Bildung.
Ein Schulbesuch ist in dünn besiedelten Gebieten und wenn die Eltern als Nomaden immer wieder neue Futterplätze aufsuchen müssen mit einem Internatsaufenthalt verbunden. Dadurch gehen viele kulturelle Werte verloren, denn die Kinder werden mit anderen Wertvorstellungen konfrontiert. Sie gewöhnen sich an den Komfort beheizter Wohnungen, an eine andere Art Ernährung und Kleidung. Die Folge ist ein Verlust der Identität des eigenen Volkes.

Erlebnisse in Jakutien
Wir erreichen das Dorf in der Mittagszeit. Es scheint völlig ausgestorben, nur ab und zu Hundekläffen. In dem kleinen Dorfmuseum empfängt uns der Leiter. Er löst das Rätsel auf: Anfang August sind alle Bewohner zur Heuernte. Es muss für den langen, äußerst kalten Winter vorgesorgt werden. Die Rinder und Pferde wollen bei -40 °C versorgt sein. Etwa vier Tonnen Heu benötigt man pro Tier. Jede Hand wird da gebraucht. Später, wieder in der Stadt, begegnet uns das Phänomen Heuernte häufig: „Geschäft heute wegen Heuernte geschlossen."

Umweltzerstörungen – Auswirkungen
Auf der Jamal-Halbinsel und in Westsibirien bedroht die Erdöl- und Erdgasindustrie die Lebensgrundlagen der Rentierzüchter: Schwere Maschinen zerstören die empfindliche Tundrenvegetation auf Jahrzehnte, Pipelines stören die natürlichen Wanderwege der Rentierherden, auslaufendes Erdöl verseucht den Boden.
In das Nordpolarmeer und die großen Flüsse gelangen Abwässer von Industriebetrieben vielfach ungereinigt. Eine Dezimierung der Fischbestände ist die Folge und der traditionelle Erwerbszweig Fischfang wird systematisch zerstört.

Info

Steckbrief Moskau

Mit mehr als zehn Millionen Einwohnern größte Stadt Russlands.
Wichtiges Industriezentrum: ca. 3,5 Millionen Beschäftigte in 1200 Betrieben.
Bedeutendes Verkehrszentrum: 9 Bahnhöfe, 4 Flughäfen und 11 elektrifizierte Bahnlinien.
13 Hauptstraßen strahlen nach allen Richtungen aus, 3 Flusshäfen sind durch den Moskwa-Kanal mit den russischen Großwasserstraßen verbunden.
Geistiges und kulturelles Zentrum: 76 Hochschulen mit 600 000 Studenten. In der Hauptstadt leben ein Viertel aller russischen Wissenschaftler.
In 4200 Bibliotheken sind über 350 Mio. Bücher gesammelt.

Moskau: Das Zentrum Russlands

„Über Russland ist nur Moskau, über Moskau der Kreml und über dem Kreml nur Gott." Dieses alte russische Sprichwort spiegelt die Bedeutung der Landeshauptstadt für das russische Volk wider.
Auch heute noch wird der Vielvölkerstaat Russland von der **Metropole** Moskau aus regiert. Menschen aus allen Regionen des riesigen Landes leben hier in unmittelbarer Nachbarschaft zusammen. Sie machen die Hauptstadt zu einer schillernden Metropole, die auch Besuchern viel zu bieten hat. Der Kreml ist die wohl bekannteste Sehenswürdigkeit der Stadt. In seiner unmittelbaren Nähe, direkt am Roten Platz, dem Mittelpunkt Moskaus, befinden sich außerdem die Basiliuskathedrale und das Kaufhaus GUM. Das Kaufhaus wurde um die Jahrhundertwende im Jugendstil errichtet. In seinen Glaspassagen locken Waren hinter mehr als zwei Kilometern Ladenfront die Käufer an.
Wer nicht in den neuen Kaufpalästen einkaufen kann, geht auf die riesigen Straßenmärkte, die nicht nur in der Innenstadt, sondern auch am Stadtrand zu finden sind. Dort werden alle Waren, vor allem die aus dem Westen importierten, sehr viel preisgünstiger feilgeboten.
Auch die hektische Betriebsamkeit, die schon frühmorgens auf den Straßen herrscht, ist ein Zeichen der Zeit. Die Straßen der Stadt können den wachsenden Autoverkehr kaum mehr aufnehmen (M1). Und auch die Metro, die weltberühmte Untergrund-Bahn Moskaus, befördert Tag für Tag bis zu sieben Millionen Menschen.

M1 *Moskau – Berufsverkehr*

Die zwei Gesichter Moskaus

In der aufstrebenden Hauptstadt konnte sich innerhalb kürzester Zeit eine reiche städtische Oberschicht bilden, die ihren Reichtum stolz präsentiert. Doch nicht nur neuer Wohlstand prägt die Metropole, die Anzahl der Notleidenden nimmt zu.

Auf den Straßen Moskaus leben immer mehr Obdachlose. Einige von ihnen sind aus den früheren Sowjetrepubliken zugewandert und konnten in der Stadt keine Wohnung finden. Andere haben ihre Wohnungen aus purer Not verkauft und damit ihr Zuhause verloren. Alle diese Menschen, die sich häufig nicht einmal das Notwendigste leisten können, unterscheiden sich in nichts von den Armen und Obdachlosen in anderen Ländern.

In Russland stiegen in den letzten Jahren die Preise für alle lebensnotwendigen Güter in die Höhe. Die Löhne und Gehälter aber stiegen nicht in der gleichen Geschwindigkeit. Hinzu kommt, dass viele Menschen aufgrund von Umstrukturierungen in allen Bereichen der Arbeitswelt ihren Arbeitsplatz verloren haben.

Besonders die Einwohner Moskaus sind von den hohen Preissteigerungen betroffen. In keiner anderen russischen Stadt sind die Lebenshaltungskosten so hoch wie in Moskau. Sogar Lebensmittel sind für viele Menschen zu teuer. Zahlreiche Moskauer versorgen sich mit dem, was sie in ihrer Datscha, dem oft gut ausgestatteten am Stadtrand gelegenen Wochenendhaus mit Garten, anbauen.

1 Informiere dich im Internet über die Stadt Moskau und die dortigen Sehenswürdigkeiten. Ergänze den Steckbrief auf der linken Seite um die gefundenen Informationen.

2 Beschreibe die beiden Gesichter der Metropole Moskau.

Merke
Moskau ist die Hauptstadt Russlands und eine Metropole mit zwei Gesichtern: unermesslicher Reichtum auf der einen Seite und große Armut auf der anderen Seite.

Grundbegriff
- Metropole

M2 *Im Kaufhaus GUM*

M3 *Rentner*

Naturräumliche Gliederung

M1 *Im Uralgebirge*

1 Beschreibe die Oberflächenformen Russlands von West nach Ost.

2 Fertigt in Gruppenarbeit mithilfe des Buches, des Atlas und des Internets eine Wandzeitung über den Baikalsee an.

Westsibirisches Tiefland

Zwischen Ural im Westen und Jenissej im Osten erstrecken sich weite Sumpfflächen, die ca. 2,5 Millionen km² umfassen. Die Kasachische Schwelle im Süden – außerhalb Russlands – begrenzt eines der größten Tiefländer der Welt, das Westsibirische Tiefland, dessen Oberfläche im Wesentlichen in der letzten Kaltzeit geformt wurde.

Osteuropäisches Tiefland

Die weiten Ebenen des Osteuropäischen Tieflands entstanden während der letzten Kaltzeiten und prägen das Landschaftsbild von der russischen Westgrenze bis zum Ural.
Besonders der fruchtbare Südteil wird intensiv landwirtschaftlich genutzt. Der Norden ist nur dünn besiedelt.

Ural

Der Ural ist das längste Mittelgebirge des Landes und trennt mit seinen meist bewaldeten Höhenzügen Europa und Asien. Die Berge mit ihren abgerundeten Kuppen sind das Ergebnis langer Verwitterungsprozesse. Im Norden setzt sich der Ural in der Inselkette Nowaja Semlja fort.

M2 *Landschaftsprofil Russlands entlang des 60. Breitengrades*

Weltnaturerbe Baikalsee

- Mit rund 25 Mio. Jahren gilt der Baikal als der älteste See der Erde.
- Bei einer Tiefe von durchschnittlich 730 m und maximal 1637 Metern speichert der See ein Fünftel aller Süßwasservorräte der Erde.
- Die „Perle Sibiriens“ enthält das sauberste und klarste Wasser, das auf der Erde vorkommt.
- Von den rund 1800 Tierarten, die im Baikalsee leben, kommen ca. 1200 Tierarten (z.B. die Süßwasserrobbe oder der Epischura-Krebs) nur dort vor.

M3 *Der Baikalsee – „Perle Sibiriens“ und Teil des Weltnaturerbes*

Mittelsibirisches Bergland

Mehrere Flüsse zerschneiden in tiefen Tälern das Mittelsibirische Bergland. Im Süden befindet sich der Baikalsee, der tiefste Binnensee der Erde, der von einigen Hochgebirgen umgeben ist. Weiter nach Norden überwiegen Mittelgebirge mit abgerundeten Bergen. Bis zur Küste des Nordpolarmeeres erstrecken sich sumpfige Tiefländer.

Ostsibirisches Bergland

Die Hoch- und Mittelgebirge zwischen Lena und Pazifikküste werden zum Ostsibirischen Gebirgsland zusammengefasst. Diese vielgestaltigen Gebirgslandschaften von der Größe Westeuropas sind schwer zugänglich und sehr dünn besiedelt. Den äußersten Norden nehmen unzugängliche Sümpfe ein.

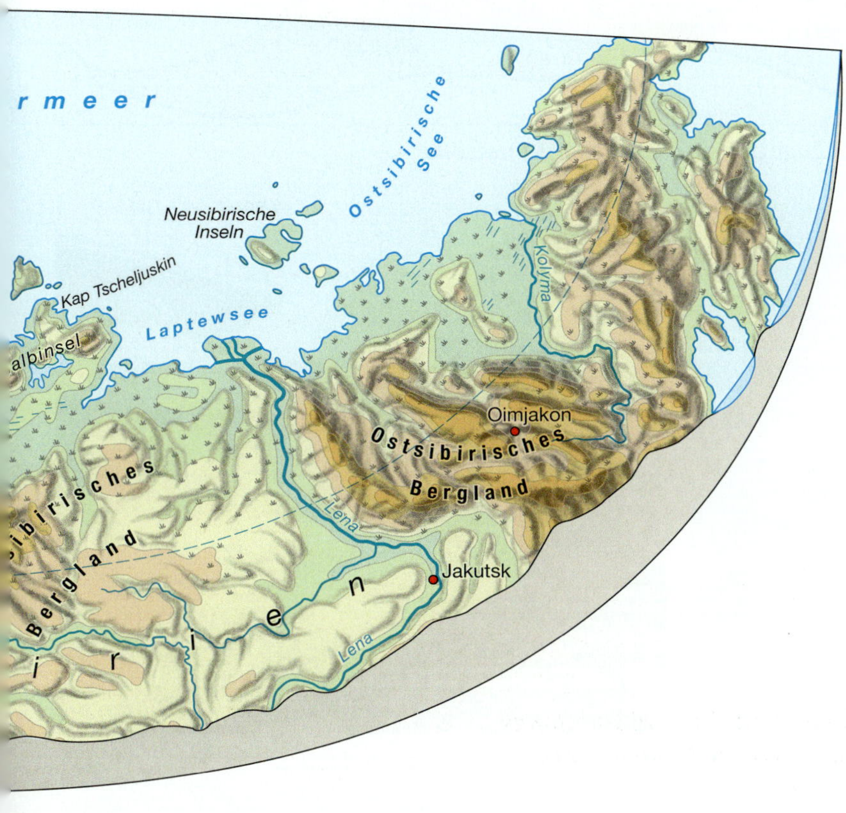

Merke
Großlandschaften sind durch einheitliche Oberflächenformen gekennzeichnet. In Russland befinden sich Tiefländer insbesondere im europäischen Teil und in Westsibirien. Mittel- und Hochgebirge liegen im Zentrum des Landes sowie im Osten und am Südrand Sibiriens.

Die Klimazonen Russlands

1 Nenne die Klima- und Vegetationszonen, an denen Russland Anteil hat.

Gebiete mit gleichen oder ähnlichen Klimawerten werden zu Klimazonen zusammengefasst, die nahezu parallel zum Äquator die Erde ähnlich wie Gürtel umschließen. Russland hat von Nord nach Süd Anteil an mehreren Klimazonen.

Polare Klimazone: Ganz im Norden, auf den russischen Inseln im Nordpolarmeer herrscht Polarklima. Die Temperaturen bleiben sogar im Sommer nahe 0 °C, sodass die riesigen Eisfelder nur kurzzeitig aufbrechen. Der Niederschlag ist gering, oft starker Wind sorgt dafür, dass die niedrigen Temperaturen noch kälter empfunden werden.

Subpolare Klimazone: In der sich südlich anschließenden subpolaren Klimazone unterbricht ein kurzer kühler Sommer die lange, sehr kalte Winterzeit. Auch hier fällt wenig Niederschlag, meist als Schnee.

Gemäßigte Klimazone: Der größte Teil Russlands liegt in der gemäßigten Klimazone, die sich in kühles Kontinentalklima und sommerheißes Kontinentalklima unterteilt. Hier sind alle vier Jahreszeiten in unterschiedlicher Länge und Intensität ausgeprägt.

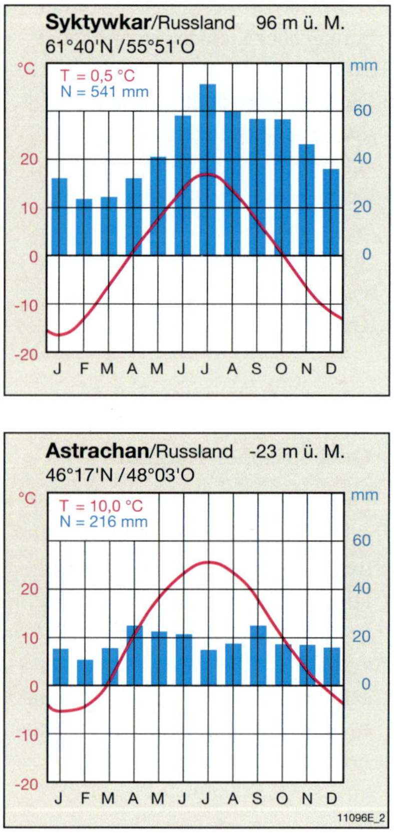

M1 *Klimadiagramme*

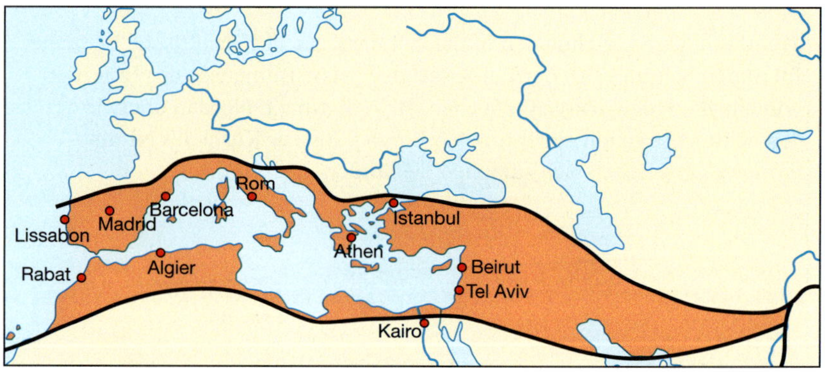

M2 *Lage der subtropischen Klimazone*

M3 *Frühlingsanfang auf Nowaja Semlja*

M4 *Frühlingsanfang am Schwarzen Meer*

Das Kontinentalklima

Die Regionen Osteuropa, Nord- und Mittelasien erstrecken sich von Nord nach Süd über mehrere Klimazonen. Wenn an der Schwarzmeerküste die Badesaison beginnt, ist das gesamte Nordpolarmeer noch von einer geschlossenen Eisdecke überzogen. Auch von West nach Ost verändert sich das Klima.

In Richtung Osten nimmt mit wachsender Meeresferne der Einfluss des Atlantiks ab, sodass die Summe der Jahresniederschläge sinkt. Wir sprechen vom wachsenden Einfluss des Kontinents auf das Klima bzw. vom **Kontinentalklima**. Erst an der Pazifikküste steigen die Niederschläge wieder an. Auch der Einfluss der milden Atlantikluft auf die Temperatur nimmt nach Osten hin immer mehr ab. Das macht sich vor allem im Winter in Nordasien bemerkbar. Die Winter werden kontinentaler, das heißt kälter.

Im ostsibirischen Oimjakon wurde im Jahre 1926 mit -71,2 °C die kälteste Temperatur der Nordhalbkugel gemessen. Der Temperaturunterschied zwischen Sommer und Winter ist beim Kontinentalklima besonders groß.

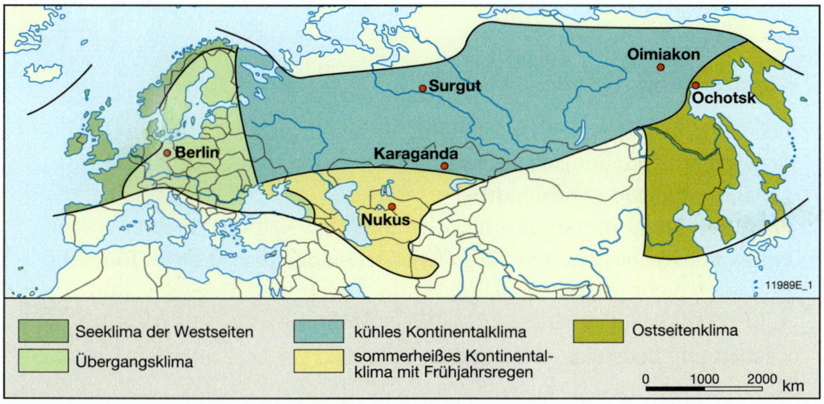

M5 *Klimatypen der gemäßigten Klimazone*

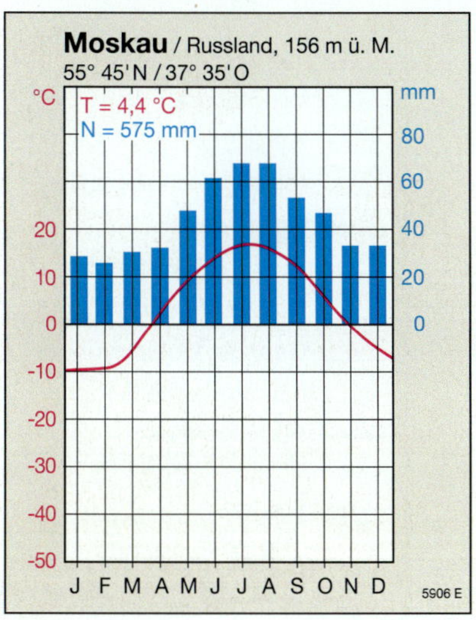

M6 *Klimadiagramm Moskau*

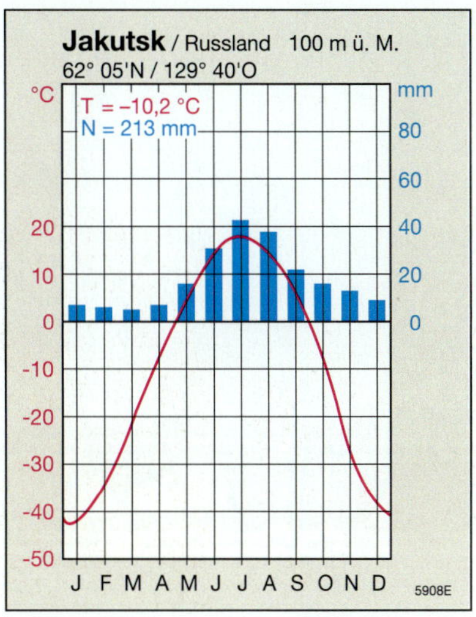

M7 *Klimadiagramm Jakutsk*

2 Ordne die Klimastationen (M1) den Klimazonen (S. 14, M1) und Klimatypen (M5) zu. Begründe die Zuordnung.

3 Zeige am Beispiel von drei Vegetationszonen, wie die Natur der agrarischen Landnutzung durch den Menschen Grenzen setzt.

Info

„Sternengeflüster“

Die kalte Winterluft Jakutiens ist sehr schwer, das verbessert den Schalleffekt. Kleinste Geräusche sind weithin zu hören. Das Knarren eines Schlittens ist noch in drei Kilometer Entfernung wahrnehmbar. Die vor Kälte knisternde Erde klingt wie Gewehrfeuer. In den eisigen Nächten hört man ein ständiges Rascheln. Die Jakuten nennen diese Geräuschkulisse „Sternengeflüster“. Bei Schnee und Dunkelheit bleiben die Geräusche nicht ohne Einfluss auf Gefühle und Vorstellungen.

Merke

Russland hat von Nord nach Süd Anteil an mehreren Klimazonen. Innerhalb der gemäßigten Klimazone nimmt die Kontinentalität von West nach Ost zu.

Grundbegriff

- Kontinentalklima

Zusammenhang von Klima und Vegetation

1 Nenne die Vegetationszonen, an denen die Staaten, die zum russischen Kulturerdteil zählen, Anteil haben (M1).

2 Beschreibe den Zusammenhang zwischen Klima und Vegetation.

3 Was bedeuten die Begriffe Tundra, Taiga und Steppe (Info-Box)?

4 Beschreibe das Aussehen der Tundra (M2, M5).

Die Staaten, die zum Russischen Kulturerdteil gehören, haben Anteil an unterschiedlichen Vegetationszonen. Man spricht von Vegetationszonen (M1), wenn bestimmte Vegetationsformen eine großräumige Verbreitung und breitenparalleler Abfolge aufweisen.
Neben den klimatischen Bedingungen bestimmen die Böden mit ihren Nährstoffen sowohl die natürliche Vegetation als auch die landwirtschaftlichen Nutzungsmöglichkeiten.
Die ursprüngliche Pflanzenwelt wurde vom Menschen inzwischen stark verändert. In großen Teilen musste sie der landwirtschaftlichen Nutzung weichen. Allerdings sind die Bedingungen für die agrarische Landnutzung insgesamt ungünstig: auf drei Vierteln der Fläche Russlands liegen die Temperaturen mehr als acht Monate unter 0 °C. Auch die ausgedehnten Trocken- und Gebirgsräume lassen sich kaum nutzen. Auch heute noch setzt die Natur trotz des Einsatzes moderner Technik Grenzen bei der Erschließung und der Nutzung weiter Teile Russlands.

Info

Tundra, Taiga, Steppe

Das Wort **Tundra** war ursprünglich nur im Norden der Halbinsel Kola beheimatet. Es leitet sich vom finnischen Wort „tunturi" ab und heißt „flache, waldlose Landschaft".
Das Wort **Taiga** stammt aus Jakutien und lässt sich mit „dichter Nadelbergwald" übersetzen. Die Taiga existiert jedoch nicht nur im Bergland und auch nicht immer als dichter Wald. Daher wird Taiga als „nördlicher Nadelwald" übersetzt. Das Wort **Steppe** stammt aus dem Russischen und bedeutet „Grasland".

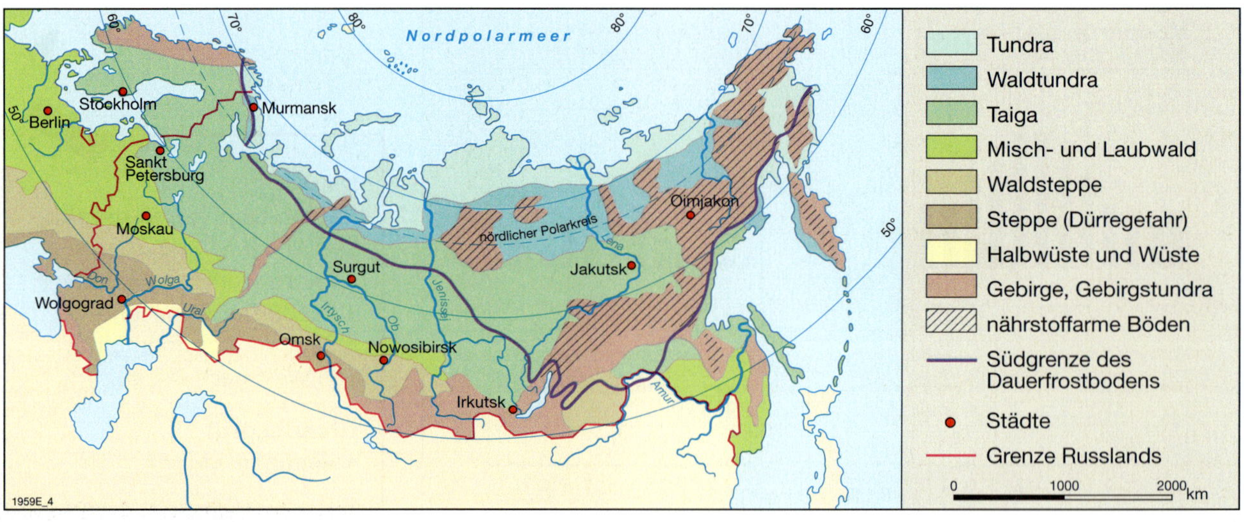

M1 *Vegetationszonen*

M2 *In der Tundra*

M5 *Tundra – Vegetation*

M3 *Taiga im Winter*

M6 *Taiga im Sommer*

M4 *In der Steppe*

Merke

Russland hat Anteil an mehreren Vegetationszonen. Die Pflanzenwelt wird durch die klimatischen Bedingungen und die Bodenverhältnisse bestimmt. Eine natürliche Vegetation existiert nur noch in wenigen Gebieten.

Grundbegriffe

- Tundra
- Taiga
- Steppe

Info

Peter der Große

Geboren wurde Peter I. am 9. Juni 1672 in Moskau. An die Macht kam er 1689. Um die wirtschaftlichen und politischen Verhältnisse in Westeuropa zu erkunden und um die Schiffbaukunst zu studieren, schloss sich Peter I. 1697 inkognito einer russischen Gesandtschaft an mehrere europäische Höfe an. Dies wurde zu einem beliebten Thema der Literatur und Musik, z.B. in der Oper „Zar und Zimmermann“ von A. Lortzing. Nach seiner Rückkehr begann Peter I. mit umfassenden Reformen, die die bis dahin gültigen Lebensformen entscheidend veränderten. Er schaffte unter anderem die altrussische Zeitrechnung ab, führte europäische Kleidung ein und modernisierte die Verwaltung und die Wirtschaft.
Peter I., der Große, ließ die neue Hauptstadt Sankt Petersburg bauen, die zuvor auf dem Reißbrett entworfen wurde.

„Fenster nach Europa“

Russland verfügt heute mit Sankt Petersburg über den wichtigsten direkten Meereszugang nach Nord- und Westeuropa. Geöffnet wurde das „Fenster nach Europa“ 1703 mit der Stadtgründung durch Zar Peter I. Über den Handel sollten damals fortschrittliche europäische Ideen in das rückständige Russland gelangen. In der Folgezeit entwickelte sich Sankt Petersburg zu einem internationalen Handelsplatz, einem wichtigen Industriezentrum und zu einer Kunst- und Kulturstadt.
In der Sowjetära (1917 – 1991) verlor die Stadt ihre Funktion als „Fenster nach Europa“. Die Industrie der Stadt war hauptsächlich auf den Binnenmarkt ausgerichtet. Der industrielle Schwerpunkt von Sankt Petersburg verlagerte sich auf die verarbeitende Industrie, insbesondere den Maschinenbau und Zweige der Rüstungsindustrie.
Auch in Sankt Petersburg mussten seit 1991 neue Wirtschaftsstrukturen geschaffen werden. Da finanzielle Mittel fehlen, um die übergroßen Betriebe zu modernisieren, gibt es viele Arbeitslose und die Verarmung großer Teile der Bevölkerung nimmt zu. Zahlreiche Menschen, vor allem die Rentenempfänger, haben kaum Geld zum Leben. Auf der anderen Seite spielt für die „Neureichen“ Geld keine Rolle, und Luxusläden machen große Umsätze.

„Venedig des Nordens“

Sankt Petersburg hat mehrere schmückende Beinamen wie „Stadt der weißen Nächte“ oder „Venedig des Nordens“. Buchstäblich dem Wasser abgerungen steht die Stadt auf dem sumpfigen Untergrund von mehr als 40 Inseln im Delta der Newa. Deshalb durchziehen auch zahlreiche Flussarme und Kanäle die Stadt, verbinden unzählige Brücken die einzelnen Teile miteinander. Die einstige Residenzstadt des Zaren gilt heute wieder als die „Kulturhauptstadt“ Russlands, die von Touristen aus aller Welt besucht wird.

1 Erkläre folgende Aussage: Sankt Petersburg war und ist Russlands Fenster nach Europa und Asien (Text, Atlas).

2 Warum wird Sankt Petersburg im Juni auch „Stadt der weißen Nächte“ genannt?

M1 *Sankt Petersburg – Venedig des Nordens*

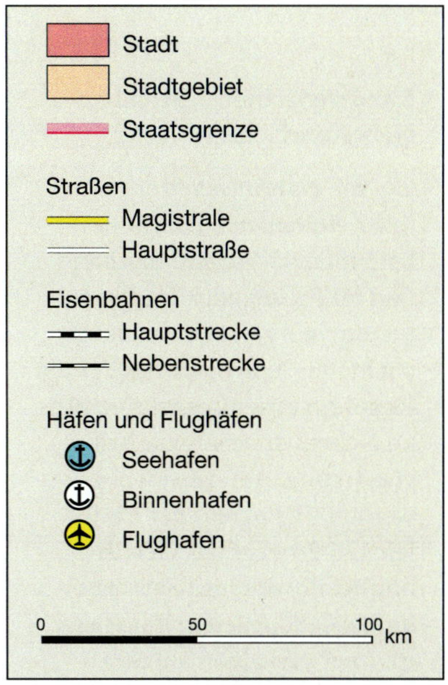

M2 *Sankt Petersburg – ein Verkehrsknotenpunkt*

Entwicklungschancen für das Industriegebiet?

Sankt Petersburg und seinem Umland werden gute Chancen eingeräumt, wieder zu einer Drehscheibe des Handels zwischen Ost und West und somit zwischen Europa und Asien zu werden. Neben fast 400 Wissenschafts- und Forschungseinrichtungen und den vielen kulturellen Angeboten stellen die geographische Lage sowie das gut ausgebaute Verkehrsnetz wichtige wirtschaftsfördernde Faktoren dar.

Finnland – EU – Sankt Petersburg

Die Lage und die Verkehrsinfrastruktur Finnlands markieren eine Ecke des sogenannten Nordischen Dreiecks, das ein Tor von Zentraleuropa bis tief nach Russland und weiter nach Osten bildet. Gegenwärtig wird ein wachsender Anteil des Güterverkehrs zwischen der EU und Russland über Finnland abgewickelt. Zwischen Finnland und Russland verlaufen zwei logistische Eisenbahnkorridore: die südliche Sankt Petersburg-Route und die Archangelsk-Route. Von ihnen ist die erste, die die Industrie- und Ballungsräume miteinander verbindet, zweifellos die wichtigste. Sie tangiert die wichtigen Städte, Industriezentren und Rohstoffvorkommen Nordwestrusslands.

3 Begründe: Sankt Petersburg ist ein Verkehrsknotenpunkt. Der Hafen und die Häfen im Umland gehören zum Kernbereich dieses Verkehrsknotens.

4 Informiere dich über Neues aus Russland, Moskau und Sankt Petersburg unter www.russland.ru

Info

Vielseitige Industriestruktur

Sankt Petersburg zählt zu den wirtschaftlich wichtigsten Industriezentren Russlands. Über Jahrzehnte war die Industrie einseitig auf den Maschinenbau und Rüstungsprodukte ausgerichtet. Heute gibt es eine vielseitige Industriestruktur. Neben dem Maschinen- und Schiffbau sind sowohl die Textil- und Chemieindustrie als auch die Nahrungsmittelindustrie wichtige Zweige.

Info

Landwirtschaft - private Nebenwirtschaft

Um die Nahrungsmittel nicht teuer einkaufen zu müssen, betreiben 90 Prozent der Land- und 60 Prozent der Stadtbevölkerung in ihren Gärten, auf gepachteten Ackerflächen oder auf illegal besetztem Land eine kleine Nebenwirtschaft zur Selbstversorgung. Auf diese Weise werden 91 Prozent der Kartoffeln, 76 Prozent des Gemüses und 55 Prozent des Fleisches in Russland erzeugt. Vor allem Rentner verkaufen am Straßenrand ihre selbst erzeugten Produkte, um ihre bescheidenen Renten aufzubessern, die oft kaum zum Überleben reichen.

1 Beschreibe und begründe die Verteilung der Industriegebiete in Russland.

Wirtschaftsräumliche Strukturen

Der russische Wirtschaftsraum weist ausgeprägte räumliche Disparitäten auf. Ein infrastrukturell gut erschlossener westlicher Teil (europäischer Teil), der dicht besiedelt ist und in dem sich die wichtigsten Industriegebiete befinden, steht dem weniger erschlossenen östlichen (sibirischen Teil) gegenüber (M1).

Sibirien ist aber die Region Russlands, die mit großem Ressourcenreichtum ausgestattet ist. Hier befinden sich die weltgrößten Vorkommen an Erdgas, das zweitgrößte Vorkommen an Erdöl nach dem Nahen Osten sowie das drittgrößte Kohlevorkommen nach den USA und China. Zudem besitzt Sibirien große Reserven unter anderem an Eisenerz, Mangan, Blei, Nickel, Kobalt, Kupfer und Wolfram. Die ausgedehnten Waldgebiete sind ein weiterer bedeutender Schatz Sibiriens.

Für die Verbreitung der Landwirtschaftsgebiete sind in erster Linie die Naturgegebenheiten ausschlaggebend. Etwa die Hälfte Russland wird von Gebirgen eingenommen. Etwa 60 Prozent des Landes weisen extreme klimatische Verhältnisse auf und drei Viertel der Gesamtfläche fallen auf Wälder und Ödland.

Die landwirtschaftliche Nutzfläche beträgt heute etwa 13 Prozent der Landesfläche. Der größte Teil davon liegt in sogenannten riskanten klimatischen Gebieten für den Ackerbau. Russland verfügt aber auch über fruchtbare Schwarzerdeböden in der Steppenzone.

Im Vergleich zur Landwirtschaft in den westlichen Industrieländern weist die russische Landwirtschaft eine geringere Produktivität auf. Die Ursachen dafür sind vielfältig. So ist beispielsweise die Mechanisierung gering. Maschinen sind häufig veraltetet und es wird relativ wenig Dünger eingesetzt.

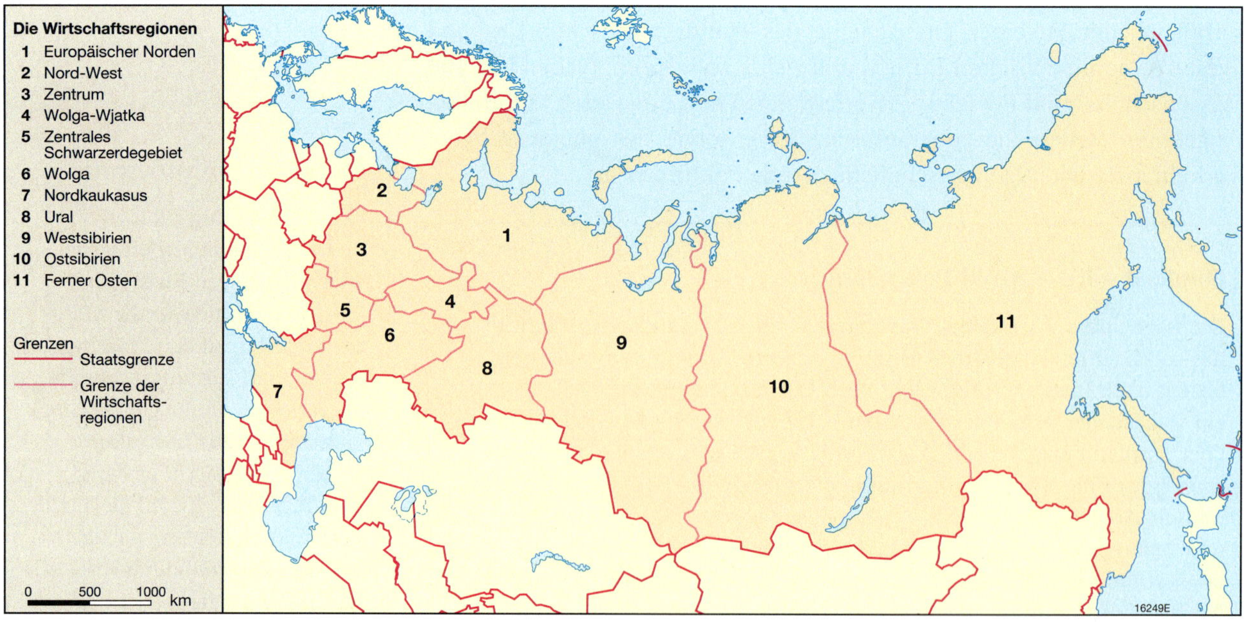

M1 *Wirtschaftsräume Russlands*

Landwirtschaftlicher Gunstraum

Die Steppenzone ist die Heimat unserer Getreidesorten und bietet sehr gute Voraussetzungen für den Anbau von anspruchsvollen Nutzpflanzen wie Weizen oder Zuckerrüben. Die Winter in der Steppe sind kalt und schneearm, die Sommer dagegen heiß und trocken. Es herrscht Kontinentalklima (siehe S. 39).
Früher waren die Steppen weite Grasländer, in denen wegen der geringen Niederschläge nur wenige Bäume wuchsen. Im Hochsommer verdorrten die Gräser und wurden von den Mikroorganismen des Bodens zu Humus umgewandelt. Zusammen mit Löss entwickelte sich in den Steppengebieten in Jahrtausenden eine bis zu einem Meter mächtige Humusschicht. Die Böden der Steppe (**Schwarzerde**) sind daher sehr fruchtbar. Deshalb gelten Teile Russlands und der Ukraine als „Kornkammern".

Info

Schwarzerdeböden

Schwarzerdeböden sind die fruchtbarsten Böden der Erde. Sie verdanken ihre Fruchtbarkeit dem Löss und einer dicken Humusschicht. Löss ist ein kalkhaltiges Gesteinsmehl, das während der letzten Eiszeit vom Wind abgelagert wurde.

Problem Dürre und Bodenerosion

In der Steppe herrscht keine Niederschlagssicherheit. Es kann zu wenig oder zum falschen Zeitpunkt regnen. Für die Landwirtschaft ist das nicht günstig. Es kommt oft zu Missernten durch Dürre.
Auch unzureichender Bodenschutz führt letztlich zu Ernteausfällen. So liegen die großen, ausschließlich mit Getreide bestellten Ackerflächen nach der Ernte über mehrere Monate hinweg brach. In dieser Zeit ist der Oberboden ungeschützt der Erosion ausgesetzt. Unter diesen Bedingungen haben Winde bereits ein Drittel des nährstoffreichen Oberbodens abgetragen. Im Frühjahr, wenn die Schneedecke taut, kann das Schmelzwasser den Oberboden wegspülen. Tiefe Schluchten, die die Bezeichnung Owragi (Singular: Owrag) tragen, entstehen.

2 Ermittle Landwirtschaftsgebiete und begründe ihre Lage. Nutze auch den Atlas.

3 Stelle Beziehungen zwischen landwirtschaftlicher Nutzung, Boden, Klima sowie Wasser in der Steppenzone her (Arbeitsheft, S. 9).

M2 *Landwirtschaftliche Nutzung der Steppe*

Merke
Der Wirtschaftsraum Russlands ist gekennzeichnet durch räumliche Disparitäten. Die Steppenzone ist aufgrund ihrer fruchtbaren Schwarzerdeböden ein wichtiges Getreideanbaugebiet.

Grundbegriff
- Schwarzerde

Info

Sibirien

Sibirien („schlafende Erde") ist eine nordasiatische Großlandschaft. Sie ist mit ca. 13 Mio km² Fläche ungefähr 36-mal so groß wie Deutschland. Sibirien hat aber nur etwa 40 Mio. Einwohner, vor allem Russen. Einige Gebiete haben mehr als neun Monate Frost. Sibiriens Bedeutung liegt in seinem Reichtum an Bodenschätzen. Die Wälder bieten beste Voraussetzungen für eine intensive Holzindustrie.

1 Beschreibe die naturräumliche Ausstattung Sibiriens:
a) Gehe ein auf Klima, Boden und Vegetation.
b) Beschreibe den Wandel des Klimas von Westen nach Osten.

Sibirien: Eine wertvolle Region

Sibirien („schlafende Erde") ist eine der rohstoffreichsten Regionen der Erde. Sie war schon immer begehrtes Objekt der russischen Herrscher. Auf Drängen der russischen Zaren und mithilfe der Kaufmannsfamilie Stroganow wurde seit dem 16. Jahrhundert der westliche Teil Sibiriens erschlossen – ein Gebiet, das mit 2,5 Mio. km² rund siebenmal so groß wie Deutschland ist. Die attraktivste **Ressource** bestand in den zahllosen Pelztieren, besonders den wertvollen Zobeln. Pelze waren als Bekleidung während der langen, kalten Winter sehr begehrt und sie bildeten den führenden Exportartikel.

Als der Reichtum an Pelztieren wegen Überjagung gegen Ende des 17. Jahrhunderts zur Neige ging, traten der Abbau und die Verhüttung von Erzen in den Vordergrund. Silber, Kupfer, Blei, Gold, Diamanten, aber auch Eisen, Zinn und Schwefel wurden im Ober- und Untertagebau gefördert.

Da die Entfernungen riesig und die Transportmöglichkeiten begrenzt waren, wurden zunächst nur die wertvollsten Erze wie Silber, Kupfer und Gold verhüttet. Bereits zur Mitte des 18. Jahrhunderts war Sibirien ein bedeutender russischer Wirtschaftsraum: der wichtigste Lieferant von Edelmetallen in Europa und der weltweit größte Produzent von Kupfer. Ab Mitte der 1960er-Jahre wurden Erdöl- und Erdgasfelder entdeckt und ausgebeutet. Sie zählen zu den größten der Welt.

M1 *Sibirien – eine russische „Schatzkammer"*

Schwierige Lebensverhältnisse

Sibirien ist auch heute noch der Inbegriff für Frost, Taiga, Tundra, Unwegsamkeit und schwierige Lebensbedingungen. Es umfasst riesige Gebiete, von denen einige noch von keinem Menschen betreten wurden. In der autonomen Republik Sacha (Jakutien), die neunmal größer ist als Deutschland, lebt nur etwa eine Million Einwohner (zum Vergleich: Deutschland hat 2009 etwa 82 Mio. Einwohner).
Das Leben für die Bevölkerung ist hier oft mühsam und unterscheidet sich in vielen Dingen von dem im europäischen Teil Russlands. In manchen Regionen gefrieren die Flüsse bis in sechs Meter Tiefe. Die Motoren der Kraftfahrzeuge laufen 24 Stunden am Tag, damit sie nicht einfrieren. Zu Hause leben die Menschen hinter dicken Mauern mit dreifachen Türen und dreifach verglasten Fenstern. Die Frauen ziehen oft mehrere Paar Wollstrumpfhosen übereinander und die Männer vermummen sich bis zur Nasenspitze. Trinkwasser wird in den Haushalten in Form von großen Eisblöcken angeliefert, die aus den Flüssen gesägt werden, und selbst die Milch kann man im Klotz mit Holzgriffen für den Transport kaufen.
Der Boden in weiten Teilen Sibiriens ist bis zu 400 m tief gefroren. Im Sommer taut dieser **Dauerfrostboden** an der Oberfläche nur etwa 30 cm tief auf. Dann verwandelt sich die Landschaft in eine Seen- und Sumpflandschaft, da das Wasser nicht versickern kann.

Bauen auf Dauerfrost

Die Kosten für den Häuserbau auf Dauerfrostboden sind enorm hoch, weil alle Gebäude auf Stelzen stehen müssen, die mehrere Meter tief im Erdreich verankert sind. Dadurch ist garantiert, dass die Luft unter dem Gebäude zirkulieren kann und der Boden nicht auftaut. Häuser ohne Stelzen können in Schräglage geraten oder sogar einsinken (M2).

M2 *Sibirisches Haus versinkt im Dauerfrostboden*

2 Lies den Text „Schwierige Lebensverhältnisse". Beschreibe, wie du deine Freizeit gestalten würdest, wenn an deinem Wohnort ähnliche Bedingungen herrschten.

Erstaunlich!

In Sibirien gibt es ab -52 °C für die Erst- und Zweitklässler, ab -54 °C für die gesamte Schule „kältefrei". Die Kinder könnten auf dem Schulweg Erfrierungen erleiden. Russische Lastwagen haben einen Kohleofen, damit der Fahrer bei einer Panne nicht erfriert. Pelz ist hier der wichtigste Wärmeschutz für die Menschen.

Merke

Sibirien ist eine der rohstoffreichsten Regionen der Erde. Allerdings wird die Gewinnung der Bodenschätze durch das extreme Klima und die schlechten Verkehrsverbindungen erheblich erschwert.

Grundbegriffe
- Ressource
- Dauerfrostboden

M1 *Verlegung einer neuen Pipeline*

1 Beschreibe die Lage der Erdgaslagerstätten Westsibiriens.

2 Erläutere die Bedingungen, unter denen in Sibirien Lagerstätten erschlossen werden. (Arbeitsheft, S. 10)

3 Am 10.12.2005 wurde der Baustart einer vier Milliarden teuren Ostsee-Gaspipeline von Nordrussland nach Deutschland gefeiert. Informiere dich im Internet darüber.

Land	Erdöl-reserven (in Mio. t)	Erdgas-reserven (in Mrd. m^3)
Saudi-Arabien	36 037	6 650
Iran	18 022	26 620
Irak	15 646	3 115
Kuwait	13 845	1 572
VAE	13 306	6 006
Venezuela	10 847	4 276
Russland	10 148	47 570
Nigeria	4 881	4 984
USA	3 000	5 451
Katar	2 000	25 770

M2 *Länder mit großen Erdöl- und Erdgasreserven 2006*

Erdöl und Erdgas aus Westsibirien

In den 60er-Jahren des letzten Jahrhunderts wurden Erdöl- und Erdgasfelder entdeckt, die heute zu den ergiebigsten der Welt zählen. Diese Vorräte liegen beiderseits des Polarkreises, sodass die Erschließung sich als sehr schwierig erweist. Das extreme Klima stellt hohe Anforderungen an die dort arbeitenden Menschen und das Material. Es herrscht neun Monate strenger Winter und nur drei Monate kühler Sommer. Das Material muss große Temperaturunterschiede von 50 Grad Celcius und mehr aushalten. Im Sommer ist das Land sumpfig und die Arbeiter werden durch Mückenschwärme stark gepeinigt. Die Arbeitsorte in der westsibirischen Tundra sind meist nur per Hubschrauber zu erreichen.
Sibirisches Erdöl und Erdgas sind wichtige Rohstoffquellen für die Länder Europas und Mittelasiens. Ein dichtes Netz von Pipelines transportiert die wertvolle Fracht bis an ihre Bestimmungsorte. Diese Art des Transportsystems wird ständig weiter ausgebaut, denn es verursacht vergleichsweise geringe Kosten. Allerdings erfordert der Bau der Leitungen einen erheblichen Aufwand. Zunehmend kritisieren Umweltverbände den Zustand älterer Pipelines und werfen den Unternehmen mangelnde Kontrollen vor. Aufgrund der extremen Witterung in Sibirien kommt es zu Rohrbrüchen, die erhebliche Schäden in der Natur anrichten. Die Trassenführung durch dicht besiedelte Gebiete und durch die Ostsee ist ebenfalls umstritten.

M3 *Deutschlands Erdgasimporte*

Leben und Arbeiten unter schwierigen Bedingungen

„Herr Jurow, wie lange leben Sie schon hier in Nishnewartowsk?"
„Ich wohne hier seit zehn Jahren. Das ist für diese Stadt ungewöhnlich lange. Die meisten Menschen zieht es eher weg; sie bleiben nur eine sehr kurze Zeit hier. Ich wohne in einem der 16-geschossigen Wohnblöcke. Wie alle anderen Häuser steht er auf zehn bis zwölf Meter langen Betonstelzen. Nur so kann man auf dem sumpfigen Untergrund bauen."
„Sind die Lebensbedingungen hier nicht sehr hart?"
„Vor allem die Sommer sind schlimm. Während mir die trockene winterliche Kälte mit bis zu -30 °C nicht viel ausmacht, leide ich unter der sommerlichen Mückenplage. Die Tiere finden ideale Brutgebiete in den Sümpfen und offenen Wasserflächen der Stadt und der Umgebung. Außerdem gibt es zu wenig Frischprodukte, sodass viele Leute unter Vitaminmangel leiden. Auch die Umweltbelastungen sind sehr hoch. Unser Trinkwasser ist verschmutzt und die Luft ist wegen des Abfackelns von Öl und Gas mit Krebs erregenden Stoffen stark angereichert."
„Warum sind Sie denn überhaupt hierhin gezogen?"
„Die Erdöl- und Erdgasindustrie suchte jede Menge Arbeitskräfte, auch solche, die wie ich keinen Beruf erlernt hatten. Ich konnte fast fünfmal so viel verdienen wie bei mir zu Hause. Seit drei Jahren bin ich arbeitslos, weil die Ölförderung in diesem Gebiet stark zurückgeht. Ich bleibe aber hier, weil ich hoffe, in dem noch unerschlossenen Priobskoye-Ölfeld im Mündungsgebiet des Ob eingesetzt zu werden und weil ich woanders keine Arbeit finde."

M4 *Auszug aus einem Interview mit Vadim Jurow während einer Sibirien-Exkursion von Studenten der TU Berlin*

4 Beschreibe das Leben und Arbeiten der Bohrarbeiter in den Erdölfördergebieten Westsibiriens.

Merke
Wenn der Dauerfrostboden im Sommer oberflächlich auftaut, bilden sich Seen und Sümpfe. Dies schränkt die Nutzung durch den Menschen zwar ein, trotzdem werden unter diesen schwierigen natürlichen Verhältnissen die reichen Vorkommen an Erdgas und Erdöl gefördert.

M5 *Nördlich von Surgut*

Nach offiziellen Meldungen gibt es rund 700 offizielle Lecks in dem 18 000 km langen Pipelinenetz. Allein im Bereich des Samatlor-Ölfeldes sind rund vier Millionen Tonnen Erdöl in den Boden und in die Gewässer versickert. Eine Umweltkatastrophe ist die Folge.
Größere Mengen des ausgelaufenen Öls werden abgebrannt, mit Sand überdeckt oder vom Frühjahrshochwasser weggeschwemmt.
Rund 30 große und über 100 kleine Flüsse der Region sind biologisch nahezu tot, etwa 20 000 ha Fischlaichplätze vernichtet. 90 Prozent der Lecks sind auf Rost zurückzuführen.

M6 *Umweltbelastungen im Gebiet Tjumen*

M1 *Nördlicher Seeweg im Sommer*

Verkehrs- und Lebensadern Sibiriens

Zwei Eisenbahntrassen in Südsibirien bilden die wichtigsten Lebensadern dieses großen Raumes: die 9297 km lange Transsibirische Eisenbahn (Transsib) und die 4280 km lange Baikal-Amur-Magistrale (BAM). Stichbahnen führen weiter in den Norden Sibiriens, ohne jedoch die Eismeerhäfen am Nördlichen Seeweg zu erreichen.

Als Verkehrswege zwischen dem Eisenbahnnetz im Süden und den Eismeerhäfen des Nordens werden die Ströme Sibiriens genutzt. Sie dienen im kurzen Sommer der Schifffahrt und im langen Winter als „Eisstraßen“, denn ein ausgebautes Straßennetz existiert in Sibirien nicht.

Weitab von den Schifffahrtslinien und Eisenbahntrassen sind Hubschrauber und Flugzeuge lebenswichtige Transportmittel. Dabei hat sich Nowosibirsk, wo auch Flugzeugindustrie ansässig ist, aufgrund seiner Lage in der Mitte Russlands zum wichtigsten Luftkreuz zwischen dem Westen und Osten des Landes entwickelt.

1 Begründe den hohen Kostenaufwand beim Bau von Transportwegen in Sibirien.

2 Nenne Gründe dafür, dass der Nördliche Seeweg eine normale Schifffahrtsroute werden könnte.

Info

Nördlicher Seeweg (Nordostpassage)

Der nördliche Seeweg ist insgesamt 10400 km lang. Anfang und Endpunkt sind die Städte Murmansk und Wladiwostok. Heute ist die Durchfahrt mithilfe leistungsfähiger Eisbrecher ganzjährig möglich, aber mit sehr hohen Kosten verbunden. Aufgrund klimatischer Veränderungen taut das Eis der Arktis immer stärker ab. Wissenschaftler gehen davon aus, dass die Seeeisbedeckung auf dem nördlichen Seeweg zukünftig über 120 Tage pro Jahr bei 50 Prozent und darunter liegen wird. Der Nördliche Seeweg könnte zunehmend zu einer normalen Schifffahrtsroute werden.

M2 *Erschließung der ostsibirischen Taiga durch die Baikal-Amur-Magistrale*

Das Industriegebiet um Nerjungri

Die Industrialisierung in Südsibirien erfolgte zunächst im Bereich der Transib und der BAM. Entlang dieser Strecken wurden mehrere große Industrieräume ausgebaut, Bergwerke angelegt, Flüsse aufgestaut, Kraftwerke und Produktionsstätten errichtet, zahlreiche Städte „aus dem Boden gestampft". Ziel war es, Sibirien zu besiedeln und seine schier unbegrenzten Ressourcen zu nutzen. Die Natur wurde dabei ohne Rücksicht auf Folgeschäden ausgebeutet.

Mit dem Bau der BAM begann der Aufbau des Industriegebietes Nerjungri. Hier wird heute noch vor allem Steinkohle gefördert. Da die Kohlenflöze nur wenige Meter unter der Erdoberfläche liegen, können sie im Tagebau abgebaut werden. Ein großer Teil der Steinkohle wird nach Japan verschifft und dort in der Stahlindustrie verwendet. Der Staat hatte Schwierigkeiten, Arbeitskräfte für dieses abgelegene und unwirtliche Gebiet zu gewinnen. Er zahlte doppelten Lohn, gewährte bis zu 45 Tage Urlaub im Jahr und stellte preisgünstige Wohnungen zur Verfügung. Doch trotz all dieser Vergünstigungen wohnen heute in Nerjungri statt der vorgesehenen 300 000 Einwohner nur 90 000.

3 Warum sind Eisenbahnlinien Lebensadern Sibiriens?

Merke
Die wichtigsten Verkehrsmittel zur Überwindung der großen Entfernungen in Sibirien sind Eisenbahn, Flugzeug und Hubschrauber. Das Industriegebiet Nerjungri entwickelte sich an der BAM. Die dort geförderte Kohle wird insbesondere nach Japan exportiert.

Info

Standortfaktoren, die zur Industrialisierung von Teilen Sibiriens beitrugen

- ausreichend geschaffene Verkehrsanbindung
- reiche Bodenschätze- oder Holzvorkommen
- sehr gute Möglichkeiten der Energiegewinnung (Energierohstoffe und Wasserkraft vorhanden)
- Gewässer zur Entnahme von Brauchwasser und Einleitung von Abwasser

M3 *Abbau von Kohle im Tagebau Nerjungri*

Leben und Arbeiten in Nerjungri

„Bei diesen Temperaturen können wir nur sechs Stunden am Tag arbeiten. Immer wieder müssen wir eine Pause einlegen, um uns aufzuwärmen. Aber selbst wenn wir noch bei minus 50 °C durchhalten, die Technik macht uns Schwierigkeiten. Die Lastwagen springen nur an, wenn die Motoren nachts mit offenem Feuer warmgehalten werden. Bei der Eiseskälte wird der Stahl so spröde, dass ein einziger Hammerschlag die tonnenschwere Schaufel eines Baggers wie Glas zerspringen lässt. Im Sommer dagegen, wenn das Thermometer auf 40 °C ansteigt, haben wir ganz andere Probleme. Der tiefgefrorene Boden, der nur an der Oberfläche auftaut, ist dann mit einer dicken Schlammschicht überzogen. Lkws bleiben häufig darin stecken und müssen mit Schleppern herausgezogen werden."

M4 *Schilderung von Gregori Baranow*

Additium: Eingriffe in den Naturraum und Folgen

Jahr	Fläche (km²)	Zufluss (km³/Jahr)	Fischfang (t)
1960	68 000	56	43 000
1970	60 900	37	17 000
1980	51 400	11	0
1990	38 817	6	0
2000	28 187	3	0
2020*	19 200	2	0

M1 *Daten zum Aralsee (*Prognose)*

1 Beschreibe die Ursachen für das Schrumpfen des Aralsees.

2 Erstelle je eine Kausalkette zu den wirtschaftlichen, klimatischen und gesundheitlichen Auswirkungen der Aralsee-Katastrophe.

WWW

www.g-o.de
→ *Schlagwort: Aralsee*

Info

Aralsee-Syndrom

Der Begriff Syndrom kommt aus der Medizin und bezeichnet dort komplexe Krankheitsbilder. Auf der Erde gibt es viele Probleme in der Umwelt und in der gesellschaftlichen Entwicklung, die als Syndrome bezeichnet werden. Das Aralsee-Syndrom beschreibt die unterschiedlichen Ausprägungen auf Natur und Mensch durch zentral geplante Wasserbauprojekte auf der Erde.

Der Aralsee „stirbt"

Früher besangen die Menschen den Aralsee als das „Meer" Mittelasiens, denn er war ihnen zu groß und zu bedeutsam, um ihn einen „See" zu nennen. In nur vierzig Jahren verlor der See mehr als die Hälfte seiner Fläche. Heute erreicht nur noch weniger als ein Zehntel der ursprünglichen Wassermenge den See. Warum?

Schon seit vielen Jahrhunderten wird den Zuflüssen des Aralsees Wasser zur künstlichen Bewässerung der Felder entnommen. Mit der Ausdehnung des Zarenreiches nach Mittelasien im 19. Jahrhundert kam es zur Vergrößerung der Bewässerungsflächen. Doch erst in den 1950er-Jahren begann die intensive Nutzung der Ressourcen. Die Flussoasen entlang des Amudarja und des Syrdarja wurden für den Anbau von Baumwolle stark ausgeweitet.

Auch der Reisanbau, der die dreifache Wassermenge des Baumwollanbaus beansprucht, wurde nach 1960 stark erweitert. Um die gewaltigen Flächen bewässern zu können, wurden die beiden Flüsse an immer neuen Stellen angezapft und Tausende Kilometer neuer Kanäle gebaut.

Der größte ist der Karakumkanal, der eine Länge von 1500 km hat. Er verursacht etwa 25 Prozent des Wasserverlustes des Aralsees. Insgesamt verdunsten über 50 Prozent des Wassers aus diesen Kanälen oder versickern im Sand, denn die Kanäle sind über weite Strecken weder abgedeckt noch ausbetoniert. Im ehemals fischreichen Aralsee wurden früher über 25 Fischarten gefangen und verarbeitet. Die Fangmenge stieg bis 1960 auf etwa 43000 t an. Der Fischfang ernährte über 60000 Fischer und deren Familien.

M2 *Einer von etwa 40000 Fischern und Fischereiarbeitern am Aralsee ohne Beschäftigung*

Reichtum an Wasserkraft, Erdöl und ...

Die Wolga als größter und wasserreichster europäischer Fluss ist ein wichtiger Transportweg. Sie liefert auch Brauchwasser für Industrie und Landwirtschaft. In verschiedenen Städten an der Wolga entstanden bedeutende Betriebe. Sie nutzen den Strom großer Wasserkraftwerke, die an dem Fluss errichtet wurden (M4).
Nach 3535 km hat die Wolga südlich der Stadt Astrachan ihren Endpunkt erreicht. Sie mündet in einem 200 km breiten Delta in das Kaspische Meer.
Rund um das Kaspische Meer lagern große Vorräte an Erdöl und Erdgas. Schon seit langer Zeit wird hier im Uferbereich, insbesondere in der Umgebung von Baku, Erdöl gefördert. Vor kurzem sind neue, große Vorkommen entdeckt worden. Ausländische Öl- und Erdgaskonzerne beteiligen sich am Wettlauf um die ergiebigsten Rohstoffquellen. Das Kaspische Meer hat mit großen Umweltproblemen zu kämpfen. Neben Verunreinigungen, die die Flüsse mitbringen, gelangen giftige Abwässer der Erdölraffinerien sowie Ölrückstände, die bei der Förderung oder durch Ölkatastrophen entstehen, ins Meer.
Im Kaspischen Meer kommt eine Fischart vor, die zu den größten Süßwasserfischen der Erde gehört, der Stör. Er liefert den berühmten Kaviar. Der Störbestand geht jedoch wegen der Verschmutzung des Wassers und des intensiven Fischfangs drastisch zurück. Gewaltige Ausmaße hat auch die Wilderei angenommen. Eine „Kaviar-Mafia“ schmuggelt vielfach den Kaviar außer Landes und verkauft ihn dort sehr teuer.

M3 *Bohrinseln im Kaspischen Meer bei Baku*

M4 *Verlauf der Wolga*

3 Suche im Atlas Verbindungen des Kaspischen Meeres zum offenen Meer (Flüsse und Kanäle) und beschreibe sie.

4 Nenne Ursachen für den Rückgang des Störbestandes.

Merke
Der Aralsee: Durch die intensive Wassernutzung der Zuflüsse des Aralsees zur Bewässerung der Baumwoll- und Reisfelder schrumpft die Fläche des Sees unaufhörlich. Menschen verloren und verlieren auch heute noch ihre Lebensgrundlage. Rettungsszenarien für den Aralsee sind angedacht, aber kaum durchführbar.

Die Wolga: Sie ist ein bedeutender Schifffahrtsweg. Zahlreiche Stauseen wurden entlang des Stromes angelegt. In einem breiten Delta mündet die Wolga in das Kaspische Meer, das einen reichen Fischbestand hat. Die Förderung von Erdöl im Kaspischen Meer bringt große Umweltgefährdungen mit sich.

Teste dich selbst!

Beim Zusammenbauen der Matrjoschkas sind offensichtlich Fehler gemacht worden.
Setze die Matrjoschkas wieder richtig zusammen, indem du jedem Oberteil das entsprechende Unterteil zuordnest.

Das Wichtigste kurz gefasst:

Grundbegriffe

Hauptstadt
Metropole
Kontinentalklima
Tundra
Taiga
Steppe
Schwarzerde
Ressource
Dauerfrostboden

Räumliche Orientierung

Zum russischen Kulturerdteil gehören die Russische Föderation (Russland), die Ukraine und Weißrussland (Belarus). Einen lockeren Staatenbund, die GUS (Gemeinschaft Unabhängiger Staaten), haben Russland und elf weitere Nachfolgestaaten der Sowjetunion gebildet.
Russland ist mit ca. 17 Mio km^2 der flächengrößte Staat der Erde und hat Anteil an zwei Kontinenten. Die Bevölkerungs- und Siedlungsdichte ist überwiegend gering. Dichter besiedelt sind die Gebiete des europäischen Teils und die wirtschaftlich genutzten Räume. In Russland und den anderen Staaten leben Menschen unterschiedlicher Nationalitäten, die ihre eigene Kultur und eigene Lebens- und Wirtschaftsweisen entwickelt haben. Die Erhaltung ihrer Identität und ihr friedliches Zusammenleben sind nicht immer gewährleistet.
Moskau ist die bevölkerungsreichste Stadt Russlands und erfüllt als Zentrum von Politik, Kultur, Wirtschaft und Verkehr alle Funktionen einer Hauptstadt.

Der Naturraum und seine Nutzung

Russland wird in fünf Großlandschaften gegliedert: der europäische Teil ist durch das Osteuropäische Tiefland geprägt, das Mittelgebirge Ural bildet die natürliche Grenze zwischen Europa und Asien, Sibiriens Relief steigt vom Westsibirischen Tiefland über das Mittelsibirische Bergland zum Ostsibirischen Gebirgsland an.
Russland hat Anteil an mehreren Klimazonen, entsprechend vielfältig ist die Vegetation ausgebildet. Besonders groß ist der Anteil an der gemäßigten Klimazone, die von West nach Ost immer kontinentaler wird. Es treten große Temperaturunterschiede zwischen Sommer und Winter auf, die Niederschläge sind zumeist gering. Die Steppenzone weist fruchtbare Schwarzerdeböden auf, die landwirtschaftlich genutzt werden.
Sibirien ist besonders reich an Ressourcen wie Holz, Bodenschätze, Wasser. Ihre Nutzung wird aber erschwert durch die großen Entfernungen und extreme klimatische Bedingungen.
Die reichen Erdöl- und Erdgasreserven Westsibiriens sind wichtige Rohstoffquellen für die Länder Europas. Das Pipeline-Netz wird immer weiter ausgebaut.

Die Erde –

Lavaströme am Hang des Merapi-Vulkans (Java/Indonesien)

1 Beschreibe, wie die Geowissenschaftler den Aufbau des Erdinneren erforschen.

2 Warum hat der Mensch die Erde bislang nur „angeritzt“?

3 Beschreibe den Schalenbau der Erde (M1).

4 Welche Beweise kannst du für Wegeners Theorie der Verschiebung der Kontinente vorbringen?

Das Erdinnere – unbekannt?

Bei Bauarbeiten in historischen Innenstädten stößt man oft in wenigen Metern Tiefe auf wertvolle Funde der Vergangenheit. Beim Bohren nach Erdöl erhalten Wissenschaftler anhand der Auswertung von Bohrkernen aus mehreren Hundert Metern Tiefe wertvolle Hinweise auf Besonderheiten des Klimas und der Vegetation vor Tausenden von Jahren. Der Mensch konnte bisher erst 4000 m in die Erde vordringen. Diese Tiefe wurde in einer Schachtanlage in Südafrika erreicht. Bereits hier herrscht eine unerträgliche Hitze, denn die Temperatur nimmt mit der Tiefe ständig zu. Die tiefste Bohrung der Erde mit über 12 000 m befindet sich auf der Halbinsel Kola. Man wollte noch tiefer gehen, aber es herrschte bereits eine Temperatur von 265 °C.
Wenn man die Bohrungen mit dem Erdradius von rund 6 370 km vergleicht, hat der Mensch die Erde bisher nur „angeritzt“. Heute kann man Erdbebenwellen künstlich erzeugen. Mit ihrer Hilfe können indirekt Gesteinsschichten bis zum Erdkern untersucht werden. Die Erforschung des Inneren der Erde führt zu ständig neuen Erkenntnissen über den Aufbau und die Geschichte unseres blauen Planeten. Sie ist genauso spannend wie die Erforschung des Weltalls.

Wenn die Erde bebt oder Vulkane ausbrechen, stellen die Menschen Fragen:
Was sind die Ursachen?
Warum sind immer dieselben Gebiete betroffen?

Die Antworten hängen mit dem Aufbau der Erde zusammen.

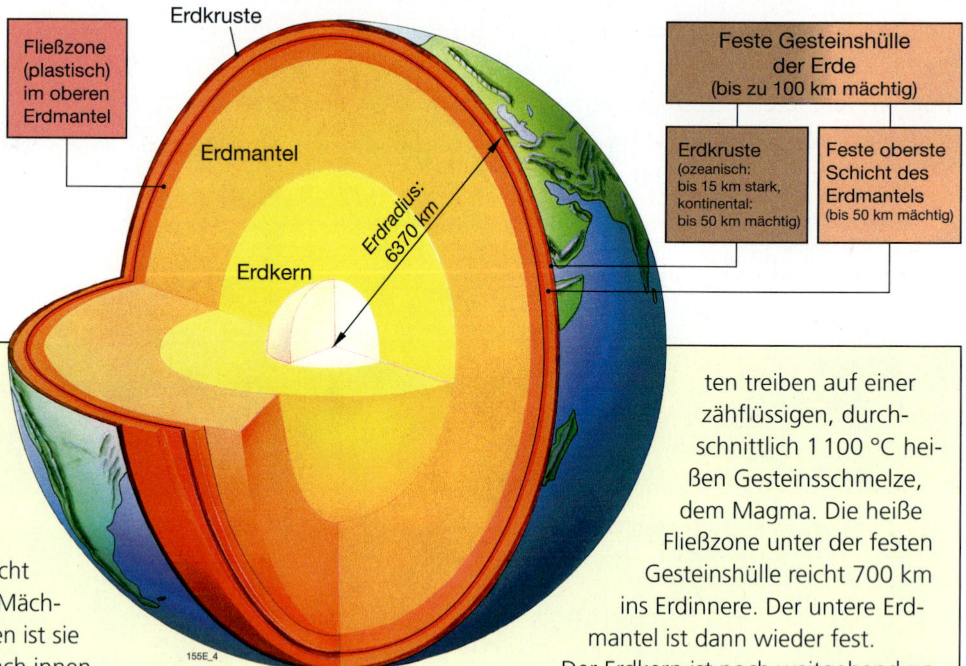

Die Erde ist in mehrere Schalen gegliedert. Die äußere „dünne Haut“ der Erde besteht aus festem Gestein und wird Erdkruste genannt. Unter den Gebirgen erreicht die Erdkruste ihre größte Mächtigkeit, unter den Ozeanen ist sie am dünnsten. Der sich nach innen anschließende Erdmantel reicht bis in eine Tiefe von 2 900 Kilometern. Seine oberste Schicht besteht auch aus festem Gestein. Diese bildet zusammen mit der Erdkruste die feste, aber brüchige Gesteinshülle der Erde. Sie reicht bis in 100 km Tiefe.
Wärme aus dem Erdinneren hat die Gesteinshülle verformt und in einzelne Erdplatten zertrennt. Die Platten treiben auf einer zähflüssigen, durchschnittlich 1 100 °C heißen Gesteinsschmelze, dem Magma. Die heiße Fließzone unter der festen Gesteinshülle reicht 700 km ins Erdinnere. Der untere Erdmantel ist dann wieder fest.
Der Erdkern ist noch weitgehend unerforscht. Er besteht aus einem äußeren und einem inneren Bereich. Man vermutet, dass der bis in etwa 5 000 km Tiefe reichende äußere Teil flüssig, der innere Kern dagegen fest ist.

M1 *Der **Schalenbau** der Erde*

„Wandernde Kontinente" – eine kühne Vorstellung

Ein Herbsttag 1911: Der 31-jährige Alfred Wegener stöbert in der Marburger Universitätbibliothek. Es sollte ein schicksalhaftes Ereignis für die Geowissenschaften des 20. Jahrhunderts werden. Der Zufall wollte es, dass Wegener eine Schrift in die Hände fällt, in der von identischen Fossilfunden im östlichen Südamerika und im westlichen Afrika berichtet wird. Er vermutet eine frühere Landbrücke. Dieser Gedanke geht Wegener nicht mehr aus dem Kopf.

„Alles Schiebung, ... Fieberfantasien, ... Märchenerzähler ...", die Wellen der Empörung auf der Jahreshauptversammlung der ‚Geologischen Vereinigung' am 6. Januar 1912 schlugen hoch. Gerade hatte Alfred Wegener seinen Vortrag zum Thema: „Neue Ideen über die Herausbildung der Großformen der Erdoberfläche (Kontinente und Ozeane) auf geophysikalischer Grundlage" beendet. Er war davon überzeugt, dass die Konturen der Ostküste Südamerikas und der Westküste Afrikas keineswegs zufällig aneinanderpassten.

Wegener stellte außerdem die kühne Vermutung auf, dass es vor vielen Millionen Jahren auf der Erde eine einzige zusammenhängende Landmasse – den Urkontinent Pangäa – gegeben hätte. Dieser wäre zerbrochen. Die Kontinente würden seither als Bruchstücke auf einer plastischen Gesteinsschmelze des Erdinneren umherschwimmen. Wegener bezeichnete diese Bewegungen als Kontinentaldrift. Diese Theorie fand keine Zustimmung unter den führenden Geologen, vor allem weil Wegener keine Ursachen für die Bewegung aufzeigen konnte.

Info

Alfred Wegener

1880 geboren in Berlin
1900-1904 Studium der Naturwissenschaften, besonders der Astronomie
6.1.1912 Erster Vortrag über die Theorie der Kontinentalverschiebung
1924 – 1930 Professor für Geophysik und Meteorologie an der Universität Graz: Wegener sucht unermüdlich nach Beweisen für seine Theorie der Kontinentaldrift; er vermutete sie auf dem Meeresboden zu finden
1930/1931 Deutsche Grönlandexpedition.
November 1930 Tod auf dem grönländischen Inlandeis

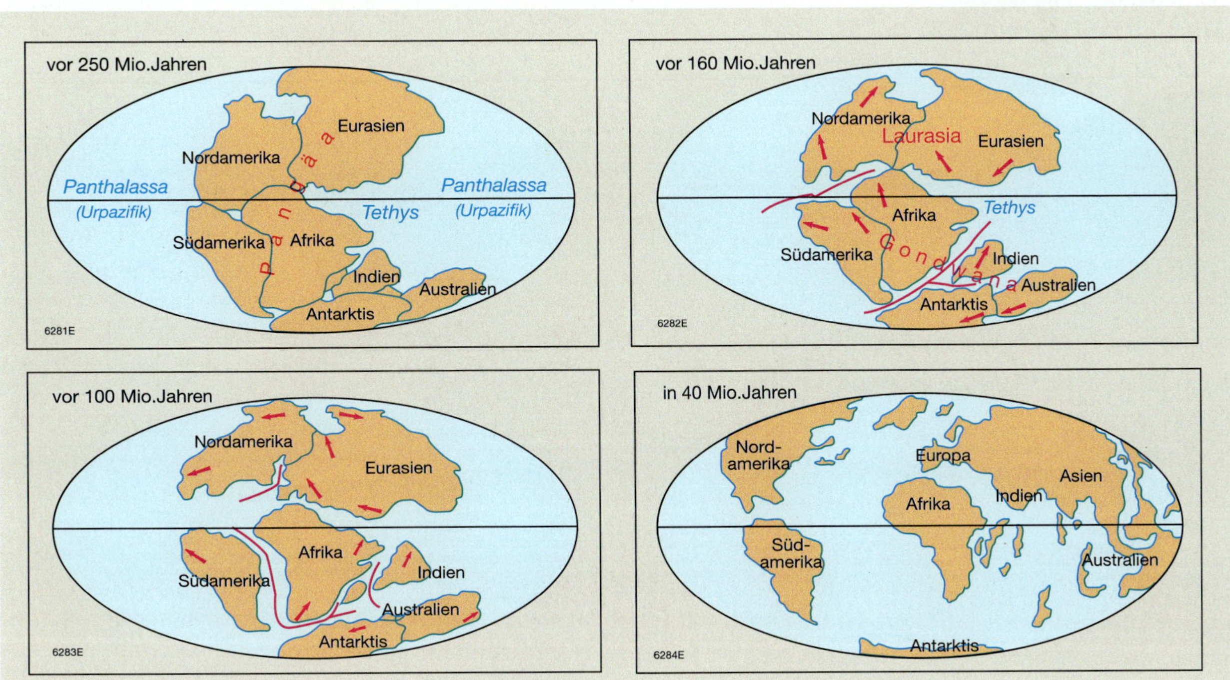

M2 *Wegeners Vorstellungen von der Kontinentaldrift*

1 Finde mithilfe des Atlas heraus, welche Inseln wie Island Gipfel von ozeanischen Rücken sind.

2 Informiere dich über Bezeichnungen von mittelozeanischen Rücken (Atlas).

3 Suche Tiefseegräben und notiere ihre maximale Tiefe (Atlas).

Kaum vorstellbar

Mit der Erforschung der Ozeane und Meeresböden seit 1940 lebte die Idee der Kontinentaldrift Wegeners wieder auf. Bei der Vermessung der Ozeanböden machten die Wissenschaftler eine unglaubliche Entdeckung: ein über 65 000 km langes und bis zu 4 000 km breites Gebirgssystem durchzieht alle Ozeane. Im Vergleich dazu scheint jeder kontinentale Gebirgszug winzig. An einigen Stellen dieser **ozeanischen Rücken** ragen die Gipfel sogar als Inseln über der Meeresoberfläche auf. Neben den Gebirgsrücken gibt es aber auch gewaltige Tiefseegräben, die sich überwiegend an den Rändern der Ozeane befinden. Ein Zufall?
Bodenproben aus den Meeresgebieten brachten noch ein weiteres überraschendes Ergebnis: Je weiter man sich an beiden Seiten vom Mittelozeanischen Rücken entfernt, desto älter wird das Gestein.

M1 *Erdspalte auf Island (Mittelatlantischer Rücken)*

Info

Erdkruste entsteht neu

Der Mittelozeanische Rücken stellt eine Dehnungszone der Erdkruste dar. In seiner Mitte weist er bis zu 50 km breite und 2500 m tiefe Spalten (Rifte) auf, aus denen unaufhörlich Magma aus der Tiefe des Erdmantels hervorquillt. Das Magma drängt den Meeresboden beidseitig auseinander und bildet neuen Ozeanboden. Bezeichnet wird die Erscheinung als „seafloor spreading“, als Meeresbodenausbreitung. Verbunden ist der Vorgang mit untermeerischem **Vulkanismus** und **Erdbeben**.
Auf der Insel Island, die Bestandteil des untermeerischen Gebirgssystems ist, gibt es über 100 Vulkane. Jederzeit können neue Vulkane oder Inseln entstehen.

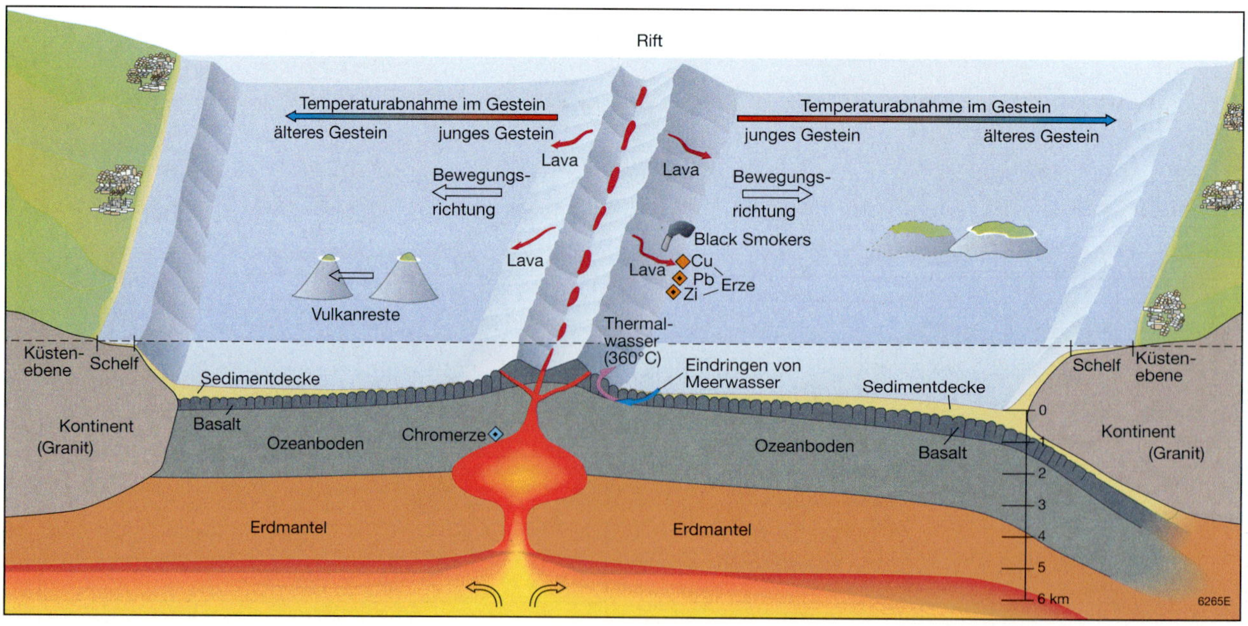

M2 *Der Ozeanboden wird erforscht*

Das Bild der Erde verändert sich

Auf der Suche nach den Ursachen der Meeresbodenausbreitung gelang es den Geowissenschaftlern, die Kontinentalverschiebungstheorie von Alfred Wegener (siehe S. 59) zur Theorie der **Plattentektonik** weiterzuentwickeln. Sie kamen dabei zu folgenden Erkenntnissen: Die starre Erdkruste, die mit dem festen Teil des oberen Erdmantels die Gesteinshülle (Lithosphäre) bildet, ist keine feste Schale in einem Stück. Sie gliedert sich in sieben große und zahlreiche kleinere Platten (M3).

Die größeren davon sind nach den Kontinenten benannt (Ausnahme: Pazifische Platte), jedoch decken sich die Plattengrenzen nicht mit den Umrissen der Kontinente. Auf einer Platte können also gleichermaßen Teile von Kontinenten und Ozeanen liegen.

Info

Ursachen der Plattentektonik

Tektonik ist die Lehre vom Bau und von den Bewegungen der Erdkruste. Sie untersucht die Entwicklungen und Veränderungen der äußeren Schale der Erde in den zurückliegenden Jahrmillionen der Erdgeschichte bis heute. Eine Grundüberlegung dabei ist, dass die leichtere Erdkruste auf dem schwereren und glutflüssigen oberen Erdmantel „schwimmt".

Was bewegt aber die Platten?

Als „Motor" der Plattenbewegungen nimmt man Ausgleichsströmungen von Magma infolge von Temperaturunterschieden im Erdmantel (vgl. M1 Seiten 62/63) an. Bei ihrer Ausbreitung schleppen die Strömungen die darauf liegenden starren Platten mit.

4 Erläutere das heutige Modell der Plattentektonik.

5 Gib jeweils zwei Beispiele an, wo Platten auseinander driften bzw. wo sie sich aufeinander zu bewegen. Suche die Region, wo Platten aneinander vorbeigleiten (M3, Atlas, Arbeitsheft, S. 11).

Merke

Die äußere feste Gesteinshülle ist in zahlreiche große und kleinere Platten zerbrochen. Entlang der ozeanischen Rücken entsteht ständig Erdkruste neu. Verbunden damit sind Vulkanismus und Erdbeben.

Grundbegriffe

- Schalenbau
- ozeanischer Rücken
- Vulkanismus
- Erdbeben
- Plattentektonik

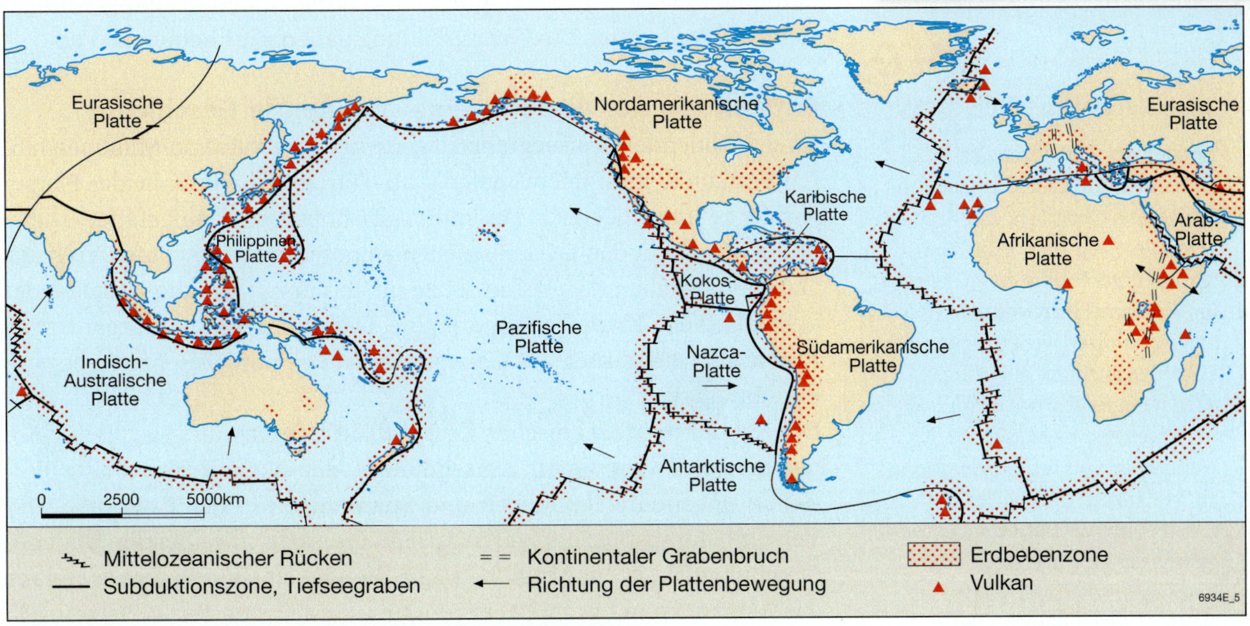

M3 *Plattentektonik – Vulkanismus – Erdbeben*

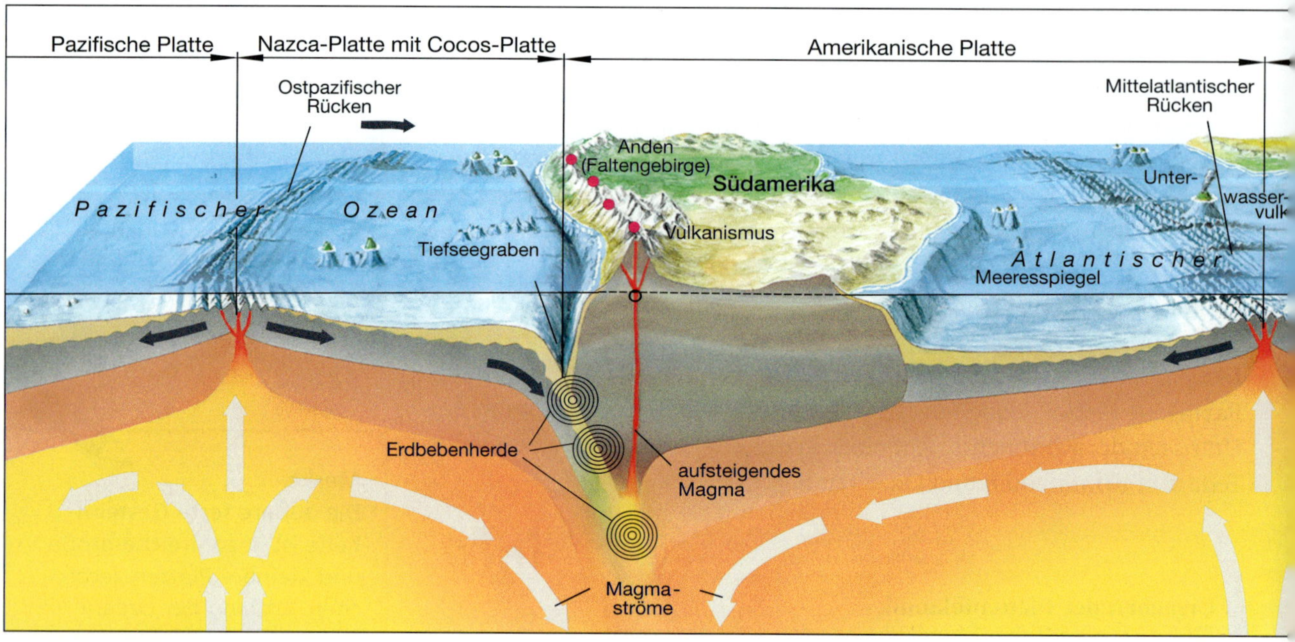

M1 *Modell der Plattentektonik*

1 In großer Höhe junger Faltengebirge findet man oft Abdrücke von Muscheln im Gestein. Ziehe die Plattentektonik als Erklärung heran.

2 Erkläre, warum im Raum Indonesien so viele Vulkanausbrüche vorkommen.

Info

„Kreislaufwirtschaft"

Entlang der Mittelozeanischen Rücken entsteht ständig neue Erdkruste. Die Oberfläche der Erde vergrößert sich aber nicht. Demzufolge muss Erdkruste irgendwo im Erdmantel verschwinden, aufgeschmolzen werden sowie Gesteinsschichten als Gebirge wieder emporgepresst werden. Diese Vorgänge spielen sich an den Nahtstellen von Erdkrustenplatten ab. Verbunden sind sie mit der Entstehung von Tiefseegräben, von gewaltigen Faltengebirgen oder Inselbögen sowie mit Vulkanausbrüchen, Erd- oder Seebeben.

Wo entstehen Randgebirge?

In mehreren Ketten ziehen sich am Westrand Südamerikas die Anden entlang. Überragt werden sie von hohen, noch tätigen Vulkanen. Immer wieder erschüttern auch schwere Erdbeben diesen Raum. Alle diese Erscheinungen sind an eine Subduktionszone gebunden.
Die Vorgänge, die sich hier abspielen, sind mit denen vergleichbar, die zur Entstehung von Inselbögen (siehe Seite 64, M2) führen. Unterschiedlich ist, dass hier eine ozeanische Platte direkt vor einem Kontinent nach unten ausweicht. Gleichzeitig bilden sich die Anden als ein gewaltiges Randgebirge heraus. Die Gebirgsbildung dauert dort heute noch an.

Entstehung der Anden – eine spannende Geschichte

Im sich bildenden **Tiefseegraben** lagerte sich im Laufe von Millionen Jahren Festlands- und Meeresmaterial ab. Durch den Druck beider Platten wurde es untermeerisch zusammengeschoben und aufgefaltet. Dabei drang Magma in den Gesteinsspalten empor und es entstanden Vulkane. Das Herausheben der Anden setzte im Tertiär ein. Da die Gesteine der kontinentalen Kruste eine geringere Dichte als die der ozeanischen Kruste aufweisen, stieg das Gebirge langsam empor. Gleichzeitig begann die Abtragung.
Die Subduktion ozeanischer Kruste dauert gegenwärtig an. Beim Abtauchen und langsamen Aufschmelzen der ozeanischen Platte entstehen ungeheure Reibungen und Spannungen in der Erdkruste. Der Verschluckungsprozess verläuft jedoch nicht mit gleichbleibender Geschwindigkeit. Im Mittel betragen die Verschiebungsbeträge entlang der Abtauchzone bis zu 22 cm pro Jahr. Gesteinsmassen verhaken sich dabei und lösen sich oft ruckweise. Erdbeben sind dann die Folge.

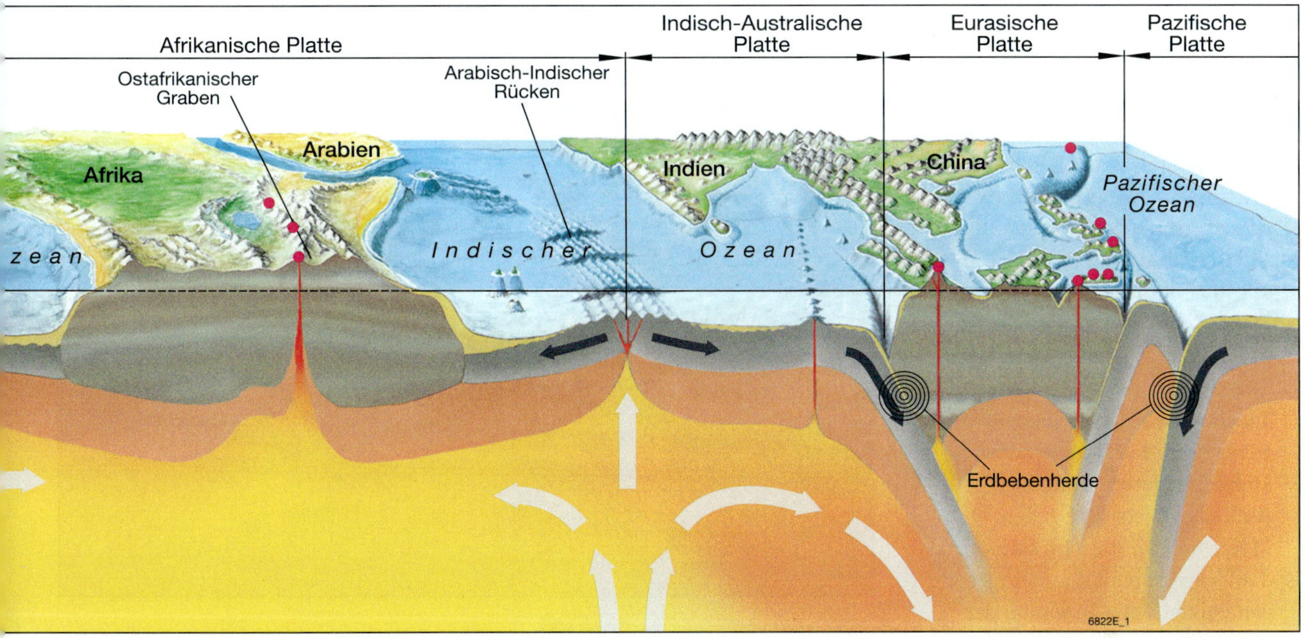

M2 *Salzsee (Magadisee) im afrikanischen Grabenbruch*

Info

Das Jahr ohne Sommer

1815 ereignete sich in Indonesien eine große Naturkatastrophe. Damals explodierte auf der Insel Sumbawa der Gipfel des 3960 m hohen Vulkans Tambora. In den Himmel geschleudert wurden dabei fast zwei Tonnen Gestein, was im Umkreis von 650 km eine fast dreitägige Finsternis zur Folge hatte.

(O'Neill, R.: Naturkatastrophen, 1999, S. 37)

Merke
Die Anden sind ein Randgebirge und wurden im Zusammenhang mit dem Abtauchen der Pazischen Platte unter die Südamerikanische herausgehoben.

Grundbegriff
- Tiefseegraben

Info

Inselbögen entstehen

Das Abtauchen einer Platte ist ein langer und komplizierter Vorgang. Er wird auch Subduktion (Verschluckung) genannt. Infolge der großen Reibung schmilzt das feste Gestein in der Tiefe wieder auf. Magma dringt in Spalten bis an die Plattenoberfläche vor und baut Vulkane auf. Taucht eine Platte weit vor der Küste eines Kontinents unter die andere, findet der vulkanische Aufbau zunächst unter dem Meeresspiegel statt. Im Laufe der Zeit erscheint dann ein Bogen vulkanischer Inseln an der Meeresoberfläche. Dazu gehören unter anderem die japanischen Inseln, die Philippinen und die Sunda-Inseln.
Heute noch sind die Subduktionszonen Schauplätze gewaltiger Vulkanausbrüche. Auch Erd- und Seebeben treten an diesen Plattenrändern auf.

Entstehung von Inselbögen

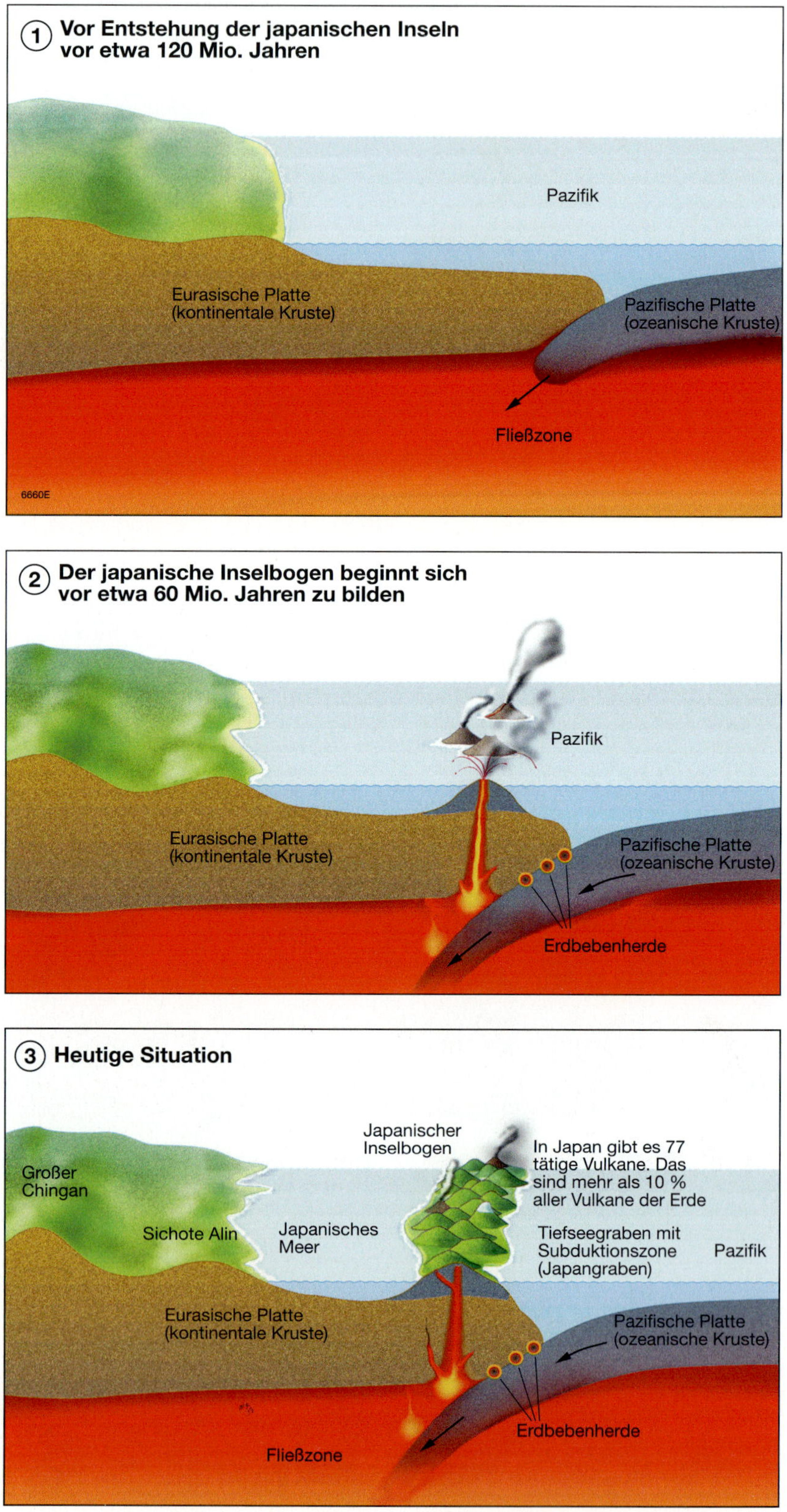

M1 *Die Entstehung von Inselbögen: Beispiel japanische Inseln*

1 Erkläre, wie Inselbögen entstehen. Beziehe folgende Begriffe in deine Erklärung ein: Subduktionszone, Tiefseegraben, Kontinentalrand, Vulkane, Inselbogen, Erdbeben, Seebeben, Flutwelle.

Platten driften aneinander vorbei

Im Westen Kaliforniens kann man Augenzeuge eines geologischen Großereignisses sein. Hier driften seit Millionen von Jahren zwei Erdkrustenplatten, die Pazifische und die Nordamerikanische, aneinander vorbei. Das Besondere daran ist, dass man die Plattengrenze über 1500 km an der Erdoberfläche verfolgen kann. Diese Nahtstelle ist die San-Andreas-Spalte. Sie führt durch kleine Ortschaften und große Städte, läuft unter Staudämmen hindurch und quert Pipelines und Schnellstraßen. An einigen Stellen gelangt man sogar mit einem Schritt von einer Platte auf die andere. Die Bewegungen der Platten sind in der Landschaft zu erkennen. Versetzte Reihen in Obstplantagen, Risse in Gebäuden, in Brücken und in Betonflächen zeugen davon.

Etwa 15000 Erdbeben registriert man jährlich an der San-Andreas-Spalte. Die Plattenverschiebung vollzieht sich nicht gleichmäßig. Die Ränder verhaken sich und wie in einem gestreckten Gummiband bauen sich gewaltige Spannungen auf. Bei größeren Bewegungsschüben, entladen sich Spannungen ruckartig und die Erde bebt.

M4 *Zerstörung nach Erdbeben*

San Francisco. Der Boden rollte, Wolkenkratzer schwankten. Der Erdstoß, der am 29.07.2008 Los Angeles erschütterte, hatte Anzeichen eines schweren Bebens. Doch die Stadt kam noch einmal glimpflich davon. Es war nicht „The Big One".

Das letzte schwere Beben in Südkalifornien liegt 14 Jahre zurück. Es entstand damals ein Milliardenschaden. Nach einer wissenschaftlichen Studie soll Kalifornien mit 99-prozentiger Wahrscheinlichkeit in den nächsten 30 Jahren von einem Beben der Stärke 6,7 oder mehr erschüttert werden. Der Raum Los Angeles ist mehr gefährdet als die Region um San Francisco.

(Nach: Mitteldeutsche Zeitung vom 31.07.2008)

M2 *Zeitungsartikel*

2 Warum werden die Städte San Francisco und Los Angeles irgendwann aneinander vorbei driften?

3 Erdbeben und Vulkanausbrüche treten an Plattenrändern auf. Beschreibe und erkläre den Zusammenhang.

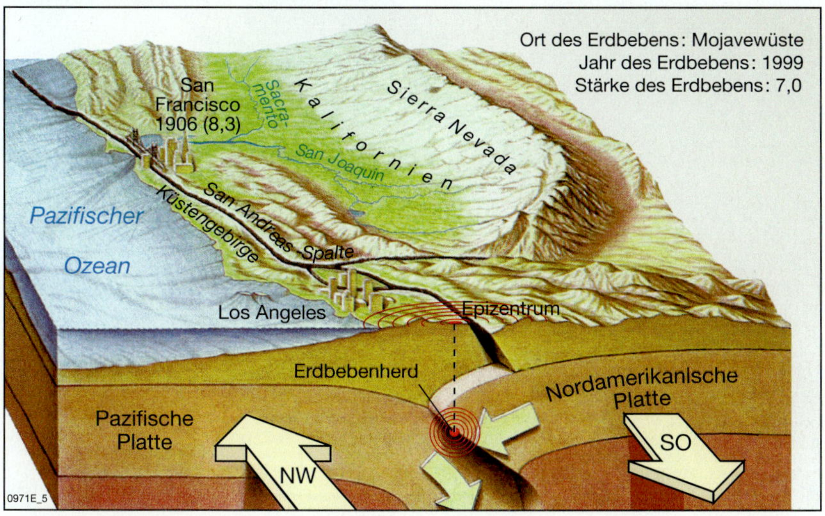

M3 *Erdbebengefahr in Kalifornien*

Merke
Inselbögen entstehen, wenn eine Erdkrustenplatte weit vor der Küste unter eine andere abtaucht. Wenn zwei Platten aneinander vorbei triften, verhaken sie sich und die Spannungen entladen sich ruckartig. Die Folge sind Erdbeben.

1 Erkläre die Entstehung des Himalaya.

2 Die Alpen sind in ähnlicher Weise wie der Himalaya entstanden. In Millionen von Jahren soll das Mittelmeer verschwunden sein. Versuche dafür eine Erklärung zu finden.

3 Belege die folgende Aussage mit Beispielen: Die gewaltigen Gebirge der Erde entstanden und entstehen immer an gleicher Stelle, an der Nahtstelle zweier Platten.

Info

Die Richterskala

Die Erdbebenstärke wird mit einer erdachten Energieskala gemessen. Nach ihrem Erfinder Charles Richter heißt sie Richterskala. Sie ist „nach oben hin offen", denn niemand kann voraussagen, wie stark Erdbeben wirklich sein können. Je mehr Energie bei einem Erdbeben freigesetzt wird, desto höher ist die Erdbebenstärke. Der geringste Wert sind 0,1 Punkte (sehr schwaches Beben). Jeder Punkt vor dem Komma entspricht einer zehnfachen Steigerung. Ein Beben mit der Stärke 7,0 ist demnach 10-mal stärker als eines der Stärke 6,0.

Himalaya – ein Faltengebirge

Vor ca. 200 bis 40 Millionen Jahren: Der Urkontinent Pangäa zerbricht. Seitdem driftet die Indische Platte als ein Teilstück davon nordwärts in Richtung Eurasischer Platte. Zwischen ihnen befindet sich zunächst ein Ozean. Dieser wird immer weiter eingeengt, da die ozeanische Kruste in einer Subduktionszone wieder in den Erdmantel versinkt. Die im Ozean abgelagerten Sedimente werden zusammengeschoben und gefaltet.
Vor ca. 55 Millionen Jahren: Es kommt zum frontalen Zusammenstoß der kontinentalen Krustenteile beider Platten. Dabei wird der Südrand der Eurasischen Platte stark angehoben. Er bildet heute das Hochland von Tibet. Wie der Balg eines Akkordeons falten sich die weiteren Gesteinsschichten beider Platten zusammen und werden als ein **Faltengebirge**, das Himalaya-Gebirge, emporgepresst. Das Eindringen der Indischen in die Eurasische Platte dauert bis heute an.

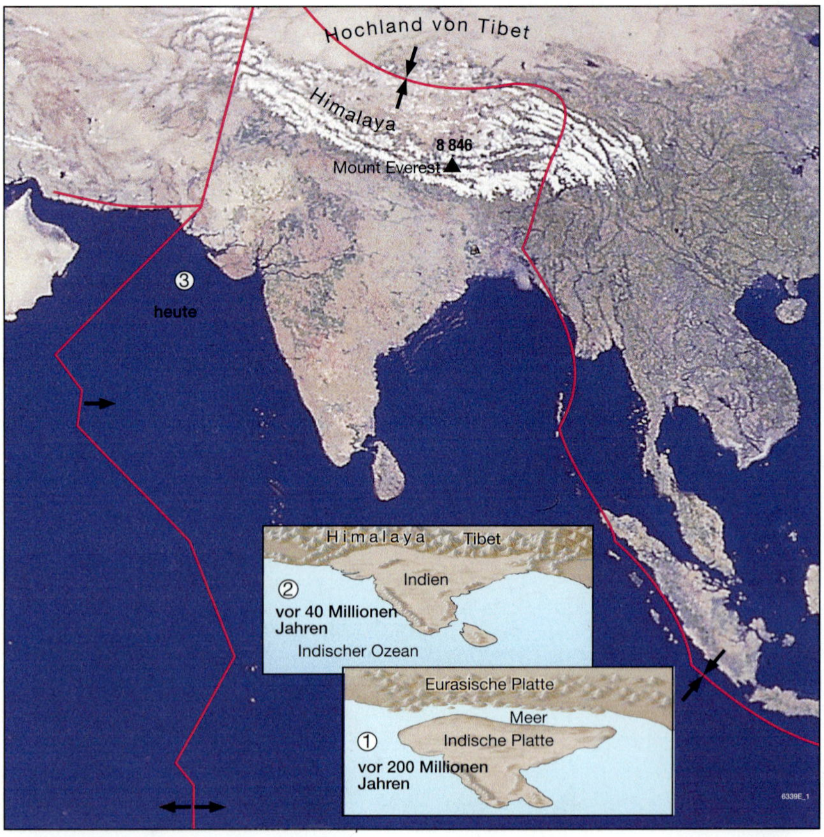

M1 *Der Himalaya – entstanden durch erdinnere Kräfte*

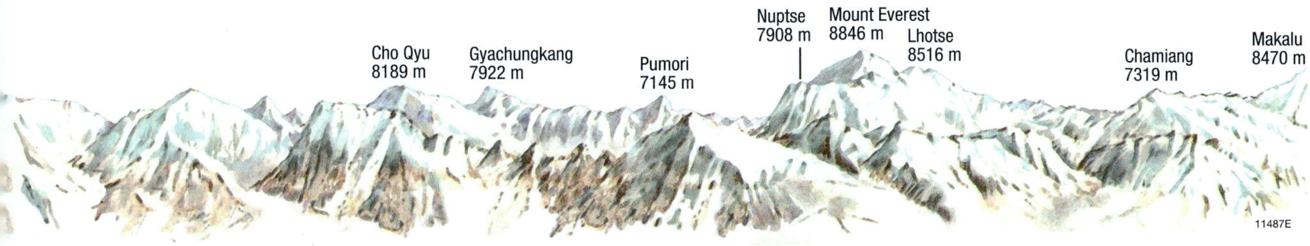

M2 *Basislager auf dem Weg zum Mount Everest*

Info

Verwitterung

Die verbreitetste flächenhafte Wirkung exogener Kräfte ist die **Verwitterung**. Dabei werden Gesteine an der Erdoberfläche durch physikalische und chemische Prozesse zerkleinert und von Wasser, Wind, Eis und Schwerkraft bewegt.
Die Ablagerung (Sedimentation) des Gesteinsmaterials erfolgt an einem anderen Ort.

Hebung und Abtragung im Gleichgewicht

Obwohl der Himalaya weiterhin jährlich um rund fünf Zentimeter durch erdinnere (**endogene**) Vorgänge gehoben wird, bleibt die Gipfelhöhe weitestgehend unverändert. Gesteine werden an der Erdoberfläche durch physikalische und chemische Prozesse zerkleinert und durch erdäußere (**exogene**) Kräfte wie Wasser, Eis, Wind und die Schwerkraft bewegt.
Der Gesteinsschutt wird in die Täler transportiert und dort abgelagert. Es entstehen typische Hochgebirgsformen: scharfe Grate, steile Wände, Schutthalden und U-Täler.

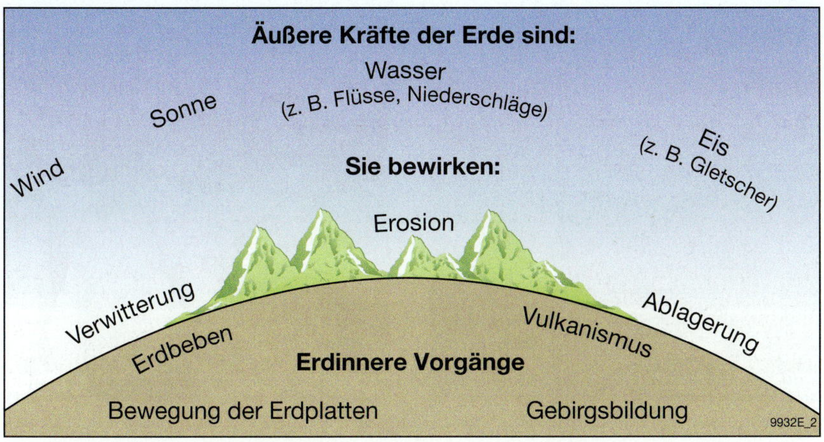

M3 *Erdinnere und erdäußere Vorgänge und Kräfte*

4 Begründe den Zusammenhang von endogenen und exogenen Prozessen bei der Gebirgsentstehung (Arbeitsheft, S. 11).

5 Wiederhole die Entstehung eines Trogtales (U-Tales).

Merke
Der Himalaya mit dem höchsten Berg der Erde, dem Mount Everest, ist ein Faltengebirge. Es ist entstanden durch den Zusammenstoß zweier Kontinentalplatten.

Grundbegriffe
- Faltengebirge
- endogen
- exogen
- Verwitterung

Naturereignisse werden zur Katastrophe

1 Erläutere die Begriffe Naturereignis und Naturkatastrophe. (Arbeitsheft, S. 12)

2 Japan gehört zu den durch Naturkatastrophen am stärksten gefährdeten Räumen. Erkläre.

3 Warum sind im Gebirge Lawinenschilder unbedingt zu beachten?

4 Welche Schutzmaßnahmen zur Vermeidung von Naturkatastrophen werden von den Bergbewohnern ergriffen?

Die Naturgefahren und Naturrisiken nehmen weltweit zu. Endogene und exogene Prozesse verursachen entsprechende **Naturereignisse** wie Erdbeben, Vulkanausbrüche, Tsunamis, aber auch Lawinen, Bergrutsche, Stürme, Starkregen oder Hochwasserfluten. Treten diese Ereignisse in unmittelbarer räumlicher Nähe zu Siedlungsräumen auf, werden sie aufgrund ihrer Auswirkungen auf Mensch und Raum als **Naturkatastrophen** bezeichnet. Es gibt weltweit immer mehr Menschen und die Siedlungsräume werden immer enger bzw. dehnen sich in zunehmendem Maße in Risikozonen aus. Durch Naturkatastrophen werden jedes Jahr viele Menschen verletzt oder getötet, Sachschäden in Milliardenhöhe entstehen. Da es unmöglich ist, das Eintreten extremer Naturereignisse zu verhindern, muss das Augenmerk auf das räumliche und zeitliche Auftreten, die Vorhersage sowie auf Maßnahmen zur Linderung der Auswirkungen liegen, um das Naturrisiko in besiedelten Räumen zu minimieren.

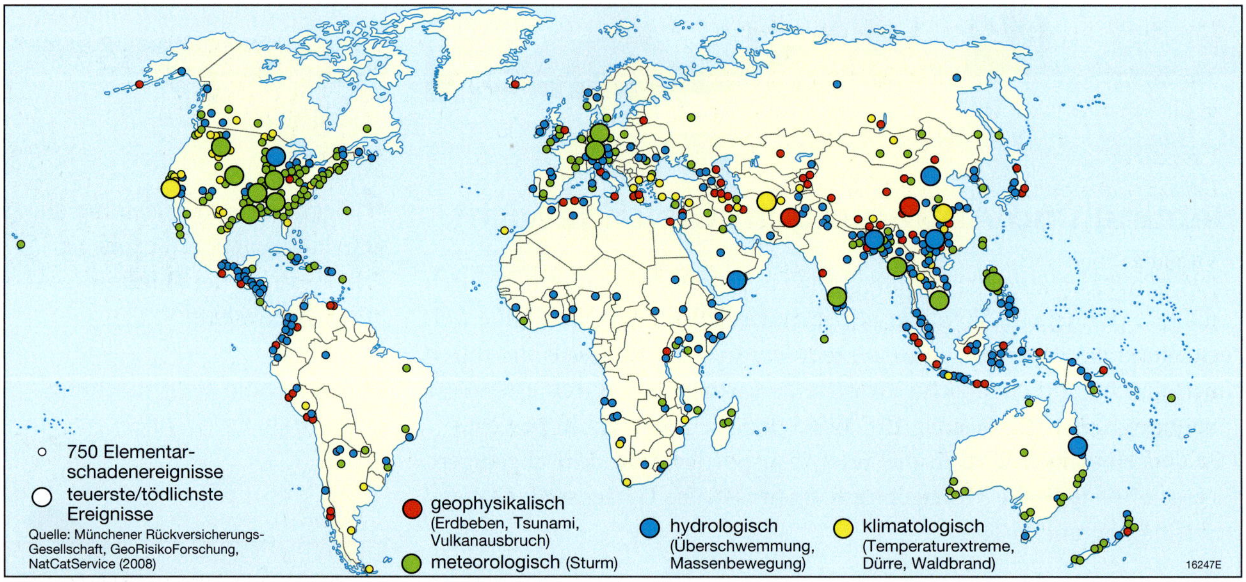

M1 *Weltkarte der Naturkatastrophen 2008*

M2 *Zerstörungen durch einen Hurrikan in New Orleans (2005)*

M3 *Staubsturm aus der Sahara in Europa (2008)*

M4 *Zerstörungen nach einem Vulkanausbruch in Indonesien*

Unaufhaltsam talwärts

Schlamm-, Staub- und Schneelawinen, Fels- und Bergstürze sowie Geländeabbrüche sind Massenbewegungen, die durch das Wirken exogener Kräfte wie Wind, Wasser und Eis ausgelöst werden. Die abwärts gerichtete Materialbewegung ist eng gebunden an das Vorhandensein geneigter Hänge. Hauptfaktor dabei ist die Schwerkraft. Wasser und Eis wirken als Gleitmittel.
Auslösende Momente für das Talwärtsrutschen von Erdmassen sind zum Beispiel Druckbelastung durch Erdbeben, Vulkanausbrüche, das plötzliche Auftauen gefrorener Erde durch einen Wärmeeinbruch oder lang anhaltende Regenfälle. Nicht selten löst auch der Mensch Lawinen aus durch das Anschneiden von Hängen für den Straßenverkehr oder die Rodung von Hangwäldern. Ein großes Problem stellt die räumliche Nähe von Siedlungen zu durch Bergrutsch gefährdeten Regionen dar. Vielfältige Schutzmaßnahmen wie Lawinengalerien über gefährdete Straßen oder Stützverbauungen an steilen Hängen werden ergriffen.

Der Bergsturz von Adda in den italienischen Alpen

Am 28. Juli 1987 stürzte ein riesiges Felspaket die Hänge des Pizza Copetto in die Talsohle des Flusses Adda in der Region Veltlin hinab.

Ursachen:
Extremniederschlag am 17. Juli 1987 (305 mm Niederschlag/ Tag)
anschließender Dauerregen über mehr als 10 Tage

Vorgang:
Aufweichen des Gesteinsuntergrundes
Bergsturz: 47 Mio. m^3 Gesteinsmaterial, Fallhöhe 1200 m,
Geschwindigkeit 400 m/s, orkanartige Druckwelle vor der Gesteinslawine

Folgen:
Vernichtung der Hangwälder, 27 Tote durch Pulverisierung der Häuser im Taldorf Morignone, über 1500 Personen wurden obdachlos, Zerstörung von Kulturland und Siedlungen durch Anstauung des Flusses Adda zu einem großen See

M5 *Ein Naturereignis*

M6 *Nassschneelawinen*

M7 *Schneebrettlawinen*

M8 *Staublawinen*

Merke
Naturereignisse wie Erdbeben, Vulkanismus, Lawinen, Stürme und Hochwasserfluten werden durch endogene und exogene bzw. klimatologische Prozesse verursacht. Zur Naturkatastrophe werden sie, wenn sie in unmittelbarer räumlicher Nähe von menschlichen Siedlungen auftreten.

Grundbegriffe
- Naturereignis
- Naturkatastrophe

Deutschland – Naturgefahren

M1 *Die Elbe bei Dresden während der Dürre 2003. Wasserstand 0,5 m, Landwirtschaftliche Schäden: 10 Mrd. Euro*

Im Vergleich zu anderen Ländern und Regionen der Erde ist die Anzahl und Intensität von Naturkatastrophen in Deutschland eher als gering einzuschätzen. Vor allem sind Gefährdungen aus dem Wirken endogener Kräfte in Mitteleuropa geringfügig. Dennoch verzeichnet vor allem die Versicherungswirtschaft für Deutschland eine Zunahme der Naturkatastrophengefährdung durch Stürme.
Im Zusammenhang mit der globalen Erwärmung nimmt man an, dass es auch in Deutschland zur Zunahme von Wetterextremen wie zur Häufung von Hitzewellen, Starkregenereignissen und Überschwemmungen kommen kann. Weiterhin geht man davon aus, dass zukünftig insgesamt mildere Winter auftreten. Dadurch werden die Schneeflächen in Mitteleuropa reduziert und die Ausprägung stabiler Kältehochs abgeschwächt. Infolgedessen können Sturmtiefs atlantischer Herkunft über weite Teile West- und Mitteleuropas ziehen und Orkane wie Wiebcke (1990) oder Kyrill (2007) mit sich führen.

Teuerste Naturkatastrophe 2007

Der Orkan Kyrill, der sich als Höhepunkt der überdurchschnittlichen Wintersturmsaison am 17. Januar 2007 aus einem Tiefdruckgebiet über dem Atlantik bildete, verursachte einen Schaden von rund 8 Mrd. Euro. Mit Windgeschwindigkeiten von weit über 100 km/h – in Spitzen über 200 km/h – zog Kyrill quer über Europa. Begleitet wurde der Orkan von Gewittern mit Hagelschlag sowie Tornados.
Besonders stark traf Kyrill Deutschland, wo er über 500 Strommasten umknickte und mehr als 1,7 Millionen Häuser beschädigte. Viele Reisende saßen in Zügen fest und es dauerte Tage, bis die Züge wieder überall nach Fahrplan fuhren. Allein in Deutschland starben mindestens zehn Menschen durch den Sturm, in Europa insgesamt über dreißig. Der volkswirtschaftliche Schaden für Deutschland belief sich auf über vier Milliarden Euro.

Hochwasser	Schadenshöhe in Milliarden Euro
Rhein 1993/95	4
Oder 1997	3–4
Donau 1999	1
Elbe 2002	11
Donau 2005	2,2

M2 *Hochwasser in Deutschland*

M3 *Schäden durch einen Tornado in Micheln (Sachsen-Anhalt)*

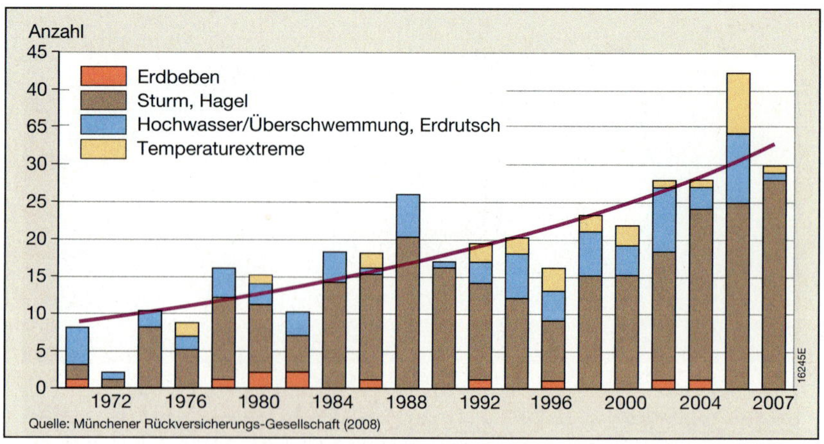

M4 *Zunahme von Naturkatastrophen in Deutschland von 1970 bis 2006*

Auch in Deutschland bebt die Erde

Die Erdbebenhäufigkeit und auch die Stärke der Auswirkungen von Beben in Deutschland sind im Vergleich zu Ländern, die in räumlicher Nähe zu aktiven Plattengrenzen liegen, als gering einzuschätzen. Deutschland liegt auf der Eurasischen Platte weit entfernt von Plattengrenzen. Und dennoch bebt die Erde in Deutschland. Mitteleuropa steht geotektonisch unter Spannungen, die durch das langsame Vorrücken der Afrikanischen Platte nach Norden ausgelöst werden (siehe S. 61).

Durch diese enormen Kräfte wurden die Alpen über Jahrmillionen hinweg emporgehoben. Auch heute noch wachsen sie um einige Millimeter pro Jahr an. Die Alpen verzehren die Aufprallenergie jedoch nicht vollständig. So setzt die Kollision auch die Region nördlich der Alpen unter Spannung.

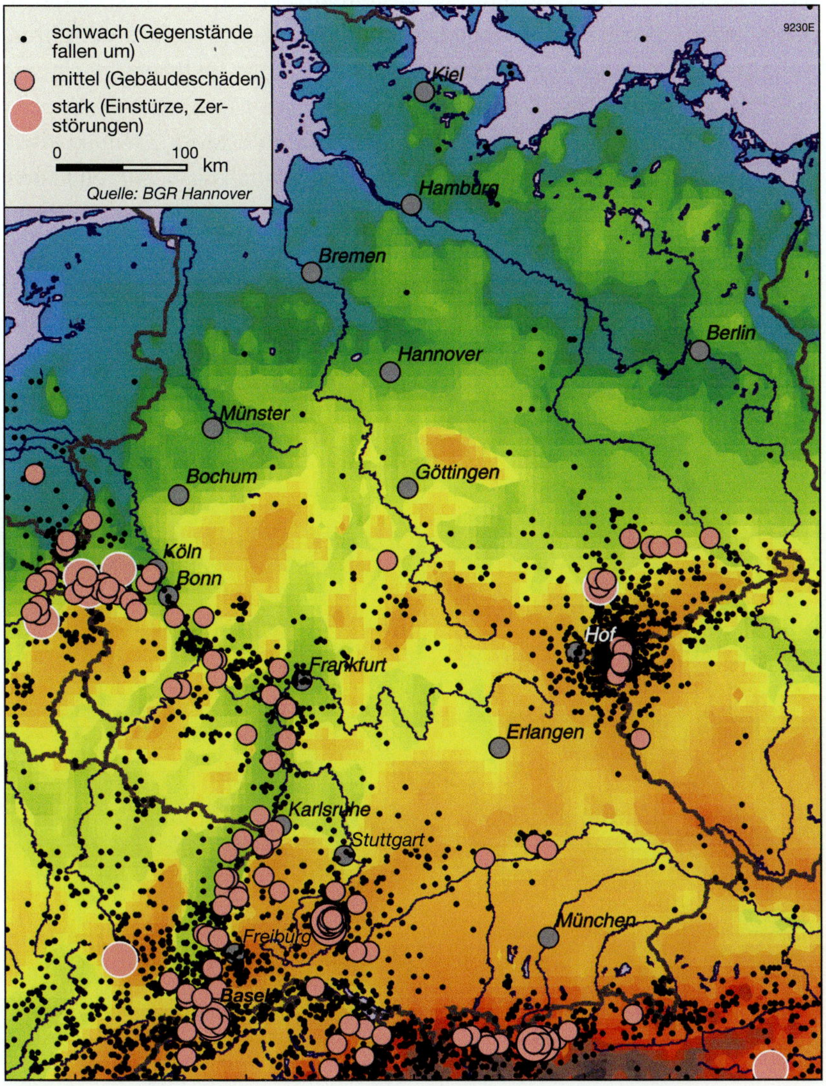

M5 *Tektonische Erdbeben in Deutschland von 800 bis 2004*

Minierdbeben erschüttern das Vogtland

In der Grenzregion Böhmen/Vogtland messen die Wissenschaftler im Oktober 2008 Erschütterungen der Erdoberfläche in Folge einer ungewöhnlich starken Serie von leichten bis mittleren Erdbeben. Das stärkste Beben hatte am 10. Oktober 2008 eine Magnitude von 4,5. Das Dreiländereck Sachsen-Böhmen-Bayern gilt als seismisch sehr aktive Region. Vulkanische Aktivitäten im oberen Erdmantel könnten die Ursache für die im Vogtland gemessenen Schwarmbeben sein (Spannungsentladung in Form vieler kleinerer Minibeben)

M6 *Zeitungsartikel*

1 Beschreibe die Naturgefahren mit denen wir in Deutschland rechnen müssen. Nutze auch M1 bis M4.

2 Werte M4 aus und erläutere, warum in Deutschland auch Erdbeben vorkommen.

Merke
Ursachen von Erdbeben in Deutschland sind Erdbebenherde in der oberen Erdkruste, Einsturz unterirdischer Hohlräume, Gebirgsschläge in Bergbaugebieten. Einsturzbeben und Gebirgsschläge haben lokal begrenzte Auswirkungen und sind auf das plötzliche Absenken der Erdoberfläche zurückzuführen.

Additum: Aus dem Tagebuch der Erdgeschichte

Info

Fossilien

Unter Fossilien (fossilis = ausgegraben) werden Überreste von tierischen und pflanzlichen Lebewesen verstanden, die in Gesteinen eine deutliche Spur hinterlassen haben. Fossilien weisen dasselbe Alter auf wie die Gesteinsschichten, in die sie eingebettet sind, egal aus welcher Region das Gestein stammt. So können Aussagen über Etappen der Erdgeschichte getroffen werden.

1 Informiere dich über Prozesse in der Erdgeschichte (geologische Zeittafel, Internet).

2 Welche Bedeutung haben Fossilien für die Zeitbestimmung (➔ Biologieunterricht)?

3 Beschreibe den Kreislauf der Gesteine (Text, M1).

Blick in das „Geschichtsbuch" der Erde

Wie entstand unser blauer Planet? Diese Frage beschäftigt die Menschen schon lange. Wissenschaftler gehen davon aus, dass sie einst Teil einer gewaltigen Wolke aus Gasen und Staub war, aus der sich die Sonne mit ihren acht Planeten bildete. Vor etwa fünf Milliarden Jahren war die Herausbildung der Erde weitgehend abgeschlossen. Die äußere Hülle der Erde begann vor 4,6 Milliarden Jahren sehr langsam zu erstarren. Jahrmillionen später verdichtete sich der heiße Wasserdampf der Uratmosphäre zu flüssigem Wasser. Urozeane und Urkontinente entstanden.

Seit seiner Existenz hat sich das Gesicht unseres blauen Planeten immer wieder verändert. Die Entwicklung der Lebewesen auf der Erde nimmt im „Geschichtsbuch" der Erde einen besonderen Platz ein. Überreste von Pflanzen und Tieren im Gestein (Fossilien) geben ebenso Auskunft über die erdgeschichtliche Entwicklung wie Messungen der Zerfallszeit der in den Gesteinen enthaltenen radioaktiven Elemente und andere Verfahren. Bekannt ist heute, dass die Hauptbestandteile der Erdkruste Gesteine und Minerale sind. Wir kennen Minerale wie Opal, Rubin, Saphir, Smaragd oder auch den Diamanten als Schmucksteine. Gesteine wie Feuerstein benutzten unsere Vorfahren zum Beispiel als Werkzeuge und Waffen. Uns sind Gesteine als Brennmaterial (z. B. Kohle), als Baustoff für Gebäude und Straßen (z. B. Sandstein, Granit, Basalt) oder auch sogar als Lebensmittel (z. B. Steinsalz) bekannt.

Alle Gesteine im Erdinneren oder an der Erdoberfläche sind verändernden Kräften ausgesetzt und unterliegen einem dauernden Kreislauf, dessen Motoren die Prozesse der Plattentektonik und die Verwitterung sind.

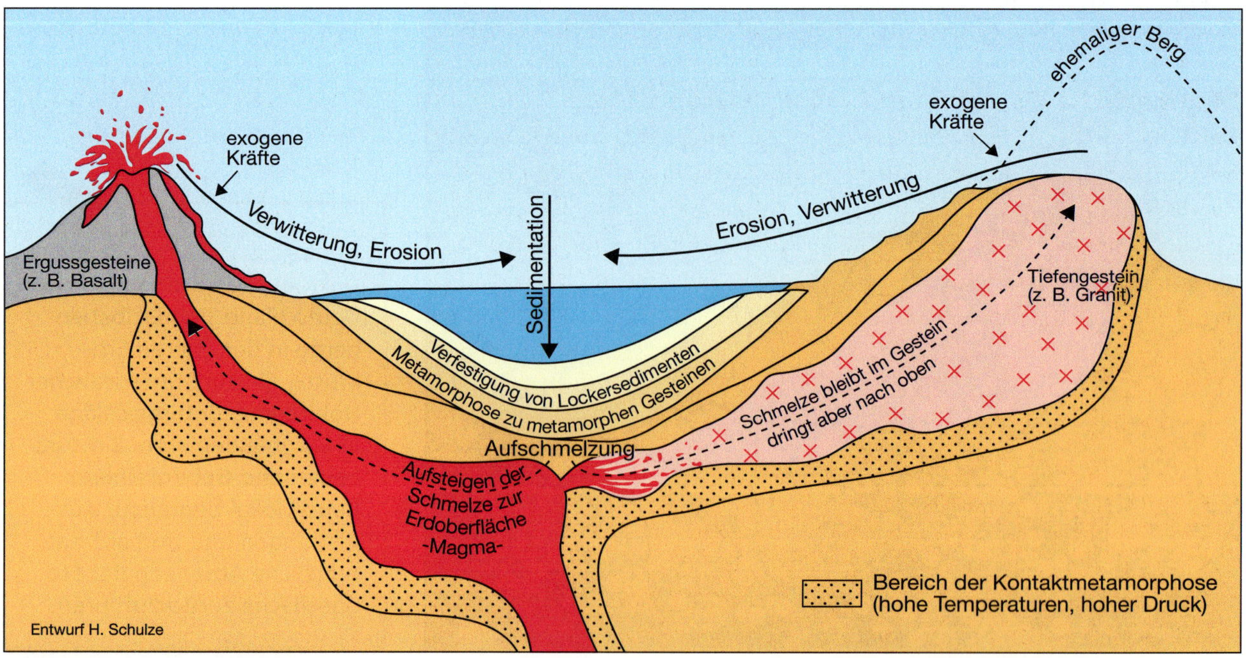

M1 *Kreislauf der Gesteine*

Sandstein

- Trümmergestein (mechanisches Sedimentgestein)
- grauer Sandstein: marinen Ursprungs (z.B. Elbsandsteingebirge)
- schichtige Struktur
- Ausgangssediment: Sand
- Nutzung: gut zu verarbeitender Baustein und Werkstein

Basalt

- magmatisches Ergussgestein
- dichte einheitliche Grundmasse, schwarz
- als Fels meist säulenartige Ausbildung
- sehr große Härte
- Nutzung: meist als Schotter

Granit

- magmatisches Tiefengestein
- regellos körnige Struktur
- Mineralzusammensetzung: Feldspat– weiß oder rötlich Quarz – farblos, erscheint grau Glimmer – schwarz glänzend
- große Härte
- Nutzung: als Baumaterial

Kreislauf der Gesteine

Nach ihrer Entstehung und ihren Eigenschaften lassen sich Gesteine in drei Hauptgruppen einteilen: in Sedimentgesteine, magmatische und metamorphe Gesteine.

Sedimentgesteine und exogene Vorgänge

Alle Gesteine an der Erdoberfläche werden unter dem Einfluss von Sonne, Regen, Frost und Druck zerkleinert, das heißt sie verwittern. Exogene Kräfte wie Wasser, Eis, Wind oder Schwerkraft transportieren die Verwitterungsprodukte und lagern sie als unverfestigte Sedimente (z.B. Sand) auf dem Festland und in den Meeren ab. Hier entstehen im Laufe von Jahrmillionen mächtige Sedimentpakete, die unter hohem Druck zu festem Sedimentgestein (z.B. Sand- oder Kalkstein) werden.

Magmatische Gesteine und endogene Vorgänge

Beim Abtauchen einer Erdkrustenplatte unter eine andere werden bekanntlich Gesteinspakete in der Subduktionszone weit in den Erdmantel hinabtransportiert. Sie werden dabei aufgeschmolzen und steigen als Magma wieder nach oben. Dabei kommt es zur Entstehung von magmatischen Gesteinen. Bleibt die Gesteinsschmelze in größeren Tiefen der Erdkruste stecken, erfolgt die Abkühlung sehr langsam. Es bilden sich Tiefengesteine (z.B. Granit). Fließt das Magma (Lava) an der Oberfläche aus, erkaltet es relativ schnell. Dabei entstehen Ergussgesteine (z.B. Basalt oder Porphyr).

Metamorphe Gesteine

Als Metamorphose wird die Umwandlung eines Gesteins in ein anderes verstanden. Hohen Temperaturen und hohem Druck ausgesetzt schmelzen dabei Gesteine im Erdinneren nicht auf, sondern verformen sich nur. So wandelt sich zum Beispiel Kalkstein zu Marmor oder Granit zu Gneis um.

So gehst du bei der Gesteinsbestimmung vor:

Gesteine bestehen aus einem Mineral oder aus einem Gemenge von Mineralen. Letztere sind demzufolge der stoffliche Bestandteil eines Gesteins. Entsprechend ihrer chemischen Zusammensetzung und Entstehung können die Kristalle der Minerale unterschiedliche Größen und Formen annehmen. So sind z.B. durch Verformung bei den metamorphen Gesteinen (Umwandlungsgesteine) die Kristalle regelmäßig angeordnet. Wichtige Schritte bei der Gesteinsbestimmung sind:

1. Bestimmen von Mineralen nach Merkmalen wie Mineralbestand und Gefüge (u.a. Korngröße, Anordnung der mineralischen Gemenge, z.B. Schichtung, Schieferung, ungerichtetes, gerichtetes Gefüge; Farbe, Glanz, Härte, Löslichkeit oder Geschmack
2. Zuordnen des Gesteins zu den Hauptgruppen: Sedimentgesteine, magmatische und metamorphe Gesteine
3. Einordnen des Gesteins in den Kreislauf der Gesteine

155E_10

Teste dich selbst!

1. Der Schalenbau der Erde

Schreibe den Text ab und ergänze dabei die fehlenden Begriffe.

Die Erde ist in mehrere ... gegliedert. Die äußere „dünne Haut“ der Erde besteht aus ... und wird ... genannt. Nach innen schließt sich der ... an. Seine oberste Schicht besteht auch aus ... . Die Gesteinshülle der Erde besteht aus mehreren einzelnen ... . Diese treiben auf einer zähflüssigen Gesteinsschmelze, dem ... . Der ... ist noch weitgehend unerforscht.

2. Für Tüftler!

a) Lege Transparentpapier auf das Rätsel und notiere darauf die Lösungswörter. In der rot umrandeten Spalte ergibt sich – von oben nach unten gelesen – ein Lösungswort.

b) Worum handelt es sich? Der Atlas hilft.

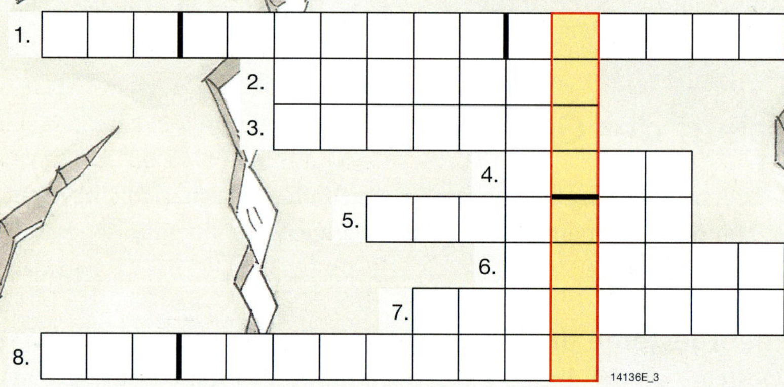

14136E_3

1. Name der Plattengrenze, die durch San Francisco und Los Angeles verläuft
2. Eine durch ein Seebeben ausgelöste Welle
3. Das um den Erdmittelpunkt herum gelegene Erdinnere
4. Heißer Gesteinsbrei, der einen Vulkan hinabfließt
5. Nachname des Mannes, der die Energieskala erdacht hat, mit der man die Erdbebenstärke messen kann
6. Berg, aus dem Magma austritt
7. Gefährliche Erschütterung an der Erdoberfläche
8. Erdbebengefährdete Stadt in Kalifornien

3. Plattentektonik

a) Was zeigen die Abbildungen 1 und 2?

b) Erkläre beide Vorgänge.

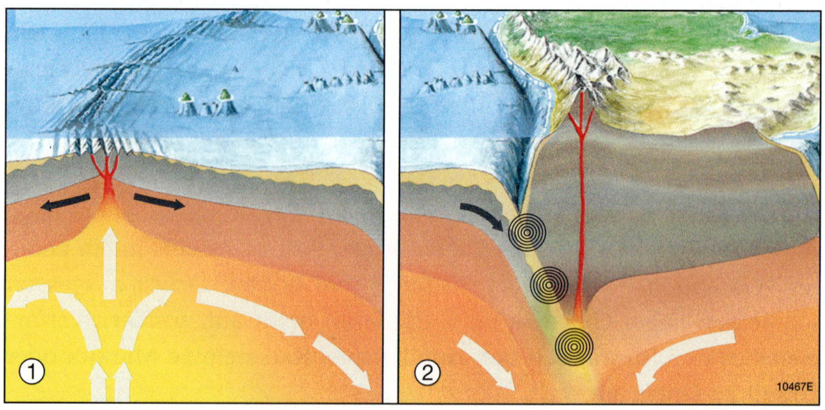

10467E

Das Wichtigste kurz gefasst:

Grundbegriffe

Schalenbau
ozeanischer Rücken
Erdbeben
Vulkanismus
Plattentektonik
Tiefseegraben
Faltengebirge
endogen – exogen
Verwitterung
Naturereignis
Naturkatastrophe

Plattentektonische Prozesse

Die Erde ist schalenförmig aufgebaut und besteht aus Erdkern, Erdmantel und Erdkruste. Den Schlüssel zum Verständnis von Veränderungen in der Natur, denen unser Planet unterworfen ist, liefert uns die Theorie der Plattentektonik. Bewegt von Strömungen im oberen Erdmantel treiben die Platten auf einer heißen, plastischen Schicht.

Bewegungen von Platten

1. ← voneinander weg →

- Kontinentale Gräben (z. B. Ostafrikanisches Grabensystem, Oberrheingraben, Baikalgraben) entstehen. Auftreten von Vulkanismus und Erdbeben. Ein neuer Ozean kann/wird entstehen.
- Mittelozeanische Rücken, Gebirge auf dem Meeresboden mit einer tiefen Zentralspalte, entstehen. Der Meeresboden breitet sich weiter aus (seafloor-spreading). Auftreten von Vulkanismus und Erdbeben.

2. → aufeinander zu ←

- Ein Ozean wird eingeengt. Tiefseegräben (z. B. Marianengraben, Atacamagraben), vulkanische Inselbögen (z. B. japanische Inseln) und Faltengebirge (z. B. Anden, Himalaya) entstehen. Auftreten von Erdbeben, Seebeben und Vulkanismus.

3. ⇄ aneinander vorbei

- Beim Driften der Platten kommt es nicht überall zu Zusammenstößen oder zur Meeresbodenausbreitung. Platten bewegen sich auch seitlich aneinander vorbei und bilden dabei große Spalten und Brüche; Auftreten von Erdbeben (z. B. San-Andreas-Spalte).

Gefährdungen durch Naturereignisse

Gegen auftretende Naturereignisse wie Vulkanausbrüche, Erd- und Seebeben oder Tsunamis, die zu Natur- und Umweltkatastrophen führen können, versucht man Schutzmaßnahmen zu ergreifen. Frühwarnsysteme werden bei anstehenden Vulkanausbrüchen oder bei Tsunamigefahr in Gang gesetzt. Den Auswirkungen von Erdbeben begegnet man mit erdbebensicherer Bauweise.

In Ost- und Südostasien

Von Drachen und Tigern

M1 *Ostasien*

Ost- und Südostasien umfasst eine Vielzahl von Staaten. Das „Land des Drachens" China nimmt den größten Teil Ostasiens ein. Mit einer Fläche von 9,57 Mio. km^2 ist China 27-mal größer als Deutschland und das viertgrößte Land der Erde. Land des Drachens nannten die Völker der angrenzenden Länder schon vor Jahrhunderten ihren großen Nachbarn. Sie zollten ihm damit ihren Respekt, zeigten aber zugleich ihre Furcht vor dessen Stärke.
Zu Ostasien zählt man auch Nord- und Südkorea sowie die Inseln Japan und Taiwan. Südkorea und Taiwan haben in den letzten Jahrzehnten einen rasanten wirtschaftlichen Aufstieg gemacht. Sie werden deshalb als Tigerstaaten bezeichnet (siehe S. 114). Auch der Stadtstaat Singapur ist ein Tigerstaat. Er gehört mit Myanmar, Thailand, dem Westteil Malaysias, Vietnam, Laos und Kambodscha zum festländischen Südostasien. Die Philippinen, Indonesien, Brunei und Teile Malaysias bilden das insulare, das heißt aus Inseln gebildete Südostasien (siehe S. 82).

Oberfläche – vielgestaltig

Das festländische Ostasien kann in zwei große Teilräume gegliedert werden. Westchina wird von den Hochgebirgen des Himalaya und Kunlun Shan beherrscht, die das Hochland von Tibet einschließen.
Die Inseln Ost- und Südostasiens sind naturräumlich ähnlich aufgebaut. Das Herz bzw. das Inselinnere nehmen Gebirge ein, die meist vulkanischen Ursprungs sind. Sehr häufig sind deshalb auch noch aktive Vulkane anzutreffen. Schmale Küstenstreifen und Schwemmländer, in denen die meisten Menschen leben, umgeben die Gebirge.

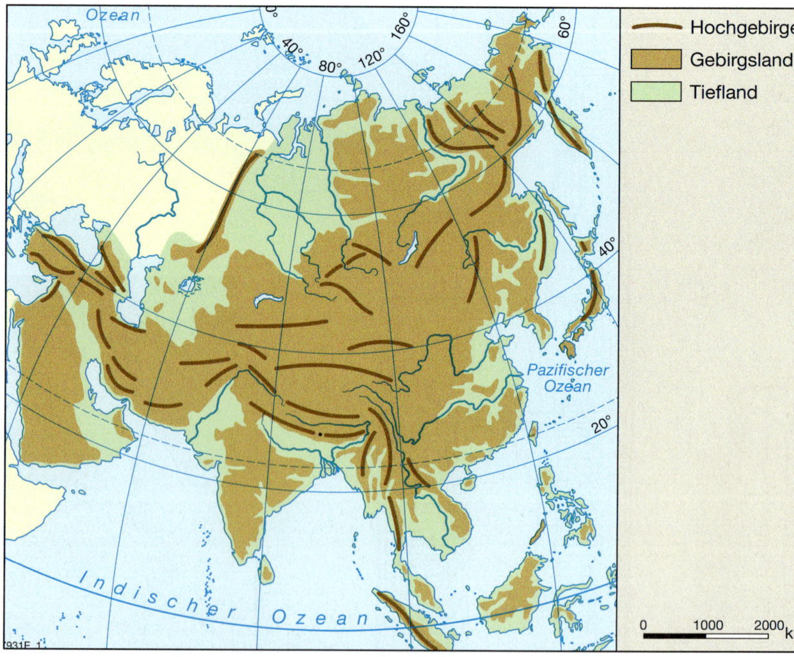

M2 *Überblick über die Oberflächengestalt Asiens*

1 a) Finde Bildunterschriften zu den einzelnen Zeichnungen auf den Seiten 76/77.
b) Gibt es Zeichnungen, die nicht den Kulturräumem Ost- und Südostasien zugeordnet werden können? Finde sie.

2 Übertrage die folgende Tabelle in dein Heft und ergänze sie.

	Staaten	
	Festland	Inseln
Ostasien		
Südostasien		

3 Beschreibe die Oberflächengestalt von Ost- und Südostasien.

4 Begründe die Vielfalt der Vegetation in Ost- und Südostasien.

5 Beschreibe das Gewässernetz.

Klima und Vegetation

Ost- und Südostasien haben haben eine Nord-Süd-Erstreckung von mehr als 60 Breitengraden und daher Anteil an verschiedenen Klimazonen. Sie reichen von der gemäßigten Zone im Norden bis zum Äquatorialklima im Süden. Im Westen der Region bildeten sich aufgrund der großen Höhenlage Hochgebirgsklimate aus. Hier befinden sich auch ausgedehnte Wüsten wie die Gobi oder die Taklamakan.
Die Küstengebiete dagegen wurden früher von sommergrünem Laub- und Mischwald und Hartlaubgehölzen eingenommen. Diese natürliche Vegetation ist jedoch kaum noch vorzufinden, da sie Siedlungs- und landwirtschaftlichen Nutzflächen weichen musste. Auch die tropischen Regenwälder sind durch Abholzung zur Erschließung von Ressourcen und zur Gewinnung von Neuland stark bedroht.

M4 *In der Wüste Gobi*

Gewaltige Flusssysteme

Durch Ost- und Südostasien fließen die drei großen Ströme Huang He, Jangtsekiang und Mekong. Sie entspringen in den Gebirgen Zentralasiens und fließen in das Gelbe, Ost- und Südchinesische Meer. Die gewaltigen Wassermengen transportieren viel Schlamm, sodass große fruchtbare Aufschüttungsebenen und Deltamündungen entstehen. Die Flüsse sind wichtige Lebensadern: sie dienen zur Versorgung von Industrie und Bevölkerung mit Trink- und Brauchwasser, zur Bewässerung der Felder und als Transportwege. An ihnen wurden große Stauanlagen errichtet, um für die wachsende Wirtschaft Energie bereitzustellen und den Wasserabfluss, insbesondere für den Hochwasserschutz, zu regulieren (siehe S. 92/93).

Info

Flüsse in Ost- und Südostasien

Flüsse	*Länge*
Jangtsekiang	5800 km
Huang He	4845 km
Mekong	4500 km
zum Vergleich	
Donau	2850 km
Rhein	1320 km
Elbe	1165 km

M3 *Der Mekong – größter Strom Südostasiens*

Merke
Zu den Kulturräumen Ost- und Südostasien gehören zahlreiche Länder. Das flächengrößte ist China. Die Oberflächengestalt reicht vom höchsten Gebirge der Erde bis in ausgedehnte Tiefländer. Diesem Relief folgen große Flüsse.

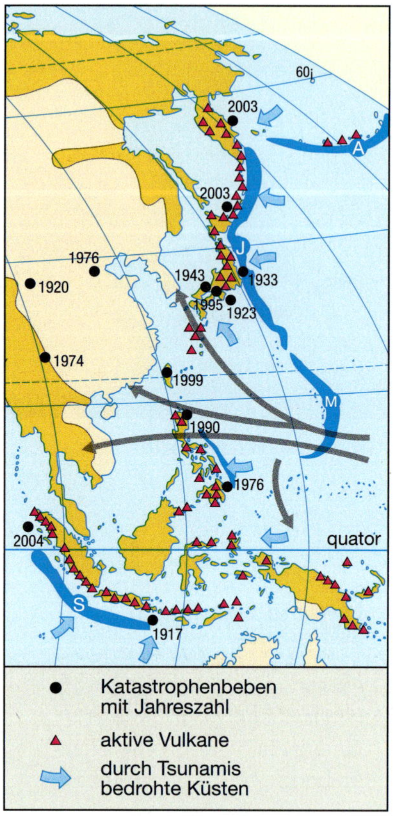

M1 *Von Naturkatastrophen betroffene Gebiete*

Feuerberge, Erdstöße und Tsunamis

Die Inselwelt Ost- und Südostasiens wird so häufig wie kaum ein anderes Gebiet der Erde von Naturkatastrophen heimgesucht. Die Inseln Japans, Indonesiens und der Philippinen liegen auf dem „Ring of Fire“, dem pazifischen Feuerring. Drei große Erdplatten, die eurasische, die pazifische und die indisch-australische treffen dort aufeinander und verhaken sich. Dabei bauen sich Spannungen auf, die zu Erdbeben und Vulkanausbrüchen führen (siehe S. 58 – 67).

Weltweit gibt es etwa 1400 Vulkane, die während der letzten 10 000 Jahre aktiv waren. Auf den Philippinen liegen etwa 50, auf Japan 77 tätige Vulkane. Das Land mit den meisten aktiven Vulkanen ist Indonesien. Ein Drittel der 300 Feuerberge spuckt immer wieder Gas, Asche, oder Lava aus. Der Merapi auf Java gehört zu den zehn gefährlichsten Vulkanen der Erde. Er ist seit 1972 ununterbrochen tätig.

Häufig sind in Ost- und Südostasien auch Erdbeben. Etwa 5000-mal innerhalb eines Jahres bebt zum Beispiel in Japan die Erde.

Wenn das Entstehungsgebiet eines Erdbebens unter dem Meeresboden liegt, spricht man von **Seebeben**. Diese rufen die gefürchteten **Tsunamis** hervor. Das sind Flutwellen, die mit einer Geschwindigkeit von bis zu 900 km/h auf die Küsten zu rasen. Dort türmen sie sich zu haushohen Wasserwalzen auf und zerstören alles, was ihnen im Weg steht.

1 Ost- und Südostasien werden von zahlreichen Naturereignissen bedroht. Nenne sie und beschreibe ihre Auswirkungen.

2 Suche weitere Gebiete auf der Erde im Atlas auf, die durch Vulkanausbrüche und Erdbeben gefährdet sind. Ordne sie nach Kontinenten.

3 Erläutere, wie es zur Ausbildung eines Tsunamis kommen kann (M2 und M3).

4 Erkläre, welche Gefahren für das Leben der Menschen nach dem Tsunami noch bestehen.

Der lauteste Knall der Welt

Die Insel Krakatau heute

Im Frühjahr des Jahres 1883 erwachte die Vulkaninsel Krakatau, zwischen Java und Sumatra gelegen, zu neuem Leben. 200 Jahre lang hatte sie sich ruhig verhalten. In der Nacht vom 26. August 1883 ereigneten sich die wohl gewaltigsten Vulkanexplosionen der Erde der jüngeren Zeitgeschichte. Der Himmel verdunkelte sich, Bimssteine, glühend heiß und groß wie Tennisbälle, prasselten vom Himmel. Das Meer färbte sich dunkel wie Tinte, die Nachbarinseln wurden unter einer dicken Schlammschicht begraben. Der Ausbruch und das anschließende Zusammenstürzen der Vulkankegel war so gewaltig, dass Seebeben ausgelöst wurden. Über 40 m hohe Tsunamis überrollten die Küsten umliegender Inseln und waren nach 32 Stunden auch noch an der französischen Kanalküste, 18 000 km entfernt messbar. Schneller als die Flut breitete sich der „Todesschrei“ des Krakatau aus. Noch 4000 km weit entfernt auf der Insel Rodriguez bei Madagaskar konnte man den Lärm der Explosionen hören. „Der Knall von Krakatau“ gilt seitdem als der „größte Lärm der Erdgeschichte“.

Tsunami reißt Hunderttausende Menschen in den Tod

Weihnachten 2004: Während sich Tausende von Touristen an den Stränden des Indischen Ozeans erholen, ahnen sie nicht, was Minuten später über sie hereinbricht. Eine riesige Flutwelle überspült mit rasender Geschwindigkeit die Strandanlagen, Hotels, Dörfer und Städte an der Küste. Nur wer noch die Zeit hatte einen Hügel im Hinterland zu erreichen, konnte sich retten. Erschreckende Bilder waren danach überall in den Medien zu sehen. Eine Welle der Anteilnahme und Solidarität setzte in der ganzen Welt ein.

Nach der Flut kam die Wasser- und Lebensmittelknappheit. Es brachen Krankheiten aus. Die Krankenhäuser waren überfüllt. Ganze Ortschaften waren tagelang von der Versorgung abgeschnitten. Hunderttausende suchten nach vermissten Angehörigen und Freunden. Auf den Flughäfen staute sich ein endloser Touristenstrom. Es wird noch viele Jahre dauern, bis die Wunden dieser Katastrophe geheilt sind.

Merke

Der ost- und südostasiatische Raum ist geotektonisch aktiv. Er gehört zum pazifischen Feuerring. Vulkanausbrüche und Erdbeben treten häufig auf. Tsunamis sind gefürchtete Flutwellen, die durch Seebeben ausgelöst werden.

Grundbegriffe

- Seebeben
- Tsunami

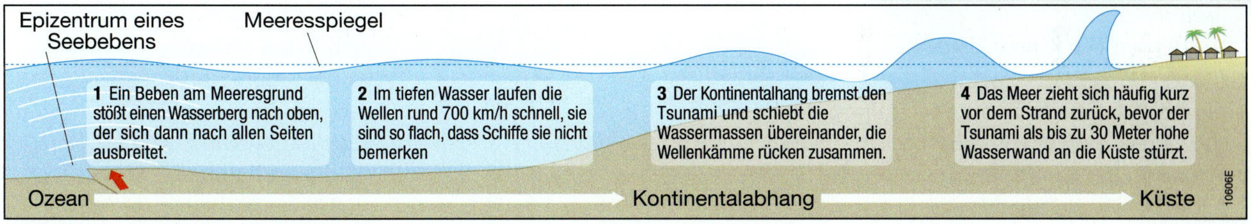

M2 *Entstehung von Tsunamis*

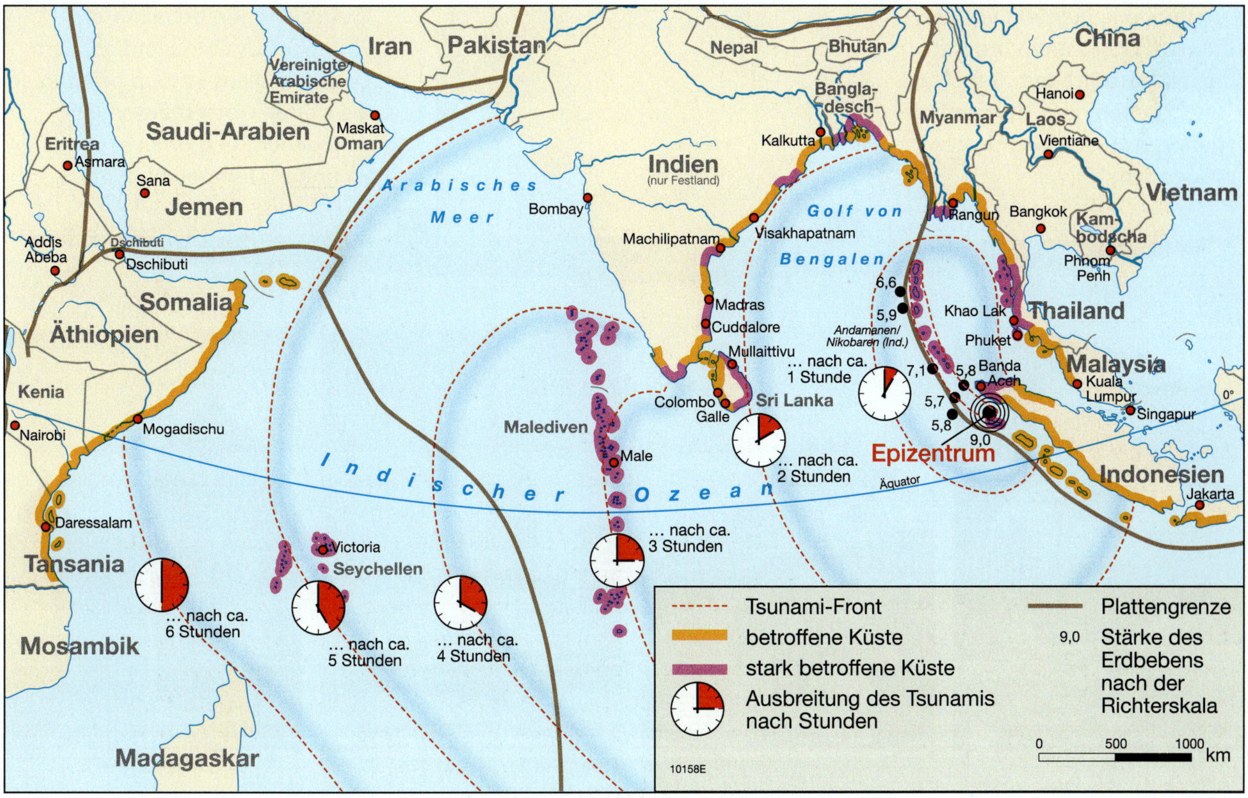

M3 *Der Indische Ozean zum Zeitpunkt der Katastrophe*

Ostasien

Ostasien ist neben den USA und Europa ein wirtschaftlicher Kernraum der Erde. Hier leben ca. 1,6 Mrd. Menschen, wobei China und Japan zu den bevölkerungsreichsten Ländern gehören.
Die chinesische Kultur beeinflusste die gesamte Region hinsichtlich Schrift, Architektur, Denk- und Lebensweise. Vor allem der Konfuzianismus bildet die Grundlage für das Zusammenleben der Menschen. Familiendisziplin steht dabei an erster Stelle: Respekt vor den Ahnen, Eltern und Vorgesetzten. Menschlichkeit, Gehorsam und Streben nach Harmonie gehören zu den wichtigsten Tugenden.

Südostasien

Südostasien ist der flächenmäßig kleinste Kulturerdteil Asiens. Er setzt sich aus einem festländischen Teil und einer Reihe von Inseln und Inselketten zusammen.
In zehn Ländern leben über eine halbe Milliarde Menschen, wobei Indonesien am bevölkerungsreichsten ist.
Südostasien weist eine große religiöse Vielfalt auf. Da es früher ein bedeutender Handelsknotenpunkt war, sind hier heute Anhänger aller großen Weltreligionen beheimatet. Einflüsse aus China, Indien, dem Orient und aus Europa prägten die Kultur. Gotteshäuser verschiedener Religionen sind hier zu finden: Tempel, Kirchen, Moscheen.

Buddhastatue in Japan

Konfuziustempel in Vietnam

Buddhistische Pagode (Myanmar)

Moschee in Malaysia

M1 *Statuen und Sakralbauten zeugen von der Vielfalt der Religionen*

Info

Erfindungen und Entdeckungen: China und Europa

um 2000 v. Chr.	Seide	552 n. Chr.
14. Jh. v. Chr.	dezimales Stellensystem	um 1200 n. Chr.
5. Jahrhundert v. Chr.	Flugdrachen	um 1600 n. Chr.
450 v. Chr.	Armbrust	um 400 v. Chr.
1. Jahrhundert n. Chr.	Papier	um 1100 n. Chr.
8. Jahrhundert n. Chr.	Porzellan	um 1709 n. Chr.
850 n. Chr.	Magnetkompass	1190 n. Chr.
um 1000 n. Chr.	Schießpulver	um 1300 n. Chr.
1041 n. Chr.	Buchdruck mit beweglichen Lettern	1448 n. Chr.

1 Weise nach, dass das alte China eine Hochkultur war (Arbeitsheft, S. 13).

2 Informiere dich in Lexika und im Internet über weitere Erfindungen und Entdeckungen im alten China.

M2 *Keramikmalerei – eine traditionelle chinesische Kunstrichtung*

M3 *Die Chinesische Mauer (221 v. Chr. – 15. Jh. n. Chr. Schutzwall gegen Mongolen)*

M4 *Seidenproduktion mithilfe von Seidenraupen – eine chinesische Erfindung*

M5 *Seismoskop (132 v. Chr. entwickelt und gebaut) – mit diesem meisterhaft konstruierten Messinstrument konnten die Chinesen Erdbeben nachweisen*

M6 *Kompass – drehbarer Löffel aus Magneteisenstein, er richtet sich in N-S Richtung aus*

Additum: Natur- und Kulturerbe der Menschheit

M1 *Emblem der UNESCO für ein Weltkulturerbe*

Die Welterbekonvention der UNESCO

Ob die Tempel von Abu Simbel, die Ruinen des griechischen Olympia, die Altstadt von Bamberg, der Tower von London oder der kanadische Nationalpark Wood Buffalo – die menschlichen Kulturleistungen und Naturphänomene sind einzigartig und schützenswert. Die UNESCO hat sich zur Aufgabe gemacht, die Kultur- und Naturgüter der Menschheit, die einen „außergewöhnlichen universellen Wert“ besitzen, zu erhalten. 690 Stätten weltweit sind auf der UNESCO-Liste des Welterbes verzeichnet (Stand: 2000). ...
1972 hat die UNESCO das „Internationale Übereinkommen zum Schutz des Kultur- und Naturerbes der Welt“ verabschiedet. Inzwischen haben es 161 Staaten unterzeichnet. Es ist das international bedeutendste Instrument, das von der Völkergemeinschaft zum Schutz ihres kulturellen und natürlichen Erbes beschlossen wurde.

Das Konzept der Welterbekonvention

Die Verantwortung für den Schutz eines Kultur- und Naturgutes, das einen „außergewöhnlichen universellen Wert“ besitzt, liegt nicht allein in der Hand des jeweiligen Staates; vielmehr fällt er unter die Obhut der gesamten Menschheit. ... Das Welterbekomitee prüft jedes Jahr, ob die von den Mitgliedstaaten vorgeschlagenen Stätten die festgelegten Kriterien erfüllen. Hierzu zählen das Kriterium der „Einmaligkeit“ und das der „Authentizität“ (historische Echtheit) eines Kulturdenkmals oder der „Integrität“ einer Naturerbestätte. Neben dem aktuellen Erhaltungszustand muss ein überzeugender Erhaltungsplan vorgelegt werden.
Zum UNESCO-Kulturerbe gehören Baudenkmäler, Städteensembles und Kulturlandschaften, auch Industriedenkmäler und Kunstwerke wie Felsbilder. Das Naturerbe umfasst geologische Formationen, Fossilienfundstätten, Naturlandschaften und Schutzreservate von Tieren und Pflanzen, die vom Aussterben bedroht sind.

Quelle: www.unesco.de/c_arbeitsgebiete/welterbekonvention.htm 19.09.2001; Auszug)

Info

UNESCO

Der Begriff UNESCO steht für United Nations Educational, Scientific and Cultural Organization. Die Organisation hat 188 Mitgliedsstaaten und ist eine der 16 Sonderorganisationen der Vereinten Nationen. Ihren Sitz hat die UNESCO in Paris.

1 Sammelt weiteres Material zur Welterbekonvention.

Weltkulturerbe in Deutschland

Deutschland ist zurzeit 24-mal in der UNESCO-Welterbeliste vertreten (z.B. die Schlösser und Parks von Potsdam-Sanssouci, der Kölner Dom oder die Wartburg). Auch vier Kultur- und Naturdenkmäler in Sachsen-Anhalt sind gegenwärtig auf dieser Liste verzeichnet: das Stadtensemble von Quedlinburg (1994), das Bauhaus Dessau (1996), die Luthergedenkstätten in Wittenberg und Eisleben (1996), seit 2000 auch das Dessau-Wörlitzer Gartenreich.

M2 *Dessau – Wörlitzer Gartenreich*

M3 *Höhepunkt indischer Mogul-Architektur: Tadsch Mahal, Indien*

Gruppenarbeit

Mögliche Arbeitsschritte:

1. Sich über die Welterbeliste der UNESCO informieren
2. Suchen von in der Welterbeliste genannten Natur- und Kulturgütern in den Kapiteln dieses Buches
3. Auswählen je einer Kultur- und Naturstätte aus der Liste
4. Zusammentragen von Informationen (Lage, Besonderheiten u.a.) aus unterschiedlichen Medien
5. Visualisieren und Präsentieren der Ergebnisse

M4 *Nationalpark Uluru (Olga-Felsen, im Hintergrund Ayers Rock), Australien*

M6 *Akropolis in Athen*

M5 *Der Tempel von Abu Simbel, Ägypten*

M7 *Bayon-Tempel, Kambodscha*

Das bevölkerungsreichste Land

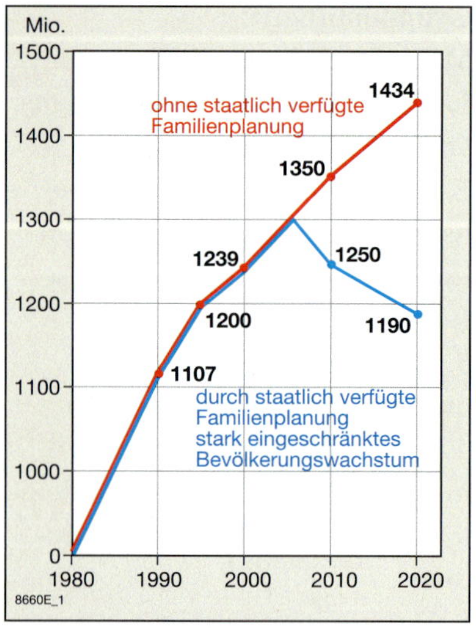

M1 *Geschätzte Bevölkerungsentwicklung*

China ist mit etwa 1,32 Milliarden Menschen (2008) der bevölkerungsreichste Staat der Erde – und jedes Jahr kommen rund 15 Mio. hinzu. Hier lebt etwa ein Fünftel der Weltbevölkerung. Das Land wird diktatorisch regiert. Deshalb kann die Regierung Maßnahmen durchsetzen, um das starke **Bevölkerungswachstum** zu bremsen.
Mit Anreizen und Strafen will der Staat erreichen, dass jede Familie nur noch ein Kind hat. „Ein-Kind-Familien" erhalten jedes Jahr eine Geldprämie. Einzelkinder werden bevorzugt bei der Zuteilung eines Kindergartenplatzes, bei der Auswahl der Schulen und später des Arbeitsplatzes. Ehepaare, die sich sterilisieren lassen, bekommen eine Prämie und werden öffentlich gelobt. Alle Familien erhalten kostenlos empfängnisverhütende Mittel. Schwangerschaftsabbrüche werden kostenlos durchgeführt. Wird jedoch ein zweites Kind geboren, macht sich die Familie strafbar. Den Eltern wird zehn Prozent von ihrem Lohn abgezogen. Außerdem müssen sie etwa zwei Monatsgehälter Strafe zahlen. All diese Maßnahmen sind so erfolgreich, dass sich bereits ein Kindermangel abzeichnet.

M2 *Poster: „Heiratet später und habt weniger Kinder."*

M4 *Rentnerin bei Fitnessübungen in Peking*

China ist auf dem Weg in eine Gesellschaft der Alten. Heute leben hier bereits 134 Mio. Menschen, die über 60 Jahre alt sind; in 20 Jahren werden es 280 Millionen sein. Ursache hierfür ist die staatliche Ein-Kind-Politik. Es werden so wenige Kinder geboren, dass sich bald ein Arbeitskräftemangel abzeichnet. Im Jahr 2020 muss der Markt wahrscheinlich mit zehn Millionen Arbeitskräften pro Jahr weniger auskommen. Und wer soll die vielen Rentner finanzieren?
(Nach: Anna Marohn. In: Handelsblatt vom 23.5.2007, S. 9)

M3 *China steht vor einer extremen Überalterung*

1 Erläutere Maßnahmen zur Begrenzung des Bevölkerungswachstums in China.

2 Diskutiere das Für und Wider der rigorosen Bevölkerungspolitik, der Ein-Kind-Familie in China.

Ein Fünftel der Weltbevölkerung auf engstem Raum

China ist mit einer Fläche von über neun Millionen km² das viertgrößte Land der Erde. Die durchschnittliche **Bevölkerungsdichte** im „Reich der Mitte" beträgt 138 Einw./km² und ist, verglichen mit Deutschland, gering. Das große Problem ist die sehr ungleichmäßige Bevölkerungsverteilung. Die rund 100 Millionenstädte wuchsen explosionsartig (M6). Über 80 Prozent aller Chinesen konzentrieren sich auf nur 15 Prozent der Landesfläche (M6).

Ein wichtiger Grund für die ungleiche Bevölkerungsverteilung sind Unterschiede in der naturräumlichen Ausstattung: In Ostchina begünstigen das Klima und die fruchtbaren Böden eine intensive landwirtschaftliche Nutzung. Im Südosten ermöglichen hohe Temperaturen und Niederschläge sogar bis zu drei Ernten im Jahr. Hier gibt es ländliche Gebiete mit 2000 Einw./km² (M6). Zum Teil ist die Siedlungsfläche der Dörfer größer als die Fläche der dazugehörenden Reisfelder. Der Nordosten ist kühler. Hier sind weite Landstriche mit fruchtbarem Löss bedeckt. Im Westen liegen hohe Gebirge und Wüsten, die die Besiedlung und die landwirtschaftliche Nutzung stark einschränken.

Weitere Gründe der anhaltenden Übervölkerung des Ostens sind die bessere Infrastruktur sowie die gestiegene Attraktivität des Lebens vor allem in den küstennahen Städten. Da sich die auf den Export orientierte Industrie vorwiegend entlang der Küste angesiedelt hat, gibt es dort auch vielfältige Ausbildungs- und Verdienstmöglichkeiten.

3 Beschreibe und begründe die heutige Bevölkerungsverteilung Chinas (M5, M6, Arbeitsheft, S. 14).

Merke
Der ost- und südostasiatische Raum weist aufgrund seiner natürlichen Vielfalt eine unterschiedliche Bevölkerungsverteilung auf. Besonders hoch ist die Bevölkerungsdichte in den großen Aufschüttungsebenen. China ist das bevölkerungsreichste Land der Erde.

Grundbegriffe
- Bevölkerungswachstum
- Bevölkerungsdichte

M5 *Naturräume*

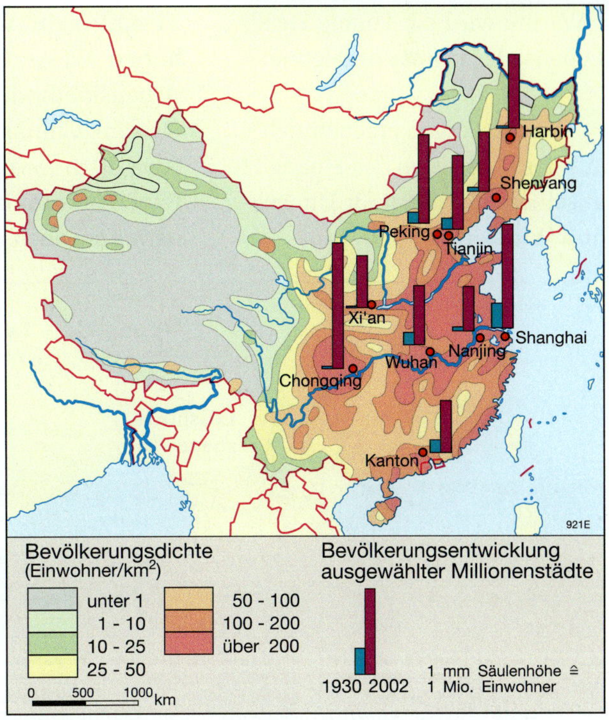

M6 *Bevölkerungsdichte und Städtewachstum*

Info

Schon gewusst?

Wusstest du schon, dass China
... rund ein Fünftel der weltweiten Getreide- und Kartoffelproduktion erzeugt?
... mit mehr als 170 Mio. t rund ein Drittel der Reisernte der Erde erbringt?
... einen Bestand von insgesamt rund 700 Mio. Schweinen, Schafen und Rindern hat und der mit großem Abstand führende Fleischerzeuger der Erde (ein Viertel der Weltproduktion) ist?

1,3 Milliarden wollen ernährt werden

Hungersnöte, früher eine Geißel der Chinesen, scheinen überwunden zu sein. Dennoch konnte China in manchen Jahren seine Bevölkerung kaum ernähren. Wo liegen die Ursachen?

1. Nur zehn Prozent des Landes können ackerbaulich genutzt werden. Wüsten und Hochgebirge im Westen lassen die landwirtschaftliche Nutzung kaum zu.
2. Der regenreiche Osten ist die „Getreidekammer“ Chinas. Hier werden 50 Prozent der Ackerflächen bewässert. Das Gebiet ist aber anfällig für Dürren und Überschwemmungen.
3. Der Nahrungsbedarf steigt. Der Fleiß der chinesischen Bauern, die Verwendung von hochwertigem Saatgut und verstärkter Düngemitteleinsatz lösen dieses Problem nicht.
4. Die Ackerfläche soll um ein Fünftel zu erhöht werden, andererseits nimmt die landwirtschaftliche Nutzfläche durch Bodenerosion ab. Zudem weiten sich die Millionenstädte aus und „schlucken“ fruchtbares Ackerland.

Der Huang He – versandeter Reichtum

In früheren Zeiten führte der Huang He noch sehr viel Wasser und am Fluss kam es öfter zu Überschwemmungen. Heute jedoch droht er zum Binnenfluss zu werden, der vor Erreichen des Meeres versickert. Vom Huang He sind jedoch mehr als 144 Mio. Einwohner, die in 50 mittleren und großen Städten leben und zahlreiche Industriebetriebe abhängig.

Allein die Industrie um Peking verbrauchte in den letzten Jahren 31-mal mehr Wasser als vor 1980. Eine Ursache für diesen immens hohen Wasserverbrauch sind die technisch veralteten Anlagen und Arbeitsmethoden. Um eine Tonne Bier – es wurde zum begehrtesten Getränk Chinas, neben Grünem Tee – zu brauen, benötigen die Chinesen etwa 60 m^3 Wasser, üblich sind max. 10 m^3. Auf dem Lande pumpen die Bauern auf 15 ha Ackerland über 1300 m^3 Wasser. Mit modernen Geräten würde sie nach Ansicht von Experten mit 100–200 m^3 auskommen.

1 Warum wird der Huang He als Lebensader Chinas bezeichnet?

2 Welche Folgen ergeben sich aus dem Versiegen des Huang He in seinem Unterlauf für Umwelt und Wirtschaft?

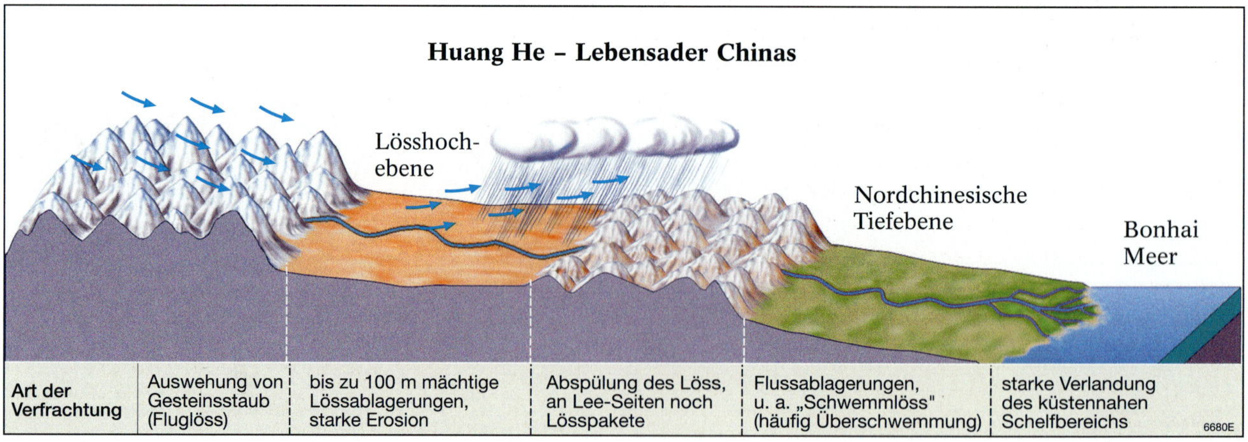

M1 *Huang He – von der Quelle zur Mündung*

Wandel in der Landwirtschaft

Hunderte Millionen Chinesen wohnen auf dem Land. Jeder Dritte von ihnen muss mit weniger als umgerechnet 0,77 Euro am Tag auskommen. Nur wenige Menschen können ausreichend lesen und schreiben. Die 35 Yuan (3,50 Euro) Schulgeld im Jahr sind für viele zu teuer und die Kinder müssen schon früh mitarbeiten. Nicht einmal die Hälfte der Dörfer ist über Straßen zu erreichen. Ein Großteil hat weder elektrischen Strom noch fließendes Wasser. Früher bestimmte in China der Staat, was angebaut werden sollte. Nun können die Bauern Land zur privaten Bewirtschaftung pachten. In den stadtnahen Gebieten hat dies dazu geführt, dass sich die Betriebe auf Produkte spezialisiert haben, die in der Stadt gut verkauft werden können, wie Obst, Gemüse und Hühner.
Vier Prozent der gesamten Ackerfläche Chinas werden heute noch von Staatsbetrieben bearbeitet, aber auch sie richten ihre Produktion nach dem Absatzmarkt aus.

M2 *Gemüseanbau in Guilin*

Info

Märkte – ein Teil des chinesischen Alltagslebens

Der Marktort war und ist auch heute einer der Grundpfeiler der chinesischen Agrargesellschaft und des chinesischen Alltagslebens. Neben Standardmärkten gibt es Saisonmärkte oder Großmärkte in den Außenbezirken von Städten, wie der „Glockentempelmarkt" im Nordwesten Beijings (Pekings), der sich zur größten „Börse" für Agrarerzeugnisse und landwirtschaftliche Nebenprodukte in ganz China hat entwickeln können. Ein Viertel des heutzutage in Beijing verzehrten Gemüses kommt von diesem Markt, der täglich von rund 30 000 Groß- und Einzelhändlern besucht wird. Die meisten Verkäufer sind Bauern, die Mehrzahl der Kunden Straßenhändler. Sie decken sich hier am Morgen mit Gemüse und Obst ein, transportieren die Ware dann auf ihren Lastfahrrädern in die Stadt und verkaufen sie dort mit Gewinn weiter.
Auf allen Märkten bewegt sich ein nie enden wollender Käufer- und Transportfahrräder-Strom zwischen den überdachten Ständen und zwischen den sorgfältig nebeneinander platzierten Handkörben hindurch. Überall geht es auch laut, ja ohrenbetäubend zu; doch niemand scheint sich daran zu stören, vor allem nicht die Verkäufer, die stets alle Hände voll zu tun haben und mit größter Geschicklichkeit Fische schlachten, Schweinehälften zerlegen, Zuckerrohr schälen oder an kleinen Ständen Essen zubereiten.

(nach Weggel, O.: Alltag in China, S. 26/27)

3 Stelle die Lage der Gebiete fest, die landwirtschaftlich genutzt werden (Atlas).

4 Beschreibe die Rolle, die Märkte im Alltag der Chinesen spielen.

Merke
1,3 Mrd. Menschen wollen täglich in China satt werden. Das ist eine gewaltige Herausforderung für die Bauern in den oftmals noch unterentwickelten ländlichen Gebieten Chinas.

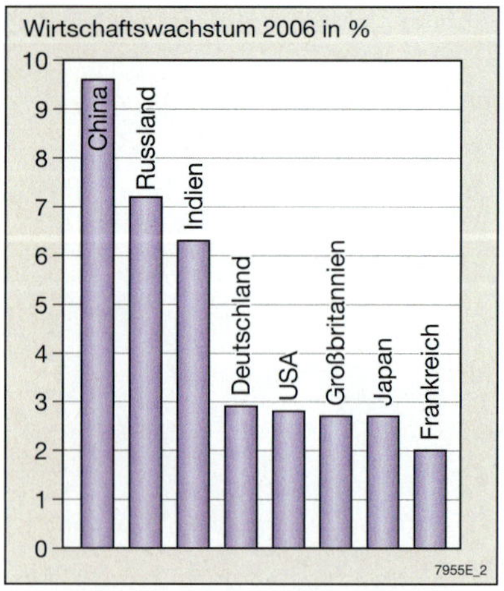

M1 *Wirtschaftswachstum Chinas im Vergleich mit anderen Ländern*

Chinas Wirtschaft im Aufschwung

China ist in Bewegung geraten. Das Reich der Mitte gehört zurzeit zu den Staaten mit den weltweit höchsten Wachstumsraten (M1). Verantwortlich dafür ist neben dem Erstarken des Binnenmarktes ein sehr gut funktionierender Außenhandel. China ist nach den USA und der EU der drittgrößte Importeur der Erde. Damit hat China endgültig eine wichtige Position in der Weltwirtschaft eingenommen.

Der Startschuss dazu fiel 1979. Bis dahin war der Handel mit anderen Staaten der Welt stark eingeschränkt.

Um den Lebensstandard anzuheben und neue Arbeitsplätze zu schaffen, beschloss die Regierung 1979, die Industrialisierung mit allen Mitteln voranzutreiben. Man ließ Privateigentum und Privatbetriebe zu und verstärkte die Zusammenarbeit mit dem Ausland. Die Küstenzone sollte zur größten Industrieregion der Erde entwickelt werden. Im Zuge dieser Wirtschaftsreformen entstanden mehr als 70 Mio. Privatbetriebe. Das Einkommen der Bevölkerung konnte mehr als verdoppelt, die industrielle Produktion vervielfacht werden.

1 Erkunde in deiner Umgebung Produkte, die in China hergestellt wurden.

2 Nenne Vorteile und mögliche Nachteile von Joint-Ventures am Beispiel von China.

3 Erkläre die Folgen des Missbrauchs von Patenten.

Hoher Ressourcenverbrauch

Der Wirtschaftsboom verzehrt ungeheure Mengen an Rohstoffen: China verbraucht ein Viertel des Zements der Welt, fast ein Drittel der Kohle, ein Viertel des Stahls und ist zudem hinter den USA der zweitgrößte Ölverbraucher. Dabei nimmt die massive Zerstörung der Umwelt durch die Verschmutzung von Luft und Wasser immer mehr zu. Yue Pan, Vizeminister für Umwelt, warnt: „Für die Produktion von Waren im Wert von 10 000 Dollar benötigen wir gut siebenmal so viele Ressourcen wie Japan, fast sechsmal so viele wie die USA und – besonders peinlich – fast dreimal so viele wie Indien."

(Nach: Der Spiegel 22/2005, S. 86)

M3 *Zeitungsartikel*

M2 *Innenansicht eines städtischen Privatbetriebes*

M4 *In einem privatisierten Großunternehmen*

China – Partner oder Konkurrent?

Bei der Zusammenarbeit mit dem Ausland werden vor allem **Joint-Ventures** gefördert. Das sind Firmen, die von Chinesen und Ausländern gemeinsam aufgebaut und geführt werden (z. B. die Shanghai-Volkswagen GmbH). Von ihnen erhofft sich die Regierung die Schaffung neuer Arbeitsplätze und die Einführung moderner Produktionsverfahren und Managementmethoden sowie die Ausbildung von Fachkräften.
Die bisher zahlreichen ausländischen Investoren reizen die billigen Arbeitskräfte sowie Vorteile wie gute Infrastruktur, kostenloses Betriebsgelände und zum Teil mehrjährige Steuererleichterungen. Vor allem lockt natürlich der riesige chinesische Markt mit über einer Milliarde möglicher Käufer. Der Volkswagenkonzern, der bereits seit Jahrzehnten in China Autos produziert, will von China aus neue Märkte in Nachbarstaaten erschließen.
„Das Risiko, nicht dabei zu sein, ist größer als das Risiko, dabei zu sein". So beschrieb ein Manager eines großen deutschen Konzerns das umfangreiche Engagement seines Unternehmens in China.

M7 *Vernichtung von Raubkopien in Tianjing*

Produktklau

Die Geschäftsbedingungen gestalten sich in China manchmal schwierig. Vor allem der Missbrauch von Patenten und billige Nachbauten von Produkten gefährden Arbeitsplätze in anderen Ländern. Auch die Käufer solcher Produkte sind gefährdet, weil diese Waren den Originalen täuschend ähnlich sehen, aber oft nicht den untersten Qualitäts- und Sicherheitsstandards entsprechen.
Etwa 70 Prozent aller weltweiten Plagiate stammen aus China. Die Regierung beginnt langsam, das geistige Eigentum per Gesetz zu schützen. Man erkennt, dass der Produktklau mittel- und langfristig die eigene Wirtschaft stark schädigt.

M5 *Geistiges Eigentum muss geschützt werden*

Merke
China ist eine aufstrebende Wirtschaftsmacht. Seit Ende der 1970er-Jahre verfolgt die Regierung eine Industrialisierung und Öffnung. Die Zusammenarbeit mit dem Ausland wird vor allem über Joint-Ventures gefördert.

Grundbegriff
- Joint-Venture

M6 *Neues VW-Werk in China*

M8 *Spielzeugherstellung*

1 Beschreibe die verschiedenen Gesichter des Jangtsekiang.

2 Für das Drei-Schluchten-Projekt gibt es Befürworter und Gegner. Nenne jeweils Argumente.

Der Jangtsekiang hat viele Gesichter

Der Jangtsekiang ist der drittlängste Fluss der Erde und der mächtigste Fluss Chinas. Er ist nur wenig kürzer als der Nil oder der Amazonas. Die Quelle des Jangtsekiang liegt im Hochland von Tibet. Hier ist die Erosion sehr hoch. Im weiteren Verlauf hat sich der Fluss tief ins Gebirge eingegraben und viele Schluchten geschaffen.
In seinem riesigen Einzugsgebiet leben 350 Mio. Menschen, knapp ein Viertel aller Chinesen. Der „Jangtse" durchfließt sehr fruchtbare Landschaften, in denen mehr als die Hälfte aller landwirtschaftlichen Produkte Chinas erzeugt werden. Außerdem wird in seinem Einzugsgebiet mehr als die Hälfte der Industrieproduktion Chinas erwirtschaftet. Viele Rohstoffe müssen angeliefert und Fertigprodukte abtransportiert werden. Der Fluss dient als Transportweg. An seiner Mündung liegt die Stadt Shanghai, die sich zur drittgrößten Hafenstadt der Welt entwickelt hat.

Merke
Im Einzugsgebiet des Jangtsekiang leben besonders viele Menschen, die in den fruchtbaren Gebieten Landwirtschaft betreiben. Durch den Bau des größten Staudammes der Erde soll die Energieversorgeung verbessert und damit die wirtschaftliche Entwicklung gefördert werden.

Staudamm gegen Problemstau

Schon vor rund 100 Jahren träumte man in China davon, mit einem Damm die Schifffahrt und die Ausnutzung der Wasserreserven zu verbessern. Lange Zeit scheiterte der Bau aber an den hohen Kosten. Erst 1992 entschloss sich die Regierung, das gigantische Projekt in Angriff zu nehmen. Die Weltbank und die kanadische Regierung unterstützten die Finanzierung.
1994 wurde der Grundstein für den Staudammbau gelegt, wobei am Mittellauf des Jangtsekiang der größte Stausee der Welt entstand. Dieser setzte auch die berühmten „Drei Schluchten" unter Wasser. Viele Gründe haben dazu beigetragen, den Bau trotz der gewaltigen Summe von über 75 Mrd. Euro zu errichten. Doch es gibt auch Kritiker.

M1 *Im Gebiet der Drei Schluchten*

M2 *Jangtsekiang bei Nanjing*

Staudammprojekt: Für und Wider

Him Lai (Zentrale Wasserbau-Behörde, Peking):

„Der Staudamm wird uns in unserer Entwicklung einen großen Schritt nach vorn bringen. Am Unterlauf des Jangtsekiang werden nun 200 Mio. Menschen vor großen Überschwemmungskatastrophen geschützt und der Staat wird finanziell entlastet. Ihn haben allein die Aufräumarbeiten nach der großen Überschwemmung von 1998 25 Mrd. Yuan gekostet (1 Yuan = ca. 10 Cent).
Der Fluss wird ganzjährig von Schiffen und Schubverbänden befahrbar sein. Chonqing ist dann der weltweit größte Binnenhafen.
Die neuen Elektrizitätswerke werden eine Leistung erbringen, die wir dringend zur Stromversorgung benötigen. Mit der Energie werden wir in erster Linie die Küstenstädte und ihre wichtigen Industriebetriebe versorgen. Produktionsausfälle wegen Stromausfalls gehören dann der Vergangenheit an. Wir werden endlich auch viele Tausend Dörfer elektrifizieren können. So verbessert sich der Lebensstandard der Menschen und es können sich weitere Wirtschaftsbetriebe ansiedeln.
Dass wir Menschen umgesiedelt haben, sehe ich positiv. Sie haben zwar ihr altes Zuhause auf dem Seegrund lassen müssen, aber eine neue Heimat mit modernen und geräumigen Wohnungen gewonnen. Die chinesische Bevölkerung kann stolz sein auf dieses weltweit größte Bauprojekt seit der Errichtung der chinesischen Mauer."

Han Guanwan (Universität Hongkong):

„Der Damm ist eine der größten Fehlplanungen der chinesischen Geschichte. Durch den Stausee werden 137 Städte mit allein 400 Krankenhäusern und 1 100 Dörfer überflutet. Wegen des Dammes verlieren Millionen Menschen ihre Heimat. Ihre Häuser und das fruchtbare Ackerland werden im Wasser versinken und die Familien müssen in unpersönliche neue Siedlungen ziehen. Oft liegen diese fernab ihrer alten Heimat.
Darüber hinaus werden etwa 1 000 archäologisch wertvolle Stätten für immer im See verschwinden.
Hinzu kommen die Umweltgefahren. Es werden 1 300 Fabriken, 1 300 Kohleminen und 178 Mülldeponien überschwemmt, wodurch das Wasser langfristig verseucht werden könnte. Weil nun das Gewicht des Wassers auf der Erdkruste lastet, steigt nachgewiesenermaßen das Erdbebenrisiko. 200 Mio. Menschen am Unterlauf des Jangtsekiang müssen sich durch einen möglichen Dammbruch bedroht fühlen, vor allem, da Baumängel in China an der Tagesordnung sind.
Niemand weiß, wie lange der Damm funktionsfähig sein wird, denn durch die große Schlammfracht im Fluss könnte der See sehr schnell verschlammen und dadurch die Wasserkraftwerke unbrauchbar machen.
Schließlich wird auch eine der schönsten Naturlandschaften, die Drei Schluchten, in den Fluten versinken. Für Hunderttausende Touristen im Jahr gibt es dann keinen Grund mehr, das Jangtse-Tal zu besuchen."

M3 *Steckbrief des Drei-Schluchten-Dammes*

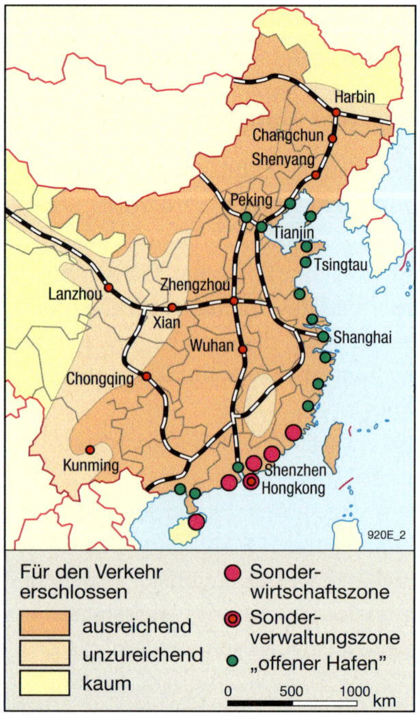

M1 *Bevorzugte Gebiete der industriellen Entwicklung*

1 Nenne Gründe, warum sich das Wirtschaftswachstum vor allem in den Städten an der Küste vollzieht.

Goldrausch in den Küstenstädten

„Alles ist neu hier", sagt Mr. Wang. Draußen funkelt die Skyline von Shenzen, der Schwesterstadt von Hongkong im Abendlicht. „Vor 20 Jahren gab es hier nichts, nur Reis und Gemüsefelder. Aber seit wir wirtschaften dürfen, wie wir wollen, sind wir reich geworden. Wir haben sogar einen Vergnügunspark: China en miniature – mit allen Provinzen im Kleinformat."

Shenzen, nur 50 km vom Finanzzentrum Hongkong entfernt, ist eine der erfolgreichsten Wirtschaftsregionen Chinas. Das Stadtbild prägen gigantische Wolkenkratzer mit riesigen Leuchtreklamen, verglaste Einkaufszentren mit Tiefgaragen, 50-stöckige luxuriöse Appartement-Blocks ebenso wie viele Großbaustellen und Golfplätze, die den neuen Millionären sechsstellige Dollarsummen als Aufnahmegebühr aus der Tasche ziehen.

„Egal was, ich kann alles, wirklich alles besorgen, was in Shenzen hergestellt wird. 60 000 Polohemden, 20 000 Bürostühle, oder 5000 Ledersofas? Morgen können Sie die Ware aussuchen und nächste Woche steht der vollgepackte Container im Hafen von Hongkong. Zum Festpreis." Und schon fuchtelt Mr. Wang mit dem Funktelefon herum.

In den 1980er-Jahren öffnete sich China dem Weltmarkt, davor hatte es sich völlig vom Ausland abgeschottet. In den Küstenregionen wurden Wirtschaftssonderzonen eingerichtet, in denen die Ansiedlung vor allem ausländischer Wirtschaftsbetriebe besonders gefördert wurde. Die Grundidee der Zusammenarbeit bestand darin, dass der ausländische Partner Kapital, Ideen und Absatzmärkte einbringt. China dagegen stellte die Arbeitskräfte und öffnete den Markt.

M2 *In der Sonderwirtschaftszone Shenzhen*

Schattenseiten des Wirtschaftswunders

Das „chinesische Wirtschaftswunder“ ist sehr ungleich verteilt. Es konzentriert sich vor allem auf den küstennahen Raum im Osten. Durch die rasante industrielle Entwicklung wandeln sich die Millionenstädte zu modernen Metropolen westlichen Gepräges mit Wolkenkratzern, Einkaufstempeln und Vergnügungseinrichtungen. In ihnen konzentrieren sich Arbeitsplätze und auch der Reichtum der mittlerweile über eine Million Millionäre. Auch der Ausbau der Infrastruktur beschränkte sich auf den östlichen Landesteil.

Doch im Hinterland wird deutlich, dass China noch ein typisches Entwicklungsland ist. Ein Drittel der Landbewohner ist unterbeschäftigt und verdient nur rund 30 Prozent dessen, was ein städtischer Arbeiter an Lohn erhält. Rund 85 Mio. von ihnen leben unterhalb der Armutsgrenze und müssen mit weniger als 40 Euro im Jahr auskommen.

Als **Wanderarbeiter** gehen sie in die großen Städte und verrichten körperlich anstrengende Tätigkeiten in Fabriken oder auf Baustellen. Firmen, die Wanderarbeiter beschäftigen, stellen in der Regel Schlafplätze in überbelegeten Arbeiterwohnheimen zur Verfügung. In China wächst nicht nur der Gegensatz zwischen Küste und Hinterland, sondern auch innerhalb der Städte steigt die Kluft zwischen Armen und Reichen.

Als Folge der Konzentration der wirtschaftlichen Entwicklung im Osten Chinas treten hier auch verstärkt Umweltprobleme auf. In China liegen 16 der 20 am stärksten verschmutzten Städte der Erde. Oft hängt eine giftige Smogglocke über diesen Städten. Die internationale Energiebehörde hat errechnet, dass China bereits im Jahr 2009 mehr Kohlendioxid ausstoßen wird als die USA.

M3 *Vor den Bahnhöfen lagern neu eingetroffene Wanderarbeiter. Sie warten darauf, dass jemand sie anspricht und ihnen Arbeit anbietet.*

M4 *Viele Straßenkinder müssen sich als Müllsammler durchschlagen*

2 Beschreibe die Unterschiede zwischen Küste und Hinterland Chinas.

3 Welche Auswirkungen haben diese Unterschiede (Arbeitsheft, S. 14)?

Merke
Viele Menschen verlassen den ländlichen Raum und ziehen in die Städte. Sie hoffen zumeist auf einen Arbeitsplatz. Um den unkontrollierten Zuzug zu bremsen, fördert der Staat zunehmend auch im Landesinneren den Aufbau moderner Industrie.

Grundbegriff
- Wanderarbeiter

Info

Steckbrief Japan

Fläche : ca. 378 000 km^2
Einwohner: ca. 127,7 Mio. (2008)
Hauptstadt: Tokio
Bevölkerungsdichte: 338 Ew./km^2
BNE: ca. 38 630 US-$/Einw. (2006)
Währung: Yen (1 Euro = 125 Yen, Stand: 04.03.09)

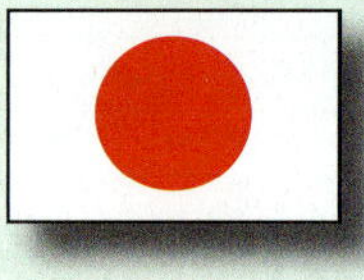

Inselstaat mit begrenztem Raum

Japan ist ein Inselstaat mit einer stark gegliederten Küste. Das Land besteht aus vier Hauptinseln und mehr als 3000 kleineren Inseln. Die meisten sind unbewohnt.
Die Bevölkerung ist sehr ungleich verteilt. Das Landesinnere ist überwiegend gebirgig und bewaldet. Diese Regionen sind daher nur dünn besiedelt. Die schmalen Küstentiefländer der Hauptinseln sind bevorzugte Siedlungs- und Wirtschaftsgebiete. Hier konzentriert sich die Bevölkerung. Wie an einer Kette aufgefädelt reihen sich große Städte aneinander. Aber auch Industrieanlagen, Straßen und Eisenbahnlinien, Häfen, Flugplätze und Landwirtschaftsflächen müssen dort ihren Platz finden. Mit großem Aufwand werden an den Berghängen kunstvoll Terrassenfelder angelegt.
Insgesamt werden nur zwölf Prozent der Landesfläche für Siedlungen und Verkehrsanlagen genutzt. Von der Natur ist Japan stark benachteiligt. Häufig wird das Land von Taifunen, Erdbeben und Vulkanausbrüchen heimgesucht. Wirtschaftlich bedeutsame Rohstoffe gibt es kaum.

M1 *Der Fujisan – Wahrzeichen Japans*

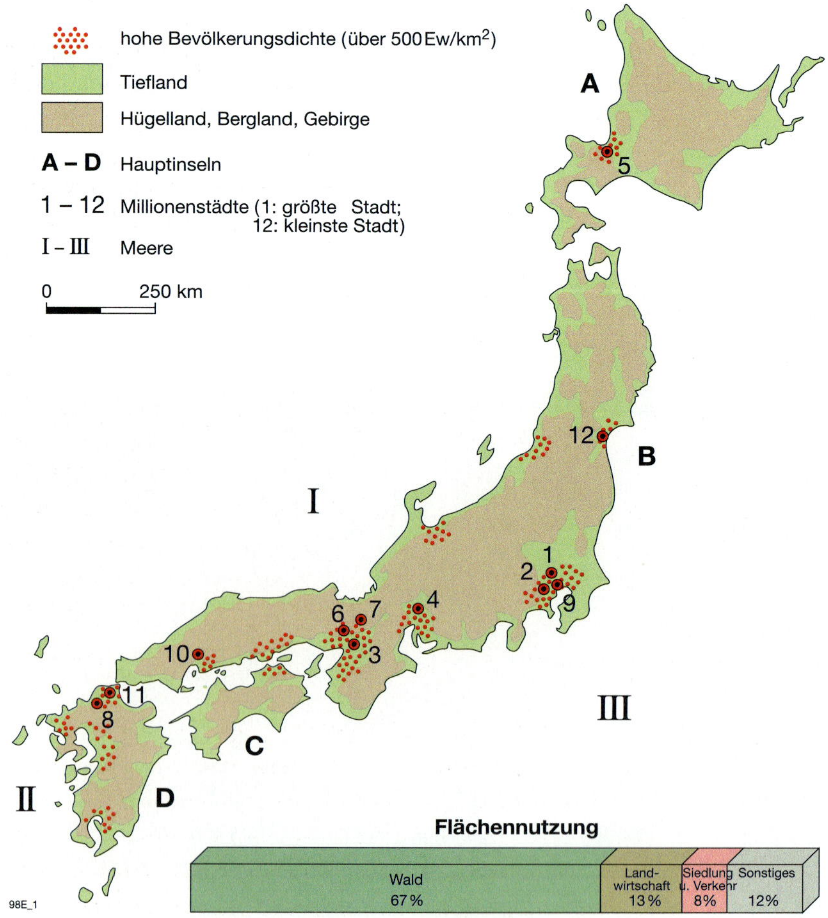

M2 *Übungskarte und Flächennutzung Japans*

1 Ermittle die Namen der Städte, Meere und Inseln auf der Übungskarte (M2, Atlas, Arbeitsheft, S. 15).

2 Stelle Zusammenhänge zwischen Klima, Relief und landwirtschaftliche Nutzungsmöglichkeiten dar.

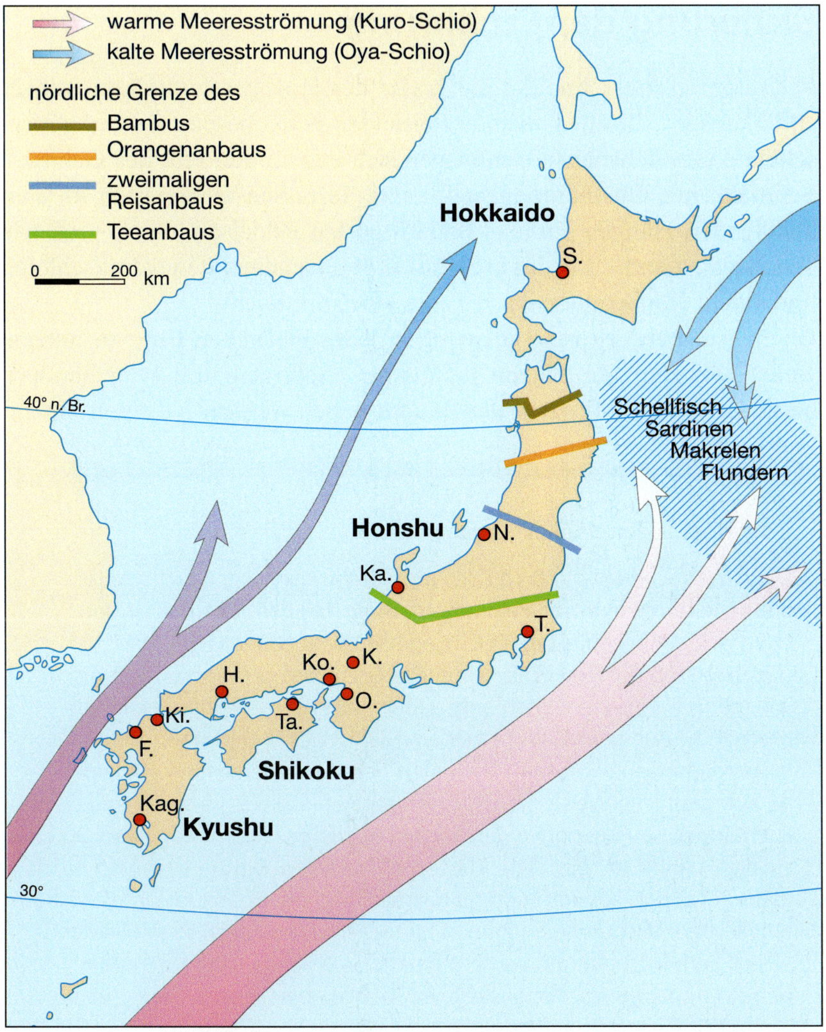

M3 *Meeresströmungen und Anbaugrenzen*

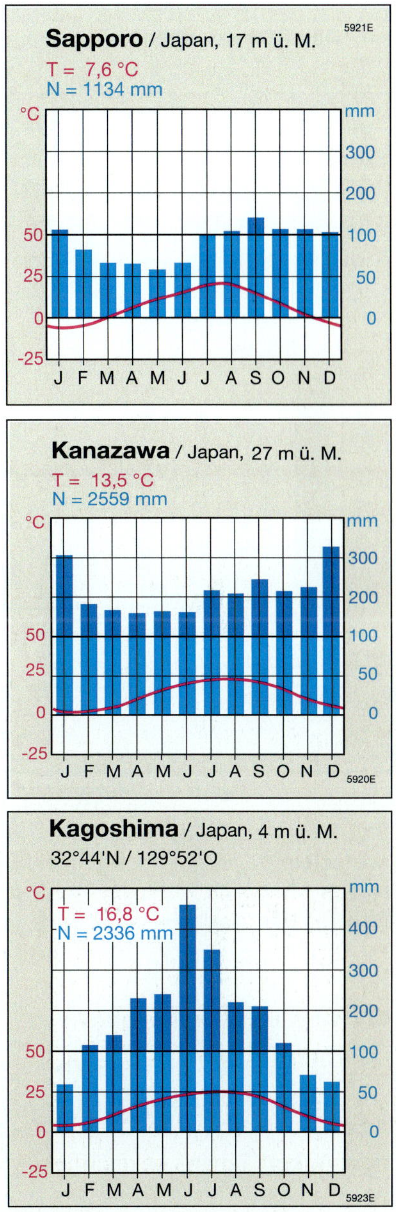

M4 *Klimadiagramme aus verschiedenen Landesteilen*

Klimaextreme auf den japanischen Inseln

Wenn im März auf Kyushu im Süden die Bestellung der Reisfelder beginnt, liegt Hokkaido im Norden noch unter einer meterhohen Schneedecke. Scheint in Tokio an der Ostküste die warme Frühjahrssonne und lockt die Ausflügler ins Freie, legen Schneestürme in Kanazawa an der Westküste den Verkehr lahm. Bringen Japans Bauern in Kyushu zwei Ernten im Jahr ein, so fürchten sie auf Hokkaido, dass die eine Ernte im Jahr vom Frost vernichtet wird.

Wie kommt es zu so großen Klimagegensätzen? Der Rhythmus jahreszeitlich vorherrschender Luftmassen beeinflusst das Klima Japans entscheidend. Im Winter fließt Polarluft, die beim Überqueren des Japanischen Meeres Feuchtigkeit aufnimmt, nach Japan. Daher ist der Nordwesten kalt und schneereich. Im Sommer bestimmt feucht-warme Tropikluft das Wettergeschehen. Im Herbst treten häufig **Wirbelstürme** auf. Auch die Meeresströmungen haben Einfluss auf das Klima.

Merke
Der Inselstaat Japan weist vielfältige natürliche Bedingungen auf. Das Leben wird durch Erdbeben und Wirbelstürme beeinflusst.

Grundbegriff
- Wirbelsturm

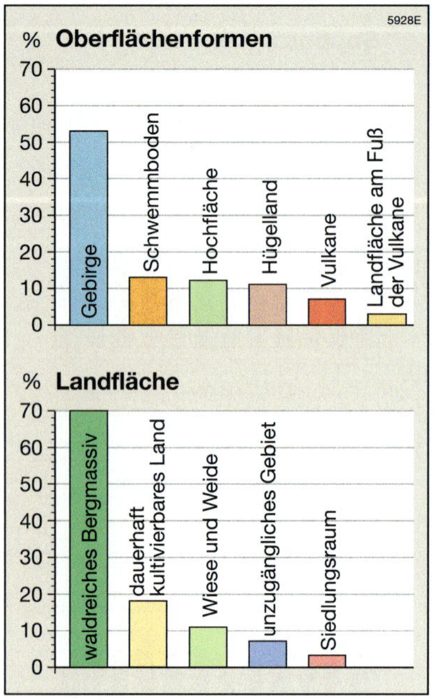

M1 *Nutzbarkeit und Oberflächenformen*

	Japan	Deutschland
Reis	70,1	2,3
Kartoffeln	38,7	47,7
Fleisch	40,2	95,3
Fisch	66,8	14,3
Gemüse	123,4	83,0

M2 *Vergleich des Verbrauchs in kg/Einw. im Jahr*

1 Erkläre, weshalb das Meer als der „Acker" Japans bezeichnet wird.

Merke
Das Küstentiefland ist der bevorzugte Siedlungsraum. Um die Ernährung der Bevölkerung zu sichern, müssen die geringe landwirtschaftliche Nutzfläche und das Meer intensiv genutzt werden.

Sicherung der Ernährung

Schnurgerade zerschneidet die Trasse des Hochgeschwindigkeitszuges „Shinkansen" silbrig glänzende Reisfelder. Folienbespannte und glasgeschützte Gewächshäuser schmiegen sich eng an den Fuß des Gebirges. Schmale, mit Obstbäumen bepflanzte Terrassen ziehen sich an steil abfallenden Hängen entlang. Bauern ernten Felder ab, die so groß wie Tennisplätze sind – und das in Sichtweite von qualmenden Fabrikschloten und einem Häusermeer, das bis zum Horizont reicht.
Überall im Land ist man gezwungen, jedes Fleckchen Erde zu nutzen, weil 75 Prozent der Fläche Japans aus Gebirgen und Hügelländern bestehen. Über 80 Prozent der Bauern haben weniger als einen Hektar Land.

Info

Das Meer – der „Acker" Japans

Die Japaner verzehren 70 kg Fisch pro Kopf im Jahr. Der Durchschnittsdeutsche bringt es gerade einmal auf 14 kg. Bei den Japanern ist der Thunfisch am beliebtesten. Doch gegessen wird nahezu alles, was sich in den Netzen der Fischer verfängt. Der Fisch wird gern roh und so frisch wie möglich gegessen. Fischfang wird vor allem in den artenreichen heimischen Küstengewässern betrieben. Hier ist der Fischbestand allerdings zurückgegangen, weil mehr Fische aus dem Meer herausgeholt werden, als auf natürliche Weise nachwachsen können. Abhilfe versprechen Fischfarmen. Sie werden in den flachen Küstengewässern angelegt. Dort züchtet man Muscheln, Aale, Tunfische, Garnelen. Die Tiere werden nicht mehr gefangen, sondern unter industrieähnlichen, aber auch unter wenig umweltfreundlichen Bedingungen produziert. Dasselbe wird mit Seetang, Algen, Perlmuscheln und Austern getan. Großviehhaltung wird kaum betrieben, da die Japaner anstelle von Fleisch eben lieber Meeresfrüchte verzehren. Fleisch ist außerdem sehr teuer.

M3 *Kulturen von Perlaustern in der Ago-Bucht*

Ein Land unter der Lupe

Fast 180 Staaten gibt es auf der Erde. Einige davon kennt ihr aus dem Unterricht, aus Fernsehen oder Zeitschriften, andere habt ihr sogar schon im Urlaub besucht. Informationen über unbekannte Staaten könnt ihr im Rahmen des Geographieunterrichts selbstständig beschaffen. Dazu betrachtet ihr die Merkmale, die einen geographischen Raum prägen (M6).
Die Untersuchung eines Staates erfolgt in drei Schritten. Dieses Vorgehen eignet sich zum Beispiel auch für ein Bundesland, eine Insel oder eine Stadt.

M5 *Ein Land unter der Lupe*

So gehst du bei einer Raumanalyse vor:

- Überblick über den gewählten Raum verschaffen
- Leitfrage/Leitfragen formulieren und in Teilfragen zerlegen, z.B.:
  - Welche Geofaktoren sind zu untersuchen?
  - Wie können Informationen beschafft werden?
  - Welche Zusammenhänge sind herauszuarbeiten?
- Durchführung der Analyse im Sinne der Leitfrage/Leitfragen mithilfe des Lehrbuches, Atlas, von Lexika bzw. des Internets oder auch von Exkursionen
- Einzelergebnisse mit Bezug auf die Leitfrage/Leitfragen zusammenfassen, Beziehungen, Wirkungsgefüge herstellen
- Überprüfen, inwieweit Transfer auf andere Räume möglich ist
- Ergebnisse visualisieren und präsentieren

Grundregeln für das Visualisieren und Präsentieren

Grundregel 1:
- Formuliere Ziele und und beachte die Zielgruppe

Grundregel 2:
- Formuliere die Kernaussagen kurz und verständlich

Grundregel 3:
- Visualisiere die Sachverhalte mithilfe von Texten, Bildern, grafischen Darstellungen und anderen Medien

Grundregel 4:
- Präsentiere deine Ergebnisse wirkungsvoll (sicheres Auftreten, freies und betontes Sprechen)

M4 *Was beim Visualisieren und Präsentieren zu beachten ist*

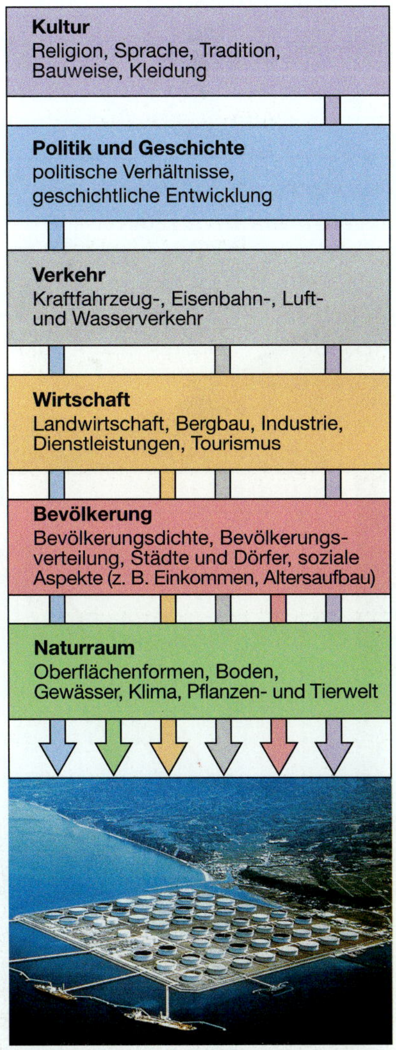

M6 *Merkmale, die einen Raum prägen*

Ein führendes Industrieland

1 Nimm eine Raumanalyse von Japan unter dem Schwerpunkt „Japan – eine Wirtschaftsmacht“ vor. Nutze dazu Seite 99.

In einem beispiellosen wirtschaftlichen Aufstieg hat sich Japan in den letzten fünf Jahrzehnten zu einer bedeutenden Wirtschaftsmacht und einem führenden **Industrieland** entwickelt. Das Bruttonationaleinkommen (BNE) erreichte 2006 eine Höhe von fast fünf Billionen US-$ und das BNE pro Einw. betrug 38630 US-$.

Die Industrie ist äußerst vielseitig und leistungsfähig und durch einen hohen technischen Stand international sehr konkurrenzfähig. Fertigprodukte aller Art, die in alle Welt exportiert werden, tragen das Qualitätszeichen „Made in Japan“: Eisen- und Stahlwaren, Maschinen, Kraftfahrzeuge, elektronische, optische und feinmechanische Geräte, Schiffe (besonders Supertanker), Chemikalien, Papier, Fischkonserven und keramische Erzeugnisse.

In vielen Branchen, zum Beispiel im Fahrzeugbau und in der Unterhaltungselektronik, bestimmen japanische Firmen den Weltmarkt. So verdrängte Japan 1980 den bis dahin führenden Automobilhersteller der Welt, die USA, und exportiert seit Jahren die meisten Pkws. Nach Jahren des beständig hohen Wirtschaftswachstums kam es in Japan seit Mitte der 1990er-Jahre zu einer Phase der wirtschaftlichen Stagnation, die auch nach zehn Jahren staatlicher Hilfsprogramme noch nicht vollständig überwunden war.

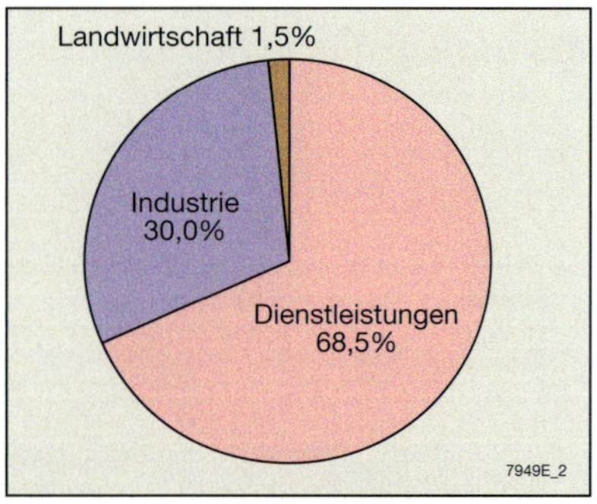

M1 *Anteil der Wirtschaftsbereiche am BNE (2006)*

M2 *Japans Wirtschaft in Zahlen – Vergleich mit anderen Industriestaaten*

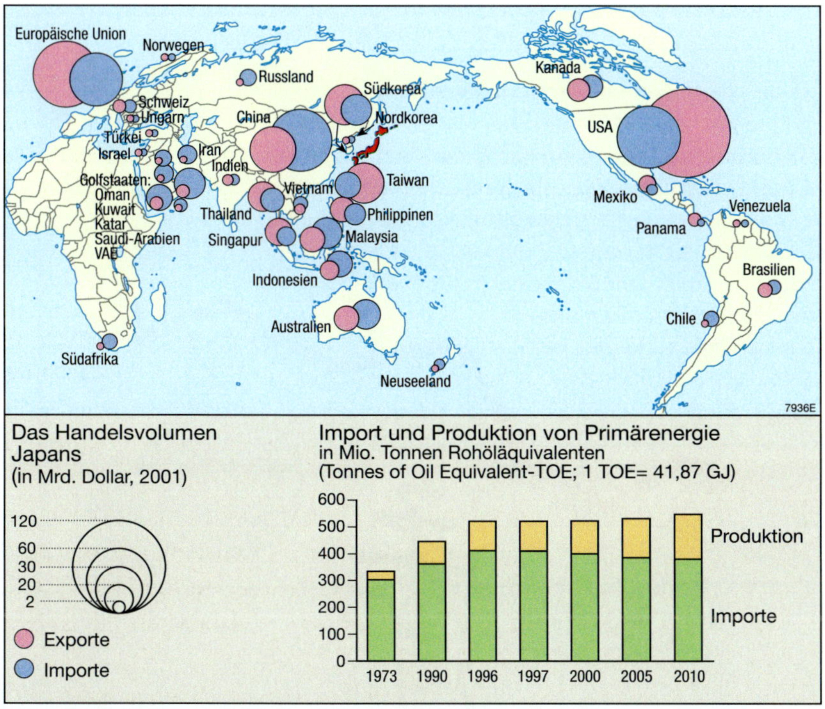

M3 *Wirtschaftsbeziehungen Japans*

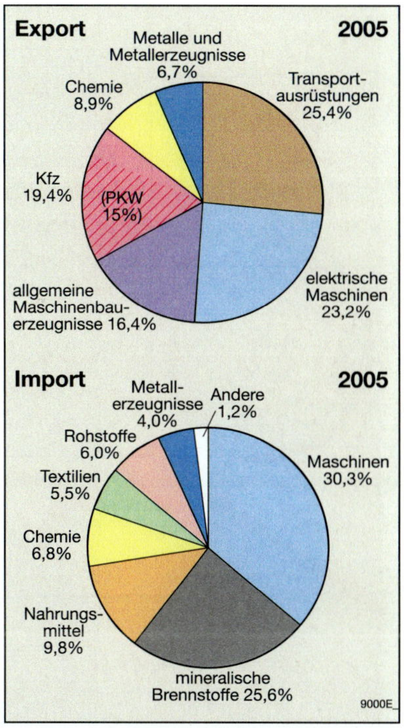

M4 *Japans Import- und Exportstruktur*

Handelsmacht ohne Rohstoffe

Japan ist ein sehr rohstoffarmes Land. Deshalb ist die japanische Wirtschaft auf Rohstoffimporte angewiesen. Neben Brennstoffen wie Erdöl, Erdgas und Kohle müssen auch die meisten anderen Bodenschätze importiert werden. Erdöl kommt hauptsächlich aus den Ländern am Persischen Golf, die anderen Rohstoffe liefert vor allem Australien.

Täglich laufen Hunderte Frachtschiffe und Tanker in die Häfen von Tokio, Nagoya und Hiroshima ein. Die geladenen Rohstoffe und Bauteile für Kraftfahrzeuge, Werkzeugmaschinen, Kameras und Computer werden schon kurze Zeit später zu Fertigwaren weiterverarbeitet. Ein großer Teil wird sofort wieder exportiert. Viele Unternehmen, wie Mitsubishi Oil, Kawasaki Steel oder Mazda, haben ihre Produktionsstätten in den Häfen oder in Hafennähe errichtet. Dadurch sparen sie Zeit und halten die Transportkosten niedrig.

Trotz seiner Rohstoffarmut hat sich Japan nach den USA und Deutschland zur drittgrößten Handelsnation der Erde entwickelt.

Die japanische Wirtschaft ist zweiseitig strukturiert. Auf der einen Seite stehen mit hochmodernen Anlagen ausgestattete, exportorientierte Großunternehmen mit vielen kleinen Zulieferbetrieben. Auf der anderen Seite gibt es Industriebereiche mit geringem Außenwirtschaftsbezug und die wenig wettbewerbsfähigen, von ausländischer Konkurrenz abgeschotteten Bereiche Landwirtschaft, Dienstleistungen und Baugewerbe. Erst in jüngster Zeit öffnet sich die japanische Wirtschaft stärker für ausländische Produkte. Das zwingt japanische Konzerne zur Verlagerung von Produktionsstätten und Arbeitsplätzen in andere Länder der Region.

2 Beschreibe die Handelsbeziehungen und die Import- und Exportstruktur Japans (M3, M4, Arbeitsheft, S. 16).

3 Erkläre die besondere Bedeutung der Hafenstädte.

Merke

Das rohstoffarme Japan gehört zu den führenden Industrieländern der Erde. Die Wirtschaft ist auf Rohstoffimporte angewiesen. Im- und Exporte werden über die großen Häfen abgewickelt.

Grundbegriff

- Industrieland

Das Geheimnis des japanischen Wirtschaftswunders
In Japan wurden über Jahrzehnte US-amerikanische und europäische Produkte weiterentwickelt und vervollkommnet. Die Firma Nintendo brachte 1979 das erste tragbare Videospielgerät, den Gameboy, auf den Weltmarkt. Der Spielzeughersteller Bandai sorgte 1997 mit dem elektronischen Spielzeug Tamagotchi für weltweites Aufsehen. Heute investiert die japanische Wirtschaft in die Forschung und Entwicklung eigener Produkte, die sich überall auf der Erde verkaufen lassen. Weitere Gründe für den wirtschaftlichen Aufstieg Japans sind:

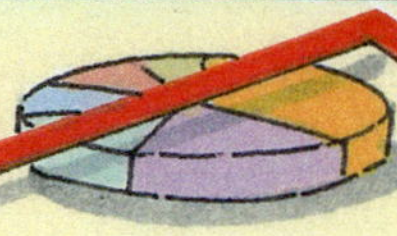

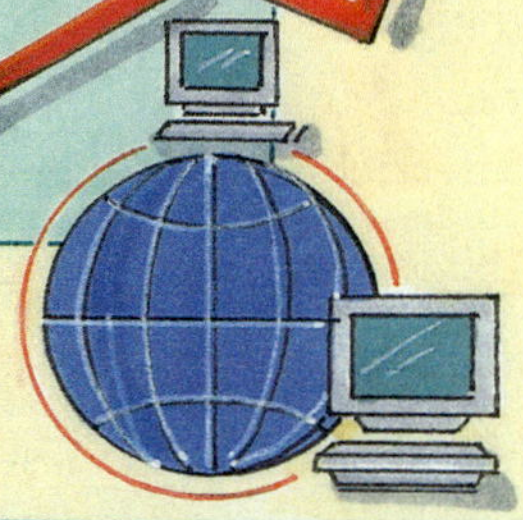

柔道

Produktion
- ständige Verbesserung von Produkten durch den Einsatz modernster Technologien
- „Just-in-Time-Production" – zeitlich exakte Anlieferung von Einzelteilen zur Endmontage (keine Lagerkosten)
- „Lean Production" – Fertigung in kleinen Teams, Einbeziehung der Zulieferer in die Entwicklung neuer Produkte, regelmäßige Absprachen zwischen Managern und den Teams (Senkung des Zeit- und Kostenaufwandes)

Firma und Familie
- Leitspruch: „Die Firma ist die Familie."
- unbezahlte Überstunden, Verzicht auf einen Teil des Urlaubs, Freizeitaktivitäten mit Kollegen sind selbstverständlich
- Firma stellt Wohnungen, Ausbildungsplätze, Sporthallen und kostenlose Krankenversorgung zur Verfügung
- Wandel bei jüngeren Arbeitnehmern: Sie wechseln häufiger die Firma.

Ausland
- Kauf und Errichtung von Produktionsstätten im Ausland (Senkung der Transportkosten und Einfuhrzölle)
- Produktionsverlagerung ins Ausland wegen der dort geringeren Löhne
- Kredite für Entwicklungsländer, die Rohstoffe abbauen

M1 *Japanische Besonderheiten in der Wirtschaft*

Japanischer Leistungswille

Wir fragen Herrn Kasai nach seinem Beruf und erhalten eine typisch japanische Antwort: „Ich bin seit 15 Jahren bei der Firma Toyota." Er ist stolz darauf, bei dieser Firma arbeiten zu dürfen.
Dafür war er lange bereit, auf Urlaubstage zu verzichten. „Die Firma ist die Familie." Für Herrn Kasai gab es wegen der täglichen Überstunden und der üblichen Umtrunke mit Kollegen fast kein Familienleben. Das hat sich in den letzten Jahren verändert. Nachdem immer häufiger Fälle von „Karoshi", dem Erschöpfungstod am Arbeitsplatz, aufgetreten waren, hat ein Umdenken in den meisten Firmen stattgefunden. Heute ist Herr Kasai verpflichtet, jährlich seinen gesamten Urlaub zu nehmen und die Überstunden zu reduzieren. Seine Frau und seine Kinder freuen sich darüber. Vor ein paar Jahren musste Frau Kasai noch alle Verantwortung für die Familie alleine tragen. Herrn Kasai fällt es nicht leicht, weniger zu arbeiten. Aber ein Umdenken hat auch bei ihm eingesetzt.

1 Zeige die Gründe für das Wirtschaftswachstum in Japan auf.

2 „Die Firma ist die Familie." Erläutere den Ausspruch.

Schule in Japan – anders als bei uns?

Traditionell wachsen die Kinder in Japan in großer familiärer Geborgenheit auf. Die Mütter widmen sich besonders in den ersten Lebensjahren ganz der Erziehung ihrer Kinder. Diese richtet sich von Anfang an auf die freiwillige Einordnung in die Familie, in den Kindergarten und später in die Schule. Der Schulalltag ist in vielen Dingen anders als bei uns in Deutschland. Nach dem Läuten der Glocke am Ende der Unterrichtsstunde stehen alle Schüler auf, schieben die Stühle unter die Tische, verbeugen sich und bedanken sich bei ihrem Lehrer für den Unterricht. Diese Form der Höflichkeit ist selbstverständlich.

Der Unterricht endet täglich um drei oder vier Uhr am Nachmittag, nur samstags ist bereits mittags Schluss. Für viele Schülerinnen und Schüler dauert der „Arbeitstag" jedoch viel länger, denn sie besuchen neben der Ganztagsschule regelmäßig ein Juko (Paukstudio). Den Nachhilfeunterricht nutzen sie, um sich besonders gründlich auf Prüfungen vorzubereiten. Mit guten Leistungen haben sie die Möglichkeit, von der staatlichen Schule auf eine bessere Privatschule zu wechseln. Über 90 Prozent der Schulabgänger erreichen einen dem Abitur vergleichbaren Abschluss. Für japanische Schüler ist es entscheidend, welche Schule sie besuchen. Die „richtige Schule" muss es sein. Japanische Schulen werden danach bewertet, wie viele Absolventen die Aufnahmeprüfungen an den besten der über 500 Universitäten des Landes bestehen. Mit dem Abschluss von einer dieser Universitäten hat man wesentlich bessere Einstellungschancen bei großen Firmen.

Die Berufsausbildung der Jugendlichen erfolgt vorwiegend in den Betrieben. Nach der Ausbildung ist man nicht Dreher, Mechaniker, Elektriker oder Kaufmann, sondern man ist bei Toyota, Mazda, Sony oder Mitsubishi. Wichtig ist nicht der erlernte Beruf, sondern die Zugehörigkeit zu einer bestimmten Firma.

M2 *Japanische Schülerinnen und Schüler*

07:15 Uhr aufstehen, frühstücken
08:10 Uhr Schulbeginn
11:30 Uhr Schulessen
14:25 Uhr Unterrichtsschluss
14:30 Uhr Klassenzimmer putzen
15:00 Uhr Klubaktivitäten in der Schule, z.B. Sport
16:30 Uhr Schulschluss
18:00 Uhr Abendessen
19:00 Uhr Paukstudio
21:00 Uhr Hausaufgaben machen
22:00 Uhr ins Bett gehen

M3 *Tagesablauf eines 14-jährigen Schülers*

3 Vergleiche den Schulalltag eines japanischen Schülers mit deinem eigenen. Notiere wesentliche Unterschiede.

Merke
Es gibt mehrere Gründe für die hohe Produktivität der japanischen Wirtschaft. Zu nennen sind u. a. die Einstellung zur Firma und der hohe Bildungsgrad der japanischen Bevölkerung.

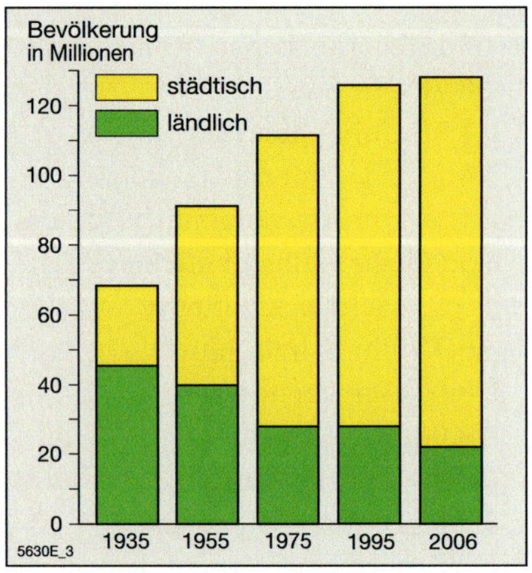

M1 *Städtische und ländliche Bevölkerung Japans*

In Japans Städten – überall Raumnot

In den letzten Jahrzehnten sind zehn Millionen Menschen aus dem dünn besiedelten Landesinneren in die Städte an der Küste abgewandert. Höhere Löhne, bessere Ausbildungsmöglichkeiten und ein größeres Freizeitangebot wirkten wie ein Magnet. Der Bevölkerungsdruck auf die Städte nahm ständig zu. Heute leben drei von vier Japanern in einer Großstadt. Sie begnügen sich mit durchschnittlich sechs Quadratmetern Wohnfläche pro Person.

Ob Osaka, Kobe oder Tokio – in den Städten Japans gleicht sich das Bild von verstopften Straßen und vollen U-Bahnen. Ein höheres Lohnniveau und bessere Ausbildungsmöglichkeiten als auf dem Land sorgen für einen ständigen Zustrom an Menschen. Heute leben schon drei von vier Japanern in einer Großstadt. Beengte Wohnverhältnisse sowie extrem hohe Lebenshaltungs- und Mietkosten zählen zu den Folgen, die sich aus der städtischen Überbevölkerung ergeben. In Tokio fahren täglich drei Millionen Berufspendler mit Zügen auf dem gut ausgebauten Eisenbahnnetz in das Stadtzentrum. Entlang der Eisenbahnlinien ließen Stadtplaner neue Zentren mit Wohnhäusern und Einkaufsstraßen errichten. Man spricht von Suburbanisierung. Sie erweitern die Städte in die Höhe: Hochhäuser, Hochgaragen, Hochbahnhöfe und mehrstöckige Verkehrsanlagen prägen das Stadtbild.

M2 *Hochgarage und Hochstraße in Osaka*

WWW

www.japanlink.de

1 a) Beschreibe die Verteilung der Bevölkerung in Japan. Wo liegen die dicht besiedelten und wo die weniger dicht besiedelten Gebiete (Atlas)?
b) Nenne mögliche Gründe für die unterschiedliche Bevölkerungsdichte.

2 Erläutere, welche Probleme sich aus dem Bevölkerungsdruck im Verdichtungsraum Tokio ergeben.

Tokio – Leben auf engstem Raum

Japans Hauptstadt ist die Metropole des Inselreiches. In der Stadt selbst leben und arbeiten rund zehn Millionen Menschen. Nimmt man die Städte im Umkreis von 50 km noch hinzu (= Großraum Tokio), wohnen hier auf engstem Raum nahezu 50 Mio. Menschen. Japan wird von hier aus regiert. Tokio ist aber nicht nur das politische, sondern auch das kulturelle und wirtschaftliche Zentrum des Landes mit einer überbelasteten Infrastruktur.

U-Bahnen und Züge, die die City anfahren, sind ständig überfüllt. Auf den Stadtautobahnen staut sich der Verkehr. Platzmangel ist das größte Problem. Mehrgeschossige Einkaufszentren und Ladenpassagen unter der Erde gehören genauso zur City wie die Hochhäuser von Banken, Regierung und Weltfirmen. Wer im Großraum Tokio mit dem Auto fahren möchte, muss einen Stellplatz nachweisen. Der Kaufpreis für den Stellplatz kostet etwa so viel wie ein Wagen der Mittelklasse.

Merke
Japan ringt seit Jahrzehnten dem Meer neues Land ab, um zusätzlichen Siedlungsraum zu gewinnen. In der Hauptstadt Tokio und ihrem Umland leben rund 50 Millionen Menschen auf engstem Raum.

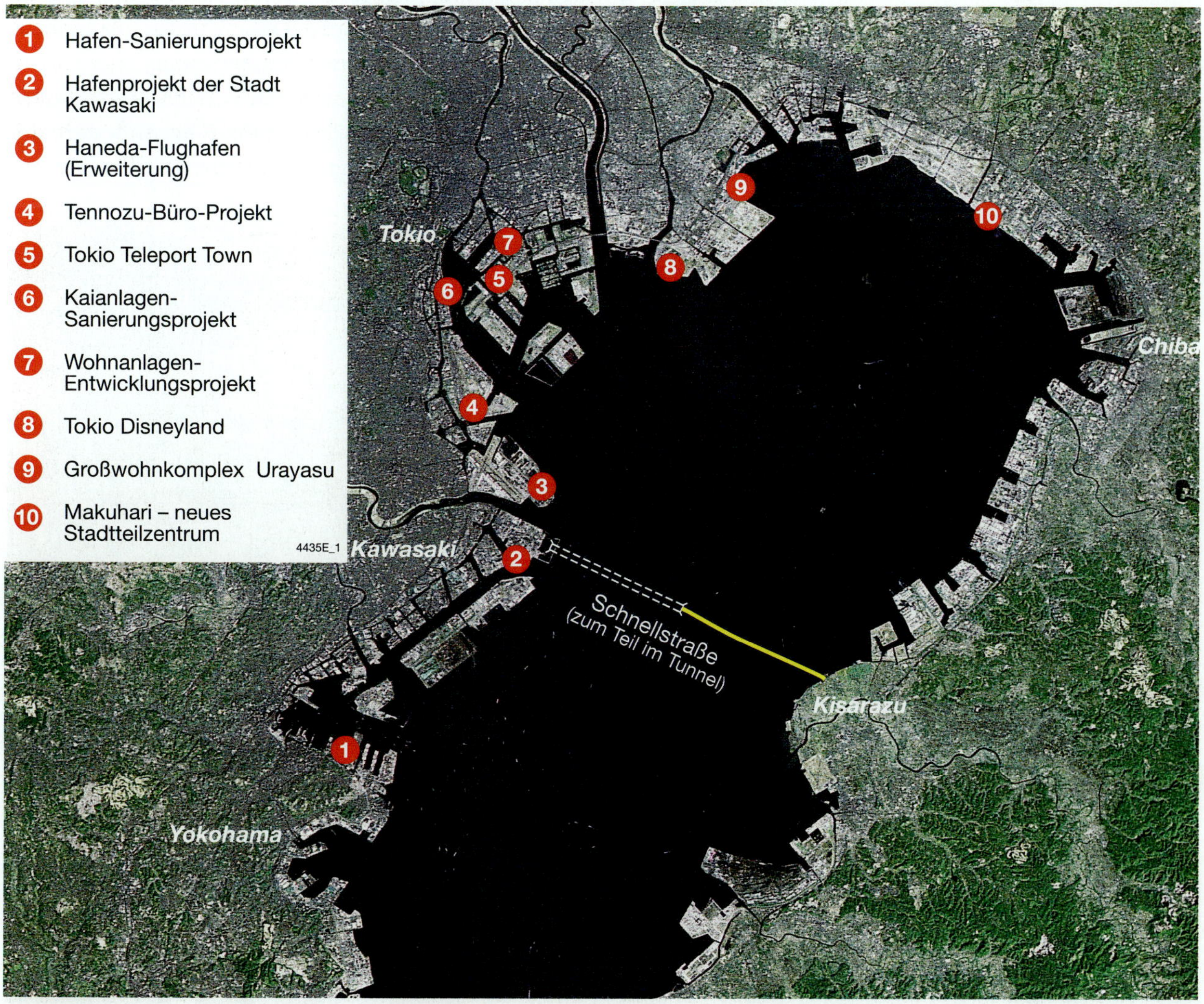

M3 *Die Bucht von Tokio (Satellitenbild)*

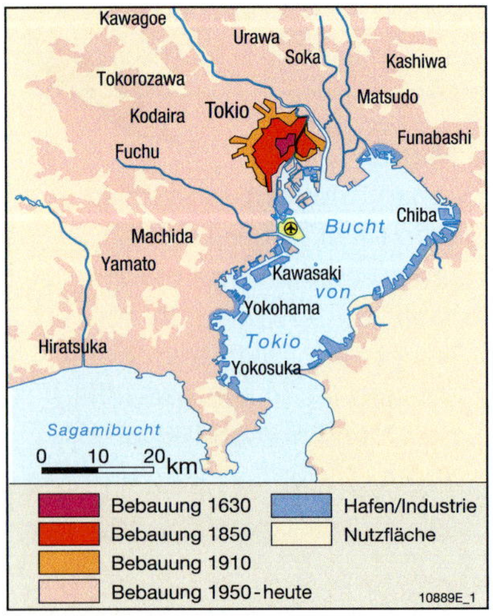

M1 *Flächenwachstum in Tokio*

Neues Land aus dem Meer

Eine Möglichkeit, um der Raumenge zu begegnen, sehen die Japaner in der Neulandgewinnung. Dafür schütten sie den Meeresboden vor der Küste so weit auf, bis „neues Land" entstanden ist.

So wurden bereits nach dem Zweiten Weltkrieg in der Bucht von Tokio große Neulandflächen aufgeschüttet. Zunächst nutzte man für die **Neulandgewinnung** gewaltige Mengen an Müll und Bauschutt. Allerdings kann sich der Müll verdichten und im Laufe der Zeit absinken. Außerdem ist er mit Schadstoffen belastet, die austreten können und dann Schäden bei Mensch und Umwelt hinterlassen. Es gibt einige Häuser und Fabrikhallen, die auf verseuchtem Untergrund stehen.

Heute holt man für die „Umetate-chi", wie die Japaner die Aufschüttungsflächen nennen, Erdmassen aus dem Bergland (Abtragungsflächen: „Yamakiri-chi", M4). Die künstlichen Halbinseln sind mit Betonmauern ummantelt, damit sie nicht „abrutschen". Über 40 Jahre lang gewann man auf diese Weise in Japan mehr als 1000 km^2 Neuland. Auf den Neulandflächen liegen riesige Industriekomplexe. Diese wurden zur treibenden Kraft für Japans Aufstieg zum modernen Industriestaat.

Inzwischen wurden mehr als 90 Prozent der Küstenlinie von Yokosuka bis Kisarazu vorverlegt, um dem enormen Flächenbedarf der boomenden Industrie, der Häfen, Siedlungs- und Freizeitflächen gerecht zu werden.

1 Raumnot macht erfinderisch. Erläutere an Beispielen aus Japan.

M2 *Industrieansiedlung auf Neuland an der Pazifikküste bei Yokohama*

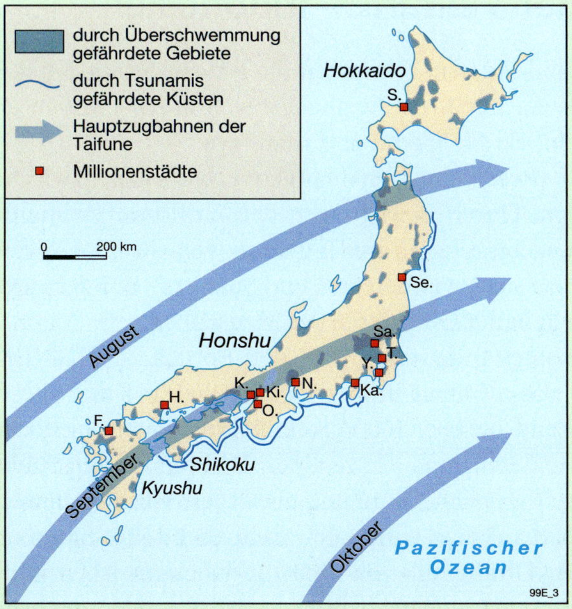

Überschwemmungsgefährdete Gebiete

Unterirdischer Wasserspeicher „Wasserkathedrale"

Regentonnen unter der Stadt

Japans Städte wachsen nicht nur in Höhe und Breite. Stadtplaner sehen auch eine Lösung, in die Tiefe zu planen und zu bauen, um so die Raumenge in den Städten zu überwinden. Mehrstöckige unterirdische Bahnhöfe und Einkaufszentren gehen in Tokio nahtlos ineinander über und bilden eine „Stadt unter der Stadt". Diese Bauweise birgt aber auch Gefahren. Jährlich kommt es zu Überschwemmungen an der Küste während der Regenzeit im Juni. Die Bauwerke im Untergrund würden dann überflutet, wenn man sich nicht gegen die Wassermassen schützte.
Tokio verhindert dies mit dem weltgrößten unterirdischen Wasserbauprojekt, dem sogenannten „G-Can-Projekt". Es wurde 2007 nach vierzehn Jahren Bauzeit fertiggestellt. Das Wort „G-Can" ist abgeleitet aus dem Japanischen „Gaikaku Housuiro" (deutsch: „Fluss des Außenbezirks") und dem englischen Wort „Can" (deutsch: „Tonne, Kanne"). Die G-Cans sind vergleichbar mit riesigen Regentonnen unter der Stadt. Fünf 65 m hohe und 32 m breite „Betonregentonnen" nehmen das Wasser bei Überschwemmungen auf. Ein Tunnel mit einer Gesamtlänge von 6,3 km und einem Durchmesser von 10,6 m verbindet die Wassersilos. Das Wasser fließt zunächst in einen unterirdischen Wasserspeicher, der 180 m lang und 80 m breit ist. Er wird von 60 Betonsäulen mit 25 m Höhe gestützt – eine „Wasserkathedrale" gigantischen Ausmaßes. Von hier aus befördern 14 000 PS starke Pumpen das abgespeicherte Wasser in den Fluss Edogawa, der in den Pazifik mündet. Bis zu 200 km^3 Wasser pro Sekunde werden aus den G-Cans bei Überflutung aus der Stadt gepumpt.

M3 *Tokio: Weltweit größter unterirdischer Hochwasserschutz*

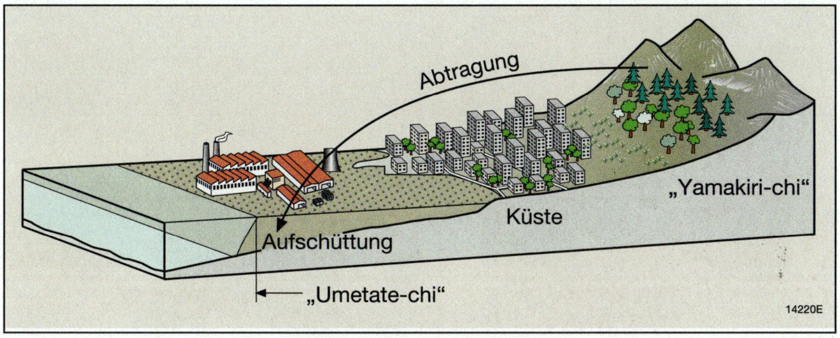

M4 *Gewinnung von Aufschüttungsmaterial für Neuland*

Merke
Gegen die Raumenge ergreifen die Japaner viele Maßnahmen: Aufschüttung von Neuland im Meer, Bauen in die Höhe und in die Tiefe.

Grundbegriff
- Neulandgewinnung

Info

Steckbrief Indonesien

Fläche:	ca. 1,9 Mio. km^2 Festland, ca. 7 Mio. km^2 Wasserfläche, 13 677 Inseln, davon: knapp 3000 bewohnt, über 7000 ohne Namen
Einwohner:	240 Mio. (2008)
Hauptstadt:	Jakarta
Bevölkerungsdichte:	117 Einw./km^2
BNE:	ca. 1420 US-$ pro Einw. (2006)
Währung:	Rupie (Rp.) (1 Euro = 15 Rp, Stand: 04.03.09)

1917E

„Einheit in der Vielfalt" – Indonesien

„Tanah air – Land und Wasser" so nennen die Indonesier ihr Land. Es ist der größte Inselstaat der Erde. Er gliedert sich in die Großen und Kleinen Sunda-Inseln, die Molukken und Irian Jaya.

Indonesien ist der „Rest" einer ehemaligen Landbrücke zwischen Asien und Australien. Durch Bewegungen der Erdkruste entstanden Tiefseegräben, Faltengebirgsketten und Vulkane, von denen 128 noch aktiv sind. So ereignete sich zwischen Java und Sumatra 1883 der gewaltigste Vulkanausbruch in der Geschichte der Menschheit.

Das Wappen des Staates Indonesien trägt den Spruch „BHINNEKA TUNGGAL IKA", was „Einheit in der Vielfalt" heißt. Unter diesem Motto versucht das Land, die über 300 Völker mit ihren unterschiedlichen Kulturen, Sprachen und Religionen zu vereinen. Während in den Städten die Traditionen durch westliche Einflüsse überlagert wurden, bewahrten sich die Menschen auf dem Land noch weitgehend ihre Sitten und Gewohnheiten in der Großfamilie. Im Osten Indonesiens leben in den tropischen Bergwäldern Stämme noch als Jäger und Sammler und haben kaum Kontakte zum „modernen Leben". Von der jahrtausendealten Kultur und Geschichte des Insellandes zeugen gigantische Tempelanlagen, das Schattentheater, Tanzspiele oder die Batik- und Schnitzkunst.

Java – eine überbevölkerte Insel

Die Insel Java wird aufgrund ihrer fruchtbaren vulkanischen Böden auch „Garten des Ostens" genannt. Obwohl sie nur sieben Prozent der Gesamtfläche Indonesiens einnimmt, lebt auf ihr über die Hälfte (rund 100 Mio.) der Bevölkerung.

Jährlich erhöht sich die Einwohnerzahl Javas um vier Millionen. Und dabei reichen schon jetzt Nahrung, Arbeitsplätze und Wohnraum kaum aus. Städte wie Jakarta, Surabaya und Bandung platzen aus allen Nähten. Industrie- und Autoabgase, Müllberge und verschmutzte Gewässer belasten die Umwelt stark.

1 Gib einen topographischen Überblick über Südostasien (Arbeitsheft, S. 17).

Jahr	Einw. (in Mio.)
1905	30,0
1930	41,7
1955	54,5
1971	72,0
1990	109,2
2005	127,6

M1 *Java – Bevölkerungsentwicklung*

M2 *In Jakarta*

Transmigrasi - ein erfolgloses Projekt?

Das Problem der überbevölkerten Insel Java versuchte die Regierung von 1952 bis 2000 durch Umsiedlung zu lösen. Etwa eine Million Familien fanden auf einer der weniger dicht besiedelten Inseln eine neue Heimat. Jede Familie erhielt einen Hof mit rund zwei Hektar Land, dazu noch Saatgut, Dünger, Nahrung und Werkzeuge. Mit dem Projekt Transmigrasi (Transmigration = Umsiedlung) sollten die Randgebiete wirtschaftlich entwickelt werden.
Die Umsiedlung bringt aber auch Probleme mit sich:

- Um Ackerland zu gewinnen, wurden größere Flächen tropischen Regenwaldes gerodet.
- Die Böden sind nicht so fruchtbar und laugen schnell aus. Da die Umsiedler im Anbau auf Regenwaldböden unerfahren sind, sinken nach zwei bis drei Jahren die Erträge.
- In den neuen Gebieten leben Völker mit anderen Kulturen, was zu Auseinandersetzungen führt.
- Die Einwohnerzahl Javas nimmt aufgrund hoher Geburtenraten trotzdem zu.

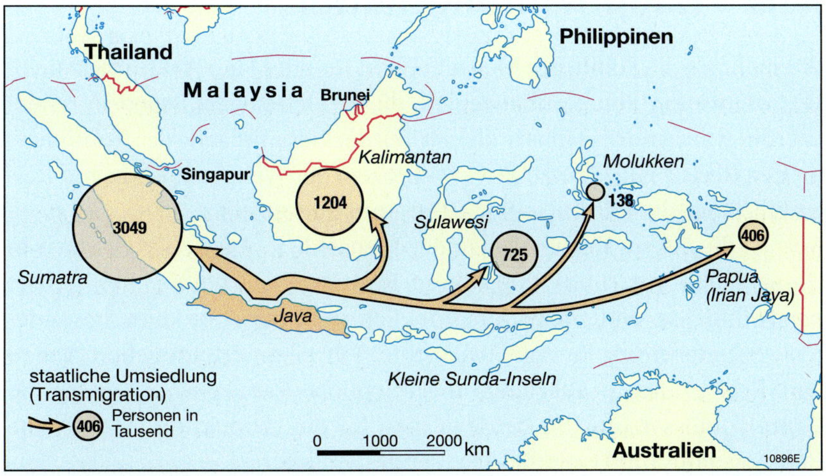

M3 *Umsiedlungen von 1952 - 2000*

2 Miss die Nord-Süd- und Ost-West-Ausdehnung Indonesiens.

3 Die Insel Java ist sehr dicht besiedelt, andere Inseln Indonesiens dagegen nur sehr dünn. Nenne Ursachen dafür.

4 Nenne Vor- und Nachteile des Umsiedlungsprojektes „Transmigrasi“.

M4 *Zerstörung des tropischen Regenwaldes*

Merke
Indonesien ist als Rest einer ehemaligen Landbrücke der größte Inselstaat der Erde. Hier lebt ein buntes Völkergemisch, die Bevölkerungsdichte ist hoch. Zur Gewinnung neuer Siedlungs- und Wirtschaftsräume wurden die tropischen Regenwälder gerodet.

Info

Verwendung der Reispflanze

Reiskörner:	Nahrungsmittel, Reismehl, Reiswein, Bier, Schnaps, Stärke
Reiskleie:	Viehfutter
Reisstärke:	Tapetenkleister, Wäschestärke, Kosmetika
Reisöl:	Seife, Kerzen
Reisstroh:	Dachdeckung, Hüte, Matten, Schuhe, Papier, Besen, Einstreu

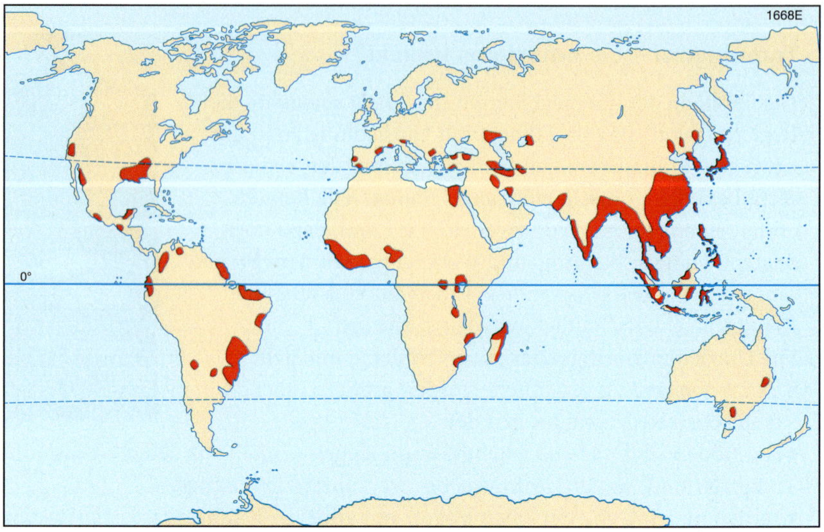

M1 *Bedeutende Reisanbaugebiete der Erde*

Reis – Hauptnahrungsmittel

Für mehr als die Hälfte der Menschheit ist Reis das Hauptnahrungsmittel. Die weltweiten Hauptanbaugebiete dieser Getreideart liegen in Asien, allerdings wird nur ein relativ kleiner Teil der Gesamtfläche des Kontinents für den Reisanbau genutzt. Etwa 94 Prozent der Weltproduktion von Reis entfallen auf die Länder in Süd-, Ost- und Südostasien.
Reis ist die älteste Kulturpflanze der Menschheit. Als sicher gilt, dass in China schon vor rund 7000 Jahren Reis angebaut wurde. Reis gehört zur Familie der Süßgräser. Ursprünglich stellt der Reis keine besonderen Anforderungen für sein Wachstum. Für einen ertragreichen Anbau von Reis ist heute allerdings die reichliche Zufuhr von Wasser die Grundvoraussetzung. So benötigt man für die Produktion einer Tonne Reis ungefähr 3000 bis 5000 l fließendes Wasser.

Trocken- und Nassreisanbau

Trockenreis wird vor allem in dünn besiedelten, tropischen Gebirgsregionen mit hohen Niederschlägen angebaut. Es werden keine Terrassen angelegt und die Anbauflächen werden nicht künstlich bewässert. Die Wasserzufuhr wird nur vom Regen bestimmt. Daher wird auch von Regenfeldbau gesprochen. Die Erträge sind relativ gering, jedoch besteht der Vorteil in dem wenig aufwendigen Anbauverfahren.
Etwa 80 Prozent der Weltreisernte werden im Nassreisanbau erzeugt. Reis ist ursprünglich keine Wasserpflanze, sondern hat sich seit Jahrtausenden durch Zucht und natürliche Selektion der Überflutung der Felder angepasst. Viele Unkräuter und im Boden lebende Schädlinge werden durch die Flutung am Wachstum gehindert, was der hauptsächliche Grund für den Wassereinsatz beim Reisanbau ist. Die bedeutendsten Reisanbaugebiet liegen in den Überschwemmungsebenen großer Flüsse. Breit- oder Streusaat sowie Maschineneinsatz prägen hier den Anbau.

1 Nenne Länder, in denen Reis angebaut wird. Ordne sie nach Regionen (M1, Atlas).

2 Erkläre den Unterschied zwischen Nass- und Trockenreisanbau.

3 Berichte über die Bedeutung des Reises für die Erdbevölkerung (Arbeitsheft, S. 17).

4 Weshalb werden die Kulturerdteile Ost-, Süd- und Südostasien als die drei „Reiserdteile“ bezeichnet?

5 Die natürlichen Bedingungen der wechselfeuchten Tropen sind für den Reisanbau besonders günstig. Erkläre.

6 Erläutere, warum bei künstlicher Bewässerung mehrere Reisernten möglich sind.

Vorbereitung der Nassfelder

- die Reisbauern pflügen mit Wasserbüffeln das Nassfeld, sie stehen dabei knietief im Wasser
- die Dämme der kunstvoll angelegten Terrassenfelder an den Berghängen werden ausgebessert, damit das zum Wachstum der Reispflanzen notwendige Wasser nicht abfließen kann
- Bewässerung: Überflutung der Felder vom darüber liegenden Feldstück her
- die vorgezogenen Pflanzen werden in Handarbeit von den Saatbeeten in die Nassfelder gesetzt

Reife des Reises

- Bewässerung der Reisfelder je nach Reifegrad der Pflanzen, das Wasser muss zunächst mit dem Wachstum der Reispflanzen steigen
- Unkraut muss gejätet werden
- ein Nebenprodukt des Nassreisbaus ist die Fischzucht (Vorteile: Vernichtung von Schädlingen, Durchlüftung des Bodens, Eiweißlieferant für die Ernährung);
- drei bis sieben Monate Wachstum der Pflanzen

Ernte des Reises

- Schneiden der Halme mit einem sichelförmigen Messer (Ani Ani), kaum Maschineneinsatz
- anschließend Herausschlagen der Reiskörner aus den Halmen oder Heraustreten durch Büffel
- Trocknen der Reiskörner und weitere Verarbeitung
- Enten, die von Kindern gehütet werden, holen die letzten Körner vom Feld, fressen Schneckenschädlinge und düngen die Felder gleichzeitig mit ihrem Kot
- Vorbereitung der Felder für eine erneute Ernte (zwei bis drei im Jahr)

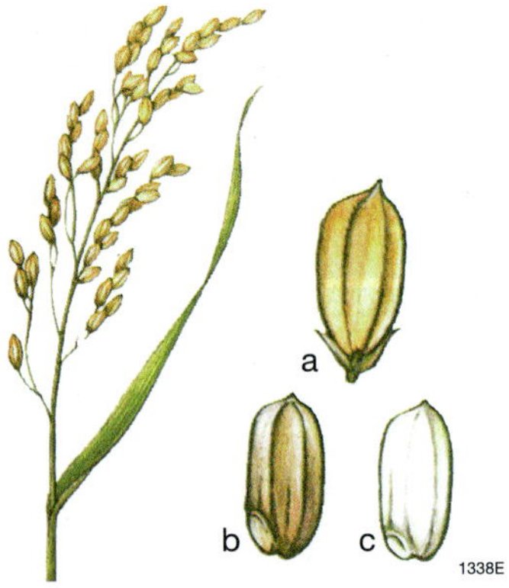

M1 *Reispflanze; a – Korn mit Spelzen, b – geschält, c – poliert*
- *die Pflanze wird 1 – 2 m hoch*
- *eine Rispe hat ca. 150 Körner*
- *die Urheimat ist Vorderindien*

Reis – Quelle des Lebens

Reis ist das wichtigste Anbauprodukt in Indonesien. Er bestimmt den Rhythmus und das gesellschaftliche Leben der Dörfer. Eine Mahlzeit ohne Reis ist nicht vorstellbar, mitunter ist er sogar das einzige Nahrungsmittel. Das Denken und Handeln der Menschen ist fest verbunden mit Reis. Er wird als Geschenk der Götter bezeichnet. Anbau, Pflege und Ernte sind mit zahlreichen Riten verbunden. So wie der Lebenslauf eines Menschen werden die Abschnitte des Wachstums der Reispflanze von Feiern begleitet. Nur in der Gemeinschaft eines Dorfes ist man in der Lage, Bewässerungssysteme anzulegen sowie die Pflege und Weiterverarbeitung des Reises zu bewältigen.
Eine Besonderheit stellt der arbeitsintensive **Terrassenfeldbau** dar (siehe Info). Diese Form des Nassreisanbaus wird in dicht besiedelten Bergregionen praktiziert. Auf ihn entfallen nur etwa 15 Prozent der Nassreiskulturen, jedoch mit fallender Tendenz.

1 Berichte über die Bedeutung des Reises für die Ernährung und das Leben der Menschen in Indonesien.

2 Begründe, weshalb bei einer Reise über die Insel Bali alle Phasen des Reisanbaus an einem Tag zu beobachten sind.

Info

Bali – eine Reisinsel

Die Balinesen haben ganze Berglandschaften in kunstvolle Gebilde verwandelt. Da die Insel kaum über Ebenen, zu geringe Niederschläge und nur wenige Staubecken verfügt, legten sie ein kompliziertes System von Terrassen (Terrassenfeldbau) an.
Die Felder werden über Kanäle und Leitungen mit Wasser aus Quellen bewässert. Alle Reisbauern, deren Land von der gleichen Quelle versorgt wird, gehören einer Gemeinschaft, dem Subak, an. Er überwacht die Verteilung des Wassers, die Instandhaltung der Terrassen, die Arbeiten auf den Feldern, unterhält eigene Tempel und veranstaltet Feste.
Auf Bali sind alle Phasen des Reisanbaus nebeneinander zu sehen.

M2 *Transport von Reisstroh*

M3 *Reisernte auf Java*

Neue Wege beim Reisanbau

Seit Jahrtausenden wird in Asien Reis angebaut. Über 1000 Sorten gibt es inzwischen. Neben hohen Jahrestemperaturen (über 20 °C) ist viel Wasser (bei Trockenreis 1700 mm Niederschlag/Jahr) erforderlich. Die Ansprüche an den Nährstoffgehalt des Bodens sind eher gering. Der Boden muss aber wasserundurchlässig sein.
Weil Wasser knapp ist, suchen Experten des International Rice Research Institute in Manila auf den Philippinen nach Anbauverfahren, die mit weniger Wasser, aber auch mit weniger Pflanzenschutz- und Schädlingsbekämpfungsmitteln auskommen. Außerdem sollen diese neuen Verfahren höhere Erträge sichern, als sie der Trockenreisanbau erbringt.

Golden Rice – Ernährungssicherheit in der Zukunft

Durch das Bevölkerungswachstum verschärft sich die Ernährungssituation allgemein und ganz speziell bei Reis. Deshalb setzen Forscher verstärkt auf die Gentechnik im Reisanbau, um diese Probleme zu lösen. Aus der Grünen Revolution wird die Goldene Revolution. Vor allem China, Indien und die Philippinen arbeiten an Neuzüchtungen. Benötigt werden Reissorten mit Widerstandsfähigkeit gegen bestimmte Schädlinge, Salzwasser und Pflanzenkrankheiten. Außerdem soll der Reis nahrhaft sein und hohe Erträge ermöglichen. Bereits jetzt gibt es Reis, dessen Samenkorn mehr Eisen, mehr Provitamin und Vitamin A enthält, erkennbar an den gelb gefärbten Körnern – „Golden Rice“. Damit glaubt man, eine Art „Wunderwaffe“ gegen Erblindung, Kindersterblichkeit und Hunger gefunden zu haben. Allerdings stellen diese Reissorten bestimmte Anforderungen an den Anbau, so werden teure Dünge- und Pflanzenschutzmittel benötigt.

M4 *Körner verschiedener Reissorten*

Land	in Mio. t
China	182
Indien	131
Indonesien	54
Bangladesch	40
Vietnam	36
Thailand	27
Myanmar	25
Philippinen	15
Brasilien	13
Japan	11
USA	10
Pakistan	7
Welt	*618*

M5 *Statistik Anbauländer von Reis (FAO 2005)*

3 Erläutere die Anbaubedingungen von Reis. Berücksichtige dabei Klima, Boden und Wasser.

4 Weshalb ist der Terrassenfeldbau von Reis sehr arbeitsaufwendig?

5 Nenne Vor- und Nachteile, die sich aus der Einführung von genmanipuliertem Reis ergeben.

Merke
Reis ist für viele Menschen der Erde Hauptnahrungsmittel. Er wird vor allem in den feucht-heißen Gebieten Asiens angebaut. Zur Sicherung der Ernährung werden neue Reissorten gezüchtet. Eine Besonderheit ist der aufwendige Terrassenfeldbau.

Grundbegriff
- Terrassenfeldbau

Additum: Tigerstaaten

M1 *Die vier kleinen Tiger*

M2 *Boomtown Singapur*

Kleine, aber kraftvolle Tiger

In einem atemberaubenden Tempo haben sich Hongkong (seit 1997 zu VR China), Singapur, Südkorea und Taiwan unter die 15 größten Handelsnationen der Erde geboomt.

Vor allem mit Elektronikprodukten wie Computern und Geräten der Telekommunikation drängten diese als Tigerstaaten bezeichneten Länder auf den Weltmarkt und setzen damit die westlichen Industrienationen unter großen Konkurrenzdruck.

Der rasante Aufschwung hatte auch für die weniger entwickelten Nachbarländer einige positive Auswirkungen. Aus Kostengründen verlagerten die Tigerstaaten einen Teil ihrer arbeitsintensiven Produktion in diese Nachbarländer (z.B. Thailand, Malaysia) und förderten damit deren wirtschaftlichen Aufschwung. Die zweite und dritte Generation der Tigerstaaten setzt nun zum Sprung an die Spitze an.

1 a) Welche Länder gehören zu den Tigerstaaten der zweiten und dritten Generation?
b) Suche die Tigerstaaten im Atlas. Beschreibe ihre Lage.

2 Begründe, warum Thailand als „Asia's fifth tiger" bezeichnet wird.

Thailand – Tiger auf dem Sprung

Thailand erreichte in den 1980er- und 1990er-Jahren das höchste Wirtschaftswachstum aller asiatischen Länder. Günstige Standortfaktoren, wie eine hohe Anzahl von Arbeitskräften sowie niedrige Lohnkosten, führten zu sehr hohen Investitionen ausländischer Konzerne. Charakteristisch für diese Entwicklungsphase der Wirtschaft war die zunehmende Vielfalt der Industriestruktur. Thailand produziert heute eine breite Palette von Industriegütern.

Seit einigen Jahren vollzieht sich ein neuer technologischer Wandel. Die Wirtschaft konzentriert sich zunehmend auch auf die Erzeugung von „Know-How", besonders für die Elektronik- und Autoindustrie. Die industrielle Entwicklung in Thailand konzentriert sich fast vollständig auf den Großraum der Hauptstadt Bangkok. Große regionale Unterschiede in den Einkommen und im Lebensstandard der Menschen sind die Folge.

Info

Tigerstaaten

Tigerstaaten sind Länder, die sich im Übergang vom Entwicklungs- zum Industrieland befinden. Man bezeichnet sie auch als Schwellenländer oder NIC's, *Newly Industrialized Countries*. Kennzeichen sind u.a. ein hohes Wirtschaftswachstum und ein hoher Anteil der Warenausfuhr (starke Exportorientierung).

Knigge für Thailandreisende

Damit du im Reiseland nicht in ein „Fettnäpfchen" trittst, präge dir die Knigge-Tipps ein.

Unberührbare
Für die meisten Asiaten ist es ein Tabu, sich von Ausländern berühren zu lassen. Ein Tabubruch ist in Malaysia und Indonesien die Berührung des Kopfes: dort wird die Seele des Menschen vermutet. Wer Kinder am Kopf streichelt, läuft Gefahr, ihre Eltern zu verärgern.

Wai-Land
Der „wai", die Begrüßung mit zusammengelegten Handflächen, ist die in Thailand und anderen Ländern Südostasiens übliche Achtungsbezeugung. Je tiefer sich der Kopf zu den Fingerspitzen neigt, um so größer ist der Respekt vor dem Gegenüber.

Trinkgeld
In Thailand wird sich die Bedienung für ein Trinkgeld mit zusammen gelegten Handflächen, dem „wai", bedanken. Keinesfalls sollte der Gast dann Trinkgeld nachlegen oder mit einem „wai" antworten. Das ideale Verhalten: einfach nur Lächeln.

Handfessel
Es ist eine gute Sitte in Thailand, Gästen ein weißes Fadenarmband als Willkommensgeste umzulegen. Als grobe Unhöflichkeit würden Thais es bewerten, wenn ein Gast den Faden, der gelegentlich zu straff um das Handgelenk gewickelt wird, in ihrer Gegenwart entfernen. Bis zur Rückkehr ins Hotel sollten Ausländer damit warten.

Zeigefinger
Es ist überall in Asien ein grober Verstoß gegen die guten Sitten, wenn mit dem Zeigefinger oder der ausgestreckten Hand auf Personen gedeutet wird. Auch Taxis sollten nie mit dem Zeigefinger heran gewunken werden. Statt dessen wird die hohle Hand nach innen gekrümmt und zum Körper hin bewegt, als wollte man Krümel vom Tisch wischen.

Schuhsohlen
In Malaysia und Thailand sollten Touristen stets so sitzen, dass ihre Schuhsohlen nicht sichtbar sind. Gastgeber würden dies als beleidigend empfinden. Die Beine dürfen aus diesem Grund auch nicht übereinander geschlagen werden. In einem Tempel dürfen die „unreinen" Fußsohlen niemals auf die Buddhastatue weisen.

Kurze Hosen
Männer sollten in allen asiatischen Ländern auf kurze Hosen verzichten. In den touristischen Hochburgen Thailands oder Indonesiens werden elegante Shorts inzwischen auch in Luxushotels akzeptiert, allerdings nur tagsüber. Bei Tempelbesuchen sollten Arme und Beine bedeckt sein.

Teste dich selbst!

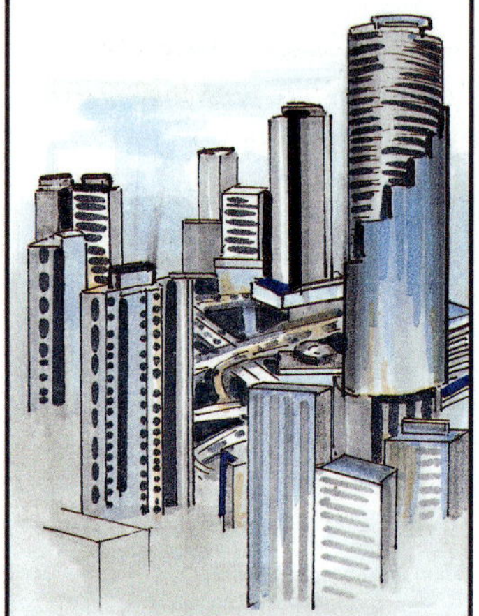

Prüfe dein Wissen: Kennst du die in den Bildern dargestellten Spezialitäten aus Ostasien? Übertrage das Rätsel in dein Heft und fülle es aus. Als Lösungswort ergibt sich der Namen eines bedeutenden chinesischen Gelehrten, der vor ungefähr 2500 Jahren lebte, dessen Lehre aber bis heute viele Verhaltensweisen der Menschen in Ostasien regelt.

1 ostasiatische Kampfsportart
2 längstes Bauwerk der Erde
3 Zwergbaumkultur
4 heiliger Berg in Japan
5 japanische Form des Ringkampfes
6 boomende Großstadt in Südchina
7 Grundnahrungsmittel in Asien
8 Angehöriger des japanischen Schwertadels
9 japanischer Hochgeschwindigkeitszug

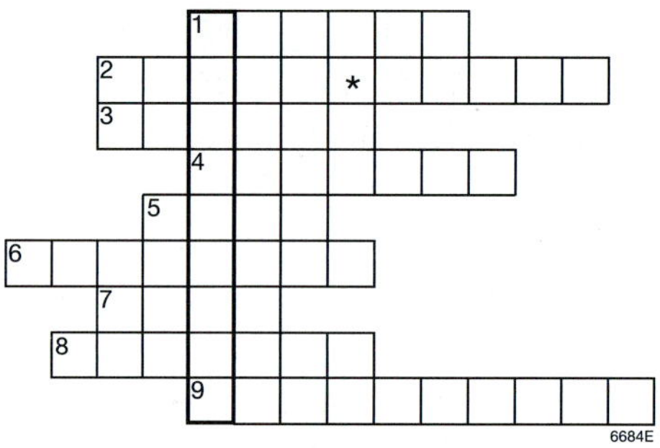

Das Wichtigste kurz gefasst:

Räumliche Orientierung

In Ostasien lebt ein Viertel der Weltbevölkerung. Die kulturelle Entwicklung wurde durch China stark beeinflusst. Heute ist der Raum eine der größten wirtschaftlichen Entwicklungsregionen der Erde. Der Naturraum Ostasiens weist eine vielfältige Gliederung auf: Innerasien ist geprägt durch Hochgebirge, im Osten liegen dicht besiedelte Tiefländer.

Südostasien ist ein geographisch stark gegliederter Raum, der in Insel- und Festlandsüdostasien unterschieden wird. Geologisch handelt es sich um ein unruhiges Gebiet mit häufigen Vulkanausbrüchen und Erdbeben. Die klimatischen Bedingungen sind subtropisch bis tropisch und bringen eine üppige Vegetation hervor.

China

China ist das größte Land Ostasiens und das bevölkerungsreichste der Erde. Die hohe Bevölkerungsdichte in den östlichen Landesteilen und das anhaltende Bevölkerungswachstum schaffen Probleme.

1979 öffnete sich China dem Weltmarkt. Eine Industrialisierung setzte ein. Die Produktion konnte insbesondere in den Sonderwirtschaftszonen entlang der Küste gesteigert werden. Nach wie vor bestehen große Gegensätze zwischen ländlichen und städtischen Räumen. Deshalb wandern Millionen von Menschen auf der Suche nach Arbeit in die Städte.

Japan

Japan ist arm an Raum und Rohstoffen, entwickelte sich dennoch zu einer der führenden Wirtschafts- und Handelsmächte. Waren „Made in Japan“ sind weltbekannt. Hauptgründe dafür sind unter anderem eine hohe Produktivität und die Identifikation der Beschäftigten mit „ihrer“ Firma.

Indonesien

Indonesien ist der größte Inselstaat der Erde. Er besteht aus Tausenden von Inseln. Die hier lebenden Menschen gehören unterschiedlichen Völkern und Religionen an und sollen unter dem Motto „Einheit in der Vielfalt“ vereint werden. Ihr Hauptnahrungsmittel ist Reis, die für ganz Asien wichtigste Kulturpflanze. Man unterscheidet Trocken- und Nassreisanbau.

Grundbegriffe

Seebeben
Tsunami
Bevölkerungswachstum
Bevölkerungsdichte
Joint-Venture
Wanderarbeiter
Wirbelsturm
Industrieland
Neulandgewinnung
Terrassenfeldbau

Straßenkreuzung in Delhi

Ankur
ELECTRO
Ankur
ELECTRO

	Fläche in 1000 km²	Einwohner 2008 in Mio.	BNE pro Kopf 2006 in US-$
Bangladesch	148	147,3	450
Bhutan	47	0,70	1430
Indien	3288	1149,3	820
Malediven	0,3	0,33	3010
Nepal	147	27,1	320
Pakistan	796	172,8	800
Sri Lanka	66	20,3	1310
zum Vergleich:			
Deutschland	*357*	*82,2*	*36810*

M1 *Südasien in Zahlen*

1 Beschreibe die Lage Südasiens und der dazugehörigen Länder (Atlas, Arbeitsheft, S. 18).

Kultur und Tradition

Südasien – hinter dieser Bezeichnung verbirgt sich eine Gruppe von Ländern sehr unterschiedlicher Größe und Bevölkerungszahl. Mit einer jährlich um 17 Mio. Menschen wachsenden Bevölkerung überschritt Indien im Jahre 2000 die Eine-Milliarde-Einwohnergrenze. Es ist das mit Abstand größte und bedeutendste Land der Region.

Zu den Merkmalen, die auch für die anderen südasiatischen Länder typisch sind, gehören das ungehemmte Wachstum der Städte und die sozialen Missstände, die damit verbunden sind. Täglich verlassen Tausende Menschen ihre Dörfer und ziehen in die Elendsviertel am Rand der Großstädte.

Südasien – dieser vom Hinduismus, Buddhismus und Islam geprägte Kulturerdteil, in dem mehr als 300 Sprachen gesprochen werden, kann auf eine 5000-jährige Kulturgeschichte verweisen. Abgeschirmt vom Himalaya im Norden sowie dem Arabischen und Bengalischen Meer im Süden konnten sich hier eigenständige kulturelle Traditionen entwickeln. Vor 2500 Jahren entstand im Norden Indiens eine Weltreligion, der Buddhismus. Mönche brachten ihren Glauben über die Himalayapässe Nepals nach Ost- und Südostasien, wo der Buddhismus bis heute ein bedeutender Kulturträger geblieben ist.

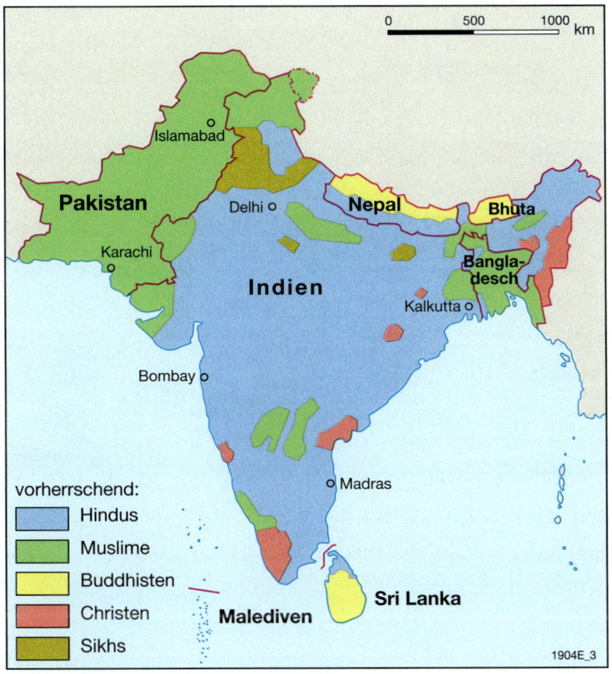

M2 *Religionen in Südasien*

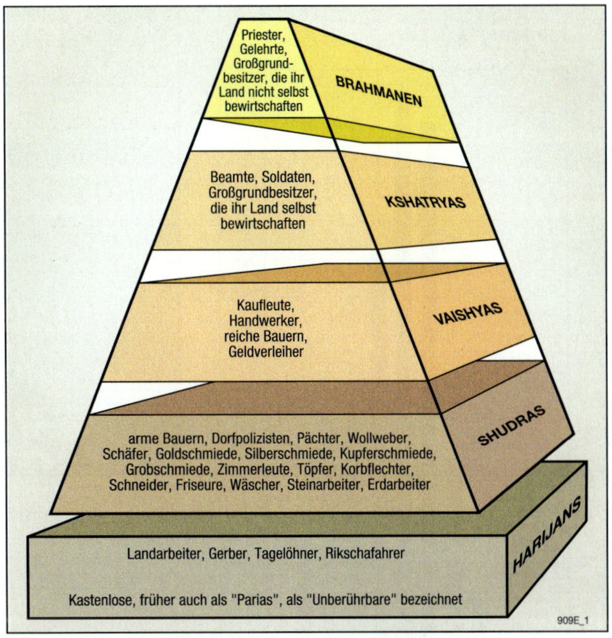

M3 *Das Kastensystem des Hinduismus – religiös-soziale Schichtung der Bevölkerung*

Hinduismus und Kastensystem

Hinduismus ist eine Sammelbezeichnung für verschiedenartige religiöse Praktiken, die in Indien entstanden sind. Mehr als 80 Prozent der Inder sind Hindus. Die Inder selbst nennen ihre Religion „ewige Ordnung". Ziel der religiösen Praktiken ist es, sich aus dem ewigen Kreislauf der Wiedergeburten zu befreien. Denn die Hindus glauben, in Abhängigkeit von ihren Taten als ein bestimmtes Lebewesen wiedergeboren zu werden. Zudem sind die Hindus der Auffassung, dass jeder Mensch in die Kaste hineingeboren wird, zu der auch seine Eltern gehören. Die Kaste bestimmt den Beruf und die Stellung des Hindu in der Gesellschaft. Traditionell wird nur innerhalb der eigenen Kaste geheiratet.

2 Welche kulturellen und sozialen Merkmale sind für den südasiatischen Kulturerdteil charakteristisch?

3 Warum wird der Ganges als heiliger Fluss bezeichnet?

Info

Varanasi – heilige Stadt am Ganges

In Varanasi (bezeichnet nach den hier in den Ganges mündenden Nebenflüssen Varana und Asi, früher von den Briten Benares genannt) herrscht buntes Treiben. Gläubige, Mönche, Bettler und Kranke baden im Ganges und glauben, dadurch von allen Sünden reingewaschen zu werden. Das Trinken des Wassers soll Reichtum, Erfolg, Gesundheit und Fruchtbarkeit garantieren sowie eine Familie rückwirkend über sieben Generationen reinigen. An den Ufern brennen Feuer. Menschen werden eingeäschert und ihre Asche in den Ganges gestreut, so soll eine bessere Wiedergeburt möglich werden. Nur der Sohn des Toten darf die Einäscherung vornehmen und bestimmte religiöse Feste zelebrieren.

Merke

Zu Südasien gehören Länder unterschiedlicher Größe. Indien ist davon das größte und bedeutendste. Hinduismus, Islam und Buddhismus prägen den Kulturerdteil.

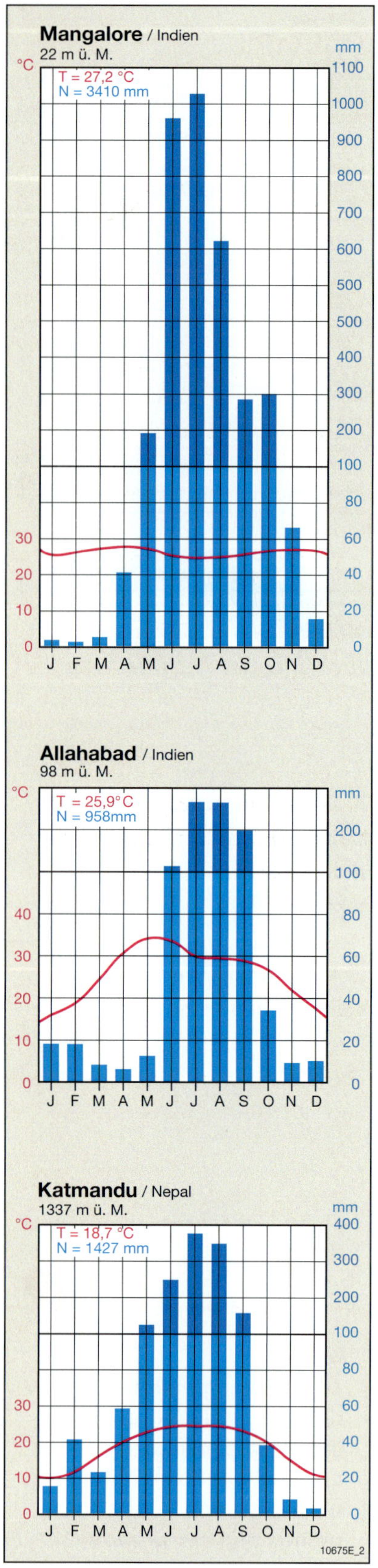

M1 *Klimadiagramme*

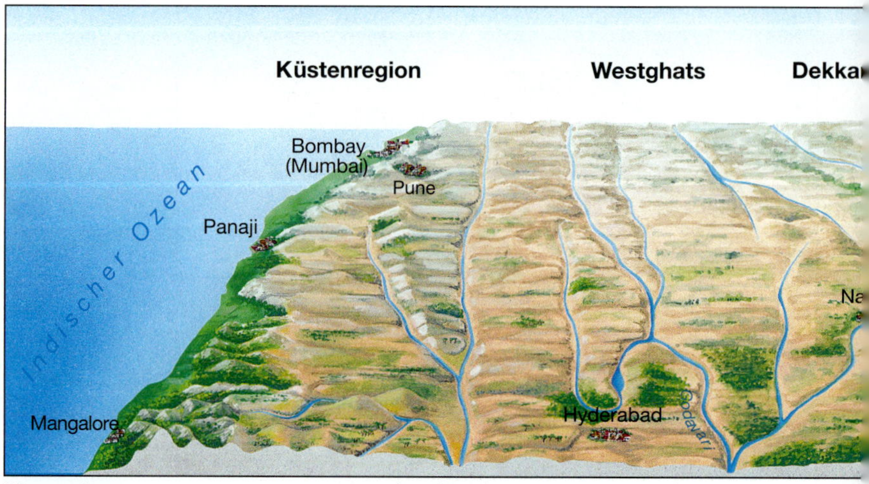

Klimastation Durchschnittstemperatur, Jahresniederschlag	Mangalore (22 m) 27,2 °C, 3993 mm Regenzeit: April-November	Poona (559 m) 25 °C, 675 mm Regenzeit: Juni-Oktober
Landwirtschaft	Reis, Zuckerrohr, Kokospalme, Mango	Hirse, Hülsenfrüchte mittelmäßige Böden
Besiedlung in ländl. Gebieten	dicht	dünn

M2 *Landschaftsprofil durch Indien und Nepal*

Ausgewählte Großlandschaften Südasiens

Die Landschaftsgliederung des Subkontinents ist sehr vielgestaltig. Durch Meere und Gebirge klar umgrenzt, gleicht er in seinen Umrissen einem stumpfen Keil, der weit in den Indischen Ozean vorstößt. Das Arabische Meer und der Golf von Bengalen bilden die Meeresgrenzen, der Himalaya im Norden sowie die iranisch-afghanischen und myanmarischen Grenzgebirge die festländischen Grenzen.

Der Dekkan ist eine alte Gebirgsscholle, die im Norden bis zur Gangesebene reicht. Zahlreiche Flüsse, die fast alle in den Golf von Bengalen münden, zerschneiden das Hochland und bilden Hochebenen und Flussbecken. Die Westghats und Ostghats wölben den Dekkan schüsselförmig an den Rändern auf. Die Westghats, die im Süden bis 2700 m ansteigen, fallen steil zur Malabarküste ab. Die Ostghats sind niedriger, ihnen ist ein breites, von verschiedenen Flüssen aufgeschüttetes Küstentiefland mit der Koromandelküste vorgelagert.

In der Gangesebene lagern der Ganges und der Brahmaputra Sande und Kiese aus dem angrenzenden Hochgebirge ab. Auf diese Weise entsteht eine ausgedehnte **Aufschüttungsebene**. Sie zählt zu den fruchtbarsten Gebieten des Landes. Dieses Gebiet ist in besonderem Maße von Überschwemmungen bedroht.

Der Himalaya grenzt Indien von Zentralasien ab. Der schmale Gebirgsstreifen, der zu Indien gehört, umfasst den Vorderen Himalaya sowie den südlichen Hochhimalaya. Zwischen mehreren Gebirgsketten liegen breite Täler und weite Becken.

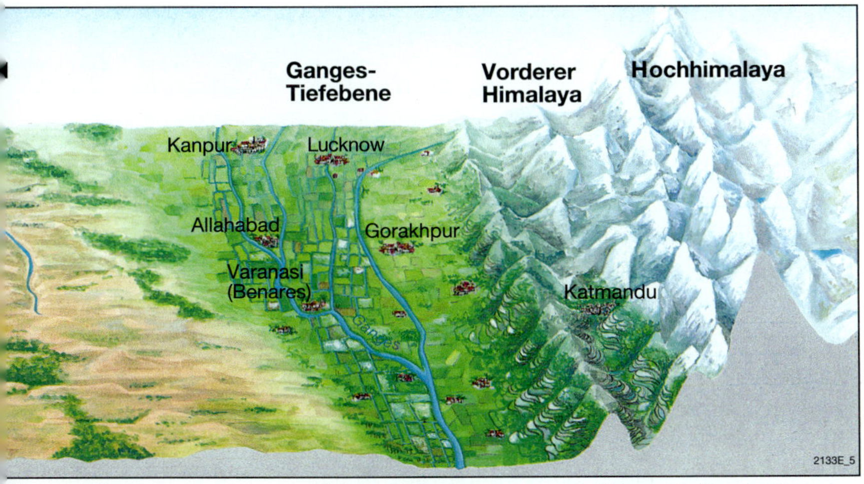

Nagpur (312 m) 27,3 °C, 1256 mm Regenzeit: Juni-September	Allahabad (50 m) 28,1 °C, 733 mm Regenzeit: Juni-September	Katmandu (Nepal, 1337 m) 18,7 °C, 1394 mm Regenzeit: Mai-September
Hirse, Weizen, Reis, Bewässerung mit in Stauteichen gesammeltem Regenwasser, wenig fruchtbare Roterde	Reis, Bewässerung mit Flusswasser, fruchtbare Schwemmlandböden, z.T. 3 Ernten	Reis u.a. Terrassenanbau, z.T. bewässert
dünn	sehr dicht	in den Tälern dicht

Info

Teegeschichte

In China war Tee (chin. T´e) bereits 200 v. Chr. bekannt, wie im „Ch´a Ching“ (Heilige Schrift vom Tee) zu lesen ist. Viele Versuche, Tee aus China zu schmuggeln, scheiterten. Erst als man 1823 wild wachsende Teepflanzen im indischen Assam entdeckte und das chinesische Geheimnis der Teeherstellung ausspioniert hatte, wurde 1839 erstmals in Indien Tee geerntet. Damit war das chinesische Teemonopol gebrochen. Assam wurde zur bedeutendsten Teeanbauregion.

M3 *Auch die Malediven im Indischen Ozean gehören zum südasiatischen Kulturerdteil.*

1 Suche die Großlandschaften Südasiens im Atlas auf. Beschreibe deren Besiedlung und landwirtschaftliche Nutzung (M2, Arbeitsheft, S. 18).

2 Lokalisiere die Klimastationen (M1) im Atlas und beschreibe die Temperatur- und Niederschlagsverhältnisse in diesen Landschaften.

Merke

Südasiens Landschaftsgliederung ist vielfältig. Die Gangestiefebene stellt eine ausgedehnte Aufschüttungsebene dar.

Grundbegriff

- Aufschüttungsebene

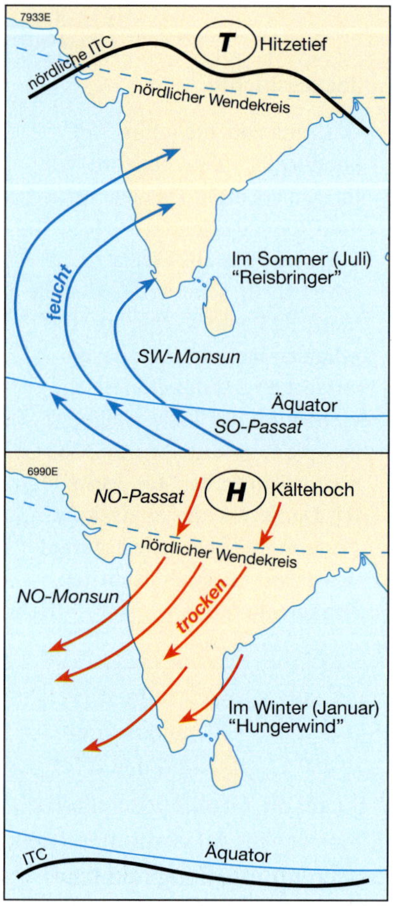

M1 *Der Monsun im jahreszeitlichen Wechsel (ITC ist eine schmale Tiefdruckzone, die mit dem Zenitstand der Sonne „wandert". Der niedrige Luftdruck führt dazu, dass Luft angesaugt wird. So stellt sich eine bestimmte Windrichtung ein.*

1 Erkläre die Entstehung des Monsuns.

Monsun prägt die Jahreszeiten

Der **Monsun** ist eine Sonderform des tropischen Passatkreislaufes und wird wesentlich durch die unterschiedliche Erwärmung von Land und Meer bestimmt. Das Wort Monsun kommt vom arabischen „mausim" und bedeutet so viel wie Jahreszeit. Gemeint sind die jahreszeitlich wechselnden tropischen Winde, die im Sommerhalbjahr vom Meer zum Land und im Winterhalbjahr vom Land zum Meer wehen. Das indische Monsunklima ist durch diesen beständigen Wechsel gekennzeichnet.

Der Sommermonsun/Südwestmonsun: Im Nordsommer erwärmt sich Zentralasien stark, sodass sich dort Tiefdruckgebiete bilden. Die ITC verlagert sich bis über den Himalaya nach Norden (M1). Die Südostpassate, die aus dem subtropischen Hochdruckgebiet der Südhalbkugel nach Norden wehen, werden beim Überschreiten des Äquators zu Südwestwinden. Ursache dafür ist die nach rechts gerichtete ablenkende Wirkung der Erdrotation auf der Nordhalbkugel. Aus dem Südostpassat wird so der Südwest- oder Sommermonsun. Dieser nimmt über dem Indischen Ozean Feuchtigkeit auf. Es kommt zu ergiebigen Niederschlägen, dem Monsunregen.

Der Wintermonsun/Nordostmonsun: Im Nordwinter verlagert sich die ITC durch die Wanderung des Zenitstandes der Sonne auf die Südhalbkugel. Über Zentralasien bildet sich gleichzeitig ein Hoch, weil der Kontinent im Winter stark abkühlt und die kalte Luft absinkt. Wegen der Lage dieser unterschiedlichen Luftdruckgebiete weht ein trockener Nordost-Wind aus Zentralasien über Indien und den Äquator zur ITC. In Indien herrscht der Winter- oder Nordostmonsun vor, er entspricht dem Nordostpassat.

M2 *Monsunaler Gewitterschauer in Mumbai*

Hoffnung auf den Regen

Mahadan, ein Dorf bei Allahabad, Ende Juni: drückende Hitze. Der Boden ist ausgedörrt. Seit Monaten hat es nicht mehr geregnet. Doch nun türmen sich schwarze Gewitterwolken am Horizont. Als die ersten dicken Regentropfen auf die Erde prasseln, tanzen die Kinder vor Vergnügen auf der Straße. Bald schüttet es. Es bilden sich große Wasserlachen, der harte Boden kann das viele Wasser nicht schnell genug aufnehmen, es fließt oberflächlich ab. Auf der Straße kommt der Verkehr zum Erliegen. Doch die Menschen sind froh, dass es endlich regnet. Der Südwestmonsun bringt vom Meer feuchte Luft und bei über 28 °C kommt es täglich zu Gewittern mit heftigen Regenfällen.
Gegen Ende des Jahres dreht der Wind. Indien gerät nun unter den Einfluss des Nordostpassates. Er weht aus Zentralasien und ist daher trocken. Ganz Indien wartet dann wieder auf den Südwestmonsun, den „Regenbringer". Doch der Südwestmonsun ist nicht zuverlässig. Manchmal kommt er zu früh und sehr heftig. Manchmal kommt er jedoch spät und bringt nur sehr wenig Regen mit. Während der Dürre kann nicht gepflanzt oder gesät werden. Dann drohen Hungerkatastrophen.
Mit ausgeklügelten Bewässerungssystemen versuchen sich die Menschen seit Jahrtausenden von den Launen des Monsuns unabhängig zu machen. Überall, wo es möglich ist, leiten sie Flusswasser auf ihre Felder. In Gebieten mit wasserstauenden Lehmböden legen sie kleine, oft nur wenige hundert Quadratmeter große Stauteiche an. Darin wird während der Regenzeit Wasser für die Trockenzeit gesammelt. In Gebieten mit wasserdurchlässigen Böden werden darüber hinaus tiefe Brunnen bis zum Grundwasserspiegel gebohrt.

M4 *Der Beginn der Monsunzeit*

2 Begründe, warum der Sommermonsun der „Regenbringer" und der Wintermonsun der „Hunger-Wind" ist.

3 Beschreibe Auswirkungen des Monsuns auf Mensch und Wirtschaft (Arbeitsheft, S. 19).

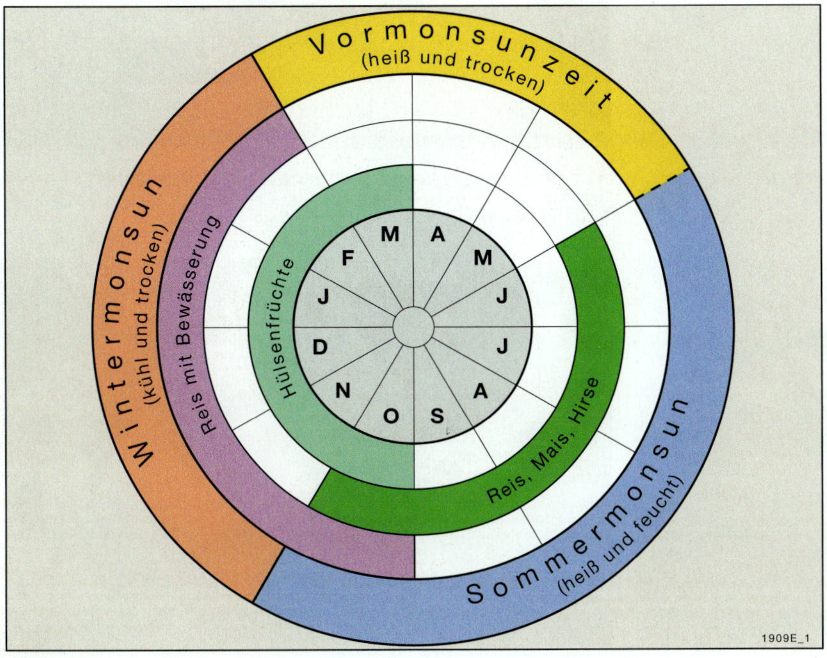

M3 *Anbaukalender*

Merke
Der Monsun ist ein halbjährlich die Richtung wechselnder Wind. Im Winterhalbjahr weht der Monsun vom Land zum Meer; im Sommerhalbjahr vom Meer zum Land. Insbesondere die Landwirtschaft, aber auch der Tourismus werden vom Monsun beeinflusst.

Grundbegriff
- Monsun

Info

Steckbrief Indien

Fläche:	3,28 Mio. km^2
Einwohner:	1149,3 Mio. (2008)
Hauptstadt:	Neu-Delhi
Bevölkerungsdichte:	338 Einw./km^2
BNE:	820 US-$ pro Einw. (2006)
Sprachen:	Hindi, Englisch, 17 Regionalsprachen
Währung:	Rupie (iR) (1 Euro = 65 iR, Stand: 04.03.09)

Gesichter Indiens

Die Republik Indien hat den größten Flächenanteil an Südasien. Indien zählt zu den ältesten Kulturländern der Welt, wovon heute noch eine Vielzahl von Gebäuden, Parks, Tempelanlagen und religiösen Kultstätten zeugen. Die abwechslungsreiche Landschaft, die vielfältige Vegetation und das traditionelle Leben hinterlassen bei Reisenden ein farbiges Bild dieses Landes.

Aber Indien, das Land mit über einer Milliarde Einwohnern und von der fast zehnfachen Größe Deutschlands, wird durch viele Gegensätze geprägt. Wenigen Millionären steht ein Heer von Armen gegenüber. Der Anteil des Mittelstandes in der indischen Gesellschaft ist noch relativ gering. Einerseits gibt es sehr gut ausgebildete Ingenieure und Wissenschaftler, andererseits sind rund 40 Prozent der Bevölkerung Analphabeten. Immer noch haben rund 40 Millionen indische Kinder keinen Zugang zur Schule.

In den Boomstädten wie Bangalore orientieren sich immer mehr junge Menschen am westlichen Lebensstil. Hier trifft man auf eine wachsende Mittelschicht (siehe S. 136/137).

M1 *Landschaft im Bundesstaat Jammu und Kashmir*

M3 *Heilige Kühe stellen häufig ein Verkehrshindernis dar*

M2 *Kinderarbeit – Schuften im Steinbruch*

M4 *Ausbildung am Privat-College*

M5 *Mahatma Gandhi wenige Sekunden vor seiner Ermordung durch Hindufanatiker in Delhi*

Hauptstadt Neu-Delhi

Zwar lebt die Mehrheit der indischen Bevölkerung auf dem Land, die Einwohnerzahl der Städte nimmt aber ständig zu. Die Städte spiegeln in Aufbau und Architektur oft die Geschichte Indiens wider. Ein typisches Beispiel ist die Hauptstadt Delhi. Sie ist geteilt in den alten traditionellen Teil Alt-Delhi und das moderne Geschäftszentrum Neu-Delhi.

Vom Mogulsitz zur Millionenstadt

In Alt-Delhi befindet sich der Hauptbasar Chadni Chowk. Er lässt die Besucher Hunderte von Jahren in der Zeit zurückreisen. Traditionell siedeln sich Händler gemäß ihrem Handwerk im Basar an. So entstanden ganze Viertel, in denen sich Läden einer bestimmten Berufssparte aneinanderreihen. Aus der Mogulzeit (muslimische Dynastie im 16. – 19. Jahrhundert) stammen auch die in der Nähe des Basars gelegene größte Moschee Indiens und das Red Fort.
Neu-Delhi ist von den Briten als Regierungssitz der Kolonialregierung am Reißbrett geplant worden. Die prächtigen Regierungsgebäude, die Armee-, Handels- und Wohnviertel wurden als Ausdruck kolonialen Machtstrebens errichtet und bilden einen deutlichen Kontrast zur Altstadt.
Nach der Unabhängigkeit 1947 begann sich Delhi planlos in alle Richtungen auszudehnen. Von 1951 bis 2005 stieg die Einwohnerzahl der Stadt von 1,4 Mio. auf über 9,8 Mio. an. Die damit verbundenen Probleme sind für Städteplaner und -bauer kaum zu bewältigen.
Seit den 1960er-Jahren hat sich das Stadtbild stark verändert. Im Bereich des ehemaligen kolonialen Viertels und der angrenzenden Gebiete wurden Glas- und Betonkomplexe nach westlichem Vorbild errichtet. Auf unbebauten Flächen entstanden riesige Slums (Bustees), die dringend einer Sanierung bedürfen.

Info

Mahatma Gandhi

(* 2.10.1869, † 30.1.1948)
- Jurastudium, danach Rechtsanwalt in Südafrika, wo er für die Gleichstellung der Inder eintrat
- 1914 Rückkehr nach Indien
- geistiger Führer der Allindischen Kongresspartei
- Kämpfer für die Befreiung von der englischen Herrschaft nach dem Prinzip der Gewaltlosigkeit durch passiven Widerstand
- setzte sich für ein friedliches Zusammenleben von Hindus und Muslimen ein

1 Bestimme die Lage Indiens im Gradnetz. Vergleiche Größe und Ausdehnung mit Deutschland.

2 Beschreibe die Entwicklung der Hauptstadt vom Mogulsitz zur Millionenstadt.

Merke
Indien ist ein Land mit vielen Gesichtern in Natur und Gesellschaft. Die Hauptstadt Neu-Delhi entwickelte sich von einem Mogulsitz zur Millionenstadt mit starken Kontrasten im Stadtbild: Glas- und Betonkomplexe einerseits, ausgedehnte Slumgebiete andererseits.

Additum: Kinder in unterschiedlichen Kulturen

Noch nie gab es auf unserer Erde so viele Kinder wie heute: über zwei Milliarden! Allein in den letzten 30 Jahren hat sich die Zahl der Kinder auf der Erde verdoppelt.

Überall auf der Welt ...

... leben Kinder in Familien wie hier bei Lilongwe. Mutter und Sohn zerstampfen Maniokknollen. Das Mehl wird zu Fladen verarbeitet.

... gehen Kinder zur Schule. Die Mädchen in Nepal freuen sich, dass sie lesen und schreiben lernen, was vielen ihrer Eltern nicht möglich war.

... spielen Kinder gern. Der Junge aus São Paulo ist stolz auf sein selbstgebautes Spielzeug.

Wünsche und Träume

Auf der Erde leben über 2 Mrd. Kinder, die in unterschiedlichen Regionen und Kulturen aufwachsen. Geprägt sind die Lebensweisen häufig durch Religionen und Traditionen. Neben den Weltreligionen Christentum, Islam, Judentum, Buddhismus und Hinduismus existieren noch weitere unzählige Religionsformen, die das Leben von Eltern und Kinder unterschiedlich stark beeinflussen und den Tagesablauf bestimmen.
Neben den kulturellen Merkmalen wird das Leben von Kindern auch vom Lebensstandard der Familien bestimmt:

- etwa 86 Prozent aller Kinder leben in Entwicklungsländern,
- ein Drittel aller Kinder leidet in den ersten fünf Lebensjahren an Mangel- und Unterernährung,
- jedes 6. Kind besucht keine Schule,
- etwa 190 Mio. Kinder verrichten Kinderarbeit.

Viele Kinder können aber auch ohne große Sorgen aufwachsen. Sie haben genug zu essen, zu trinken, ausreichend Kleidung und eine angemessene Wohnstätte. Für viele Kinder der Erde ist es selbstverständlich, dass sie in die Schule gehen können. Die Rechte der Kinder sind vielfach gesetzlich geschützt.

Wir begegnen unterschiedlichen Kulturen

Wir begegnen in unserem täglichen Leben einer Vielzahl von Menschen, die selbst oder deren Eltern bzw. Großeltern aus anderen Ländern stammen. Ihr Lebensstil ist zum Teil noch sehr stark durch die kulturellen Traditionen des Herkunftslandes geprägt. Viele dieser Lebensweisen sind uns aber gar nicht bekannt. Manchmal reagieren wir mit Unverständnis auf bestimmte Handlungsweisen, die ihren Ursprung in einem anderen Kulturkreis haben. Durch das Zusammenleben von Menschen aus unterschiedlichen Herkunftsländern und mit verschiedenen Lebensweisen vermischen sich zunehmend die Kulturen.
Die Organisation eines Projektes zur Erforschung von unterschiedlichen Kulturen in eurem Lebensraum kann dazu beitragen, dass andere Kulturen kennengelernt, Verständnis und Toleranz entwickelt und Vorurteile abgebaut werden können.

1 Berichte, inwieweit dein Leben von kulturellen Faktoren beeinflusst wird.

2 Organisiert ein Projekt zur Erkundung von verschiedenen Kulturen in eurem näheren Lebensumfeld.

Projekt: Unterschiedliche Kulturen in unserer Schule

- Befragt in eurer Klasse, Parallelklasse bzw. in der gesamten Schule (z. B. Lehrerinnen und Lehrer, Sekretärin, Hausmeister oder Reinigungs- und Küchenpersonal)
  - zu den Herkunftsländer und Religionszugehörigkeiten
  - zu Partnerschulen und Austauschprogrammen eurer Schule
  - zu Unterrichtsfächern und Themen, die über andere Kulturen informieren.
- Für die Präsentation eurer Ergebnisse gibt es viele Möglichkeiten: Zeitungsartikel schreiben, Rollenspiele vortragen, Filme drehen, Personen- und Ländersteckbriefe erstellen, ein Fest mit entsprechenden Speisen, Getränken, Kleidung, Musik und Tänzen oder eine Ausstellung organisieren.

M1 *Kontakt mit der Partnerschule über Internet*

Projekt: Unterschiedliche Kulturen in unserer Verwandtschaft, Schulumgebung und Nachbarschaft

- Untersucht in eurer Verwandtschaft, Schulumgebung und/oder Nachbarschaft die Lebensweisen von Menschen, die selbst oder deren Vorfahren aus anderen Ländern stammen.
- Überlegt euch zunächst, was ihr untersuchen wollt, z. B.:
  - Herkunftsländer und Religionszugehörigkeit
  - Bräuche, Feste, Lieder und Tänze
  - Sprache, Schule und Ausbildung
  - Speisen und Getränke
  - Kleidung, Schmuck und Frisuren
- Legt nun fest, wie ihr zu den gesuchten Informationen gelangt, d. h. welche Methoden ihr verwenden wollt, z. B.:
  - Befragungen (schriftlich oder mündlich (Interviews))
  - Fotografieren von Menschen, Straßen, Geschäften, Häusern und Klingelschildern.

M2 *Ausstellung zu Indien*

Starkes Bevölkerungswachstum

Jedes Jahr wächst die Bevölkerung von Indien um 17 Mio. Menschen. Das heißt, jedes fünfte Kind der Erde wird hier geboren. Etwa ein Drittel der Bevölkerung ist jünger als 15 Jahre. Berechnungen haben ergeben, dass Indien voraussichtlich im Jahr 2045 China als bevölkerungsreichstes Land ablösen wird. Besonders im dicht besiedelten und durch häufige Dürre- und Überschwemmungskatastrophen armen Norden werden viele Kinder geboren. Hier haben die Familien im Durchschnitt drei Kinder mehr als im Süden.

Kinderreichtum – ein Segen?

Kinder sind wichtig für die gesamte Lebensplanung. Kinderreich sind vor allem die armen Familien. In Indien und vielen anderen Entwicklungsländern gibt es zum Beispiel noch keine flächendeckende Altersversorgung. Im Alter leben die Menschen bei ihren Kindern in der Großfamilie. Nicht einmal jeder zehnte alte Mensch erhält eine Rente. Seniorenheime gibt es nur in großen Städten. Werden die Eltern einmal krank, dann müssen sich die Kinder um sie kümmern. Sie müssen zum Beispiel die Feldarbeit erledigen und das Geld für nötige Medikamente erwirtschaften. Viele Betriebe vergeben ihre Arbeit bevorzugt an Sechs- bis Fünfzehnjährige, weil ihre Stundenlöhne nicht mal halb so hoch sind wie die der Erwachsenen. Mit ihrem geringen Einkommen ernähren Kinder ihre oft arbeitslosen Eltern mit. Die Bedingungen, unter denen die Kinder vor allem in der Industrie arbeiten, sind erschreckend. Körperliche und seelische Schäden sind die Folgen.

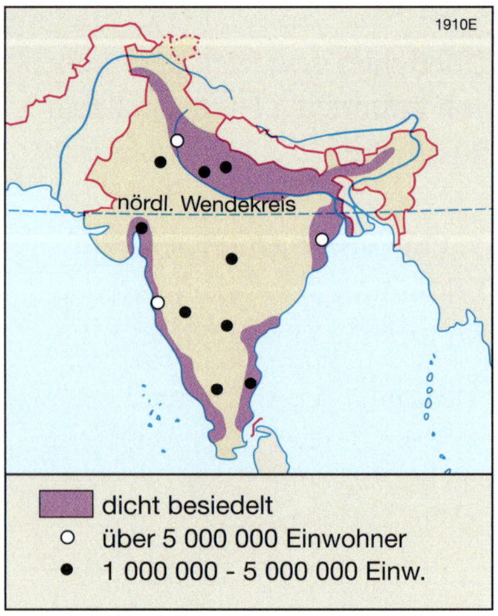

M1 *Bevölkerungsverteilung*

Land	1950	2000	2050
China	554,8	1264,5	1369,0
Indien	357,6	1002,1	1628,0
USA	157,8	275,6	403,7
Indonesien	79,5	212,2	311,9
Brasilien	54,0	170,1	244,2
Deutschland	68,4	82,1	73,3

M2 *Bevölkerungsentwicklung ausgewählter Länder (in Mio.)*

M3 *Eine indische Großfamilie*

1 Beschreibe die Bevölkerungsverteilung und -entwicklung Indiens (M1, M2).

2 Warum betrachten viele Inder Kinderreichtum immer noch als einen Segen?

3 In welcher Hinsicht sind Mädchen eine Belastung für die Familie? Beschreibe beginnende Veränderungen der Situation von Frauen in der indischen Gesellschaft.

Mädchen und Frauen

Mädchen werden in Indien oft als Belastung für die Familie angesehen. Frühzeitig sind Arbeiten wie Wasserholen oder Brennholzsammeln Aufgaben der Mädchen. Diese verlassen die Schule häufig nach wenigen Jahren, um im Haushalt oder auf dem Feld zu helfen bzw. die Familie zu versorgen. Auch die Versorgung alter und kranker Familienangehöriger wird durch Mädchen und Frauen erledigt.

In Indien werden Ehen in der Regel von den Eltern vereinbart. Das geschieht oft, wenn die zukünftigen Ehepartner noch im Kindesalter sind. Die Familie der Braut muss anlässlich der Hochzeit eine Mitgift an die Familie des Bräutigams zahlen. Dazu gehören teure Geschenke an den Bräutigam und dessen Eltern sowie die Übernahme der Kosten für die Hochzeitsfeier. Viele Familien verschulden sich dafür hoch. Das ist besonders für arme Familien eine große Belastung,

Nach der Hochzeit zieht die Braut in das Haus der Familie des Mannes ein. Dort muss sie sich zunächst unterordnen. Erst wenn die junge Frau selbst Mutter wird, hat sie in der Familie einen höheren Status.

Noch ist die Situation der Frauen und Mädchen in der indischen Gesellschaft unbefriedigend. Doch die Stellung der Frau beginnt sich zu verändern. Der Schlüssel dazu ist der Zugang zu Bildung. Immer mehr Mädchen gehen zur Schule, erlernen einen Beruf und sind somit in der Lage, ihr Leben selbst in die Hand zu nehmen. So haben einige Frauen bereits führende Positionen in Politik und Wirtschaft inne. Sie sind Ministerin, Programmiererin oder Chipherstellerin. Neu-Delhi hat eine Bürgermeisterin. Es gibt sogar eine indische Astronautin.

M4 *Mädchen aus der städtischen Mittelschicht haben bereits gute Aufstiegschancen*

Info

Kinderarbeit – ein Stück Normalität?

Kinderarbeit ist in Indien ein wichtiger Faktor: Kinder arbeiten in der Landwirtschaft, andere stellen Ziegelsteine her, polieren Schmucksteine, rollen Zigaretten, verpacken Feuerwerkskörper, arbeiten als Haushaltshilfen oder weben Seidensaris und Teppiche.

Das RUGMARK-Warenzeichen (englisch: rug = Teppich) wird an Unternehmen in Indien vergeben, die auf die Beschäftigung von Kindern unter 14 Jahren verzichten. Darüber hinaus müssen sich die Knüpfbetriebe verpflichten, den gesetzlich vorgeschriebenen Mindestlohn zu zahlen. Weiterhin werden zwei Prozent des eingenommenen Geldes für die Finanzierung von Schulen, Lehrerinnen und Lehrern verwendet.

RUGMARK

Merke

Die indische Bevölkerung wächst jährlich um 17 Mio. Menschen. Kinderreich sind insbesondere arme Familien. Durch Kinderarbeit wird häufig der Lebensunterhalt dieser Familien gesichert.

Ein Milliardenvolk muss ernährt werden

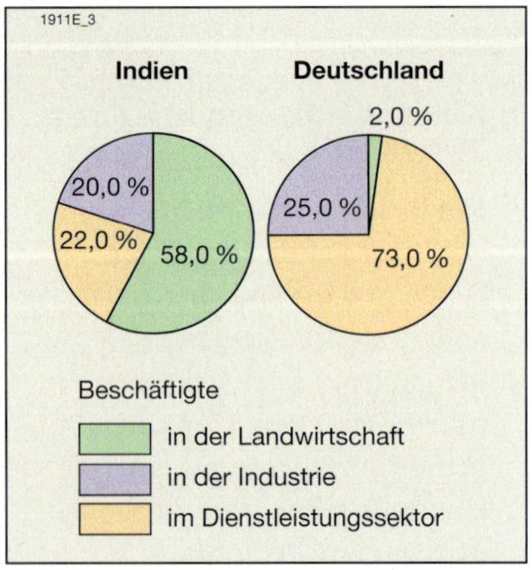

M1 *Beschäftigungsstruktur 2006*

Indien ist auch heute noch ein Land der Dörfer. Während in Deutschland die meisten Menschen in Städten wohnen ist es in Indien umgekehrt. 60 Prozent aller Beschäftigten arbeiten in der Landwirtschaft.
Die ständig wachsende Bevölkerung stellt Indien vor große Probleme, vor allem hinsichtlich der Ernährungssicherung. Auch wenn die Erntezahlen von Weizen und Reis im weltweiten Vergleich überdurchschnittlich gestiegen sind, sind Hunger und Unterernährung noch weit verbreitet. So leben neun von zehn Landarbeiterfamilien unterhalb der Armutsgrenze.

Weitere Gründe für die nicht ausreichende Versorgung der Bevölkerung mit Nahrungsmitteln:

- große Anzahl kleiner Betriebe zur Eigenversorgung der Großfamilie, es verbleiben kaum Überschüsse an Nahrungsgütern, die auf dem Markt zum Verkauf angeboten werden können,
- verstärkter Anbau von Exportkulturen (Weizen, Reis, Tee, Bananen), Vernachlässigung der Produktion von Hülsenfrüchten, die die Haupteiweißquelle für die Masse der Bevölkerung sind (der Verzehr von tierischem Eiweiß ist auch aus Glaubensgründen bei einigen Hindugruppen nur sehr gering),
- viele Großgrundbesitzer verkaufen ihre Ernten ins Ausland, da auf dem Weltmarkt höhere Preise erzielt werden,
- große Anzahl landloser Arbeiter, die nur zur Erntezeit in Lohn und Brot stehen,
- schwankende Ernteerträge durch den Einfluss des Monsuns und zu geringe Bewässerungsflächen, um Dürreverluste zu verhindern.

1 Die Überschrift wirft eine Frage auf. Welche? Beantworte sie mithilfe des Textes.

2 Vergleiche die Beschäftigungsstruktur von Indien und Deutschland (M1).

Info

Ernährungsgewohnheiten

Die Ernährung in Indien ist überwiegend vegetarisch. Besonders Hindus aus höheren Kasten verzichten auf den Konsum von Fleisch. Rindfleisch ist für Hindus tabu, Schweinefleisch hingegen für die Muslime. Hinzu kommt, dass sich viele Inder kein Fleisch leisten können. Hauptnahrungmittel sind Hülsenfrüchte, Reis und Milchprodukte. Charakteristisch ist auch der Einsatz exotischer Gewürze (z.B. Kurkuma, Kardamom, schwarzer Senf).

M2 *Auf lokalen Märkten versorgen sich 95 Prozent der Inder mit Lebensmitteln*

M3 *Bodennutzung und landwirtschaftliche Entwicklungsgebiete Indiens*

	Indien	USA
Weizen	72,060	58,738
Reis	128,000	10,470
Mais	14,000	299,917
Gerste	1,370	6,091
Hirse (mit Sorghum)	16,930	11,897

M5 *Getreideproduktion Indien – USA 2004 (in Mio. t)*

3 Werte M3 aus.

4 Warum werden große Mengen Nahrungsmittel exportiert, obwohl noch Millionen von Menschen in Indien hungern (M4)?

Heute müsste in Indien niemand mehr hungern

Reporter: Welche Rolle spielt der Reis für Indien?

• Reis spielt als Nahrungsmittel seit 5000 Jahren die wichtigste Rolle. Aber auch Weizen und Hirse gewinnen an Bedeutung. So wird Reis auf 42 Mio. ha – die landwirtschaftliche Nutzfläche in Indien beträgt 140 Mio. ha – angebaut, aber Weizen immerhin auf 25 und Hirse auf 22 Mio. ha. Indien ist also kein reines Reisland.

Reporter: Noch haben nicht alle Inder genügend zu essen. Wie kommt es trotzdem zu den Reisexporten?

• Heute müsste in Indien niemand mehr hungern. Dort, wo dies der Fall ist, liegt es an der fehlenden Kaufkraft der Menschen, die keine Arbeit haben. Immerhin leben in Indien 40 % der Menschen unterhalb der Armutsgrenze. Viele von ihnen erhalten vom Staat verbilligte Nahrungsmittel-Tagesrationen. Weil wir höhere Reiserträge erzielen, entstehen Überschüsse, die im eigenen Land nicht abgesetzt werden können.

Reporter: Wie hat sich der Reisanbau in den letzten Jahrzehnten verändert?

• Reis wird vor allem in Ost- und Südindien angebaut. Im Reisanbau ist die Entwicklung hin zu den ertragreichen Pflanzen allmählich vor sich gegangen. So ist in den letzten 20 Jahren der Gesamtertrag auf der um etwa 5 % gewachsenen Reisanbaufläche um mindestens die Hälfte gestiegen.

M4 *Interview mit einem Landwirtschaftsexperten*

Merke
Um die Ernährung der eigenen Bevölkerung zu verbessern, hat die indische Regierung eine Vielzahl von Maßnahmen ergriffen.

M1 *Straßenkinder in Indien*

Hoffnung auf ein besseres Leben

Etwa zwei Drittel der indischen Bevölkerung wohnen auf dem Land. Täglich verlassen jedoch Tausende ihre Dörfer und wandern in die Großstädte ab. Sie hoffen hier auf Arbeitsplätze, günstigere Ausbildungschancen für ihre Kinder, bessere medizinische Versorgung und ein umfangreiches Warenangebot. Beeinflusst durch die Medien träumen viele der Zuwanderer von einem glücklicheren Leben.

Die Einwohnerzahl der Millionenstädte, wie Delhi, Hyderabad, Bangalore, ist in den letzten zehn Jahren, um die Hälfte gewachsen. Die Einwohnerzahl Mumbais wuchs um drei Millionen. Die Zunahme der Stadtdbevölkerung gegenüber der Landbevölkerung wird als **Verstädterung** bezeichnet.

In den Städten sind Vielfalt und Gegensätze sichtbar: Wolkenkratzer, moderne Geschäftsviertel, mehrspurige Straßen, aber auch einfachste Hütten aus Strohmatten und zahlreiche Bettler am Straßenrand.

Licht ← Mumbai → Schatten

Licht

Mumbai ist die größte Stadt Indiens. Sie gilt als die europäischste der indischen Städte und wurde in den letzten zehn Jahren zum beherrschenden Wirtschaftszentrum und breitet sich immer mehr aus. 15 Prozent aller indischen Industrieanlagen und 45 Prozent aller Textilfirmen stehen in Mumbai. 50 Prozent des gesamten Außenhandels gehen über Mumbai und ein Drittel aller Steuereinnahmen bezieht der Staat von hier. Die erste indische Erdölraffinerie und der erste Atomreaktor wurden hier gebaut. Mumbai ist das Zentrum des Gold- und Schmuckhandels und nahezu die gesamte indische Motorrad- und Autoproduktion liegt in der weiteren Umgebung der Stadt. Ein Viertel aller in Indien registrierten Kraftfahrzeuge hat eine Mumbai-Nummer.

Schatten

Mindestens 60000 Wohnungen fehlen in Mumbai. Schätzungsweise 30 bis 60 Prozent der Bevölkerung leben in Slums. Diese liegen an Bahndämmen, in den Überschwemmungsgebieten der Flüsse oder bei Müllhalden. Wenn ein Wasserhahn vorhanden ist, muss er für bis zu 100 Familien reichen. Meist wird das Wasser jedoch in Tankwagen herangefahren und teuer verkauft. Das Abwasser läuft in Gräben, als Toiletten dienen der Straßenrand oder abgelegene Plätze. Schlechter geht es nur noch den 400 000 Bewohnern Mumbais, die am Straßenrand schlafen, nur durch ein Stück Pappe geschützt. In den **Elendssiedlungen** gibt es 100 000 Tuberkulosetote im Jahr und tausende Leprafälle, jedes vierte Kind stirbt im ersten Lebensjahr.

Arbeit mit kartographischen Skizzen

Anforderungen an eine kartographische Skizze:

- Die Skizze hat eine Überschrift, die das Thema der Karte benennt.
- Das dargestellte Gebiet ist mit wenigen und klaren Linien umrissen sein.
- Die wenigen und wesentlichen Inhalte der Kartenskizze sind gegenüber einer Atlaskarte stark generalisiert und reduziert.
- Eine Kartenskizze ermöglicht eine räumliche Orientierung, d. h. es sind nur die nötigsten topographischen Begriffe (z. B. Meere, Flüsse, Länderumrisse, Städte) zur Lagebestimmung des Kartenausschnittes eingetragen.
- Eine Kartenskizze hat eine Legende, welche die Farben, Schraffuren und verwendeten Symbole erklärt.
- Topographische Begriffe werden in der Karte mit Buchstaben und Ziffern bezeichnet, die in der Legende erklärt werden.
- Flächenhafte Ausdehnungen und Landschaften (Tiefland) sind umkreist, linienhafte Objekte (Gebirgskamm) werden mithilfe eines Striches gekennzeichnet. Der Punkt verdeutlicht die Lage von Städten.

Info

Kartenskizzen

Kartenskizzen sind vereinfachte zweidimensionale Darstellungen von geographischen Räumen. Zur räumlichen Orientierung werden die geographische Lage von Orten, Regionen sowie nur die für die Thematik wichtigen graphischen Elemente in die Kartenskizze eingetragen. Es können topographische, physische und thematische Kartenskizzen unterschieden werden. Mithilfe einer Kartenskizze können Größe und Lage von ausgewählten Objekten zueinander in Beziehung gesetzt werden.

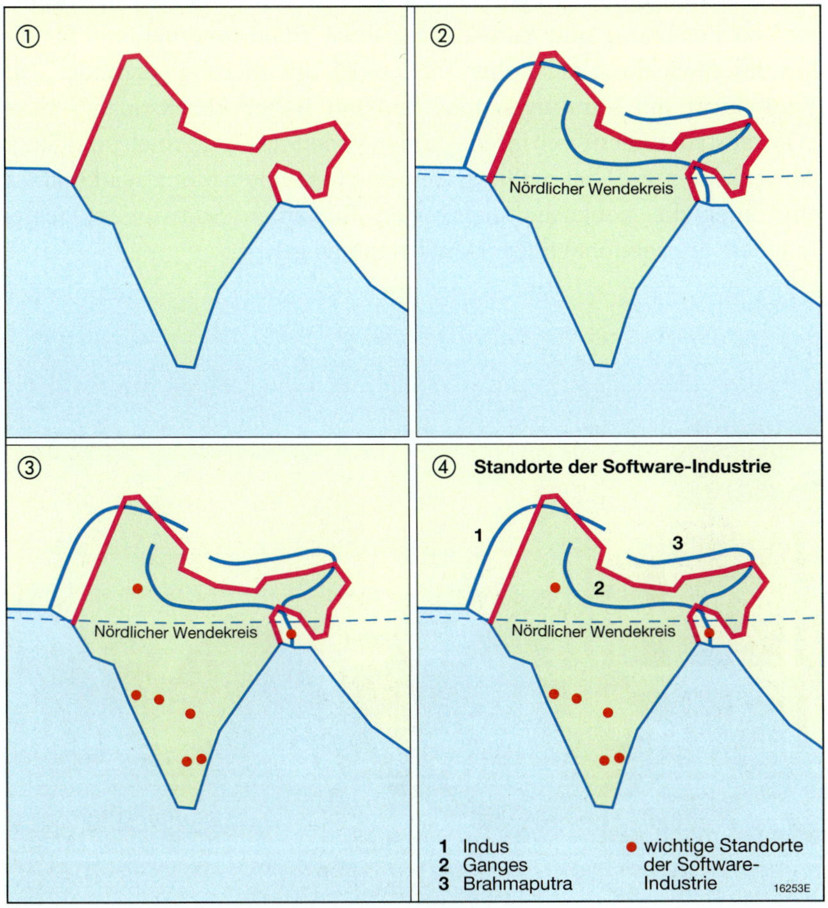

M2 *Phasen der Anfertigung einer Kartenskizze*

1 Überprüfe, inwieweit die oben genannten Anforderungen an eine kartographische Skizze für M2 zutreffen.

2 Fertige eine Kartenskizze zu Oberflächenformen und Gewässer von Indien an. Orientiere dich dabei an den Anforderung an eine Kartenskizze.

Merke

Aus den ländlichen Gebieten strömen ständig Menschen in die Städte. Sie erhoffen sich dort ein besseres Leben. Für die Städte stellt der Bevölkerungszuwachs ein großes Problem dar.

Grundbegriffe

- Verstädterung
- Elendssiedlung

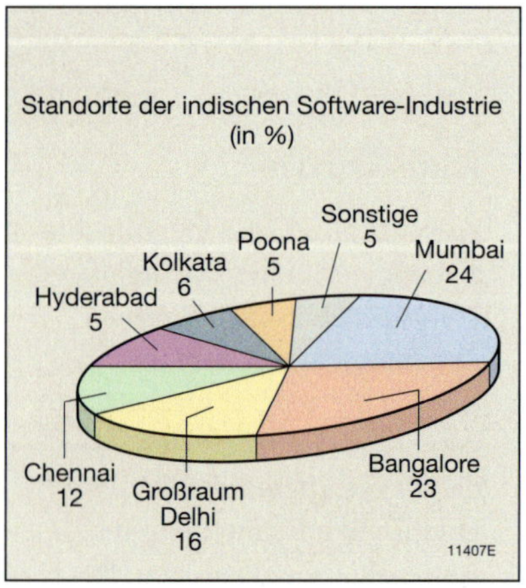

M1 *Standorte der indischen Software-Industrie (in Prozent)*

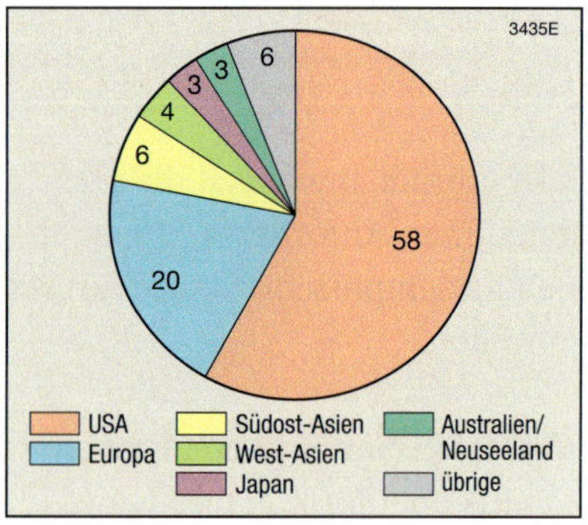

M2 *Abnehmerländer indischer Software (in Prozent)*

1 Fertige eine kartographische Skizze von Indien an und trage die Standorte der indischen Software-Industrie ein.

2 Nenne Standortfaktoren, die den Aufstieg Bangalores zum Zentrum der Computerindustrie förderten.

3 Welche Gründe nennen die Softwarespezialisten für den Boom der Computerindustrie gerade in Indien?

Softwareschmiede Bangalore

In Bürohochhäusern aus Glas und Chrom werden Softwareprogramme für die ganze Welt programmiert, während unten auf löchrigen Straßen Ochsenkarren träge das Gemüse zum Markt oder die Ziegel zur Baustelle fahren. Immer deutlicher zeigt sich der Unterschied zwischen den zwei Gesichtern Indiens. Das eine steht für jahrhundertealte Traditionen, das andere für atemberaubende Modernität.

Keine Branche in Indien ist so sehr im Aufschwung wie die Software-Industrie. 52 Prozent Wachstum und mehr als 800 Mio. US-$ Gewinn verzeichnete sie 1994. Bereits 1997 wurde die erste Milliarde Dollar Gewinn erreicht. Zehn Jahre zuvor hatte die Branche noch einen Umsatz von gerade 10 Mio. US-$, jetzt wird Indien bereits als künftige „Softwaresupermacht“ gehandelt. Weit über 200 000 Programmierer arbeiten bereits in der indischen Softwareindustrie, täglich werden Firmen gegründet, „Chipmultis“ investieren Milliardensummen auf dem Subkontinent.

Bangalore, die Hauptstadt des Bundesstaates Karnataka, hat sich zum Zentrum der Computer- und Luftfahrtindustrie Südasiens entwickelt. Der Grundstein dafür wurde bereits in der Kolonialzeit und kurz nach der Unabhängigkeit gelegt. Damals wurden Einrichtungen der militärischen Forschung und Entwicklung sowie Staatsunternehmen für die Landesentwicklung mit hoher Technologieorientierung gegründet. Die Stadt lockt mit attraktiven Jobs und mit hoher Lebensqualität: Die „Gartenstadt Indiens“ mit ihren schönen Parks und Gärten bietet vielfältige Abwechslung und Unterhaltung. Gemessen an seinem Monatseinkommen sind hier die Lebenshaltungskosten für einen Softwareentwickler in einem international tätigen Unternehmen gering.

M3 *Infosys-City in Bangalore*

Frage: Wenn man mit indischen Studentinnen und Studenten spricht, hat man den Eindruck, alle wollen in die Softwareindustrie?
Devjyoti Paul (27): Das ist kein Wunder. Die Bezahlung in dieser Branche ist einfach viel besser. Ich bekomme viermal so viel wie in anderen Industriezweigen.
Krishnan Chauri (31): Der Wahnsinn ist, dass wir in kurzer Zeit mehr Geld verdienen als unsere Eltern ihr Leben lang. Mein Vater ist entsetzt, dass ich noch in Jeans und T-Shirt zur Arbeit gehe. Er meint, das sei ein Zeichen, dass ich meinen Job nicht respektiere.
Frage: Also existiert ein tiefer Riss zwischen der Generation der Eltern, die noch sehr in indischen Traditionen verhaftet ist, und den westlich geprägten jungen Leuten?
Sapna Nair (25): Wenn wir zu Hause in unseren Familien sind, fällt der Unterschied gar nicht so sehr ins Gewicht. Wir kleiden uns oft indisch, essen indisch, verrichten unser Gebet. Das Arbeitsleben ist aber völlig anders als das unserer Eltern.
Frage: Lassen sich internationale Unternehmen in Bangalore nieder, weil die Gehälter niedriger sind?
Nair: Natürlich, sie müssen für die gleiche Leistung weniger bezahlen.
Paul: Es gibt aber noch einen anderen Grund, warum die Branche hier so boomt: Nur Indien mit seinem Potenzial an Arbeitskräften kann mit der weltweit steigenden Nachfrage nach Software-Ingenieuren halbwegs Schritt halten.
Frage: Warum haben gerade Inder ein so herausragendes Talent zum Schreiben von Software?
Paul: Das hat mit unserer hinduistischen Tradition zu tun. Indische Gelehrte kannten bereits vor 3000 Jahren das ganze Sonnensystem. Mathematik war schon früh sehr weit entwickelt, sie kannte Differentialgleichungen, rechnete mit der Zahl Null. Wer den Hinduismus verstehen will, muss systematisch denken können. Und genauso ist es beim Programmieren. Wir haben das gleichsam im Blut.
Frage: Miss Nair, suchen Ihre Eltern für Sie den Mann aus, wie das schon immer Brauch ist?
Nair: Ja, alles ist programmiert: Du machst den Hochschulabschluss, arbeitest ein paar Jahre, dann heiratest du und fängst an Geld zu sparen. Mein Vater wird nicht eher ruhen, bis er mich mit einem aus unserer Kaste verbandelt hat. Passendes Horoskop, ähnliche Ausbildung und ähnliches Einkommen. Mit so einem wird er mich verheiraten. Das Letzte, worüber sich meine Familie Sorgen macht, ist, ob ich mich mit dieser Person gern unterhalten würde. Sie stellen sich das so vor: Wenn einer die richtigen Qualifikationsmerkmale hat, dann müssen wir einfach gut miteinander auskommen.
Frage: Und was meinen Sie?
Nair: Vielleicht haben meine Eltern ja Recht und ich muss am Ende einen Kompromiss schließen.
Chauri: Und wenn du einfach jemanden deiner Wahl mitbringst und deine Familie übergehst?
Nair: Oh Mann! Dann wäre bei uns zu Hause die Hölle los. (aus: BMW-Magazin 2/1998, S. 98–101)

M4 *„Programmieren liegt uns im Blut" Interview mit drei Softwarespezialisten aus Bangalore*

M5 *Indische Softwarespezialisten*

Berufsgruppe	Nettomonatsverdienst*
Softwareentwickler	35 000
Ingenieur	30 000
Arzt	25 000
Hochschullehrer	20 000
Lehrer	13 000
Mechaniker	8 000
Krankenschwester	7 000
Koch	5 000
Reinigungspersonal	3 000
Bedarfsgruppe	**Durchschnittspreis**
1 kg Reis	16
1 kg Rindfleisch	80
1 Fl. Mineralwasser	13
1 Essen im Restaurant	30
Buskilometer	1
Taxikilometer	10
Friseurbesuch	50
Mietwohnung (25 m²)	7 000

* in Rupien. Große Unternehmen bieten ihren Angestellten zum Gehalt kostenlose Unterkunft und Verpflegung.

M6 *Durchschnittliche Nettoverdienste für Angestellte und Lebenshaltungskosten in Bangalore*

4 Beschreibe die „zwei Welten" einer indischen Software-Spezialistin (M4).

5 Vergleiche die finanziellen Lebensbedingungen von Softwareentwicklern mit denen anderer Berufsgruppen (M6).

Merke
Während in vielen ländlichen Teilen Indiens die Industrialisierung noch in den Anfängen steckt, haben in zahlreichen Städten Computer- und Biotechnologieunternehmen Weltniveau.

Teste dich selbst!

Asiatische Spezialitäten

Welche Spezialitäten sind auf den Bildern dargestellt? – Gestalte nach dem Vorbild des „Konfuzius – Steckbriefs“ Karteikärtchen zu den anderen sieben „Spezialitäten“. Benutze ein Lexikon oder andere Nachschlagewerke oder das Internet.

Das Wichtigste kurz gefasst:

Ein vielfältiger Raum

Der Kulturerdteil Südasien befindet sich auf dem indischen Subkontinent. Er kann auf eine 5000-jährige Kulturgeschichte zurückblicken. Die hier lebenden Menschen gehören vor allem den Religionen Hinduismus, Islam und Buddhismus an. Das Leben der hinduistischen Bevölkerung wird durch das Kastenwesen geprägt.

Naturraum

Südasien weist große Unterschiede im Relief auf und lässt sich in drei Großregionen gliedern: den Himalaya als das höchste Gebirge der Erde, die Tiefländer der Flüsse Indus, Ganges und Brahmaputra als große Aufschüttungsebenen und das Hochland von Dekkan mit Mittelgebirgscharakter.
Klimatisch wird Südasien durch das Windsystem des Monsuns geprägt. Jahreszeitlich wechselnde Winde bestimmen das Leben und Wirtschaften der Menschen.

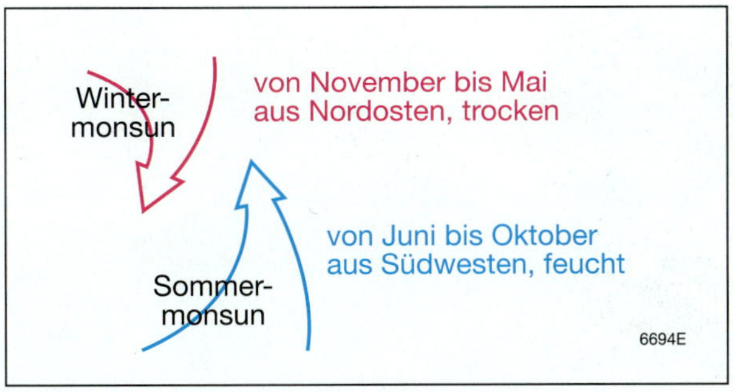

Indien – Land der Gegensätze

Indien ist das größte Land Südasiens und nach China das bevölkerungsreichste der Erde. Seine Bevölkerung wächst weiter an, sodass große Anstrengungen zur Sicherung ihrer Ernährung unternommen werden müssen. Auf der Suche nach Arbeit verlassen immer mehr Menschen ihre Dörfer, das unaufhaltsame Wachstum der Städte ist die Folge. Indiens Industrie kann insbesondere in der Hightech-Branche Erfolge aufweisen.

Grundbegriffe

Aufschüttungsebene
Monsun
Verstädterung
Elendssiedlung

Die Kaaba in Mekka (Saudi-Arabien), dem zentralen Heiligtum des Islam

Im Orient

Info

Orient

Der Begriff stammt aus dem Lateinischen (oriens) und heißt aufgehende Sonne, Osten, Morgenland. Er ist das Kerngebiet des islamischen Kulturraumes. Folgende Begriffe stammen aus dem Arabischen: Algebra, Atlas, Haschisch, Kaffee, Kamel, Kuppel, Kümmel, Monsun, Mumie, Sandale, Sofa, Teppich, Zenit, Ziffer, Zimt.

Im Orient

Die räumliche Abgrenzung des Orients ist nicht einfach, da sich die Zugehörigkeit von Gebieten zum Orient im Laufe der Geschichte geändert hat. Heute verstehen wir darunter einen Raum, der sich über zwei Kontinente erstreckt. Zusammengesetzt aus Nordafrika und Westasien ist er das Bindeglied zwischen Afrika, Asien und Europa. In den Medien wird dieses Gebiet häufig als Naher und Mittlerer Osten bezeichnet.
Die Grenzen des Orients zu den benachbarten Kulturerdteilen sind fließend. Seine Größe beträgt 13,5 Mio. km². Damit ist er größer als Europa. Trotz ihrer Vielgestaltigkeit weisen Nordafrika und Westasien eine Vielzahl gemeinsamer natürlicher und kultureller Merkmale auf, die es erlauben, sie zu einer geographischen Einheit zu verbinden. Heute leben im Orient über 300 Mio. Menschen. Der Islam beeinflusst und prägt das Leben der Menschen in den meisten Ländern des Orients.

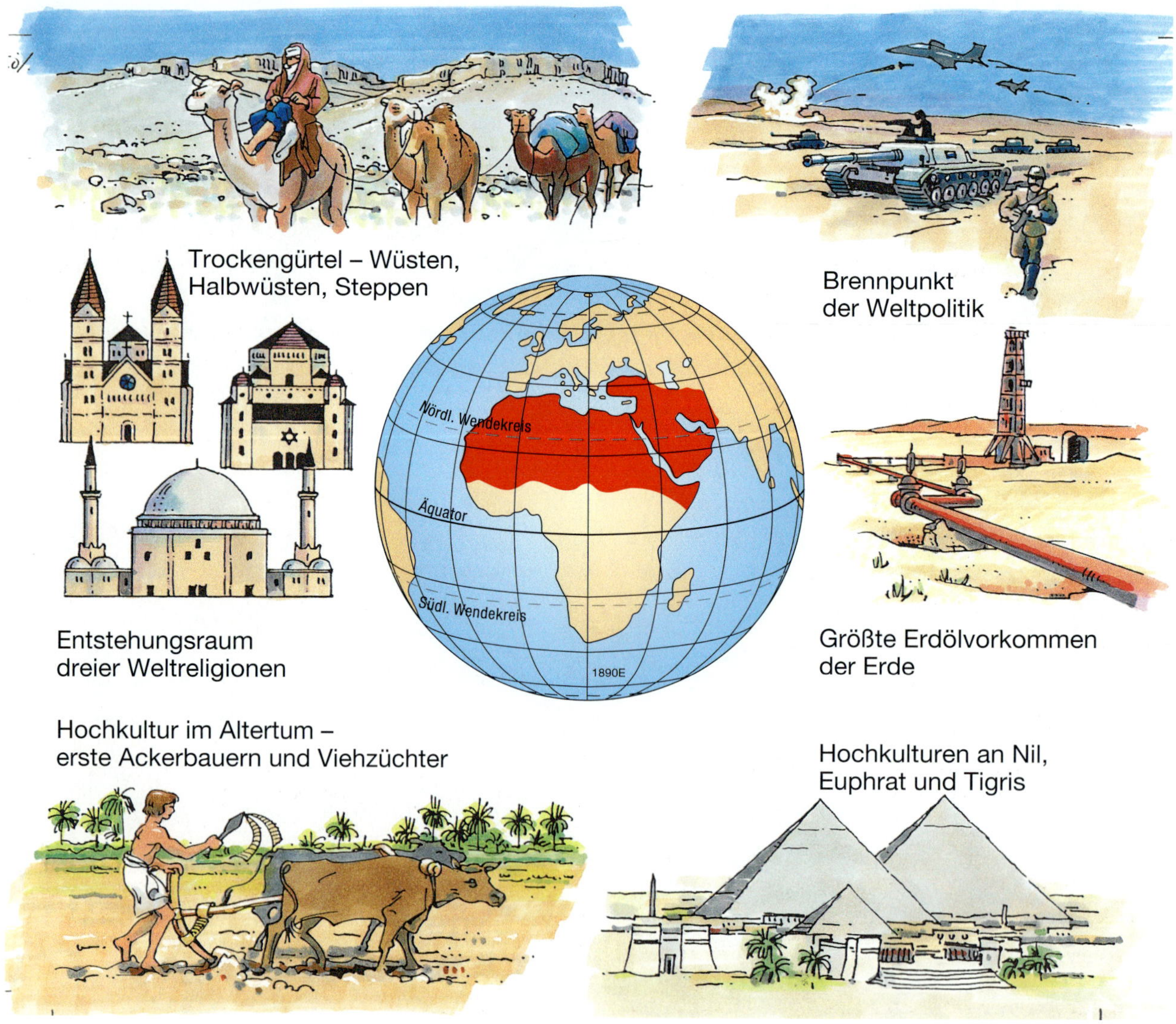

M1 *Merkmale des Orients*

M2 *Imam Hussein Moschee in der irakischen Stadt Kerbela; die südlich von Bagdad gelegene Stadt ist einer der wichtigsten Wallfahrtsorte*

M3 *Muslimische Mädchen in einer Koranschule*

„Salam 'aleikum" – Friede sei mit euch!

So begrüßt uns Ali, ein Junge aus Marokko. Er lebt gemeinsam mit seinen Eltern und fünf Geschwistern auf dem Land. Sein Vater ist nur selten zu Hause, da er Handel auf dem Basar der Stadt Marrakech treibt. Deshalb ist Ali für die Familie verantwortlich, vor allem aber für seine zwei Schwestern. Fatima und Hatifa gehen so wie er zur Schule. Das war früher für Mädchen nicht üblich. Sie sind bereits an Jungen aus dem Dorf versprochen und werden früh heiraten. Wenn sie das Haus verlassen, müssen sie sich wie ihre Mutter mit einem Tuch verschleiern. Wollen sie verreisen, dürfen sie dies nur in Begleitung eines nahen Verwandten tun.

Eine weite Reise unternahm erst kürzlich Alis Großvater. Viele Jahre hatte er mit seinen drei Frauen gespart, um eine Pilgerfahrt nach Mekka antreten zu können. Mit dem Ehrentitel Hadschi kehrte er in die Heimat zurück. An einem Freitag, dem islamischen Feiertag, feierte das gesamte Dorf ein großes Fest. Der Muezzin rief vom Minarett der Moschee alle Gläubigen zum Gebet.

Info

Die fünf Säulen des Islams

- Das Glaubensbekenntnis: „Es gibt keinen Gott außer Allah und Mohammed ist sein Prophet."
- Das tägliche Pflichtgebet: Fünfmal am Tag wird das Gebet gesprochen.
- Das vorgeschriebene Almosen: Durch Waren, Getreide oder Bargeld werden Arme, Witwen, Waisen und Bettler unterstützt.
- Das Fasten im Monat Ramadan: Im Fastenmonat darf zwischen Auf- und Untergang der Sonne nicht getrunken, gegessen und geraucht werden.
- Die Wallfahrt nach Mekka: Jeder Muslim soll einmal in seinem Leben die Pilgerfahrt nach Mekka antreten.

1 Beschreibe die Lage des Orients (Arbeitsheft, S. 21)

2 Durch welche Merkmale wird der Orient charakterisiert (M1)?

3 Worin unterscheidet sich das Leben Alis von deinem? Nenne Ursachen dafür.

Merke

Der Kulturerdteil Orient setzt sich aus Nordafrika und Westasien zusammen. Das Leben wird vor allem durch den Islam geprägt. Im Orient es gibt weite Trockenräume und reiche Erdölvorkommen.

M1 *Lage von Marrakech*

Marrakech – eine orientalische Stadt

Marrakech hat wie jede orientalische Stadt zwei Gesichter. Einerseits weist sie die Züge einer modernen westlich-europäischen Stadt auf, andererseits ist sie geprägt durch die ummauerte, orientalisch-islamische Altstadt, ein Weltkulturerbe der UNESCO. Die Altstadt orientalischer Städte wird Medina genannt. Die Merkmale der Medina sind enge und verwinkelte Sackgassen, die Schatten spenden. Die Abgeschlossenheit wahrt die Privatsphäre der Bewohner.

Geistig-religiöser Mittelpunkt und öffentliche Begegnungsstätte der Muslime sind die große Moschee und die ihr angegliedert Koranschule. Das Herz der Medina ist der Suk, oft auch Basar genannt. Dieses Handels- und Handwerkerviertel ist das traditionelle Finanz- und Wirtschaftszentrum orientalischer Städte.

1 Beschreibe die Lage von Marrakech (M1, Atlas)

2 Stelle in einer Tabelle die Merkmale der orientalischen Alt- und Neustadt gegenüber.

Die moderne Neustadt

Im 19. Jahrhundert begann sich Marrakech zu wandeln. Um die Medina herum entstand ein moderner, weitläufiger Stadtteil mit geometrischem Grundriss, geradlinigen und breiten Straßen, repräsentativen Plätzen und mehrstöckigen Wohnblöcken in einem mediterran-europäischen Stil. Hier, jenseits der Stadtmauer, entwickelte sich eine moderne City mit Büro- und Verwaltungsgebäuden, Hotels, Banken und Niederlassungen ausländischer Firmen. Großhandel und Gewerbebetriebe wurden aus der Altstadt an Standorte entlang der Ausfallstraßen und Bahnlinien ausgelagert. Auch die reiche Oberschicht verließ die Medina und zog in komfortable Neubauten oder Villenviertel in Stadtnähe. Die Altstadt hingegen wurde zum Auffangbecken einkommensschwacher Zuwanderer aus ländlichen Regionen. Der Tourismus führt heute zu einer Wiederbelebung der Altstadt.

M2 *Händler im Souk von Marrakech*

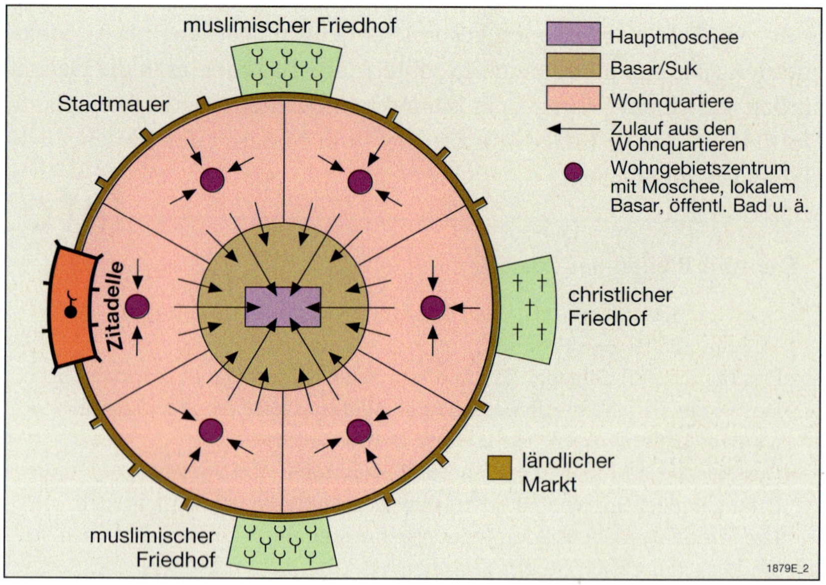

M3 *Modell der orientalischen Altstadt*

Mit Achmed über den Basar

Achmed wohnt in der Medina von Marrakech. Heute begleitet er uns bei einem Bummel über den Basar, der täglich geöffnet ist. Die Gassen und Hallen sind meist überdacht und damit vor der Sonne geschützt. In ihnen herrscht ein reges Treiben.

Achmed erklärt uns, dass jedes Handwerk ein bestimmtes Viertel einnimmt: Hier sind es die Goldschmiede und Textilhändler (M4), dort werden Schuhe, Gürtel und Sitze aus Leder gefertigt. Ein paar Schritte weiter duftet es nach Parfümen oder Gewürzen, dann vernimmt man schon die hämmernde Bearbeitung von Messing.

Das Hergestellte wird auch gleich zum Kauf angeboten. Wichtig dabei ist die Kunst des Handelns! Wer sofort den erstgenannten Preis bezahlt, wird als Dummkopf angesehen und als einer, der dem Händler die Freude am Verkaufen verdirbt.

Info

Die orientalische Altstadt

Als Medina (arab. Stadt) werden die alten Zentren der orientalischen Städte bezeichnet. In ihrer Mitte liegt die Hauptmoschee, auch Freitagsmoschee genannt. Um sie herum dehnt sich der orientalische Markt (Basar oder Suk) aus (M4). Er ist der wohl wichtigste Bestandteil der Medina. An seinem Rand befinden sich Karawansereien, die für den Handel von Bedeutung sind. Bis zur Stadtmauer schließen sich Wohnquartiere an, in denen verschiedene religiöse Gruppen streng voneinander getrennt leben. Zum Schutz der Privatsphäre sind die Viertel nach dem Sackgassenprinzip aufgebaut. Die Wohnhäuser sind um einen Innenhof angeordnet und haben dorthin ihre Fenster. Zur Straße zeigen sie dagegen nur Mauern. Fremde haben hier nur nach ausdrücklicher Einladung durch einen Bewohner Zutritt. Als Gast wird man jedoch herzlich willkommen geheißen und liebevoll bewirtet.

3 Beschreibe die Lage Marrakechs (Atlas).

4 Beschreibe den Aufbau der traditionellen orientalischen Stadt (M4).

M4 *Im Viertel der Textilhändler*

Merke

Die Städte im orientalischen Raum weisen gemeinsame Merkmale auf. Ihre traditionellen Altstädte werden Medina genannt. In ihrem Zentrum befinden sich die Hauptmoschee und der Suk. Die Bevölkerungsdichte ist sehr hoch. Außerhalb der Stadtmauer entstanden moderne Stadtviertel.

1 a) Erkläre, warum Passate in der Regel niederschlagsarme Luftmassen sind.
b) Warum kommt es jedoch vor Küstenanstiegen und Gebirgen zu Niederschlägen?

2 Suche die Klimastation Riad (Atlas). Ordne die Begriffe arid oder humid zu.

3 a) Beschreibe die verschiedenen Wüstenarten in der Sahara (M4).
b) Berichte über ihre Entstehung.

Trockenheit – ein Merkmal

Der Orient liegt zum großen Teil in den Subtropen. Fast überall fallen das gesamte Jahr über nur geringe Niederschläge. Das Landschaftsbild des Raums wird geprägt von ausgedehnten Wüsten, Halbwüsten und Steppen. Kaum einer der wenigen Flüsse in dieser Region erreicht das Meer, denn das Wasser verdunstet schon auf dem Weg dorthin. Nur große Ströme wie zum Beispiel Euphrat, Tigris und Nil durchfließen als Fremdlingsflüsse die ausgedehnten Trockengebiete.
Ursache für die große Trockenheit in weiten Teilen des Orients ist der hier regelmäßig wehende Wind, den man als **Passat** bezeichnet. Er weht von Nordosten nach Südwesten (daher: Nordostpassat). Auf seinem Weg in Richtung Äquator wird er ständig wärmer und trockener, da er weite Strecken über Land weht.
Im Winter, wenn die Sonne südlich des Äquators im Zenit steht, verschieben sich die Windgürtel der Erde um einige Breitengrade nach Süden. Dann erreichen die feuchten Westwinde der gemäßigten Breiten den Süden des Mittelmeerraums und die Nordränder der Gebirge.
Weil der Regen meist im Winter fällt, bezeichnet man diesen Bereich als winterfeuchte Subtropen. Zur subtropischen Vegetation gehören vor allem Hartlaubgewächse, die sich der Hitze und Trockenheit angepasst haben (z.B. Zypresse, Agave und Lorbeer).

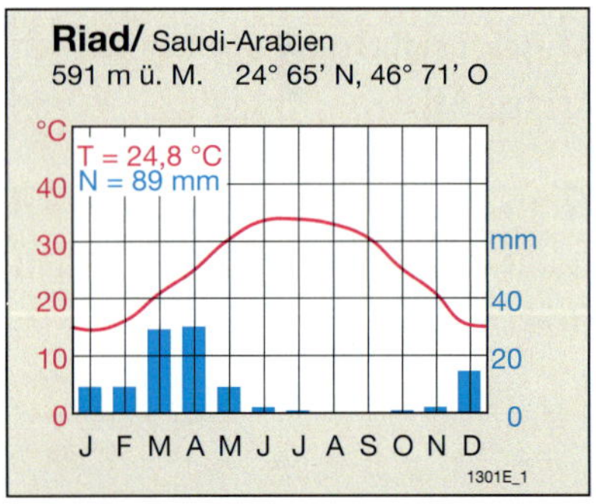

M1 *Klima der Trockengebiete (Beispiel Riad)*

Info

arid – humid

Mit diesen beiden Adjektiven wird der Wasserhaushalt eines Gebietes bezeichnet.
Aride Gebiete sind niederschlagsarm und trocken, sie weisen also Wassermangel auf. Hier verdunstet so viel Wasser, dass der ohnehin geringe Niederschlag völlig aufgebraucht wird. Zum Teil werden aride Gebiete von Fremdlingsflüssen durchflossen. Deren Quellgebiet liegt in **humiden** (feuchten, niederschlagsreichen) Gebieten. Dort herrscht Wasserüberschuss. Es fällt mehr Niederschlag als Wasser verdunstet.

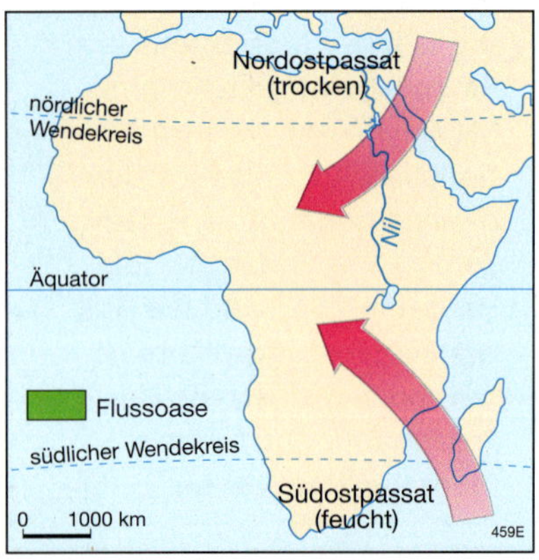

M2 *SO- und NO-Passat*

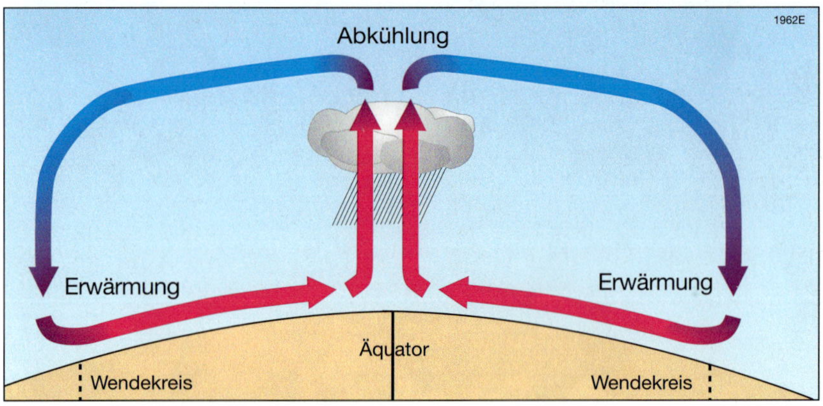

M3 *Kreislauf der Passatwinde*

Die Sahara – größte Wüste der Erde

Die Sahara, die größte **Wüste** der Erde, darf man sich nicht als ein einziges großes Sandmeer vorstellen. Die Sandwüste bedeckt nur etwa 20 Prozent ihrer Oberfläche. Winde lagern den Sand ständig um und wehen ihn zu Dünen auf. Die Flächen der Kieswüsten sind mit scharfkantigem Gesteinsschutt bedeckt. Den feinen Sand hat der Wind ausgeblasen.
Am Tag kann es in der Sahara bis zu 60 °C heiß werden. Nachts dagegen sinken die Temperaturen gelegentlich bis unter den Gefrierpunkt. Diese großen Temperaturunterschiede führen zu Spannungen im Gestein, das an seiner Oberfläche so heiß wird, dass man Spiegeleier darauf braten könnte. Die großen Temperaturunterschiede zwischen Tag und Nacht führen dazu, dass sich das Gestein laufend ausdehnt und wieder zusammenzieht. Auf diese Weise zerbröselt es allmählich. Der feine Verwitterungsstaub wird sofort weggeweht. Hin und wieder brechen Steine aufgrund der angestauten Spannungen auch plötzlich auseinander. Es klingt wie ein Pistolenschuss, wenn ein solcher Stein zerspringt.
Von den Gebirgen am Rand der Wüste führen Täler in die Sahara. Es sind Trockentäler. Sie heißen **Wadis**. Nur nach den seltenen, aber heftigen Regengüssen füllen sie sich mit Wasser. Dann können sie zu einer Gefahr für Reisende werden.
An manchen Stellen tritt in der Wüste salzhaltiges Wasser an die Oberfläche. Diese Salzseen nennt man Schotts.

4 Erfahrene Wüstenreisende übernachten nie in Wadis. Erkläre (Arbeitsheft, S. 22).

Merke
Wüsten haben sich in den großen Trockengürteln der Erde entwickelt. Es werden Sand-, Kies- und Steinwüsten unterschieden.

Grundbegriffe
- Passat
- arid
- humid
- Wüste
- Wadi

Name:	Felswüste	Kieswüste	Sandwüste
Anteil:	etwa 70% aller Wüsten	etwa 10% aller Wüsten	etwa 20% aller Wüsten
Material:	Felsen, Steine	Kies	Sand

M4 *Wüstenarten und ihre Entstehung*

Wasser, der kostbarste Schatz der Wüste

In der Wüste tritt Wasser nur selten an der Erdoberfläche aus. In den Gebirgen liegen in schattigen Schluchten einige Quellen oder Wasserbecken, die von den gelegentlichen Regenfällen gespeist werden. Das meiste Wasser versickert jedoch tief in den sandigen, trockenen Böden und wird dort als Grundwasser gespeichert.

Über den wasserstauenden Schichten im Untergrund kann sich das Wasser sammeln. Es folgt dem Gefälle und kriecht unterirdisch bis in weit entfernte Wüstenbecken hinein. Dort wird es mit Brunnen oder Pumpen gefördert oder tritt als artesischer Brunnen unter Druck an die Erdoberfläche.

Außerdem gibt es in 1000 bis 4 000 m Tiefe große Wasservorräte. Dieses Wasser ist etwa 20 000 Jahre alt und stammt aus einer Zeit, in der in der heutigen Sahara mehr Niederschläge fielen. Auch dieses Wasser wird in einigen **Oasen** zur Bewässerung der Gärten genutzt.

M1 *Art der Wasserversorgung einer Oase*

Der „Man-made-river", ein achtes Weltwunder?

Aus 4000 m Tiefe holen die Libyer Wasser aus der Wüste. In Betonröhren von vier Metern Durchmesser fließen täglich 6 Mio. m^3 Wasser in die Küstenregion. Mit diesem Wasser werden dort neue landwirtschaftliche Flächen bewässert sowie Industrieanlagen und Haushalte versorgt. Allein mit dem in den Betonröhren verbauten Stahl könnte man die Erde 250-mal „umwickeln".

Der „vom Menschen gebaute Fluss" kostete etwa 25 Mrd. US-Dollar, die nur ein reiches nordafrikanisches Land aufbringen kann, das über Einnahmen aus dem Export von Erdöl verfügt.

Nicht alle teilen jedoch die Begeisterung für dieses Projekt. Niemand weiß genau, wie lange die Grundwasserreserven reichen werden und ob sich die Investitionen gelohnt haben.

M2 *Röhren für den „künstlichen Fluss"*

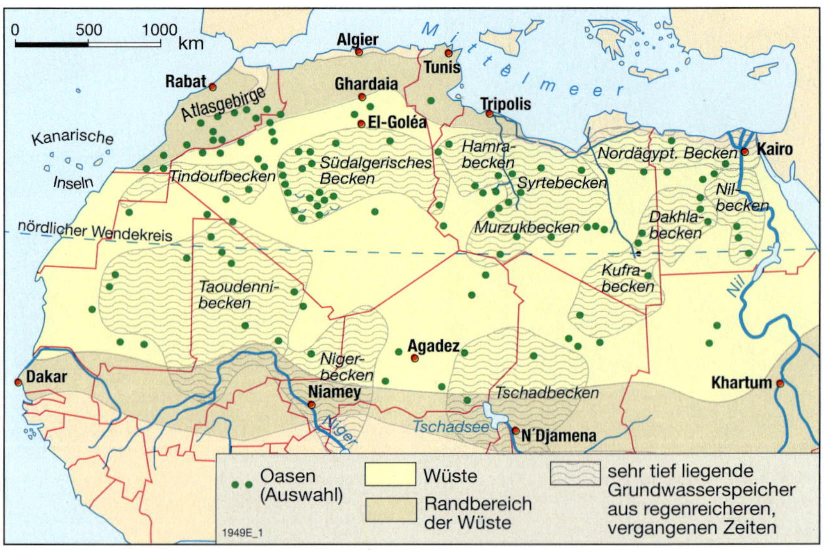

M3 *Oasen und Grundwasserspeicher in der Sahara*

1 Erkläre, warum es im Untergrund der Sahara Wasser gibt.

2 Nenne die Erwartungen und die Gefahren, die mit dem Bau des „Man-made-River" verbunden sind.

3 Nenne weitere Gebiete und Staaten, in denen man das Tiefenwasser der Sahara erschließen könnte (M3, Atlas).

4 Beschreibe und begründe die Verbreitung von Oasen in der Sahara (M3, Atlas).

Oasen – Inseln im Meer der Wüste

Wir starten früh am Morgen in Ghardaia. Unser Ziel ist die Oase El Goléa, 300 km weiter südlich. Endlich taucht als grüne Insel im Sandmeer die Oase auf. „Nur wo Wasser ist, da ist auch Leben", erklärt unser Reiseführer. Mitten in der Wüste werden Obst, Gemüse und Getreide angebaut. Die wichtigste Oasenpflanze ist die Dattelpalme. Es gibt verschiedene Sorten. Die Oasenbauern bevorzugen die mehligeren Dattelsorten. Süß schmeckende Datteln werden tief gefroren oder getrocknet und dann vor allem nach Europa exportiert.

Leben in der Oase

Die Oase ist von zahlreichen Bewässerungsgräben durchzogen. Von Hauptbewässerungskanälen zweigen Nebenkanäle ab, die durch Schieber geöffnet und geschlossen werden können. Ein Wasserwächter regelt und überwacht die Wasserverteilung. Im Schatten der Dattelpalmen wachsen Orangen-, Zitronen- und Pfirsichbäume. Darunter werden Melonen, Gurken und Tomaten angebaut. Durch diesen Stockwerk-Anbau verdunstet weniger Wasser und der Boden trocknet nicht so schnell aus. Weil die Bewässerungsfläche kostbar ist, stehen die Häuser am Rand der Oase auf einer Anhöhe. Sie sind eng aneinander gebaut und besitzen wenige Fenster. Diese Bauweise schützt gegen die sengende Sonne.

Info

Oasen - Oasenarten

Oasen sind in Trockenzonen gelegene Inseln reicheren Pflanzenwuchses. Sie befinden sich an Quellen, Flüssen oder Stellen mit nahem Grundwasser. Vielfach sind Oasen dicht besiedelt und Stützpunkte des Karawanenverkehrs. Sie werden zumeist durch Bewässerung vergrößert und intensiv bewirtschaftet. Nach ihrer Entstehung werden verschiedene Oasenarten unterschieden. Grundwasseroasen sind über die gesamte Wüste Sahara verstreut, entlang des Nils erstreckt sich die größte Flussoase der Erde.

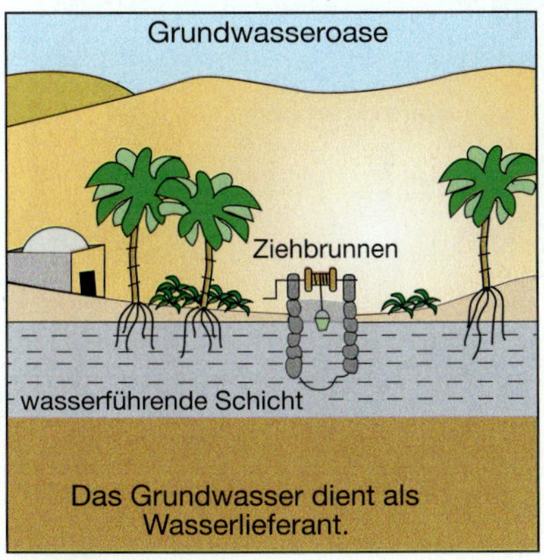

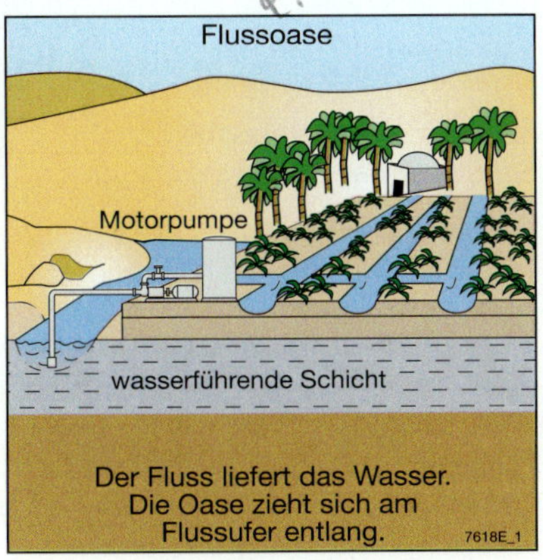

M4 *Oasenarten*

5 Berichte über die Nutzung der Oasen.

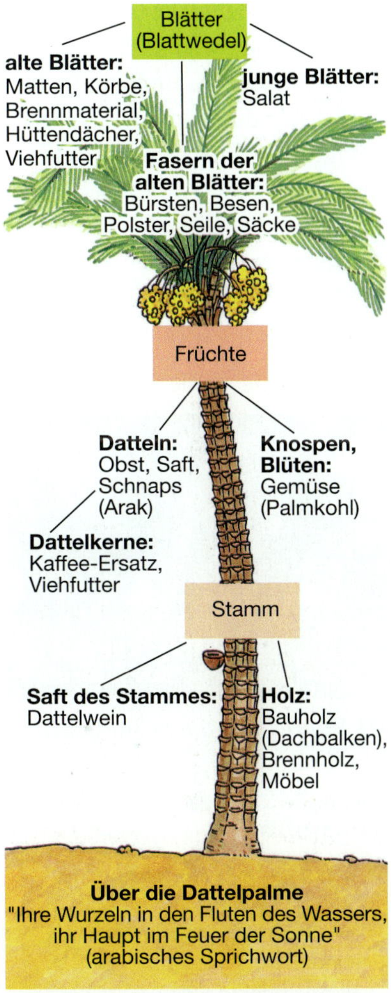

M5 *Nutzung der Dattelpalme*

Merke
In Oasen konnten sich aufgrund vorkommenden Wassers Pflanzen entwickeln. Sie werden häufig wirtschaftlich genutzt.

Grundbegriff
- Oase

Leben und Wirtschaften in Trockengebieten

Nomaden – Wanderhirten in der Wüste

In den südlichen Gebieten der Sahara können Menschen auch außerhalb von Oasen leben. Da hier etwas mehr Niederschläge fallen, wachsen Gräser und einzelne Sträucher. Dies ermöglicht eine Nutzung für die Viehzucht. Die Ziegen-, Schaf- und Rinderherden weiden das nach der kurzen Regenzeit hervorsprießende Grün rasch ab, sodass die Menschen gezwungen sind, ihre Weideplätze ständig zu wechseln. Mit ihren Familien und ihrem gesamten Besitz folgen sie traditionellen Wanderwegen mit festen Stationen. Zumeist leben sie in Zelten. Die Kinder lernen von ihren Angehörigen all das, was sie für ein Leben in der Wüste benötigen. Diese Lebens- und Wirtschaftsform wird als Nomadismus bezeichnet, die Wanderhirten heißen **Nomaden** (griech. nemein = weiden).
Die Tiere sind zumeist mager und kaum zur Fleischgewinnung geeignet. Trotzdem sind die Nomaden bemüht, ihre Herden ständig zu erweitern, denn je größer die Herde, desto höher das Ansehen ihres Besitzers.

Tuareg – „Ritter der Wüste“

Keiner kennt die Gesetze der Wüste so gut wie das Nomadenvolk der Tuareg. Sie ziehen mit ihren Herden durch die langen Trockentäler der Sahara, in denen sie Gras für ihre Tiere und Akazienbäume für ausreichend Brennholz finden. Sie wohnen in Lederzelten oder Hütten.
Wie die Araber sind auch die Tuareg Muslime. Ihre Frauen sind „Herrinnen des Zeltes“. Sie versorgen die Familie, wenn ihre Männer oft wochenlang mit Karawanen durch die Wüste ziehen. Aber das Leben der Tuareg verändert sich. Anstelle von Karawanen transportieren immer öfter Lkws Waren durch die Sahara. Die Haltung großer Kamelherden wird überflüssig. So leben heute viele Tuareg in Armut an den Stadträndern. Sie führen Touristen in die Wüste und zeigen Reiterspiele.

1 a) Begründe den Ausspruch „Nomaden wandern, um zu überleben“.
b) In welchen Gebieten der Erde leben Nomadenvölker? Begründe.

2 Sprich über die Bedeutung der Kamele für die Nomaden. Vergleiche mit modernen Transportmitteln.

3 Informiere dich über die Tuareg (Nachschlagewerke, Internet).

M1 *Tuareg bei einem Reiterfest*

Kamele – die Erfüllung der Nomaden

„Was bedeuten dir hundert Ziegen?“ – Zufriedenheit.
„Was bedeuten dir hundert Schafe?“ – Reichtum.
„Was bedeuten dir hundert Kamele?“ – Erfüllung!
So die Antworten eines Nomaden auf die an ihn gestellten Fragen. Kamele stehen für Schönheit, Zuneigung, Bewunderung, Verehrung. In Gedichten werden Freund, Vater und Ernährer mit „al gamal“ – Kamel – umschrieben. Unter den Tieren der Wüste sind sie die bedeutendsten Nutztiere. Die männlichen Kamele dienen dem Transport, die weiblichen geben Milch. Kamele sind an das Leben in der Wüste angepasst. Sie können bis zu 17 Tage ohne Wasser auskommen.

M2 *…und ich bin ein Kamel!*

Die Salzkarawane der Tuareg

Die Tuareg des Aïr-Gebirges ziehen zu Beginn des Winters mit ihrer Karawane nach Bilma, um Salz in den Salzminen zu erwerben. Die typische Karawane besteht aus 10 Männern und ungefähr 100 Kamelen. Die Kamele müssen ein Gewicht von 120 – 140 kg tragen. Auf der Hinreise sind Hirse, Wasservorräte, Datteln, Baumwollstoff zum Tausch gegen Salz und Kameldung als Brennmaterial zum Kochen das Gepäck. In Bilma laden die Tuareg Salz in Form von gepressten Riegeln, die ein Gewicht von ca. 15 kg haben und in Palmblätter verpackt sind, auf die Kamele. Jedes Kamel kann mit vier bis sechs Salzriegeln beladen werden.
Die Karawane ist täglich ohne Pause von 6 Uhr morgens bis 23 Uhr abends unterwegs und legt eine Strecke von 40 km zurück. Die Männer essen im Gehen. Tagsüber muss die Karawane mit großer Hitze und ständig auftretenden Sandstürmen kämpfen.
Der Führer der Karawane bestimmt die Richtung am Tag nach seinem Schatten und am Abend nach dem Sternenhimmel. Beim Auftauchen des Sternbildes Orion weiß er, dass es Zeit ist zum Anhalten. Er gibt keine Befehle, sondern wirkt durch seine Handlungen als Vorbild. Er geht immer zu Fuß und beteiligt sich nie an den Gesprächen oder Scherzen der Männer. Er weiß: „Die Wüste versteht keinen Spaß."

Moderne Transportmittel in der Wüste heute: Geländewagen mit vielfältiger Sonderausstattung

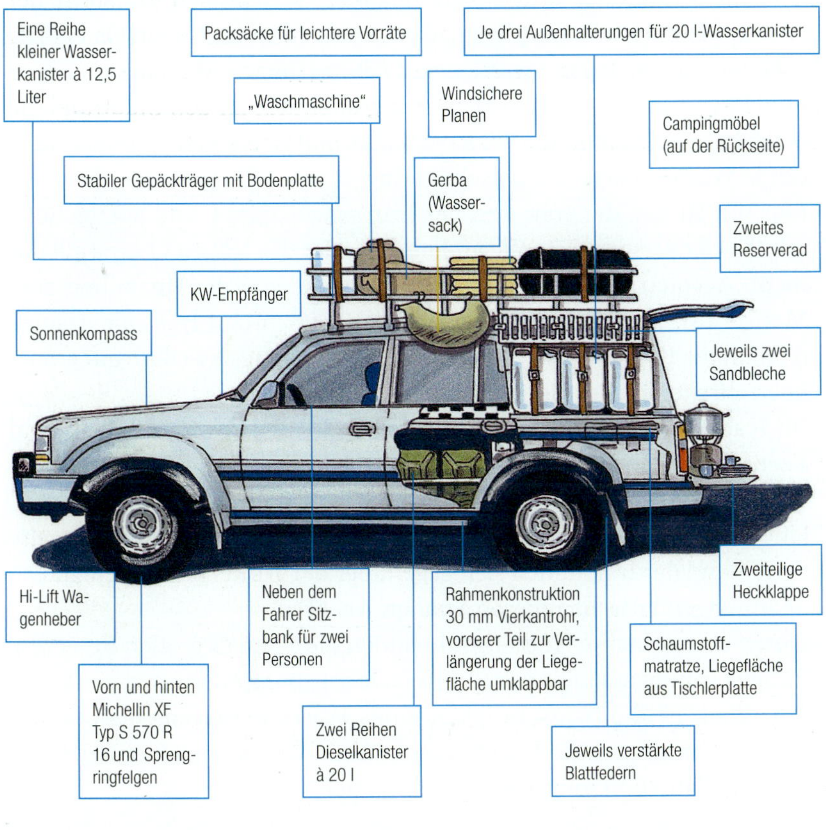

Info

Kamel

- Tageslaufleistung: ca. 40 km
- Zahl der Kamelführer pro 10 Kamele: 2 – 3
- Last pro Tier: ca. 200 kg
- „Verbrauch" pro Tag: ca. 10 l Wasser

Lkw

- Tagesleistung: Piste: 150 km Straße: 500 km
- Zahl der Fahrer pro Lkw: 1
- Last pro Lkw: zwischen 5 und 20 Tonnen
- Verbrauch pro 100 km: 20 l Diesel

M3 *Das Display eines GPS-Gerätes, das die geographische Lage eines Standortes mit sehr hoher Genauigkeit bestimmt.*

Merke
Die Nomaden sind Wanderhirten. Sie leben außerhalb der Oasen und ziehen mit ihren Herden entlang alter Weidewege. Heute leben immer weniger Tuareg auf traditionelle Weise.

Grundbegriff
- Nomaden

	Länder an Euphrat und Tigris	Nilländer
1980	96	70
1990	132	88
2000	173	114
2010	176	139
2020	281	176

M1 *Bevölkerungsentwicklung in Flussregionen in Mio.*

M3 *Geschützter Brunnen in Qalya, Israel*

1 Beschreibe den Verlauf der Flüsse Nil, Jordan, Euphrat und Tigris. Achte dabei auf Reliefmerkmale, Lage in Klimazonen und Staaten.

Die Wasserkrise verschärft sich

Aman iman – Wasser ist Leben, kein Leben ohne Wasser! Und in der Tat: Nicht nur Erdöl oder Erdgas sind heute die kostbarsten Rohstoffe der Erde, sondern auch Wasser. Dies zeigt sich deutlich im Nahen Osten. Die Probleme um das Wasser werden sich hier zuspitzen. Warum?

- Die Bevölkerungszahl wird weiter zunehmen. Dadurch steigt die Nachfrage. Aufgrund der Niederschlagsarmut ist die sich jährlich erneuernde Wassermenge jedoch sehr gering.
- Nur die Türkei, der Irak und der Iran sowie Syrien sind ausreichend mit Wasser versorgt. Für alle anderen Länder des Nahen Ostens gilt das nicht. Ägypten befindet sich an der Schwelle von der Knappheit zum Mangel (M2). Allerdings fallen Ägypten, Syrien und Irak nur deshalb nicht in die Kategorie der Länder mit Wassermangel, weil sie auf grenzüberschreitende Flussläufe zugreifen können.
- Im Nahen Osten, wie überall auf der Erde, überschreiten Fluss- und Seensysteme Staatsgrenzen. Von den jeweils anliegenden Ländern werden besonders intensiv Euphrat, Tigris und der Jordan genutzt. Jedoch gibt es bisher kaum Verträge, die die Wasserentnahme regeln. Syrien und der Irak fühlen sich gegenüber der Türkei benachteiligt. Die Spannungen zwischen diesen Staaten wachsen.
- Durch eine zu starke Nutzung schwinden die ehemals großen Reserven. Einige Grundwasserleiter sind bereits leer gepumpt.

Inzwischen ist die Notwendigkeit eines Wassermanagements erkannt worden. Management bedeutet in erster Linie Verhaltenssteuerung. Dazu gehört die Durchsetzung des internationalen Wasserrechts.

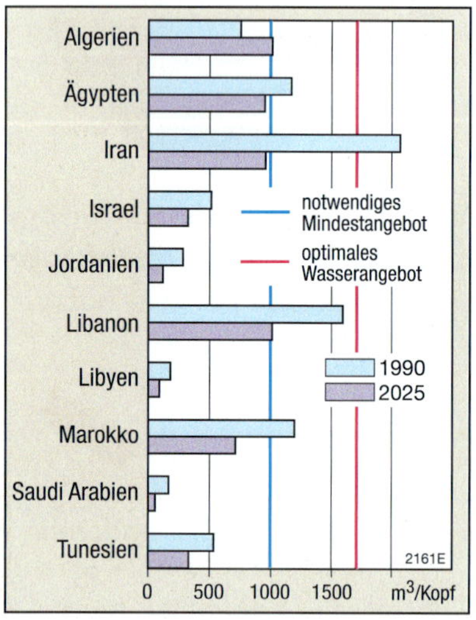

M2 *Veränderung des Wasserangebotes pro Kopf in m^3 in ausgewählten Ländern. Wassermangel liegt vor, wenn weniger als 500 m^3 an erneuerbarem Süßwasser pro Kopf und Jahr zur Verfügung stehen*

M4 *Der Atatürk-Staudamm*

Info

Daten zum Südostanatolien-Projekt

- Staubeginn: Januar 1990
- überstaute Fläche: 817 km^2 Wasser (zum Vergleich: Die Bleiloch-Talsperre an der oberen Saale in Thüringen ist mit 9,2 km^2 der größte Stausee Deutschlands)
- Stromerzeugung: 8,9 Mrd. kWh jährlich
- Gesamte geplante Bewässerungsfläche 1,6 Mio. ha
- Zuleitungskanäle: 283 km Hauptkanäle 420 km Verteilerkanäle

Das Südostanatolien-Projekt

Im Bereich der Flüsse Euphrat und Tigris soll der Bibel nach der Garten Eden gewesen sein. Heute liegt am oberen Euphrat die Armutsregion der Türkei, Südostanatolien.

Nun soll die Region durch das mehrfache Aufstauen des Flusses erneut erblühen. Am Oberlauf des Euphrat sind 21 Staudämme mit 17 Kraftwerken entstanden. Der größte Damm ist der Atatürk-Staudamm mit zwei Kilometern Länge und einer Höhe von 170 m.

Wasserkraftwerke erzeugen Energie, durch Bewässerung entstehen neue landwirtschaftliche Nutzflächen. Dadurch sind zwei bis drei Ernten im Jahr möglich. Zum Bestellen der großen Felder sind jedoch moderne Maschinen erforderlich, die nur die Groß- und Mittelbauern bezahlen können.

Der „gestohlene Fluss"

Die Verwirklichung des Südostanatolien-Projektes ist aber auch ein Beispiel für den Konflikt um das Wasser. Die erhöhte Wasserentnahme führt flussabwärts zu Wassermangel. 1990 zum Beispiel versiegte der Euphrat für einen Monat sogar vollständig. Sein Wasser füllte den Atatürk-Stausee, das Herzstück des Projektes (M5). Ernteeinbußen und Stromausfälle in Syrien und im Irak waren die Folge. Erst nach Protesten und intensiven Verhandlungen wurde den Ländern eine Wassermenge von 500 m^3 pro Sekunde garantiert (vgl. Durchfluss des Rheins bei Koblenz: 2000 m^3/s). Wasserverteilungskämpfe durch weitere Staudämme werden befürchtet.

2 Die Worte „Wasser" und „Leben" im Arabischen unterscheiden sich nur durch einen Laut: aman und iman. Warum?

3 Welche Vor- und Nachteile wird die Umsetzung des Südostanatolien-Projektes bringen?

Merke
Der Nahe Osten gehört zu den Gebieten mit Wassermangel. Die wenigen Flüsse sind die Lebensadern für die anliegenden Länder. Aufgestaute Flüsse sollen neue Landschaften erblühen lassen, gleichzeitig kommt es zu Konflikten um das Wasser.

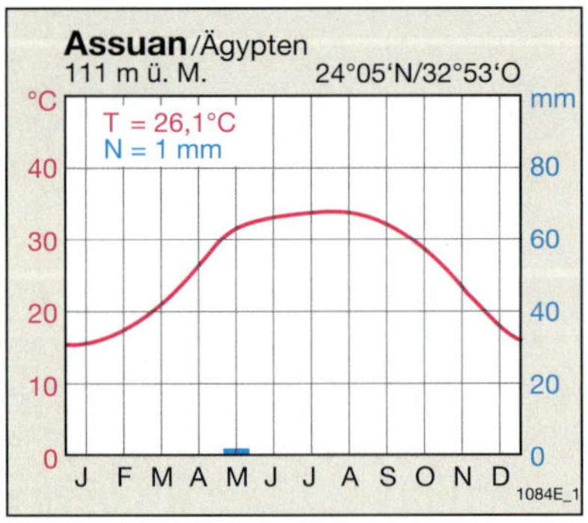

M1 *Klimadiagramm von Assuan*

1 Bechreibe die Lage Ägyptens (Arbeitsheft, S. 23).

2 Warum bezeichnen die Ägypter ihr Land als „Geschenk des Nil“

3 Beschreibe das Klima im Niltal am Beispiel von Assuan (M1).

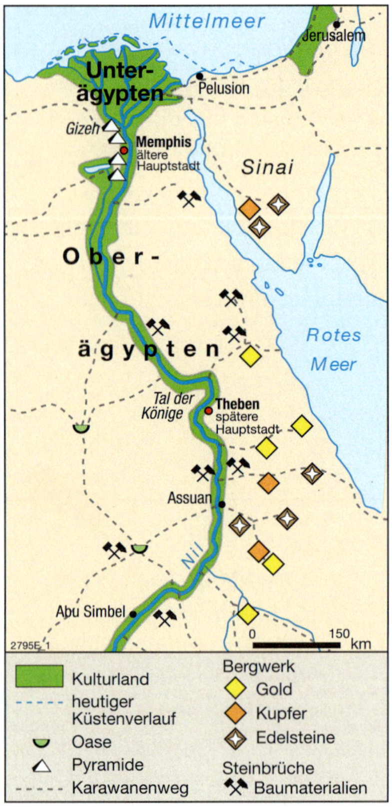

M2 *Kultureller und natürlicher Reichtum Ägyptens*

Die Lebensader Ägyptens – der Nil

Ägypten besteht zu 97 Prozent aus Wüste. Für die Landwirtschaft nutzbar ist neben einigen kleinen Oasen nur die **Flussoase** des Nil. Entlang der Flussoase entwickelte sich bereits vor mehr als 5000 Jahre eine Hochkultur. Hier leben auch 99 Prozent der Bevölkerung Ägyptens. Die Bauern, die Fellachen, nutzen dieses Land intensiv. Bei den hohen Temperaturen und bei guten Bewässerungsmöglichkeiten erreichen sie hohe Hektarerträge.

Wichtig für gute Ernteerträge ist aber vor allem das Nilhochwasser. Jedes Jahr im Sommer stieg der Wasserspiegel um bis zu acht Meter und die Uferbereiche wurden vom schlammigen Nilwasser überschwemmt. Wenn es wieder abgelaufen war, blieben die Äcker mit fruchtbarem Schlamm bedeckt.

An der Mündung bildeten die Schlammablagerungen das große, fruchtbare, von Flüssen und Seen durchzogene Delta. Es wuchs immer weiter ins Mittelmeer hinein. So war es seit Jahrtausenden – doch in der letzten Zeit hat sich viel geändert.

M3 *In der Niloase nördlich von Assuan*

Kairo – Al Kahira – die Siegreiche

Kairo ist das kulturelle und wirtschaftliche Zentrum Ägyptens. Die Stadt wurde im Jahre 969 gegründet. Ihre Baudenkmäler bezeugen eine bewegte Geschichte aus pharaonischer, griechisch-römischer, christlicher und islamischer Zeit. Kairo gilt als die heimliche Hauptstadt des Islam.
Die El-Ashar-Moschee, die zugleich Hochschule ist, stellt eines der geistigen Zentren der islamischen Welt dar. Hier wird darüber entschieden, was nach dem Koran erlaubt (halal), verboten (haram) oder nicht verboten, aber unerwünscht (makruh) ist. Das Wort der El-Ashar gilt mehr als das eines Präsidenten.

Jahr	Einwohner
1917	0,9
1937	1,5
1947	2,3
1960	4,0
1976	6,8
1992	9,0
2010	über 13,0

M6 *Einwohnerzahl Kairos (in Mio.)*

Eine Stadt platzt aus den Nähten

Kairo ist die größte Stadt der arabischen Welt und des afrikanischen Kontinents. Täglich strömen Menschen aus den Dörfern Ägyptens in die Stadt, werden Tausende Kinder geboren (M6). Staub, Müll und Lärm belasten Kairo stark. Der Wohnraum reicht schon seit Jahrzehnten nicht mehr aus. Die Menschen bauen deshalb, ohne die Tragfähigkeit der Fundamente zu beachten, weitere Etagen auf Häuser oder wohnen auf Dächern, in Holzhütten neben ihren Ziegenställen und Hühnerverschlägen. Selbst auf verschiedenen Friedhöfen, in den Grabkammern ihrer Vorfahren, hat sich über eine halbe Million Menschen einquartiert. Es gibt dort Straßen, Geschäfte, Strom und Wasser.
Das Stadtbild wird von alten arabischen Wohngebieten mit engen Straßen, Moscheen und Basaren und den Hochhäusern der modernen westlichen Stadtviertel bestimmt. Ägyptens Hauptstadt ufert immer mehr aus. An den Stadträndern entstehen laufend neue Wohngebiete, sodass fruchtbares, zur Ernährung der Bevölkerung dringend benötigtes Bewässerungsland verloren geht. Neue Konzepte der Stadtplanung sind gefragt.

Merke
Ägypten ist geprägt durch den Nil, die größte Flussoase der Erde. Hier befinden sich seit Jahrtausenden fruchtbare Landwirtschaftsgebiete mit einer hohen Bevölkerungsdichte. Kairo ist das kulturelle und wirtschaftliche Zentrum Ägyptens.

Grundbegriff
- Flussoase

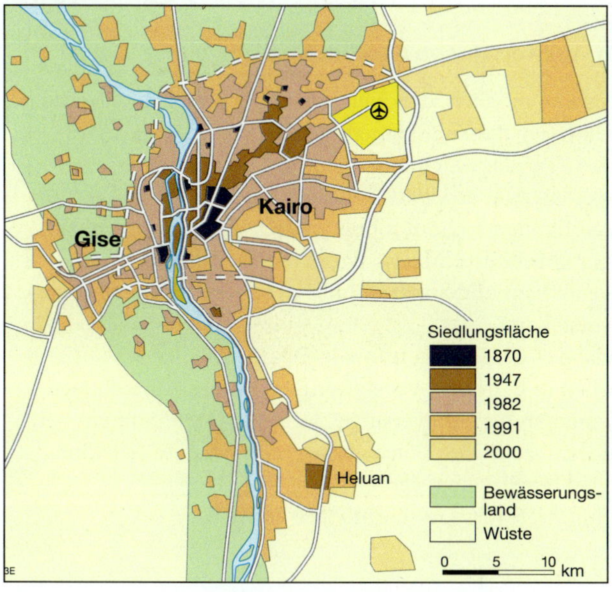

M4 *Wachstum der Siedlungsfläche Kairos*

M5 *Wohnquartiere auf den Dächern der Stadt*

Jahr	Bev. in Mio.	LNF in Mio. ha	LNE in ha pro Einw.
1907	7	2,23	0,28
1947	19	2,28	0,20
1966	30	2,73	0,15
1983	46	2,76	0,10
2005	72	2,78	0,04

M1 *Ägypten – Bevölkerung und landwirtschaftliche Nutzfläche (LNF)*

M2 *Satellitenbild des Niltals*

Arbeit mit Satellitenbildern

Assuan-Staudamm

Obwohl jeder verfügbare Quadratmeter der Niloase mit Getreide, Hackfrüchten, Gemüse und Zuckerrohr bebaut war, stellte die Versorgung der Bevölkerung mit Nahrungsmitteln die ägyptische Regierung vor immer größere Probleme. Die Wüste und der lange Zeitraum des Nil-Niedrigwassers setzte der landwirtschaftlichen Produktion Grenzen. Um Neuland zu gewinnen und die Ernteerträge zu steigern, baute die ägyptische Regierung bei Assuan einen gigantischen Staudamm (M3). Dadurch konnte das gesamte Nilwasser aufgefangen und Bewässerungszwecken zugeführt werden.

Hauptziel war einerseits die Ausdehnung der Bewässerungsfläche Ägyptens in die angrenzende Wüste. Andererseits konnten durch das zusätzliche Wasserangebot im Frühjahr und Sommer mehrere Ernten im Jahr erzielt werden. Die Ausweitung des Reis- und Baumwollanbaus brachte durch deren Export notwendige Devisen. Zudem erlaubte der Staudamm durch eine geregelte Wasserführung eine ganzjährige Nil-Schifffahrt. Der Bau eines Wasserkraftwerks half, den gestiegenen Bedarf an elektrischer Energie zu decken und Gewerbebetriebe in Assuan anzusiedeln.

Der Bau des Assuan-Staudammes bringt aber auch Probleme mit sich. So werden durch die Flutung des Stausees und den damit verbundenen Anstieg des Grundwassers historische Bauten und Wohnhäuser bedroht. Der Tempel von Abu Simbel zum Beispiel musste aus dem Nilflussbett um einige Meter nach oben verlagert werden. Die für die Sicherung der Ernährung wichtigen Böden erhalten keinen fruchtbaren Nilschlamm mehr. Dadurch müssen die Bauern immer mehr teuren Dünger auf die Felder ausbringen. Zudem kommt es durch die ganzjährig mögliche Bewässerung und die starke Verdunstung zur Versalzung der Böden.

So gehst du beim Auswerten von Satellitenbildern vor:

1. *Schritt:* Ermittle, wenn möglich, den Namen des Satelliten, der die Aufnahme gemacht hat. Gib das Aufnahmedatum an.
2. *Schritt:* Nenne den Titel des Satellitenbildes. Beachte: Häufig enthält dieser bereits Angaben zum abgebildeten Raumausschnitt.
3. *Schritt:* Ordne den Raumausschnitt topographisch ein. Informiere dich dazu im Atlas über abgebildete Meere, Flüsse, Seen, Reliefmerkmale/Landschaften, Siedlungen und anderes. Im Ergebnis kann eine topographische Skizze entstehen.
4. *Schritt:* Beschreibe den dargestellten Inhalt. Deute zunächst die abgebildeten Flächenfarben (z.B. grün = Vegetation). Stelle Zusammenhänge zwischen Bildelementen her und versuche, sie zu erklären. Sollten mehrere Satellitenbilder in zeitlicher Folge vorliegen, können Entwicklungen/Veränderungen beschrieben werden.
5. *Schritt:* Halte deine Ergebnisse in schriftlicher Form fest.

M3 *Assuan-Staudamm Sadd-el-Ali*

M4 *„Grüne Augen" der Sahara*

1 Werte das Satellitenbild des Niltals aus (M2). Nutze dazu die Schrittfolge.

2 Vergleiche die beiden wasserbaulichen Großprojekte (Arbeitsheft, S. 23).

3 Informiere dich über die „grünen Augen" der Sahara (Internet).

Das Toschka-Projekt – Ägyptens neue Hoffnung

Nach dem Bau des Assuan-Hochdamms musste, um ein Überlaufen des Nasser-Stausees zu verhindern, das Hochwasser des Nil in die Wüste abgeleitet werden, wo es ungenutzt verdunstete. Dies brachte die ägyptischen Experten auf die Idee, täglich 25 Mio. m^3 Wasser vom Stausee in die 60 km entfernte Toschka-Senke abzuleiten, mit dem Ziel, dort 420 000 ha ödes Wüstenland in fruchtbares Ackerland zu verwandeln. Über drei Millionen Ägyptern sollte ein neuer Lebensraum geschaffen werden. Mit steuerlichen Anreizen und günstigen Boden- und Wasserpreisen wurde versucht, ausländische Geldgeber zu gewinnen.

Als ein Investor wurde ein saudischer Prinz, Eigentümer der größten Supermarktkette in Saudi-Arabien, gewonnen. Die Agrarproduktion soll der kalifornische Konzern „Sun World" übernehmen, ein auf Obst und Gemüse spezialisiertes Agrarunternehmen. Sie wollen unter Einsatz Wasser sparender Tröpfchenbewässerung Speisetrauben und Zitrusfrüchte für den saudiarabischen Markt erzeugen.

Das größte Problem ist aber die Beschaffung der nötigen Wassermengen. Die Ägypten nach dem Nil-Anrainer-Vertrag zustehende Menge von 55 Mrd. m^3 Nilwasser – rund 65 Prozent der Gesamtmenge – wird heute schon um 10 Mrd. m^3 übertroffen. Woher das zusätzliche Wasser für das Toschka-Projekt kommen soll, ist allerding noch fraglich, vor allem weil der Sudan und Äthiopien höhere Anteile am Nilwasser einfordern, da sie selbst Staudämme und Bewässerungsprojekte in ihren Ländern planen.

Merke
Durch den Assuan-Staudamm wird das Nilwasser aufgestaut. Seine Hauptaufgabe besteht darin, vor Überschwemmungen und Dürren zu schützen und die Versorgung der wachsenden Bevölkerung Ägyptens mit Nahrungsmitteln zu sichern. Wie jeder Eingriff in den Naturhaushalt bringt der Dammbau aber auch Probleme mit sich.

Info

Israel – alter Siedlungs- und Konfliktraum

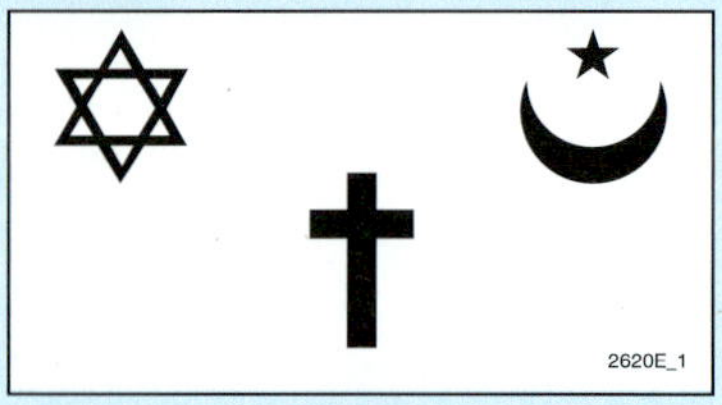

Israel, insbesondere die Stadt Jerusalem, ist auf das Engste mit den Traditionen des Juden- und Christentums sowie des Islam verbunden. Alle drei Religionsgemeinschaften haben in Jerusalem heilige Stätten.

Das Gebiet des heutigen Staates Israel gehört zu den ältesten Kulturregionen der Erde. Unterschiedliche Völker siedelten in diesem Raum. Sie entwickelten eigene Weltsichten, Lebensweisen und religiöse Traditionen. Heute leben hier vor allem Juden und Araber (Palästinenser). Beide Völker leiten aus ihrer Geschichte Rechte auf dieses Land ab. Deshalb kommt es bis heute zu gewaltsamen Auseinandersetzungen. Die Hoffnung auf ein friedliches Miteinander bleibt aber bestehen.

1 Beschreibe die Lage Israels und die Oberflächengestalt des Landes.

2 Warum kommt es in dieser Region immer wieder zu Auseinandersetzungen zwischen Israel und seinen Nachbarn.

Jerusalem – heiligste aller Städte

Jerusalem gilt als Wiege und Zentrum dreier Weltreligionen. Alle Orte religiöser Verehrung liegen in der Altstadt nahe beieinander: Für die Juden ist das die Westmauer (Klagemauer), der historische Überrest ihres zerstörten Tempels. Mit der Grabeskirche verbinden die Christen Leben, Sterben und Auferstehung Jesu. Felsendom und El-Aksa-Moschee gehören zu den wichtigsten Heiligtümern der Muslime.
Das Damaskustor der Stadtmauer ist der belebteste Zugang zur Altstadt. Besucher aus aller Welt drängen sich hinein, mit ihnen Wasserverkäufer und Händler. Von der fast vier Kilometer langen Stadtmauer blickt man auf die Dächer und Kuppeln des Altstadtgewirrs. Ungefähr alle hundert Meter sitzen auf ihr ein oder zwei Soldaten.

M1 *Blick auf Jerusalem*

Naturräumlicher Überblick

Küstenebene
- fruchtbarer Streifen bis zu 40 km Breite
- Siedlungsgebiet von mehr als der Hälfte der Bevölkerung
- wichtigste Wirtschaftsregion (Konzentration von ca. 80 Prozent aller Industrieanlagen, des größten Teils der landwirtschaftlichen Betriebe, der meisten Großstädte, der Häfen, dichtestes Straßennetz)
- wichtige Tourismusregion

Bergland
- von Süd nach Nord von Bergketten durchzogen
- umfasst die drei biblischen Landschaften Galiläa, Samaria und Judäa
- Galiläa mit regenreichstem Klima, Jesreel-Ebene als eine der fruchtbarsten Gegenden Israels („Kornkammer“)

Jordangraben und Aravatal
- Fortsetzung des Ostafrikanischen Grabensystems
- Jordangraben: im Norden fruchtbar und intensive landwirtschaftliche Nutzung, See Genezareth (hebräisch: Kinneret) als wichtiges nationales Wasserreservoir; im Süden: Baumwollanbau durch moderne Bewässerungsmethoden
- Aravatal: Obst- und Gemüseanbau durch Bewässerung

Negev
- Wüste, rund 60 Prozent der Landesfläche, in der aber nur etwa sieben Prozent der Gesamtbevölkerung leben
- nördlicher Teil: Lössböden, landwirtschaftliche Nutzung durch aufwändige Bewässerungsverfahren, Abbau von Bodenschätzen

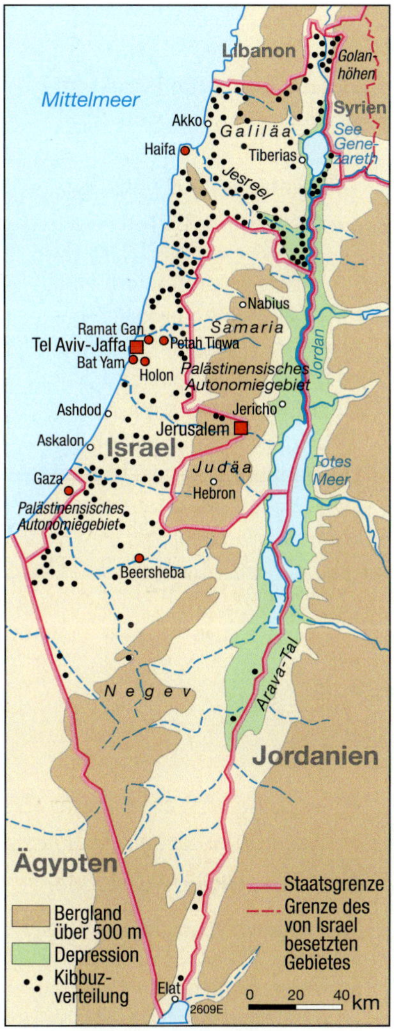

M2 *Israel im Überblick*

Info

Am tiefsten zugänglichen Punkt der Erde

Fast 400 m unter dem Meeresspiegel erstreckt sich das Tote Meer. Es ist bis zu 79 km lang und 17 km breit. Im Norden ist dieser See bis zu 400 m tief. Der Salzgehalt des Wassers ist außerordentlich hoch. Dicke Salzkrusten schwimmen an manchen Stellen auf der Gewässeroberfläche. In jedem Liter sind durchschnittlich 300 g Salze gelöst, in den Ozeanen dagegen nur rund 40 g. Das Tote Meer ist Teil des Jordangrabens und wird vor allem vom Jordan gespeist. Über Jahrmillionen haben sich im Toten Meer die von den Zuflüssen angeschwemmten Mineralien angesammelt. Einen Abfluss gibt es nicht. Das Klima in diesem Gebiet zählt außerdem zu den heißesten und trockensten der Erde. Von alters her gewinnen die Anliegerstaaten Salze aus dem Toten Meer. Das Wasser des Sees hat auch anerkannte Heilwirkungen. Badet man im Toten Meer, dann besteht kaum die Gefahr, dabei zu ertrinken. Aufgrund des hohen Salzgehalts hat das Wasser einen starken Auftrieb, der verhindert, dass man untergeht.

Merke

Im Gebiet des heutigen Staates Israel siedelten schon sehr früh verschiedene Völker. Jerusalem ist Zentrum dreier Weltregionen.
Das Tote Meer ist der tiefste zugängliche Punkt der Erde und sehr salzhaltig.

Israels Wasserprobleme

Erstaunlich!

Seit dem Jahr 2002 liefert die Türkei jährlich 50 Mio. m^3 Trinkwasser an Israel. Das Wasser wird in Supertankern vom türkischen Mittelmeerhafen Manavgat, rund 80 km östlich von Antalya gelegen, zum israelischen Hafen Ashkelon (früher Askalon) transportiert. Die Wassermenge macht rund zwei Prozent des israelischen Gesamtverbrauchs aus.

- Ungleichmäßige Verteilung der Niederschläge über das Jahr und den Raum;
- regenreicher Winter, trockener Sommer und Herbst, deshalb überall Bewässerung notwendig;
- Norden verfügt über mehr als 2/3 der Wasserreserven, Süden ist wasserarm (Wüste Negev), fruchtbare Lössböden im nördlichen Teil der Negev.

Wasser ist kostbar

- Geringe Wassermenge pro Jahr steht zur Verfügung, die von Landwirtschaft, Industrie und den Haushalten vollständig aufgebraucht wird:

Herkunft	in Mrd. m^3
Quellen und Brunnen	1 027
See Genezareth (Kinneret)	380
Flüsse	146
aufbereitetes Wasser	120
gesamt	1 673

zum Vergleich: Ägypten stehen 80 – 90 Mrd. m^3 zur Verfügung.

- Wasservorräte, Wasserverteilung und -nutzung unter staatlicher Kontrolle
- Wasserbereitstellung: Landeswasserleitung und Speichern von Quell- und Regenwasser in Karsthöhlen im Winter; Meer- und Brackwasserentsalzung; Aufbereitung von Abwässern für Bewässerungszwecke

Die „künstliche Wasserader"

„Wir müssen sparsam mit Wasser umgehen." Diese Mahnung hört man in verschiedenen Gebieten Israels immer wieder. Gründe dafür kannst du dem Text entnehmen. Von Nord nach Süd überzieht ein System von Wasserleitungen das Land. Am Westufer des See Genezareth beginnt die Kinneret-Negev-Wasserleitung (M1). Aus dem See wird das Wasser zuerst 370 m hoch in ein Auffangbecken gepumpt. Von hier aus strömt es computergesteuert in Richtung Süden. Kanäle und Pipelines leiten es bis in den Norden der Wüste Negev. Die Landwirtschaft ist mit rund 70 Prozent des gesamten Aufkommens der größte Wasserverbraucher. Aber auch die Großräume Tel Aviv und Jerusalem werden durch diese „künstliche Wasserader" versorgt.

M1 *Bewässerungssysteme*

Die Wüste begrünen – warum und wie?

Schon über viele Jahre ringen die Israelis der Wüste Negev Land ab, siedeln sich dort an und nutzen das Land zum Anbau von Obst, Gemüse, Getreide und auch Baumwolle im Bewässerungsfeldbau.
Die Urbarmachung der Wüste ist eng mit dem Entstehen des Staates Israel verbunden. Viele Menschen wanderten in der Folgezeit aus aller Welt ein. Bodenreserven waren aber bald nicht mehr vorhanden. Den „grünen Teppich“ musste man nun bis in den Norden der Wüste Negev ausrollen. Durch die Kinneret-Negev-Leitung wurde das Hauptproblem Wasser gelöst. Da es nicht im Überfluss vorhanden ist, muss sparsam damit umgegangen werden. Nicht zufällig wurde gerade hier im Negev die sparsamste Art, den Pflanzen Wasser zuzuführen, erfunden: die Tropfbewässerung (M3).

Oasen fernab der Landeswasserleitung

Dort, wo örtliche Wasservorkommen existieren, grünt und blüht der Negev auch abseits der Landeswasserleitung. Gleiches trifft auf das Aravatal zu. Hier bohrt man seit Jahren Grundwasserschichten an.
Die ständige Wasserentnahme hat nicht nur Auswirkungen auf den See Genezareth, sondern auch auf den Jordan und das Tote Meer. Sinkende Wasserstände in allen drei Gewässern haben Folgen für die Pflanzen- und Tierwelt. Zudem fürchten Israel und Jordanien um den gewinnträchtigen Tourismus am Toten Meer. Welche Lösungsmöglichkeiten sind vorstellbar?

M2 *See Genezareth*

M3 *Bewässerungskulturen im Negev mit Tropfbewässerung*

1 Warum kontrolliert der Staat Israel die Wasservorräte, deren Verteilung und Nutzung?

2 Äußere dich zu ökonomischen Vorteilen und ökologischen Folgen der Landeswasserleitung (Text).

3 Warum sind traditionelle Bewässerungsmethoden (offene Gräben und Rinnen auf den Feldern) im Negev wenig geeignet?

4 Ermittle wichtige landwirtschaftliche Anbaugebiete Israels und deren Anbauprodukte (Atlas).

Merke
Israels Wasserreserven sind sehr gering und ungleichmäßig verteilt.
Über die Hälfte der landwirtschaftlichen Nutzfläche muss bewässert werden, wobei unterschiedliche Bewässerungsmethoden Anwendung finden.

Info

Erdöl und Erdgas aus der Sahara

Um 1960 wurden in Algerien, Tunesien, Libyen und Ägypten riesige Lagerstätten von Erdöl und Erdgas entdeckt. Die Funde lagen zum Teil weit ab von der Küste im Inneren der Sahara. Innerhalb weniger Jahre entstanden Dutzende „Neue Oasen". Kennzeichen dieser Industrie-Oasen sind Fördertürme, Wassertanks, Klimaanlagen und moderne Wohn- und Bürocontainer.

1 Suche Erdölförderländer der Golfregion auf. Beschreibe ihre Lage (Atlas).

2 Erkläre die Bedeutung der Golfregion für die Welterdölversorgung.

3 Beschreibe, wie sich das Leben in der Golfregion durch die Ölfunde verändert hat.

Erdöl am Persischen Golf

Bereits vor über 2000 Jahren haben Ägypter und Babylonier Erdöl zu Heil- und Beleuchtungszwecken genutzt. Die industrielle Förderung begann erst Ende des 19. Jahrhunderts, als es gelang, diesen Rohstoff industriell nutzbar zu machen. Erdöl wurde zum Grundstoff für die Erzeugung von Benzin, Diesel, Heizöl, Schmierstoffen, Plaste, Farben und Arzneimitteln. Heute ist Erdöl der wichtigste **Energieträger** und damit für alle Industriestaaten unentbehrlich geworden.
Im Jahre 1908 entdeckte man im Iran erstmals Erdöl. Damit begann für die gesamte Golfregion das Erdölzeitalter. Heute gibt es keinen Staat am Persischen Golf, der kein Erdöl und Erdgas fördert und exportiert. Die Lagerstätten sind aufgrund der niedrigen Förderkosten für die wirtschaftliche Nutzung hervorragend geeignet. Es sind meist große, ergiebige Lagerstätten. Sie sind küstennah oder im Offshore-Bereich des Golfs (offshore = fern des Ufers) gelegen. Das Erdöl hat eine sehr gute Qualität. Diese Gründe führten zu einer raschen Förderentwicklung. Wurden in den Golfländern 1950 etwa 85 Mio. Tonnen Erdöl und Erdgas gefördert, so sind es heute über eine Milliarde Tonnen.

Hart ist das Leben in den Erdölcamps oder auf einer Bohrinsel. 14 Tage bohren unter glühender Wüstensonne! Dann gibt es acht oder zehn Tage Urlaub.
Viele Ingenieure und Arbeiter verbringen die Erholungspausen im Ausland oder in einem der vielen Hotels an der Küste. Andere bleiben in den Erdölstädten. Das sind meist kleine, planmäßig angelegte Siedlungen, die überall in den Ölfeldern entstanden sind. Hier leben Einheimische und Ausländer.

M2 *Vom Leben der Bohrarbeiter*

M1 *Wo früher Perlenfischer lebten, werden heute Supertanker beladen.*

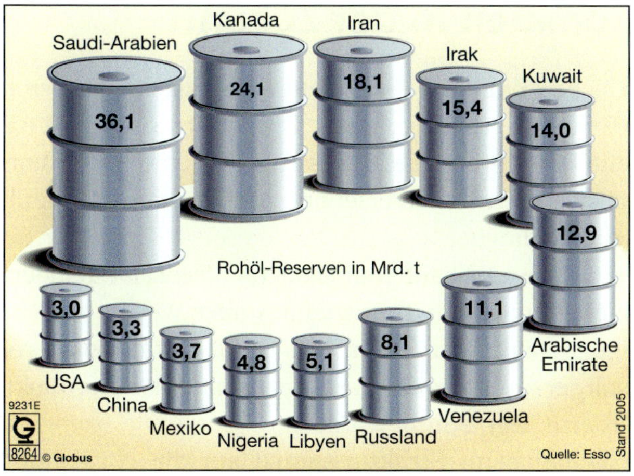

M3 *Die ölreichsten Länder der Welt*

M5 *Gold kiloweise: im Goldbasar von Dubai*

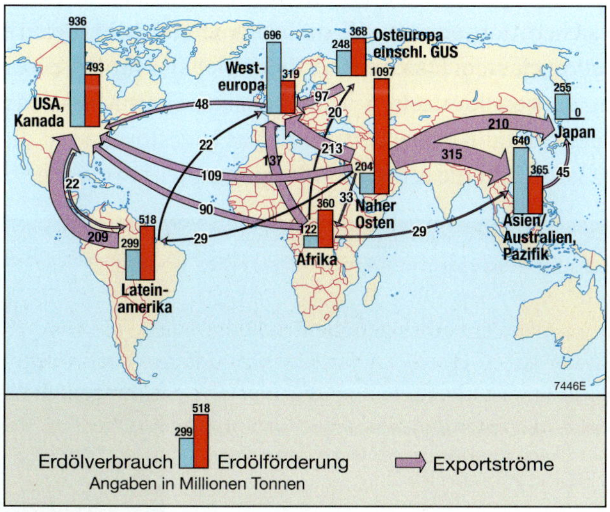

M4 *Erdölförderung und Erdölverbrauch*

M6 *Moderne Hochhäuser in Dubai*

Über Nacht steinreich

Seit internationale Ölgesellschaften wie Exxon, Shell, BP und andere Erdöl aus dem arabischen Boden pumpen, fließen jährlich viele Milliarden US-Dollar in die Golfstaaten. Vor allem die Herrscherfamilien sind durch den Verkauf des Öls auf dem Weltmarkt märchenhaft reich geworden. Die Paläste des Morgenlandes wurden von den teuersten Architekten in Luxuspaläste für das „Übermorgenland" umgebaut. Das Geschäft mit dem Öl, dem schwarzen Gold, löste einen Bauboom aus: Erdölhäfen, Autobahnen und Flughäfen wurden mit internationaler Hilfe in die Wüste gebaut. Nahezu alle Weltfirmen, die Luxusgüter herstellen, haben Verkaufsstellen in den Golfstaaten eröffnet. Am Golf wird ein Porsche, Mercedes, BMW oder Rolls Royce schneller geliefert als in Europa.

Mit Stolz weist man darauf hin, dass hier niemand Steuern zahlen muss. Bildung und Gesundheitsversorgung sind kostenfrei. Zur Modernisierung der Ölstaaten und für schwere Arbeiten wurden Millionen Gastarbeiter aus anderen islamischen Ländern angeworben.

Merke

Durch den Naturreichtum Erdöl wurden viele Länder am Persischen Golf reich. Mit den Gewinnen aus dem Verkauf des begehrten Rohstoffs entstanden Verkehrseinrichtungen, Schulen, Hochschulen, Krankenhäuser.

Grundbegriff

- Energieträger

M1 *Lage der VAE*

1 Werte das Satellitenbild M2 aus. Nutze dazu S. 156.

2 Beschreibe, wie sich die Region durch das Erdöl verändert (Arbeitsheft, S. 24).

Dubai: Willkommen in der Zukunft

Dubai ist eines von sieben Emiraten (Scheichtümern), die zu den Vereinigten Arabischen Emiraten (VAE) gehören. Zusammen sind die VAE heute das zehntgrößte Erdölförderland. Da es absehbar ist, dass die Vorkommen in den nächsten Jahrzehnten erschöpft sind, ist ein wirtschaftlicher Strukturwandel unabdingbar.

Das Emirat Dubai setzt einerseits auf Tourismus für „die Zeit nach dem Öl“. Schon heute bietet Dubai den Touristen aus aller Welt zahlreiche touristische Highlights (M1). Durch den Aus- und Neubau weiterer Tourismusprojekte soll der Anteil des Tourismus am Bruttoinlandsprodukt, der zurzeit bei 15 Prozent liegt, erhöht werden.

Andererseits setzt Dubai beim Strukturwandel auf die Ansiedlung von Software- und Technologieunternehmen in einer „Internet-City“ und auf eine Freihandelszone mit einem modernen Großhafen (M2). Inzwischen haben sich Unternehmen mit mehr als 10 000 Mitarbeitern aus 50 Nationen niedergelassen. Das Internet dient hier als Handelsplattform besonders für den afrikanischen und südasiatischen Markt mit zwei Milliarden potenziellen Kunden. Attraktiv für Investoren sind die Steuerfreiheit für 50 Jahre und die schnelle Erledigung aller Formalitäten.

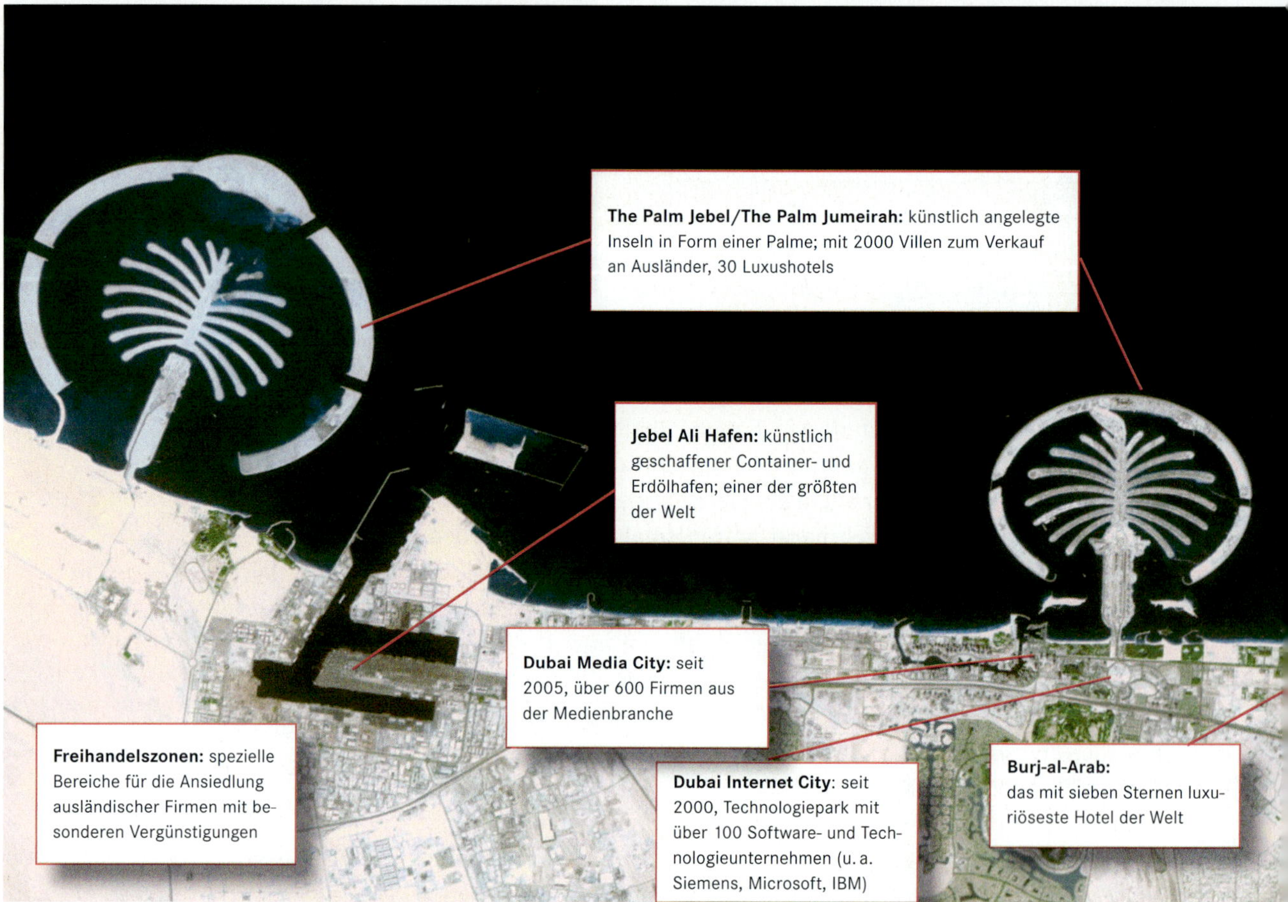

M2 *Satellitenbild von Dubai-Stadt*

Raumveränderung mit Umweltproblemen

Die zunehmende wirtschaftliche Vielfalt Dubais hat einen hohen Wasserbedarf zur Folge. Hauptverbraucher sind die Landwirtschaft, die vielen neuen Bauprojekte, die wachsende Hotelbranche mit ihren großen Gartenanlagen, Pools und künstlich angelegten Wasserläufen.
Den größten Teil seines benötigten Süßwassers gewinnt das Emirat Dubai durch die Entsalzung von Meerwasser. Die dabei zurückbleibende Sole wird wieder in das Meer geleitet. Durch die Vielzahl der Anlagen steigt der Salzgehalt der flachen Küstengewässer, der noch durch die zahlreichen künstlichen Inseln vor Dubais Küste erhöht wird. Sie behindern die Strömungen und damit den Wasseraustausch. Noch problematischer sind die Chemikalien, die mit der Sole ins Meer gelangen (z. B. Chlor zum Abtöten von Mikroorganismen oder Acrylsäure gegen Verkalkung). Diese giftigen Stoffe schädigen die marine Pflanzen- und Tierwelt. Außerdem wird die Wasserqualität durch illegale Abwasserentsorgung und durch die Aufschüttung der künstlichen Inseln zusätzlich beeinträchtigt. Einige Strände mussten deshalb schon zeitweise gesperrt werden. Zudem sind auch Zerstörungen von Korallenbänken und Schildkrötenbrutplätzen zu beobachten.

3 Erörtere: „Meerwasserentsalzungsanlagen fördern die Wasserverschwendung.“

4 Bewerte den wirtschaftlichen Strukturwandel unter dem Aspekt der Nachhaltigkeit.

Merke
Das Emirat Dubai investiert Einnahmen aus dem Erdöl in starkem Maße in die Infrastruktur und das Dienstleistungsgewerbe, um in der „Zeit nach dem Öl“ den erreichten Entwicklungsstand halten zu können.

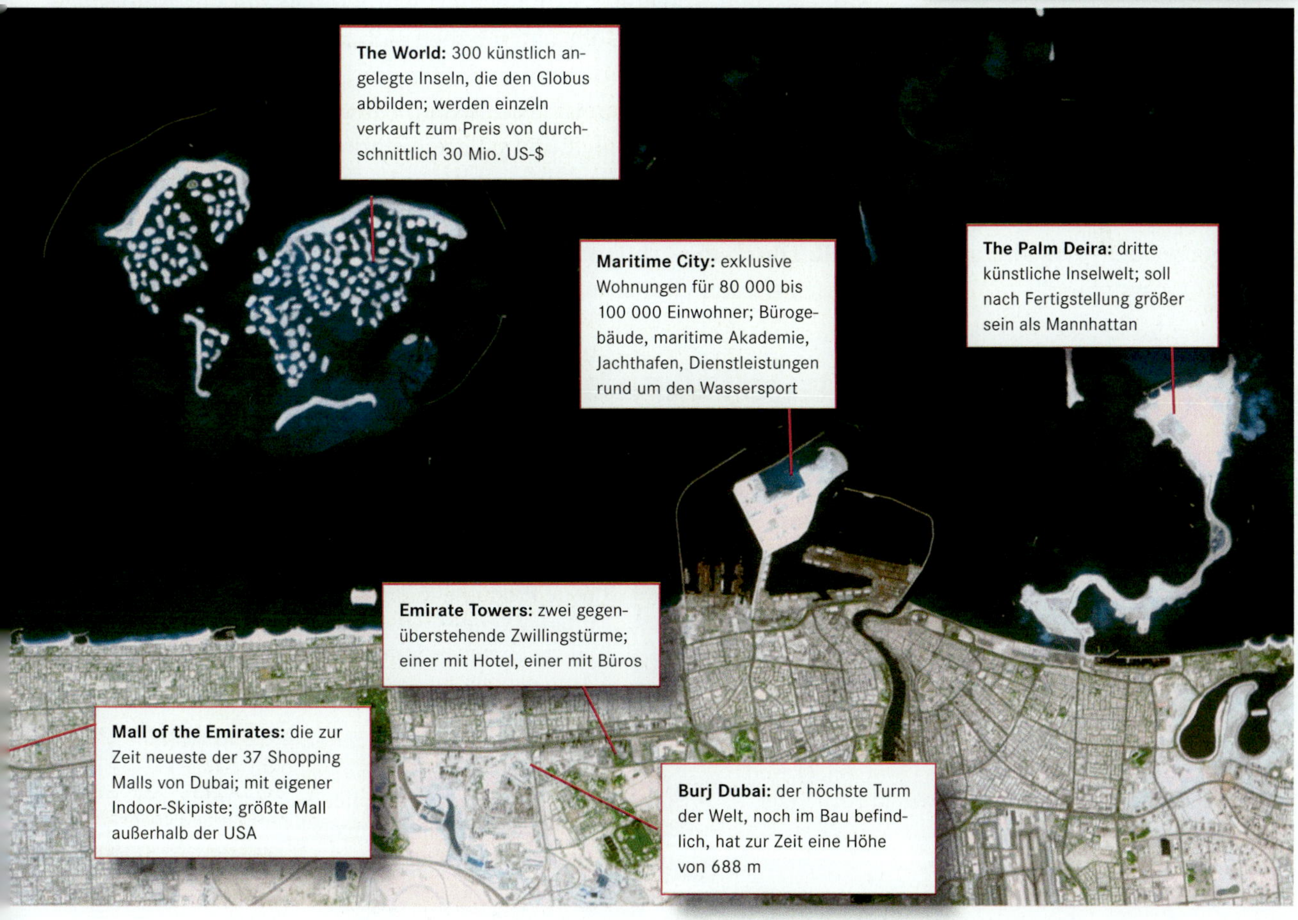

Info

OPEC

Sitz: Wien

Ziel: Koordinierung der Erdölpolitik in den Förderstaaten und Stabilisierung der Weltmarktpreise

Mittel: Regulierung der Fördermengen und Förderquoten für alle Mitglieder, Festlegung der Preise

Mitglieder: Algerien, Libyen, Iran, Irak, Saudi-Arabien, Kuwait, Katar, VAE, Nigeria, Venezuela, Indonesien

M2 *Krieg für Öl – brennendes Ölfeld im 2. Golfkrieg*

Machtfaktor Erdöl

Regionale Konflikte zwischen Ländern der Region führten auch zu großen wirtschaftlichen Rückschlägen. Allein der Irak war zwischen 1980 und 2003 in drei Kriege verwickelt, die nicht zuletzt wegen des strategischen Rohstoffes Erdöl geführt wurden. Die auf der Arabischen Halbinsel liegenden Golfstaaten haben sich aufgrund ihrer politischen und wirtschaftlichen Gemeinsamkeiten im „Rat für Zusammenarbeit der Golfstaaten“ zusammengeschlossen. Durch seinen Ölreichtum stellt der Rat eine wirtschaftlich und politisch starke Kraft dar. Als Mitglieder der OPEC (Organisation der erdölexportierenden Länder) haben die Golfstaaten maßgeblichen Einfluss auf die Wirtschaftsentwicklung in der Welt. Durch die Erhöhung bzw. Drosselung ihrer Fördermengen beeinflussen sie den Ölpreis auf allen internationalen Ölmärkten.

1 Erläutere den Zusammenhang zwischen Erdölreichtum und wirtschaftlicher Entwicklung.

2 Berichte über Auswirkungen auf das Ökosystem.

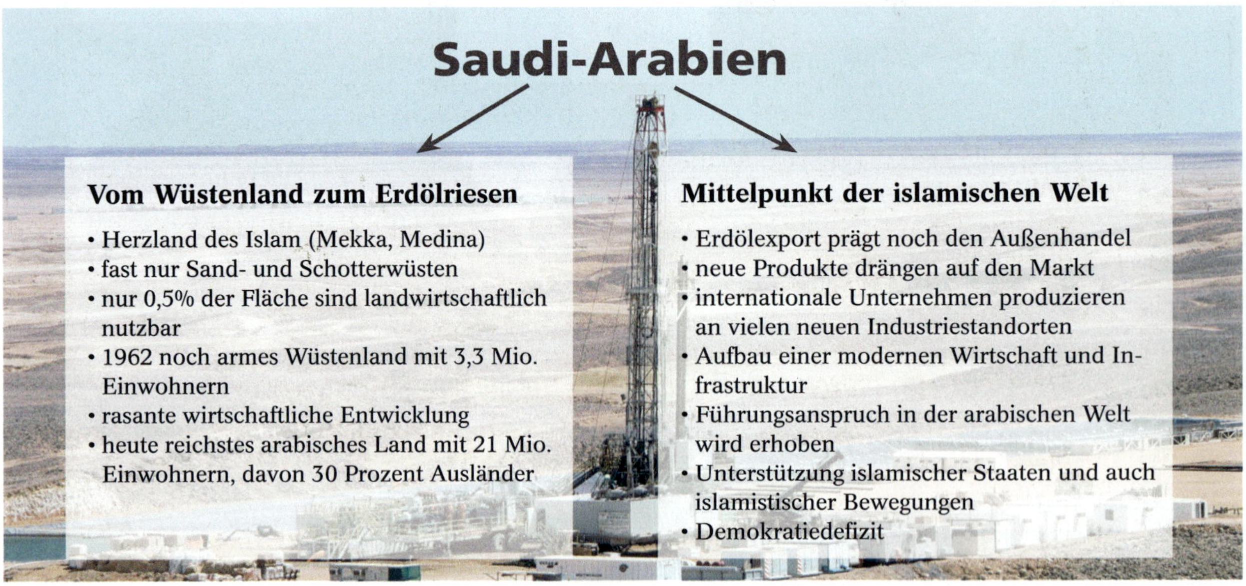

M1 *Die Stellung Saudi-Arabiens in der Welt*

Verletzliche Ökosysteme

Besondere Flora in flachen Küstenbereichen

z. B. Seegraswiesen, Blaualgenmatten, Mangrovenwälder, Korallenriffe

Reichtum an Fischen und anderen Meerestieren

z. B. Garnelen, Sardinen, Makrelen, Austern, Perlmuschelbänke

Reichtum an Vögeln

z. B. Flamingos, Pelikane, Reiher, Kormorane, Raststätte für Zugvögel

Weitere schützenswerte Tiere

z. B. Schildkröte, Seekühe, Delfine

durch:
- Tankerunfälle
- Lecks in Pipelines
- Havarien auf Bohrinseln
- Kriegerische Auseinandersetzungen

FOLGEN

- Verschmutzung der Strände
- Absterben der Mangrovenwälder und Koralleninseln
- Verschmutzung der Luft durch Ölbrände
- durch die Verdunkelung des Wassers durch schwimmende Ölteppiche verstärkte Algenbildung und Absterben des Planktons, deshalb:
- Fischsterben durch Sauerstoffmangel
- Vogelsterben durch Verkleben der Gefieder
- Gefahr für Zugvögel
- Verkleben und Verätzen der Atemwege von Meeressäugern
- nachhaltige Schädigung der Wattflächen, da der Ölschlamm nicht zu entfernen ist

- Zusammenbruch der Nahrungskette -

Info

Türkei

Die Türkei ist der einzige Staat mit überwiegend islamischer Bevölkerung, der eine strikte Trennung von Staat und Religion - den Laizismus - vorschreibt. Religion ist reine Privatsache und jedem Einzelnen überlassen. Religiöse Führer haben in der Politik nichts zu suchen. Es gelten weltliche Gesetze ohne jeglichen Einfluss religiöser Vorschriften. Frauen sind rechtlich gleichberechtigt, Männer dürfen nur eine und nicht mehrere Frauen heiraten und die religiöse Eheschließung ist rechtlich ungültig. Anerkannt wird nur die staatliche Heirat beim Standesamt. Gegründet wurde die türkische Republik 1923 von Mustafa Kemal Atatürk, dem auch die zahlreichen Reformen westlicher Prägung zu verdanken sind.

www

www.tuerkischebotschaft.de
www.ratgeber-tuerkei.de

Die Türkei – ein Land, zwei Kontinente

Die Türkei wird zu Recht als Brücke zwischen Europa und dem Orient bezeichnet. Dies ist natürlich nur ein Bild. Es will ausdrücken, dass in enger Nachbarschaft von zwei unterschiedlichen Kulturen, nämlich dem vornehmlich christlich geprägten Europa und dem islamisch geprägten Orient, die Türkei eine Vermittlerrolle für ein besseres gegenseitiges Verständnis übernehmen kann.
Allein schon die geographische Lage der Türkei stattet das Land für diese besondere Rolle aus. Die Türkei hat Anteil an zwei Kontinenten und verbindet Europa mit Asien jenseits der schmalen Meerengen des Bosporus und der Dardanellen.
Istanbul, am Bosporus gelegen, ist dabei die einzige Stadt, die auf zwei Kontinenten erbaut wurde. Die 1620 m lange Bosporus-Brücke verbindet den europäischen und den asiatischen Teil der Stadt und gehört zu den längsten Hängebrücken der Welt.

Türkei und die Europäische Union

Mit dem Start der Beitrittsverhandlungen am 3.10.2005 traten die Bemühungen der Türkei in eine neue Phase, Vollmitglied der EU zu werden. Schon seit einigen Jahren versuchte das Land trotz erheblicher innerer Widerstände, mit einem Reformprogramm die Voraussetzungen dafür zu schaffen. Dazu gehören die Abschaffung der Todesstrafe, ein neues Strafgesetzbuch und das Zurückdrängen des Einflusses der Armee.
Heute ist die Türkei eine funktionierende Marktwirtschaft mit stabilem Wachstum, sinkender Inflation und wachsendem Pro-Kopf-Einkommen. Einige Kritiker befürchten jedoch große Probleme bei der Anpassung der Wirtschaft an europäische Normen und bei der Wettbewerbsfähigkeit, insbesondere der Landwirtschaft. Bis zu einem frühesten Beitritt in 10–15 Jahren erwartet die EU neben einer weiteren Demokratisierung vor allem die Anerkennung Zyperns und die volle Gleichberechtigung ethnischer und religiöser Minderheiten (Kurden, Christen und Armenier).

M1 *Bosporus-Brücke – Symbol der Verbindung von Europa und Orient*

Reiseland Türkei

Wie kaum ein anders Land im östlichen Mittelmeerraum hat sich die Türkei zu einem der beliebtesten Reiseländer entwickelt. Die Deutschen belegen in der Reisestatistik mit Abstand den ersten Platz.
Angelockt durch die Exotik orientalischer Märkte in quirligen Städten, die Zeugnisse einer reichen antiken Kultur oder die traumhaft schönen Strände an der Ägäis und am Mittelmeer verbringen jährlich Millionen Touristen ihre Ferien im Land. Zahlreiche weitere Wirtschaftsbranchen wie das Kunsthandwerk profitieren von der Tourismusentwicklung.
An der „türkischen Riviera" zwischen Bodrum und Anamur drängen sich Hotelanlagen und Feriendörfer, in denen sich vor allem Pauschaltouristen aus Mittel- und Nordeuropa und zunehmend auch aus Russland beim Sonnenbaden, Wassersport und Animationsprogrammen erholen.

Probleme durch Massentourismus

Hier treten auch die Probleme, die der Massentourismus mit sich bringt, am deutlichsten zutage. Der enorme Flächenverbrauch in Strandnähe ließ die Bodenpreise explodieren und neue Tourismus-Komplexe und Club-Anlagen entstehen, die zunehmend die angestammten Fischerdörfer verdrängten. In Einzelfällen wurden ganze Badebuchten einschließlich der Hänge ohne Rücksicht auf traditionelle Architektur völlig zugebaut. Sportbootanlagen und sogenannte Marina-Siedlungen ersetzten einfache Hafenbereiche. Bei diesem Boom wurden das Müllproblem, die Wasserversorgung und eine umweltverträgliche Abwasserbeseitigung viel zu wenig beachtet. Besonders im Hochsommer treten durch den sorglosen Umgang mit Wasser in den Touristenzentren Versorgungsengpässe auf, die auf Kosten der Einheimischen gehen.
Inzwischen haben die Verantwortlichen vor Ort jedoch erkannt, dass der Schutz der Umwelt und die Abkehr von der einseitigen Entwicklung des Massentourismus die Garantie dafür sind, dass die Türkei auch weiterhin für Besucher aus aller Welt attraktiv bleibt.

1 Nenne Gründe für die Attraktivität der Türkei als Reiseland.

2 Berichte von deinen Erlebnissen auf einer Türkeireise.

3 Stelle positive und negative Auswirkungen des Tourismus gegenüber und gib Vorschläge zur Beseitigung von Problemen.

Merke
Die Türkei liegt zum größten Teil in Asien, hat aber auch Anteil an Europa. Eine Brücke über den Bosporus in Istanbul verbindet beide Kontinente. Die Türkei ist ein Land der Vielfalt und Gegensätze.

M2 *Kreuzfahrerburg in Bodrum*

M3 *Strand von Marmaris*

Teste dich selbst!

Bist du sicher?

Schreibe die jeweiligen Begriffe in dein Heft. Ordne ihnen daneben die richtigen Antworten zu.

Wenn du richtig zugeordnet hast, nennen die mit Zahlen gekennzeichneten Buchstaben einen Ort religiöser Verehrung durch das Judentum.

Begriffe

1. Das heilige Buch des Islam (1)
2. Schwarzes Gold (5)
3. Bevölkerungsgruppe im Islam (1)
4. Hauptflüsse Mesopotamiens (13)
5. Pipelines (1)
6. Orient (1)
7. Heilige Stadt (6)
8. Golfregion (7)
9. Weltreligion (4)
10. Plankton (16)

Antworten

- Erdöl- und Erdgasleitungen
- Araber
- Jerusalem
- winzig kleine Meeresorganismen
- Koran
- Judentum
- Morgenland
- Euphrat und Tigris
- Erdöl
- Gebiet um den Persischen Golf

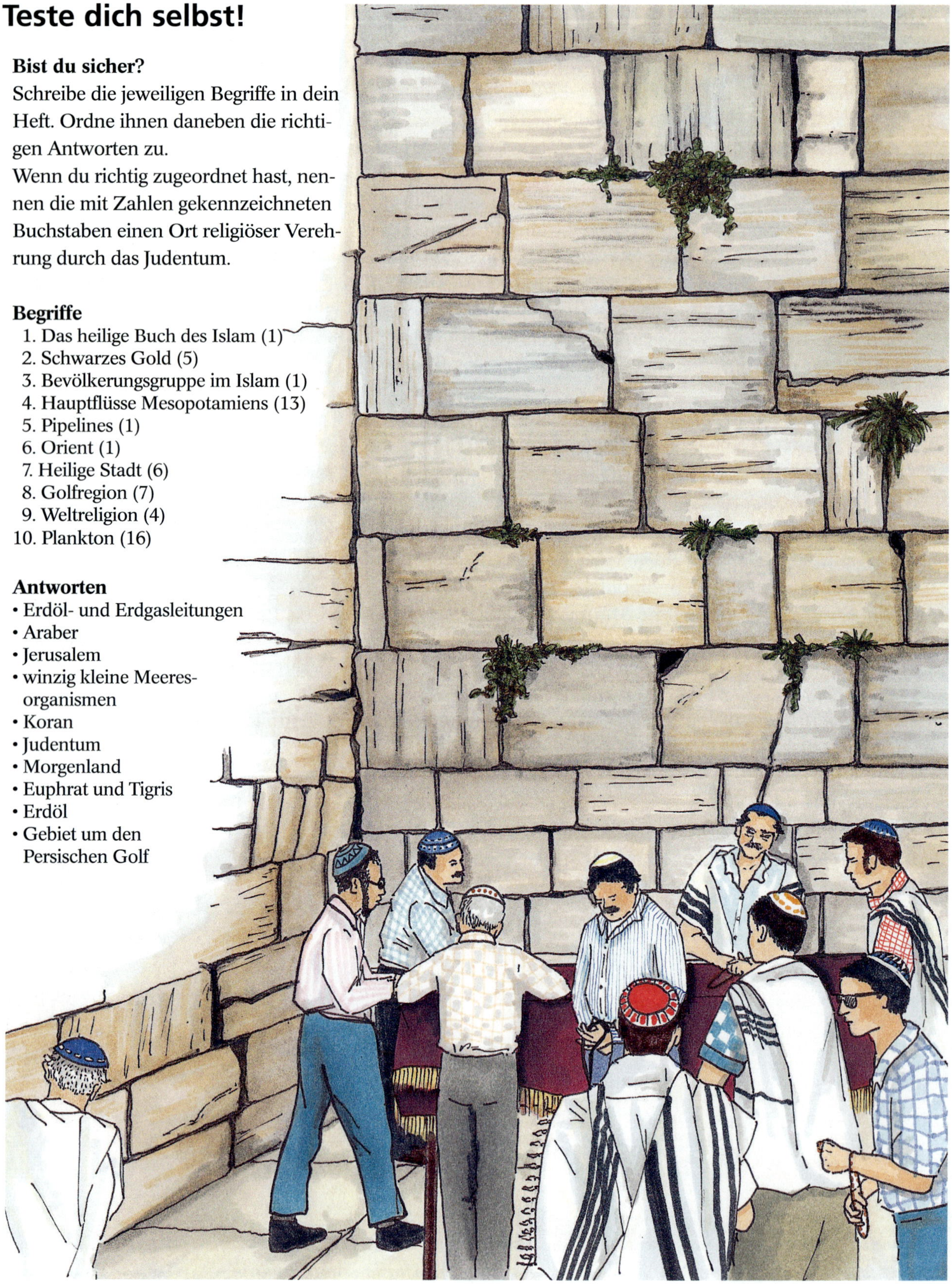

Das Wichtigste kurz gefasst:

Grundbegriffe

Passat
arid
humid
Wüste
Wadi
Oase
Nomaden
Flussoase
Energieträger

Räumliche Orientierung

Westasien und Nordafrika bilden den Kulturerdteil Orient. Seine vorherrschenden Kulturmerkmale sind die Religion des Islams sowie die arabische Sprache und Schrift.

Merkmale des Naturraums

Die Region wird geprägt durch Wüsten, Halbwüsten und Steppen. Aufgrund der trockenen Passatluft fallen kaum Niederschläge, nur die Küstenregionen erhalten im Winter Regen. Wasser ist deshalb ein kostbares Gut. Eine landwirtschaftliche Nutzung ist zumeist nur durch Bewässerung möglich. Im Kampf um eine gerechte Verteilung von Wasser kommt es häufig zu Konflikten zwischen Regionen und Staaten.

Ägypten

Ägypten ist seit Jahrtausenden geprägt durch den Nil. In seinem Tal und Delta konzentrieren sich Bevölkerung, Landwirtschaft, Verkehrswege und Industrie. Neue Siedlungs- und Bewässerungsflächen wurden und werden durch Großprojekte am Nil gewonnen. Diese Maßnahmen bringen aber auch viele Nachteile für Natur, Kultur und Menschen mit sich.

Israel

Israel liegt in einer der ältesten Kulturregionen der Erde. Heute siedeln hier vor allem Juden und Araber, ihr Zusammenleben wird von Konflikten geprägt. Jerusalem ist ein religiöses Zentrum von Islam, Judentum und Christentum.
Israel muss über die Hälfte seiner landwirtschaftlichen Nutzfläche bewässern. Die Wasserreserven sind aber gering und ungleichmäßig verteilt. Deshalb werden unterschiedliche Bewässerungsmethoden angewendet.

Golfregion

Die Region ist reich an Erdöl und Erdgas. Besonders das Gebiet am Persischen Golf hat sich durch die Förderung dieser Rohstoffe und den Handel damit verändert. Es entstanden moderne Städte, Verkehrseinrichtungen und Industriekomplexe. Förderung und Transport des Erdöls führen aber auch zu ökologischen Belastungen. Besitzstreitigkeiten um Fördergebiete haben mehrfach zu bewaffneten Auseinandersetzungen in der Golfregion geführt.

Lives after them
AAM 965

In Schwarzafrika

1 Beschreibe die kulturellen Unterschiede zwischen dem Norden Afrikas und Schwarzafrika.

2 Belege, dass Afrikas Küsten und das Relief einfach gegliedert sind

3 Wiederhole deine Kenntnisse zur Entstehung von Grabenbrüchen. Nimm Stellung zur Aussage „Afrika zerbricht in zwei Teile“.

Info

Vergiss deine Hautfarbe, auch du bist Afrikaner

Die Menschen unterscheiden sich durch Aussehen und Hautfarbe. Es gibt Schwarze, Weiße, Indianer, ... Doch eins ist sicher: Die Ur-Heimat aller heutigen Menschen liegt in Ostafrika. Hier entwickelten sich vor etwa 150 000 Jahren die sogenannten „Jetztmenschen“. Von Afrika aus zogen sie nach Asien, Australien, Europa und Amerika.
Wie aber lassen sich Funde von 1,8 Mio. Jahre alten Menschenschädeln an verschiedenen Orten der Welt erklären? Die Antwort der Wissenschaftler lautet: Die Menschen haben mehrmals von Afrika aus die Welt besiedelt. Bereits vor fast zwei Millionen Jahren eroberten „Frühmenschen“ zum ersten Mal die Welt. Damals erreichten sie jedoch noch nicht Australien und Amerika.

Afrika: ein Kontinent – zwei Kulturen

Mit 30 Mio. km^2 ist Afrika der zweitgrößte Kontinent der Erde. Er erstreckt sich vom Äquator aus gleich weit nach Norden und nach Süden. Kulturell entwickelte sich der Kontinent sehr unterschiedlich. Deshalb teilt man Afrika in zwei Kulturräume. Der nördliche Teil gehört zum Orient, südlich der Sahara, ab etwa 20° N, beginnt Schwarzafrika.
In Nordafrika rechnet man die Menschen vorwiegend zur arabischen Bevölkerung. Sie haben eine hellere Hautfarbe. Vorherrschende Religion ist der Islam. In Schwarzafrika sind die Menschen eher dunkelhäutig und es gibt eine große Vielfalt von Stämmen und Religionen. Auch das Christentum ist hier weit verbreitet.

Schwarzafrika – kulturelle Vielfalt

In den Staaten südlich der Sahara werden zwischen 1200 und 2000 verschiedene Sprachen und Dialekte gesprochen, allein in Nigeria gibt es mehr als 400. Für alle Afrikaner ist es deshalb selbstverständlich, mehrere Sprachen zu beherrschen. So unterschiedlich wie die Sprachen sind die Riten, Bräuche und Religionen der verschiedenen Völker. Muslime verneigen sich gen Mekka, andere beten als Christen zu Gott oder verehren Ahnen durch Opferrituale und Tänze. Anhänger von Naturreligionen glauben, dass in Bergen, Gewässern und Pflanzen Götter beheimatet sind. Für die Massai ist der aktive Vulkan Ol Doinyo Lengai Sitz des Gottes Engai, des Schöpfers der Savannen und Tiere.
Neben kleinen, traditionellen Dörfern mit Hütten aus Lehm, ohne Elektrizität, fließend Wasser und Kanalisation gibt es Großstädte mit mehreren Millionen Menschen, vornehmen Wohnsiedlungen, Einkaufszentren, Internet-Cafés, aber auch ausgedehnten Elendsvierteln, den sogenannten Slums.

M1 *Schwarzafrikanerin*

M2 *Afrikaner asiatischer Abstammumg*

Wenig gegliedertes Relief

Auf einer Afrikakarte lassen sich folgende Oberflächenmerkmale erkennen:

- Der Kontinent fällt durch seine kompakte Gestalt auf, die Küstenlinie ist wenig gegliedert.
- Mit Madagaskar ist Afrika eine große Insel vorgelagert.
- Die Reliefverhältnisse sind relativ einfach.

Die Oberfläche Afrikas wird vorwiegend von leicht gewellten Tafelländern und Plateaus eingenommen. Ein besonderes Merkmal afrikanischer Landschaften ist deren beachtliche Höhenlage.

Im Osten Afrikas liegen die höchsten Berge des Kontinents: Kilimandscharo (5895 m), Mount Kenia (5200 m) und Ruwenzori (5109 m). Sie sind Teil einer Vulkanlandschaft, die von Gräben unterbrochen ist. Der ostafrikanische Graben verläuft in Nord-Süd-Richtung, zum Teil haben sich darin Seen gebildet.

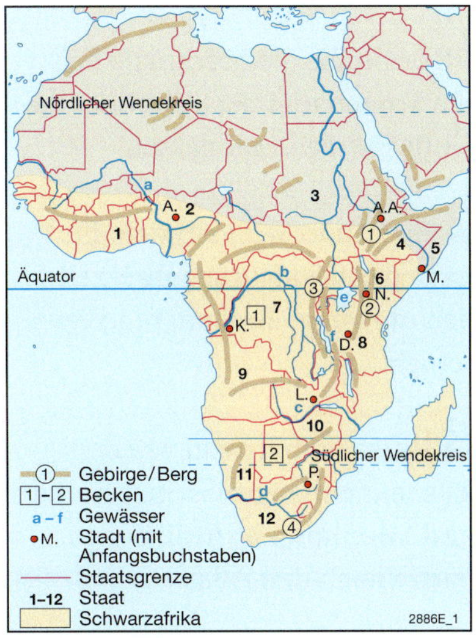

M4 *Übungskarte*

Becken und Schwellen

Nähert man sich dem afrikanischen Kontinent auf dem Seeweg, dann erkennt man, dass die Küstentiefländer relativ schmal sind. Vielfach erheben sich unvermittelt markant aufragende Gebirgszüge.

Derartige „Barrieren" durchziehen auch das Landesinnere. Sie sind Bestandteil der für Afrika typischen Gliederung der Landoberfläche in Becken und **Schwellen**. Vor allem im südlichen Afrika ist diese Reliefgestaltung auffällig ausgeprägt.

Das Kalaharibecken wird nahezu komplett von Schwellen umrahmt. Da diese Gebirge fast bis an die Küste reichen, werden sie auch als Randschwellen bezeichnet. Eine ähnlich deutliche Abgrenzung lässt das Kongobecken erkennen.

Merke
Schwarzafrika ist der Kulturraum südlich der Sahara. Die Küsten und das Relief Afrikas sind einfach gegliedert.

Grundbegriff
- Schwelle

M3 *Becken- und Schwellenstruktur in Afrika*

Luftmassen in Bewegung

1 Beschreibe die Merkmale der die Tropen und die Subtropen beeinflussenden Luftmassen.

2 Begründe, weshalb sich die Lage der Windgürtel jahreszeitlich um einige Breitengrade verschiebt.

3 Weise mithilfe von M3 den Zusammenhang zwischen Klima und Vegetation in Afrika nach. Nutze auch den Atlas.

Die natürlichen Bedingungen werden in den Tropen und Subtropen in starkem Maße von den jeweils vorherrschenden Luftmassen geprägt. Da es hier im Verlauf eines Jahres keine großen Unterschiede der Durchschnittstemperaturen gibt, sind es eher die Schwankungen der Niederschläge, die für einen jahreszeitlichen Wechsel sorgen. Luftmassen bewegen sich immer aus Gebieten mit hohem in Gebiete mit niedrigem Luftdruck. Sie besitzen die Klimamerkmale ihrer Herkunftsgebiete und beeinflussen damit das Klima der Gebiete, die sie durchziehen.
Die ausgeprägtesten und beständigsten Windgürtel sind die Zonen der Äquatorialluft, der Passatwinde und der Westwinde (M1).
Die Windgürtel verschieben sich mit dem Zenitstand der Sonne in ihrer Lage um einige Breitengrade. Deshalb gibt es Gebiete, in denen im Verlauf des Jahres beständig die gleichen Luftmassen vorherrschen und andere, in denen abwechselnd benachbarte Luftmassen wirken (M2).

gemäßigte Luft	Passatluft	Äquatorialluft
Merkmale: - kommt aus westlichen Richtungen - milde Temperaturen - niederschlagsreich - humid	Merkmale: - kommt als Nordost-Passat und als Südost-Passat - hohe Temperaturen - trocken, wenn vom Festland kommend, arid - feucht, wenn vom Meer kommend, humid	Merkmale: - Eigenschaften der Luftmassen verändern sich im Jahresverlauf kaum - hohe Temperaturen - niederschlagsreich - nachmittags Gewitter und Starkregen

9875E_1

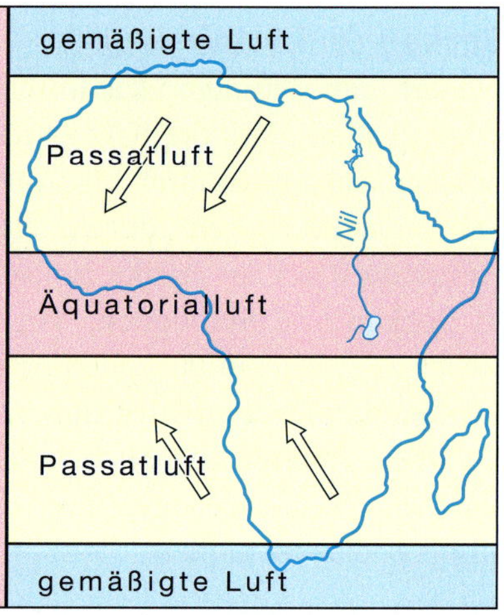

M1 *Merkmale der jährlich wiederkehrenden Luftmassen über Afrika*

Merke
Der Kontinent liegt überwiegend in der tropischen Zone. Die Gebiete innerhalb dieser Zone unterscheiden sich insbesondere durch die Menge der Niederschläge und ihre Verteilung über das Jahr. Die Vegetation hat sich an das Klima angepasst.

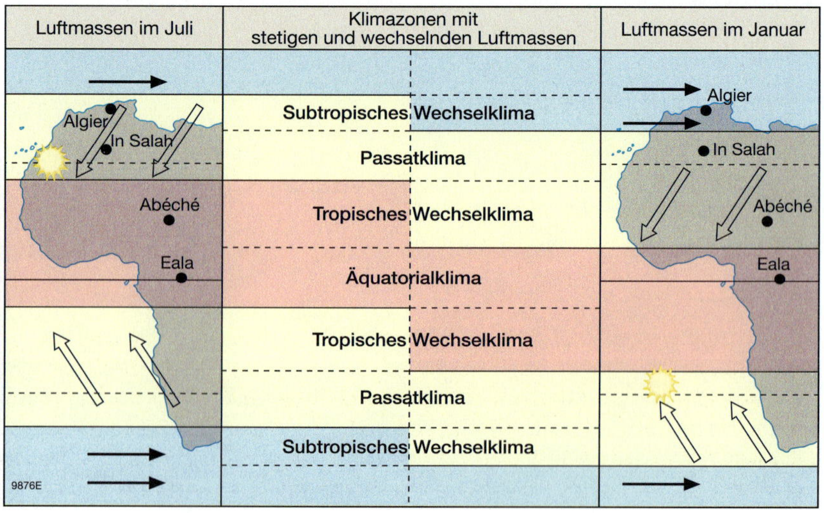

M2 *Die Verlagerung der Luftmassen und ihre klimatischen Folgen*

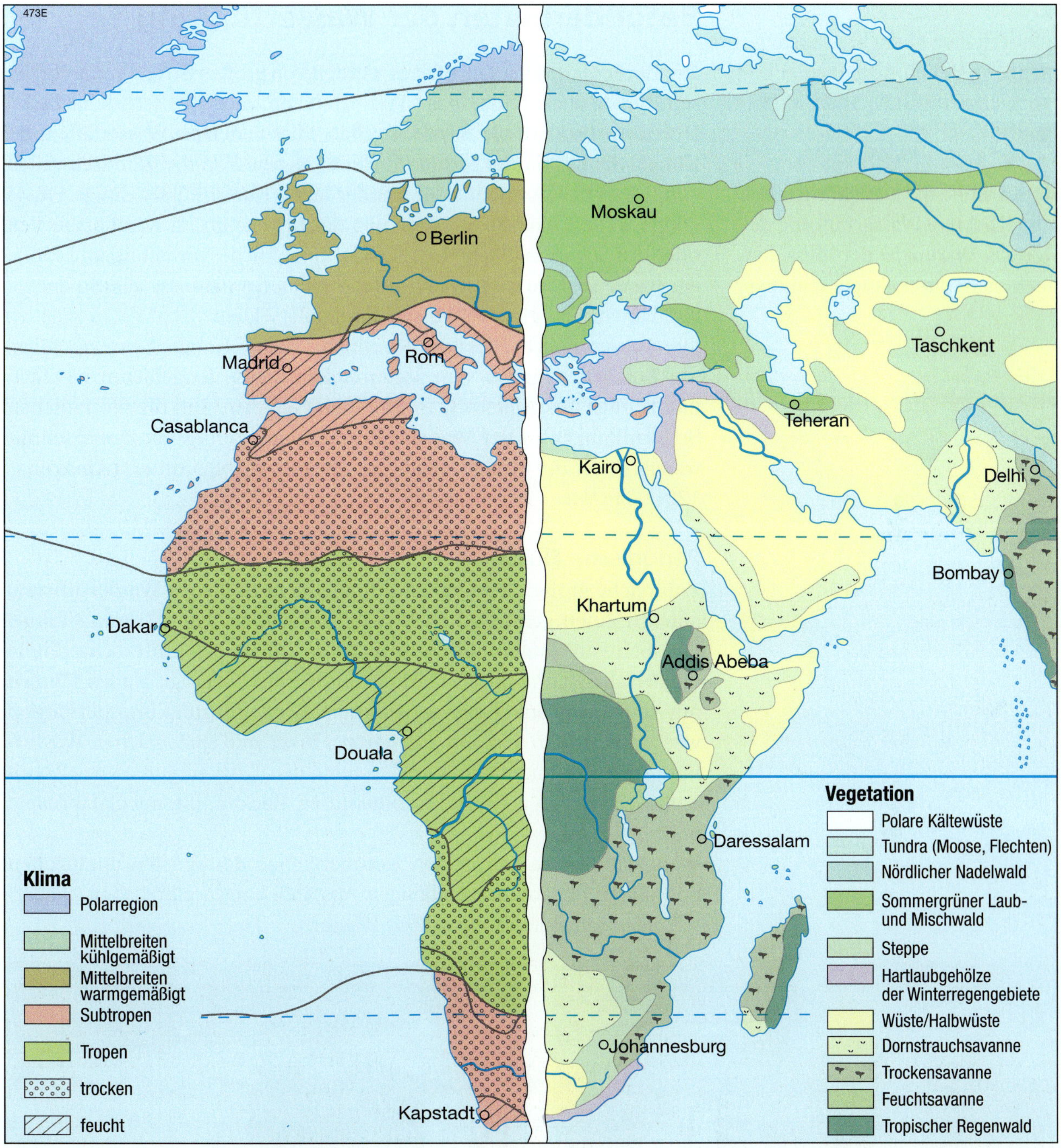

M3 *Ausschnitt aus einer Karte der Klimazonen bzw. aus einer Karte der Vegetationszonen Afrikas*

Klima und Vegetation passen zusammen:
Alle Pflanzen sind an das Klima der Erdregion angepasst, in der sie wachsen. Zwischen den Polen und Polarkreisen können wegen der niedrigen Temperaturen keine höher entwickelten Pflanzen wachsen. Neben den Temperaturen bestimmt aber auch die Höhe der Niederschläge über das Pflanzenwachstum. Trockengebiete haben nur eine spärliche Vegetation. Dass dort überhaupt Pflanzen wachsen, liegt an deren Fähigkeit, Wasser zu speichern.Einige haben Dornen, andere haben kleine, mit einer Wachsschicht überzogene Blätter oder Nadeln. Damit schützen sie sich vor Verdunstung. Regionen mit einem feucht-warmen Klima weisen ein üppiges Pflanzenwachstum auf (vgl. auch S. 180/181).

1 In welchem zeitlichen Zusammenhang stehen Regenzeiten und Hochwasserführung afrikanischer Flüsse?

2 Begründe die ganzjährig relativ ausgeglichene Wasserführung des Kongos. Warum ist der Fluss dennoch nicht durchgängig schiffbar?

Besonderheiten der Wasserführung

Die Beckenlandschaften Afrikas werden von großen Strömen durchflossen. Bevor diese Flüsse das Meer erreichen, durchfließen sie in tiefen Durchbruchstälern die Randschwellen. Hier bilden sie Wasserfälle (z.B. Kongo, Sambesi) oder Stromschnellen (Niger). Von den Randschwellen zum Meer fließen mehr oder minder lange Küstenflüsse. Einige Flüsse enden in abflusslosen Becken, wie der Okavango im Kalaharibecken oder der Schari im Tschadsee. Die jahreszeitliche Verteilung und Höhe der Niederschläge wirken sich auf die Abflussverhältnisse aus. So entstehen Unterschiede in der Wasserführung der Flüsse.
Der wasserreichste Fluss des Kontinents ist der Kongo. Seine wichtigsten Zuflüsse liegen in den regenreichen Schwellengebieten nördlich und südlich des Äquators. In humiden Gebieten sind die monatlichen Schwankungen in der Wasserführung relativ gering. Im Durchschnitt transportiert der Kongo 40 000 m^3 Wasser pro Sekunde! (Amazonas 120 000 m^3/s).

Periodische Flüsse

Zahlreiche große Flüsse fallen durch eine **periodische Wasserführung** auf. Zu ihnen gehören neben dem Niger auch Sambesi und Oranje. Die Schwankungen im Wasserstand sind durch unterschiedliche Niederschläge und durch Verdunstungsverluste bedingt. Neben Flüssen mit kaum schwankender, ganzjähriger Wasserführung und periodisch wasserführenden Flüssen existieren Flüsse mit episodischer Wasserführung. Diese findet man vorwiegend in den Trockenräumen des Kontinents. Sie enden zumeist in abflusslosen Becken, die mit Salzkrusten überzogen sind.
Wadis sind vor allem in den Kernbereichen der Wüsten anzutreffen und führen nur in unregelmäßigen Abständen nach plötzlichen Niederschlagsereignissen für kurze Zeit Wasser.

M1 *Wasserfall am Blauen Nil am Ende der Trockenzeit und während der Regenzeit*

Verschwindet der Tschadsee?

Einer der großen Seen der Erde, den sich Nigeria, Tschad, Kamerun und Niger teilen, trocknet aus. Der Tschadsee ist geschrumpft. Schuld daran haben sowohl die globale Erwärmung als auch die Wasserentnahme für Bewässerung sowie der Staudammbau für Kraftwerke.
Noch vor 30 Jahren war dieses Gebiet von Wasser bedeckt und die Stadt Baga befand sich am Seeufer. Jetzt liegt sie verlassen viele Meilen vom See entfernt, und das Land herum wird Wüste. Die Sahara breitet sich südwärts aus. Um das wahre Ausmaß dieser Umweltkatastrophe rund um den Tschadsee zu ermessen, muss man vom Weltall aus auf den See blicken (M2). Einst war er ein riesiger Inlandsee. Noch vor 40 Jahren hatte er ein Ausmaß von 38850 km². Das neueste Satellitenbild zeigt gerade noch 1295 km².

M3 *Der Tschadsee ist die Lebensgrundlage vieler Menschen*

Folgen für das Leben der Menschen

„Das Überleben hier ist sehr problematisch, weil wir keine anderen Einkommensmöglichkeiten als Landwirtschaft und Fischerei haben", sagt unser Fahrer. „Wir hängen ausschließlich vom Wasser ab, und wenn es nicht genug ist, gibt es ernsthafte Schwierigkeiten."
Am Seeufer ziehen Fischer kleine schwarze Welse aus einer Reuse aus Bambus. Der Fang ist klein. „Früher füllten sich etwa 30 dieser Reusen mit Fischen", erklärte ein Fischer. „Aber jetzt füllt sich höchstens eine." Ein ehemaliger Fischer sagt: „Wenigstens haben wir etwas mehr Ackerland." Dort, wo es genügend Wasser gibt, kann das Land sehr fruchtbar sein. Rund um ein Dorf sahen wir Mais, Reis und Süßkartoffeln.
„Die Versteppung bewegt sich südwärts", sagt William Bata Ndahi, Direktor des Tschadsee-Forschungsinstitutes. „Das Wasser zieht sich mehr und mehr zurück. Wir denken, die Versteppung trägt am meisten Schuld am Sterben des Tschadsees." (Nach: BBC News vom 14.04.2006)

3 Beschreibe die Lage des Tschadsees (Gradnetz, Länder, Klimazone, Vegetationszone).

4 Vergleiche die beiden Satellitenbilder (M2).

5 Nenne Ursachen und Folgen der Veränderungen.

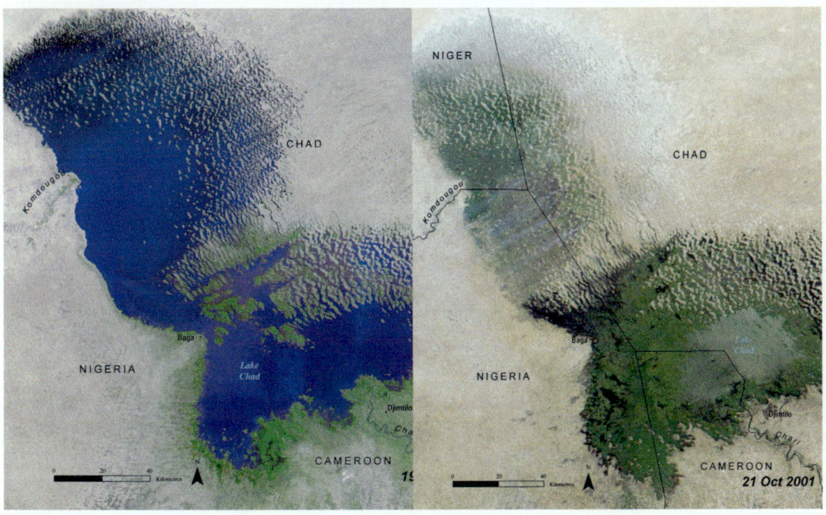

M2 *Satellitenaufnahmen vom Tschadsee 1972 und 2001*

Merke
Afrika wird von großen Strömen durchzogen, die eine unterschiedliche Wasserführung aufweisen. Der Tschadsee verliert dramatisch an Fläche.

Grundbegriff
- periodische Wasserführung

1 Beschreibe und begründe die Verteilung der tropischen Regenwälder auf der Erde (Arbeitsheft, S. 31).

2 Was verbindest du mit den Begriffen „tropisch“ und „Regenwald“?

3 Beschreibe beim täglichen Ablauf des Wetters im tropischen Regenwald die Situation um 6 Uhr, 8 Uhr, 12 Uhr und 16 Uhr (M3).

4 Im tropischen Regenwald gibt es keine Jahreszeiten. Erkläre (M1, M3, Text).

5 Warum wird der tropische Regenwald auch „Schatzkammer“ genannt?

Im tropischen Regenwald am Äquator

Der **tropische Regenwald** ist eine Schatzkammer. Er liefert nicht nur Nahrungsmittel wie Zuckerrohr, Bananen, Kakao, Kaffee und Nüsse, sondern auch Grundstoffe für Kosmetika und Arzneimittel sowie Rohstoffe wie Gummi, Öle, Fasern und Harze.

Im tropischen Regenwald gibt es verschieden hohe Sträucher und Bäume. Kraut- und Strauchschicht und drei Baumschichten bilden den Stockwerkbau des Regenwaldes. Das dichte Blätterdach der oberen Baumschicht wird von einzelnen, zum Teil 60 Meter hohen Bäumen überragt. Diese „Urwaldriesen“ besitzen Brettwurzeln, die viele Meter hoch sind und die die Form von sternförmig ineinander gesteckten Tafeln haben. Sie sorgen dafür, dass die riesigen Bäume standfest sind. Schlingpflanzen (Lianen) spannen sich von Baum zu Baum, Moose hängen herab. Auf verschiedenen Bäumen wachsen Blumen oder andere Pflanzen, zum Beispiel Orchideen.

Die Bäume werfen ihre Blätter im Verlauf des Jahres zu unterschiedlichen Zeiten ab. Neue Blätter wachsen nach. So erscheint der Wald immergrün. Es gibt keine Jahreszeiten wie bei uns. Der tropische Regenwald beherbergt 40 – 50 Prozent aller Tier- und Pflanzenarten der Erde.

Im tropischen Regenwald ist es das ganze Jahr hindurch heiß und schwül. Täglich gibt es Gewitter.

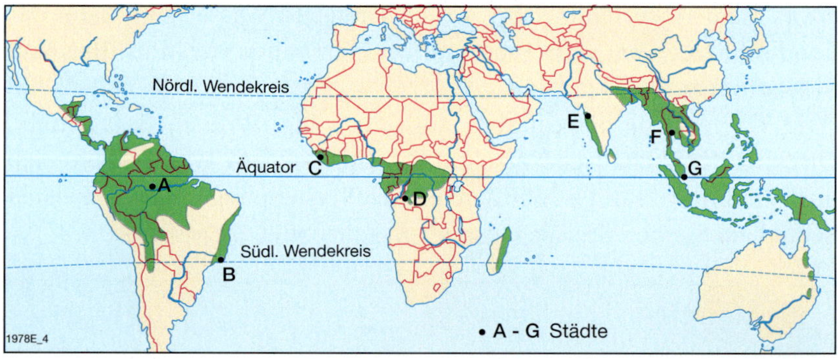

M2 *Verbreitung der tropischen Regenwälder*

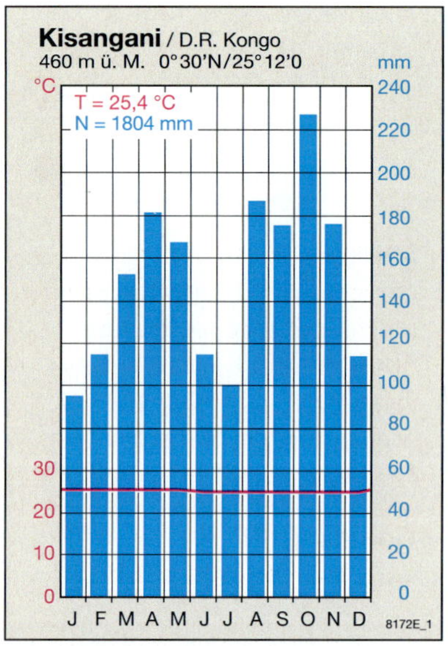

M1 *Klimadiagramm*

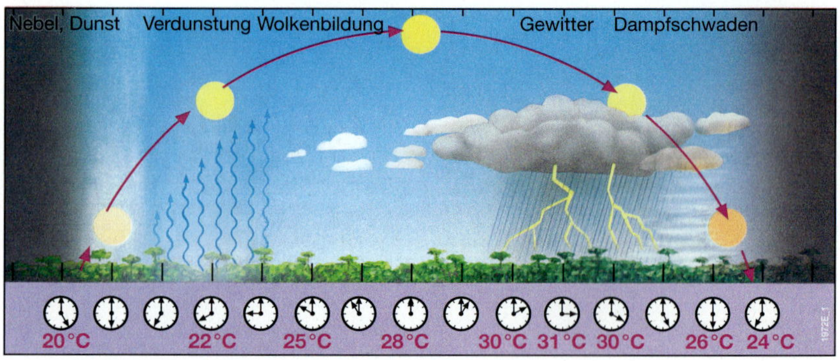

M3 *Täglicher Ablauf des Wetters*

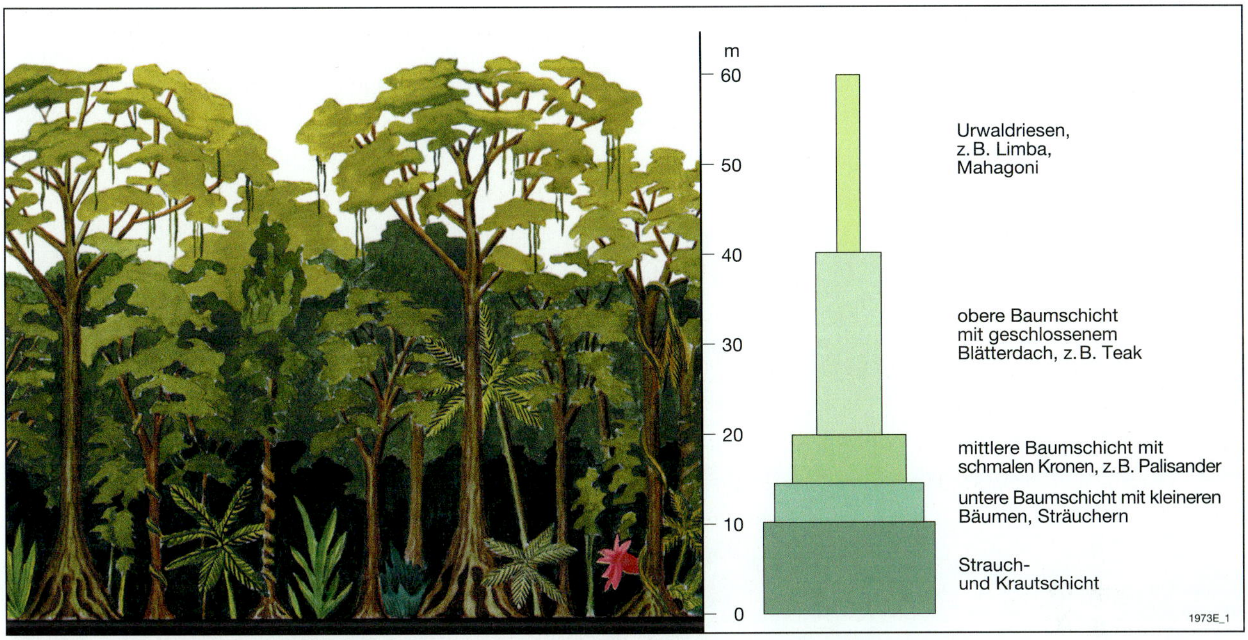

M4 *Stockwerkbau im tropischen Regenwald (Schema)*

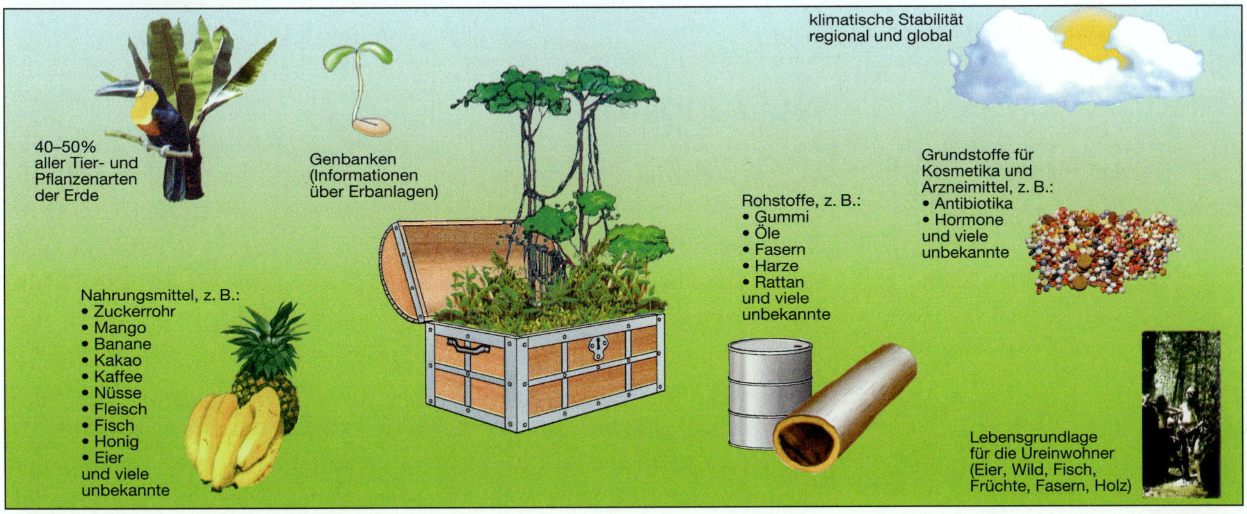

M5 *Schatztruhe tropischer Regenwald*

M6 *Palmenlanzenotter: Ihr Gift wird zur Blutdrucksenkung benutzt.*

M7 *Pfeilgiftfrosch: Aus seinen Hautabsonderungen gewinnt man ein starkes schmerzlinderndes Mittel.*

Merke
Im tropischen Regenwald bilden die Pflanzen einen Stockwerkbau. Es gibt keine Jahreszeiten und fast täglich kommt es zu Gewittern.

Grundbegriff
• tropischer Regenwald

M1 *Brandrodung*

Nutzungsformen

1 Erkläre den Begriff Wanderfeldbau.

Die Ackerbauern des tropischen Regenwaldes betreiben eine Landwirtschaft, die den Naturbedingungen des Regenwaldes angepasst ist. Sie legen ihre Felder durch Brandrodung an: Zuerst werden die kleineren Bäume und die Sträucher abgeschlagen, dann wird die Fläche abgebrannt. Die größeren Bäume und die Baumstümpfe verkohlen. Ihre Asche ist ein guter Dünger. Allerdings ist der Boden viel nährstoffärmer als unsere Böden. Er ist daher schon nach wenigen Jahren ausgelaugt. Die Bauern roden ein neues Waldstück und legen ein neues Feld an. Das alte, verlassene Feld bleibt brach liegen. Bald wächst wieder Wald nach. Ungefähr 20 Jahre später werden oft die gleichen Felder gerodet. Diese Form der Landnutzung nennt man **Wanderfeldbau**.

Über Jahrhunderte blieb der Schaden für den Regenwald gering, weil die Menschen nur kleine Flächen rodeten und diese erst nach vielen Jahren wieder nutzten. Der Wald konnte sich erholen. Heute jedoch ist die Bevölkerungszahl so groß, dass mehr Flächen gerodet werden. Während früher nur für den eigenen Bedarf angebaut wurde (Subsistenzwirtschaft), verkaufen viele Bauern heute ihre Produkte auch auf den lokalen Märkten in den Städten.

Pflanzen und Boden bilden einen Nährstoffkreislauf: Abgestorbene Äste und Laub sammeln sich in der obersten Schicht des Bodens. Ameisen, Würmer und andere Lebewesen zerkleinern sie. Es entsteht Humus. Pilze und Kleinstlebewesen zerlegen den Humus bis Nährstoffe entstehen, die von den Wurzeln der Bäume aufgenommen werden können.

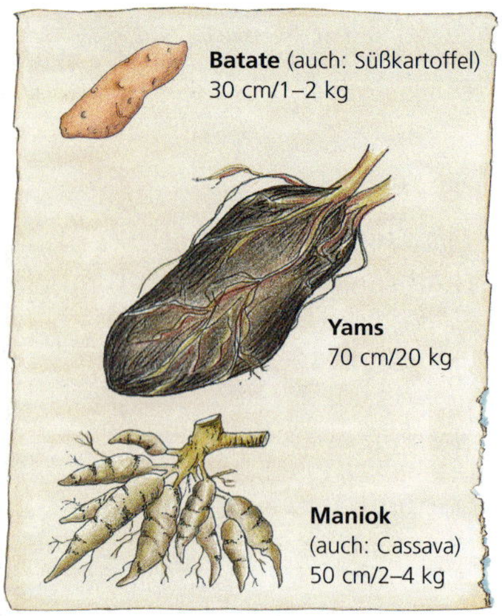

M2 *Tropische Knollenfrüchte*

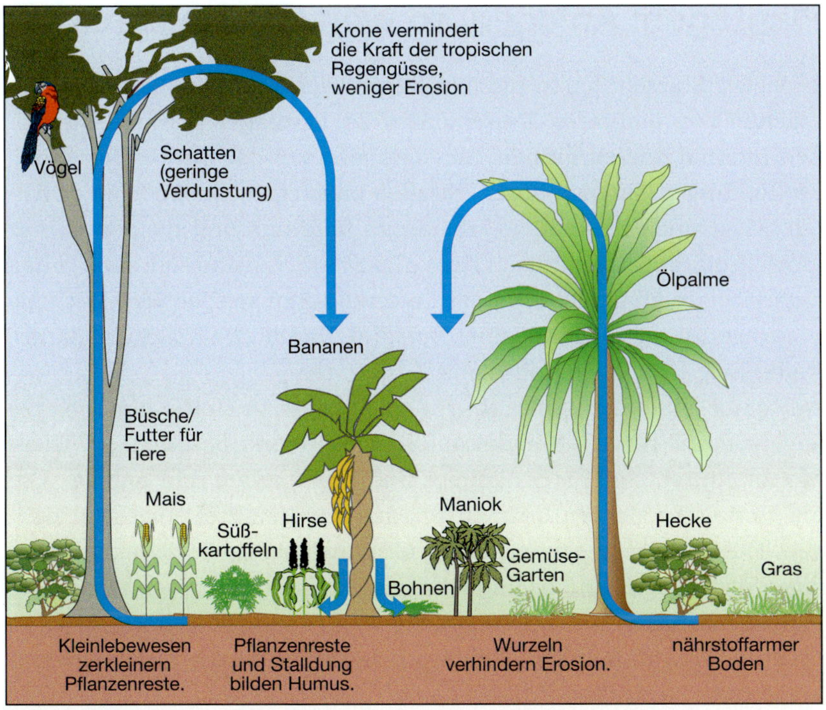

M3 *Agroforstwirtschaft – eine schonende Regenwaldnutzung*

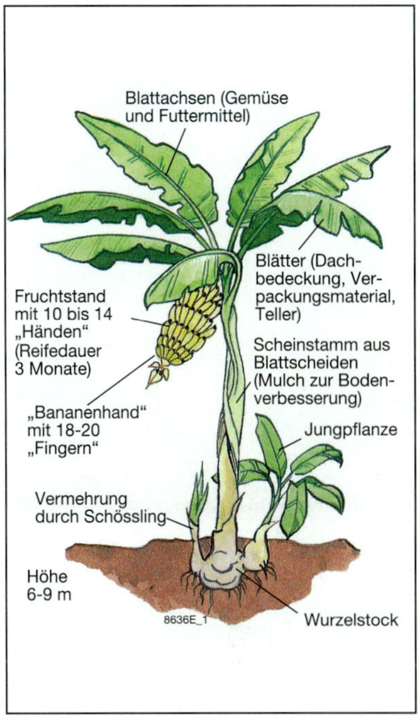

M4 *Bananenstand (Schemazeichnung)*

Dauerfeldbau statt Wanderfeldbau

Die Bevölkerung in den Ländern Zentralafrikas hat sich in den letzten 25 Jahren nahezu verdoppelt. Für den Wanderfeldbau gibt es in manchen Regionen nicht mehr genug Flächen. Deshalb gehen viele Bauern zum **Dauerfeldbau** über. Die Regenwälder werden großflächig gerodet, und auf den Flächen wird jedes Jahr Anbau betrieben. Dadurch wird der gut funktionierende Nährstoffkreislauf unterbrochen.

Die Ernteerträge gehen schnell zurück, denn den angebauten Nutzpflanzen fehlt der Nährstoffnachschub. Außerdem tragen die kräftigen Regengüsse die jetzt wenig geschützte Humusschicht ab. Der Boden unter der Humusschicht ist nährstoffarm. Handelsdünger kann nur begrenzt helfen, weil die Böden Nährstoffe schlecht speichern können.

Mit der Agroforstwirtschaft versucht man, den Stockwerkbau des Waldes nachzuahmen: Beim Roden der Flächen werden einzelne Urwaldriesen stehen gelassen. Im Schatten dieser Bäume werden Fruchtbäume gepflanzt, zum Beispiel Öl- und Kokospalmen. Zwischen den Bäumen wachsen in Mischkultur die Feldfrüchte. Der Boden wird sorgfältig mit Stalldung und Pflanzenresten bedeckt. Sie führen ihm neue Nährstoffe zu. Das Blätterdach schützt den Boden bei starken Regenfällen vor Erosion. Durch die Vielfalt der Pflanzen werden die Nährstoffe im Boden ständig erneuert. Auf diese Weise kann die Fruchtbarkeit des Bodens weitgehend erhalten werden. Es ist jedoch oft nicht leicht, die Bauern von dieser neuen, ungewohnten Wirtschaftsweise zu überzeugen.

2 Welche Probleme ergeben sich beim Dauerfeldbau?

3 Analysiere die Gemeinsamkeiten zwischen der Agroforstwirtschaft und dem unberührten tropischen Regenwald?

Merke
Die Nutzung des tropischen Regenwaldes erfolgt traditionell im Wanderfeldbau. Die Ernährung der wachsenden Bevölkerung soll durch Dauerfeldbau gesichert werden.

Grundbegriffe
- Wanderfeldbau
- Dauerfeldbau

M1 *Kakaofrucht*

1 Begründe, warum die Zahl der Plantagen zunimmt.

2 Stellt mithilfe von Lexika und Sachbüchern ein Plantagenprodukt auf einem Plakat vor.

Plantagen: Anlagen, so weit das Auge reicht

In vielen Staaten des tropischen Regenwaldes gibt es **Plantagen** mit Flächen von mehreren Tausend Hektar. Plantagen gehören oft großen internationalen Firmen. Sie verfügen über das notwendige Geld, um Rodungen durchzuführen, Straßen anzulegen, Gebäude zu errichten, Maschinen zu kaufen, Arbeiter zu bezahlen und für den Export ihres Produktes zu sorgen. Diese Großbetriebe sind auf den Anbau mehrjähriger Nutzpflanzen oder Dauerkulturen spezialisiert. Wichtige Plantagenpflanzen sind zum Beispiel Bananen, Kakao, Ananas, Kautschuk, Ölpalmen, Kaffee und Zuckerrohr.

Auf einer Plantage wird auf großen Flächen nur eine Nutzpflanze angebaut, die für den Verkauf auf dem Weltmarkt bestimmt ist. Diese Monokulturen sind für Schädlinge und Krankheiten sehr anfällig. Um die Ernten zu sichern, müssen Pflanzenschutzmittel eingesetzt werden. Die Gifte gelangen in Böden, Grundwasser und Flüsse. Sie schädigen die Umwelt und beeinträchtigen die Gesundheit der Menschen. Plantagenarbeiter und ihre mitarbeitenden Familienangehörigen leiden oft unter Hautausschlägen, verätzten Augen und haben Probleme mit Magen und Nieren.

Bäume in Reih und Glied – auf der Kuroku-Plantage in Ghana

Eine kilometerlange Asphaltstraße führt eine Journalistengruppe durch eine Anlage, in der, so weit das Auge reicht, Kakaobäume in Reih und Glied stehen. Im Zentrum dieser Plantage liegen das Verwaltungsgebäude und Verarbeitungsanlagen für Kakaobohnen. Bill Morton, der Manager, berichtet über den landwirtschaftlichen Großbetrieb:

„Unsere Plantage ist 10 000 ha groß und beschäftigt 200 Arbeiterinnen und Arbeiter. Wir gehören einem amerikanischen Fruchtkonzern, der neben Kakao- auch Bananen- und Ölpalmplantagen besitzt.

Auf der Plantage wachsen ausschließlich Kakaobäume. Die Bäume tragen etwa zwanzig Jahre lang Früchte, dann müssen sie durch neue ersetzt werden. Jede Kakaofrucht enthält 30 bis 40 Bohnen, die in unseren Anlagen vorbehandelt werden. Danach werden sie an Großhändler in Europa und den USA verkauft und dort zum Beispiel zu Schokolade oder Schoko-Getränken weiterverarbeitet.

Der Unterhalt einer Plantage ist sehr teuer: Wir müssen Straßen und Eisenbahnanschlüsse bauen, um die Bohnen zu den Häfen transportieren zu können. Auch der Lohn für die Arbeiterinnen und Arbeiter, die Maschinen, die Düngemittel, der Pflanzenschutz und die Gebäude kosten viel Geld. Trotzdem machen wir Gewinne, da Kakao auf dem Weltmarkt begehrt ist.

Weil auf Plantagen in der Regel nur ein Produkt angebaut wird, sind diese Monokulturen besonders anfällig gegen Schädlinge und Krankheiten. Nur mit Pflanzenschutzmitteln können wir die Bäume gesund erhalten und die Ernten sichern. Wir setzen diese Mittel vorsichtig ein, damit die Rückstände den Boden und das Grundwasser so wenig wie möglich belasten.

Der Bedarf an Plantagenprodukten auf dem Weltmarkt steigt. Deshalb will der Besitzer die Fläche und die Zahl seiner Plantagen auch auf anderen Kontinenten vergrößern. Die Umweltorganisationen befürchten jedoch, dass dadurch noch mehr Regenwälder vernichtet werden."

Merke

Auf Plantagen wird oft nur eine Nutzpflanze in Monokultur für den Export angebaut. Die Monokulturen müssen vor Schädlingen und Krankheiten geschützt werden. Die dafür eingesetzten Pflanzenschutzmittel sind sehr giftig und gefährden sowohl die Gesundheit der Plantagenarbeiter als auch das Grundwasser.

Grundbegriff
- Plantage

Plantagenkulturen in aller Welt

Kaffee

Die Kaffeepflanze stammt aus Äthiopien. Es gibt Kaffeebäume und -sträucher. Die Kaffeekirschen enthalten entweder einen rundlichen oder zwei bohnenförmige Samen. Nach der Ernte werden die Schalen entfernt. Man erhält die Kaffeebohnen. Diese werden in den Verbraucherländern geröstet. Dabei entwickeln sie ihr Aroma.

Kautschuk

Kautschuk wird aus der Rinde eines Baumes gewonnen, der zu den Gummi- und Harzpflanzen gehört. Er wird bis zu 30 m hoch und stammt aus den Regenwäldern am Amazonas in Südamerika. Um den Milchsaft (Latex) zu gewinnen, wird die Rinde der Bäume eingeschnitten. Der Saft tröpfelt in einen Becher, der am Baum angebracht ist.

Ölpalme

Die Ölpalme ist ein wichtiger Fettlieferant. Sie wird 20 bis 30 m hoch. Jede Palme bringt jedes Jahr etwa fünf bis zehn Fruchtstände (siehe Abbildung) hervor, von denen jeder bis zu 50 kg schwer werden kann. Das Öl wird aus dem Fruchtfleisch gewonnen. Dies geschieht auf den Plantagen.

Ananas

Die Ananas kommt vermutlich ursprünglich aus Mittelamerika. Aus den ährenartigen Blüten entwickeln sich sechs Monate später die reifen Früchte. Im nächsten Jahr blüht dann ein Seitentrieb und so setzt sich das Jahr für Jahr fort. Allerdings werden die Früchte immer kleiner. Deshalb setzt man schon nach drei Jahren neue Pflanzen.

Savannen – tropische Grasländer

M1 *Savanne in der Trockenzeit*

M2 *Savanne in der Regenzeit*

Als **Savannen** („weite Ebenen") werden die mit einzeln stehenden Bäumen und Sträuchern durchsetzten Grasländer der tropischen Sommerregengebiete bezeichnet. Dieser Vegetationstyp bedeckt etwa 15 Prozent der Festlandsfläche der Erde. Besonders große Gebiete nehmen die Savannen in Afrika, Australien und Südamerika ein.
Grundlagen ihrer Entstehung sind entsprechende Niederschlagsmengen, sandige oder tonhaltige Böden, immer wiederkehrende natürliche und vom Menschen angelegte Buschbrände und die Wirkung von Termiten. Die Grasländer der wechselfeuchten Tropen sind durch den Menschen, zum Beispiel durch Umwandlung in Ackerland, in Weide- oder Siedlungsflächen stark verändert.

Savannen: Regen- und Trockenzeiten

In den Savannen der wechselfeuchten Tropen herrschen aufgrund der starken Sonneneinstrahlung ganzjährig hohe Temperaturen. Niederschläge dagegen fallen über das gesamte Jahr sehr ungleich verteilt. Es wechseln sich Regen- und Trockenzeiten ab.
Wie du bereits weißt, verlagern sich mit dem Wandern des Zenitstandes der Sonne auch die Luftmassen um einige Breitengrade. In den Monaten des Sonnenhöchststandes herrscht die feucht-heiße Äquatorialluft vor, dann ist Regenzeit. Das Wirken der trocken-heißen Passatluft ist die Ursache für Trockenzeiten. Ihre Dauer nimmt in Richtung der Wendekreise zu. Dies hat Auswirkungen auf die Vegetation in den Grasländern, sie wird immer spärlicher.
An den tropischen Regenwald schließen sich Feuchtsavanne und Trockensavanne an, die Dornstrauchsavanne bildet den Übergang zur Wüste.

1 Beschreibe die Verbreitung der Savannen (Atlas, M3).

2 Vergleiche M1 und M2.

3 Nenne die drei Savannenarten und beschreibe ihre Vegetation (Arbeitsheft, S. 27).

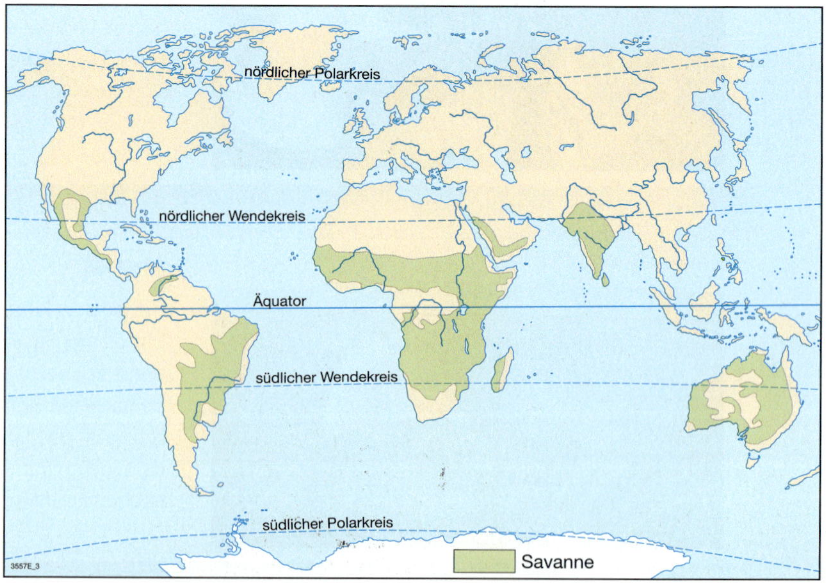

M3 *Verbreitung der Savannen*

Feuerlandschaft Savannen

In Gebieten mit Trockenzeiten brennt es fast regelmäßig, so auch in den Savannen. Durch Blitzschlag ausgelöste Feuer spielen hier aber eher eine untergeordnete Rolle. Vielmehr legt der Mensch gezielt Feuer, um das Grasland von abgestorbenem Pflanzenmaterial zu befreien. Etwa alle ein bis drei Jahre geht ein Großteil der Savannen Afrikas und anderer Kontinente in Flammen auf. Gras und Gestrüpp verwandeln sich dabei in Asche, die Nährstoffe für die später neu sprießende Vegetation bereithält. Außerdem werden neue Flächen für die Land- und Weidewirtschaft geschaffen.

Zahlreiche Pflanzen und Tiere haben sich dem regelmäßig auftretenden Feuer in den Savannen weitgehend angepasst. Zum Problem wird das nützliche Feuer für die Menschen, wenn es Siedlungen bedroht und wirtschaftlichen Schaden anrichtet. Dann muss ein Savannenbrand gelöscht werden (M4).

M5 *Das schwammartige Holz des Baobab kann in der Regenzeit eine Unmenge von Wasser aufnehmen und speichern. Der Baum versorgt sich damit in der Trockenzeit.*

Im Land der wandernden Herden

Die Savannen Afrikas sind die Heimat der großen Wildtierherden. Heute sind ihre Wanderungen jedoch nur noch in den großen Nationalparks, zum Beispiel in der Serengeti, ungestört zu beobachten: „Nach der Regenzeit bevölkern Tausende von Tieren die Serengeti. Riesige Herden von Gnus, Zebras und Gazellen ziehen über die grüne Savanne. Ihre Gräser, Kräuter, Büsche und Bäume bilden eine einmalige natürliche Weidefläche. Auch die Jäger, zum Beispiel die Löwen, sind jetzt satt und zufrieden. Wenn das Gras abgefressen ist, müssen die Tiere neue Weidegebiete suchen, denn vor der nächsten Regenzeit wächst nichts mehr nach. Auf dem Höhepunkt der Trockenzeit beginnt die Wanderung der hungrigen Tiere nach Süden, dem Regen entgegen."
(Nach: Gordon, René, 1988)

M4 *Feuer in der Savanne*

Merke
Savannen gehören zu den Grasländern der Erde. Sie liegen in der Zone der wechselfeuchten Tropen. Durch die unterschiedliche Dauer der Regen- und Trockenzeiten haben sich Feucht-, Trocken- und Dornstrauchsavanne ausgebildet. Charakteristisch sind immer wiederkehrende natürliche und anthropogen bedingte Brände.

Grundbegriff
- Savanne

Additum: Entwicklungsfaktor Tourismus

Info

Steckbrief Kenia

Fläche:	ca. 582 650 km²
Einwohner:	ca. 38 Mio. (2008)
Hauptstadt:	Nairobi
Bevölkerungsdichte:	63 Einw./km²
BNE:	580 US-$/Einw. (2006)
Währung:	Kenia-Schilling (1 Euro = 103 Kes, Stand: 04.03.09)

Reichtümer Kenias: Natur und Kultur

Kenia weist eine große natürliche Vielfalt auf: palmenbewachsene Sandstrände, Wüstengebiete, mit Schirmakazien bestandene Savannen, tropische Regenwälder. Entlang des ostafrikanischen Grabens liegen schneebedeckte Vulkane, heiße Quellen, Geysire und viele Seen.
Unermesslich reich ist die Tierwelt, die in über 50 Wildreservaten und Nationalparks geschützt wird. Doch Probleme bleiben nicht aus. Wilderer töten zum Beispiel Elefanten und Nashörner, um danach deren Stoßzähne und Hörner zu verkaufen. Aber auch unzählige Safari-Busse zerfurchen den Boden und zerstören die verletzliche Grasnarbe.

Vom Leben außerhalb der Touristenzentren

Viele der jungen Kenianer wohnen und arbeiten nur zur Hauptreisezeit in den großen Städten. Den Rest des Jahres verbringen sie bei ihren Familien in der Trockensavanne. Die Frauen oder älteren Menschen leben dort meist als Nomaden oder Ackerbauern. Das Geld, das die Jungen in den Städten verdienen, wird größtenteils zur Versorgung für die große Verwandtschaft auf dem Land verwendet.
Im Umkreis der abgezäunten Touristengettos verkaufen zahlreiche Kinder und Frauen Reiseandenken. Oft gehören sie zu „Drückerkolonnen“ und arbeiten für ein armseliges Entgelt. Der Tourismus hat in den weit abgelegenen Gebieten bereits die traditionellen Lebensgewohnheiten der Bevölkerung verändert. So organisieren Reiseunternehmer häufig Busfahrten zu einheimischen Volksstämmen. Dort wird den Ausländern gegen Bezahlung „exotische Kultur“ geboten: Kriegstänze, Fruchtbarkeitsriten oder „Eingeborenenfeste.“ Die Stammesangehörigen kaufen sich von ihren Einnahmen Dinge des täglichen Gebrauchs, die sie zuvor häufig selbst hergestellt haben.

1 Begründe, weshalb Kenia auch für uns ein begehrtes Reiseziel ist.

M1 *Touristin mit einem Massai*

Info

Auswirkungen des Tourismus auf Land und Bevölkerung

- Deviseneinnahmen durch Tourismus
- Wirtschaftliche Entwicklung des Landes wird gefördert
- Ausbau des Verkehrsnetzes wird vorangetrieben
- Erschließung des Landesinneren kann gefördert werden
- Arbeitsplätze für die Einheimischen werden geschaffen
- Ausbau von Schulen kann finanziert werden
- Hohe Kosten für den Ausbau von Touristenzentren
- Hohe Aufwendungen für Warenimporte
- Gettobildung: „arme Schwarze“, „reiche Weiße“
- Hotels meist im Besitz von Ausländern – Einnahmen fließen ins Ausland ab
- Schlecht bezahlte Arbeitsplätze für Einheimische schüren Missgunst
- Verlust der traditionellen Lebensweise der einheimischen Bevölkerung
- Belastung der Umwelt (Beeinträchtigung von Fauna und Flora, Wohlstandsmüll)

Touristisches Potenzial der Savanne

Der Etoscha-Nationalpark liegt in den Savannen Namibias und ist eines der bedeutendsten Wildschutzreservate der Welt. Bereits 1907 wurde er gegründet, um den reichen Tierbestand vor der Ausrottung durch Jäger zu bewahren. Diese machten Geschäfte mit Elfenbein und Nashorn. Der Park wurde mit einem 1640 km langen Zaun umgeben, sodass sich der Wildbestand erholen konnte.
Seitdem treten aber andere Probleme auf: Der Zaun setzt dem Lebensraum der Tiere Grenzen, dadurch wird das natürliche Gleichgewicht gestört. Überweidung, Wassermangel und eine zu starke Vermehrung einzelner Tierarten sind die Folgen.
Das Herz des Nationalparks bildet die Etoscha-Pfanne (in der Sprache der Ovambo: „großer weißer Platz"). Sie ist ein 5000 km² großer ausgetrockneter, vegetationsloser Salzsee, der sich in der Regenzeit kurzzeitig mit Wasser füllen kann. An seiner Südseite liegen etwa 30 Quellen und Wasserlöcher, die durch im Kalkstein gespeichertes Regenwasser entstehen. Diese Stellen bieten für den Tourismus optimale Voraussetzungen. Hier kann der überaus große Reichtum an Säugetieren und Vogelarten beobachtet werden. In der Trockenzeit versammeln sich Tausende Tiere um die Wassertümpel.

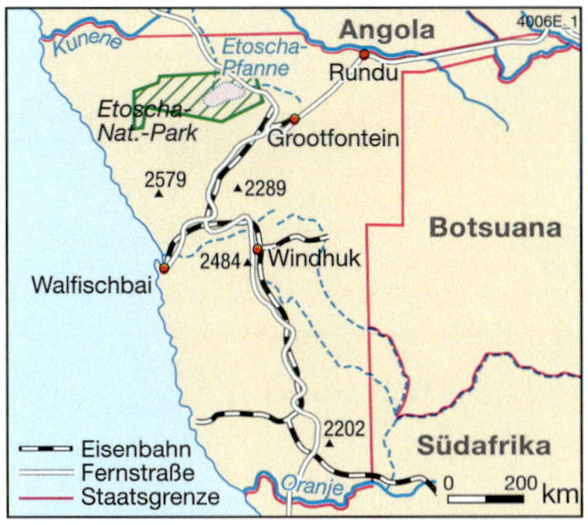

M3 *Namibia*

2 Beschreibe die Lage des Etoscha-Nationalparks und sein Naturraumpotenzial für den Tourismus.

3 Belege, dass im Nationalpark ein nachhaltiges Tourismus-Konzept verfolgt wird.

Verhaltensregeln für Besucher des Nationalparks

- Die Einfahrt ist nur zwischen Sonnenauf- und Sonnenuntergang erlaubt.
- Motorrädern und offenen Fahrzeugen wird kein Einlass gewährt.
- Die Fahrbahnen zu verlassen oder auszusteigen, ist verboten.
- Die Geschwindigkeitsbegrenzung von 60 km/h ist einzuhalten.
- Übernachtungen sind nur in den Lodges erlaubt.
- Die Mitnahme von Haustieren sowie Luftbüchsen, Katapulten und unplombierten Schusswaffen ist verboten.

Merke
Die Savannen bietet aufgrund ihrer Naturschönheiten und kulturellen Vielfalt ein vielfältiges touristisches Potenzial.

M2 *Wasserstelle in der Trockenzeit im Etoscha-Nationalpark*

M4 *Hinweis für Besucher*

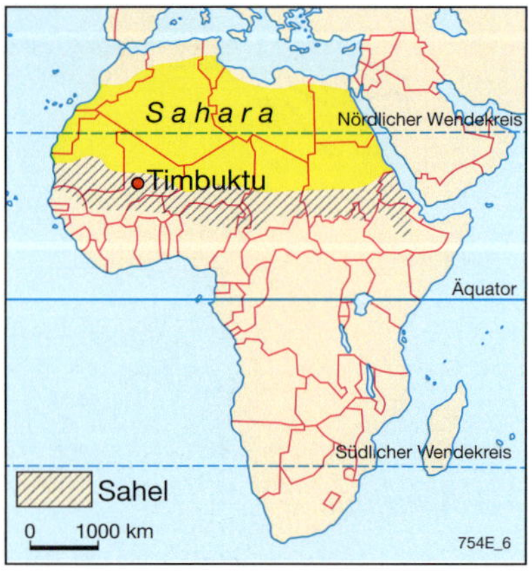

M1 *Lage der Sahelzone*

Ein gefährdeter Naturraum

Das Wort Sahel bedeutet „Ufer". So nannten arabische Kamelreiter den Übergangsbereich zwischen Wüste und Dornstrauchsavanne. Hier fanden die Viehherden Nahrung, wenn sie nach langer, entbehrungsvoller Wanderung von Norden nach Süden die Sahara durchquert hatten. Doch auch die Sahelzone ist ein dürregefährdeter Raum. Neun Monate herrscht der trockene Nordostpassat. Fällt in den wenigen Monaten der Regenzeit wenig oder gar kein Niederschlag, dann verdorren die kargen Grasweiden. Nur Akazien, Dornsträucher und Affenbrotbäume vermögen dank ihres tiefgehenden Wurzelwerks und der kleinen, wasserspeichernden Blätter zu überleben. In feuchteren Jahren gehen oft in wenigen Wochen sturzflutartige Regengüsse nieder. Ein Teil des Wassers versickert und füllt die leeren Brunnen auf. Ein anderer Teil fließt an der Oberfläche ab. Wer ständig in diesem Raum lebt, muss wissen, dass schon die kleinsten Eingriffe in den empfindlichen Naturhaushalt zu schweren Schäden führen.

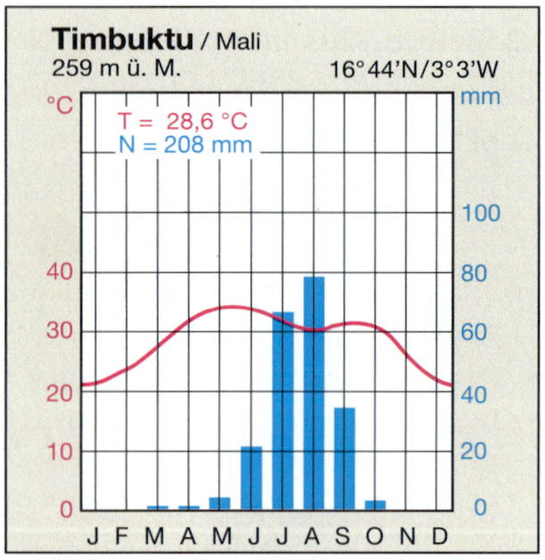

M2 *Klima im Sahel*

M3 *Wasserholerinnen an einem ausgetrockneten Flussbett*

Info

Mangelware Holz

Holz ist der wichtigste Brennstoff in den Ländern des Sahel. Da es weder Kohle, Erdgas noch Erdöl gibt, muss das Essen auf Holzfeuerstellen gekocht werden. Auch als Baumaterial ist Holz unentbehrlich. Die Frauen und Kinder einer Familie sind ständig auf Holzsuche. Die Umgebung der Dörfer ist aber bereits abgeholzt. So müssen sie weit laufen, um Bäume mit trockenen Ästen zu finden. Immer öfter werden dabei grüne Äste oder junge Bäume abgeschlagen.

M4 *Überweidung an einer der wenigen Wasserstellen*

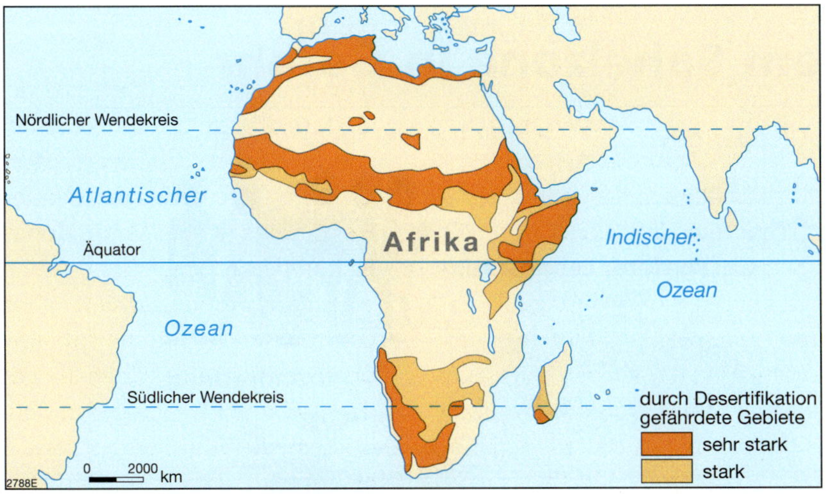

M5 *Desertifikation in Afrika*

M6 *Holz als Brennstoff*

Ausbreitung der Wüste: Ursache Viehzucht

Die Bevölkerung in der Sahelzone hat sich in den letzten 40 Jahren verdoppelt. Heute wird die Einwohnerzahl auf über 25 Mio. Menschen geschätzt. Davon lebt ein großer Teil als Nomaden. Sie halten möglichst viele Rinder, Schafe oder Ziegen, denn mit der Größe der Herde steigt auch das Ansehen der Familie. Die Herden fressen nun aber alles kahl. Das Gras kann nicht mehr schnell genug nachwachsen. Es kommt zu einer Überweidung. Auf den Weiden bleiben nur noch dornige Sträucher zurück.

Um die großen Herden mit Wasser zu versorgen, haben die Nomaden an ihren Wanderwegen zusätzliche Brunnen gegraben. Europäische Ingenieure halfen bei der Anlage. Mit einfachen Schöpfgeräten, seltener auch mit Motorpumpen, wird Wasser nach oben geholt. Die Nachteile werden erst jetzt deutlich. Durch die hohe Wasserentnahme ist der Grundwasserspiegel deutlich gesunken.

Ausbreitung der Wüste: Ursache Ackerbau

Am südlichen Rand des Sahel kann während der Regenzeit Hackbau betrieben werden. Die Hackbauern roden dann die spärliche Vegetation, verbrennen die Äste und Büsche und verwenden die Asche zur Düngung. Anschließend säen sie Hirse aus und hoffen auf den Regen. Aber schon nach wenigen Jahren gehen die Ernteerträge zurück. Der Boden ist ausgelaugt und die Bauern wandern weiter (Wanderfeldbau).

Sie dringen heute schon weit über die Trockengrenze des Anbaus vor. Die natürliche Gras-, Busch- und Strauchvegetation wächst nicht mehr nach. Wind und Wasser tragen die schutzlose, aller Wurzeln und Schattenspender beraubte Bodenkrume fort. Bleibt auch noch lange Zeit der Regen unter dem langjährigen Mittelwert, dann breiten sich Dürren aus, Trockenrisse durchziehen den Boden: eine kahle, nackte Wüste bleibt zurück. „Man made desert“ oder **Desertifikation** sagen die Wissenschaftler dazu: „Die vom Menschen geschaffene Wüste“.

1 Beschreibe die Lage der Sahelzone und nenne Staaten, die Anteil an der Sahelzone haben (Atlas, M1, Arbeitsheft, S. 27).

2 Erkläre den Begriff Überweidung und beschreibe die Folgen für den Naturraum.

3 Nenne Vor- und Nachteile, die die Anlage von Tiefbrunnen in der Sahelzone brachte. Benutze die Stichwörter des Schaubildes (Seite 192) für einen Bericht.

Merke
Die Sahelzone ist das Übergangsgebiet zwischen den Wüsten und Halbwüsten der Sahara und den südlich anschließenden Savannen. Sie ist ein dürregefährdeter Raum. Durch die Übernutzung wird die Vegetation immer weiter zerstört.

Grundbegriff
- Desertifikation

Ökosystem Sahelzone in Gefahr

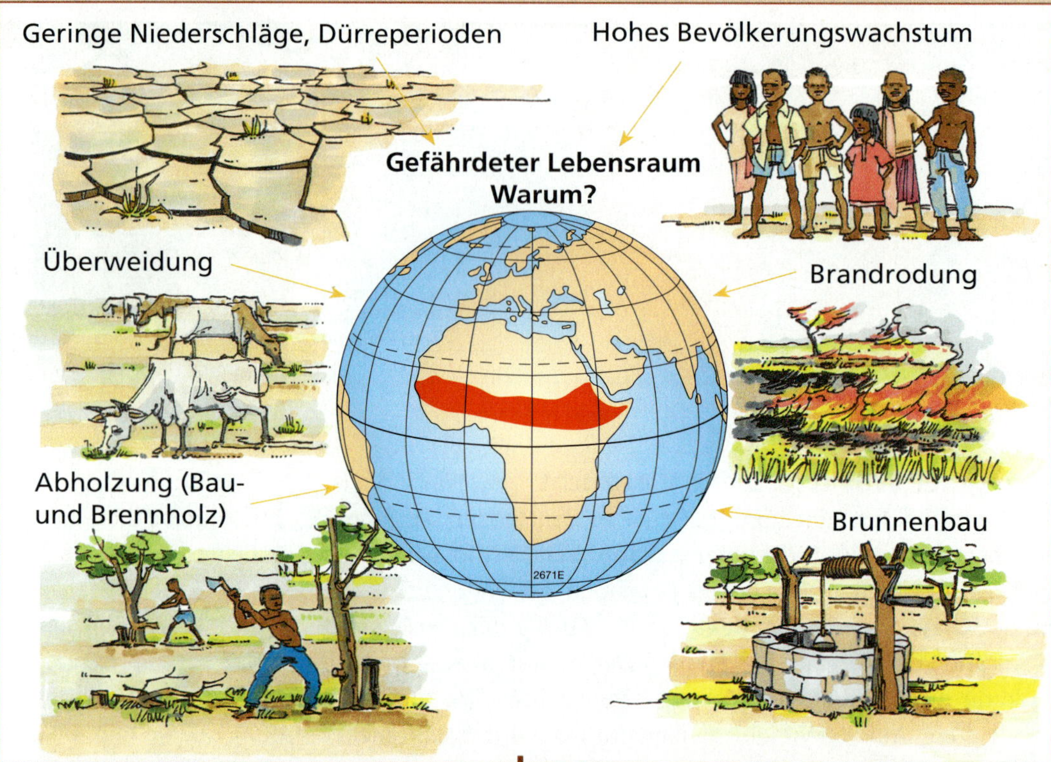

Ausdehnung der Wüste Sahara nach Süden in den letzten 20 Jahren um 100 km (Desertifikation, desert = Wüste) und Umweltflüchtlinge infolge von:

- Vernichtung des Baum- und Buschbestandes
- Kahlfraß der Graslandschaft und Zertreten der Bodenkrume durch Viehherden
- zu geringem Anbau von Nahrungsmitteln zur Selbstversorgung, dafür Anbau von Exportprodukten
- Ausbleiben der Ernten in Dürrejahren, Hunger
- Senkung des Grundwasserspiegels durch zu viele Brunnenanlagen

Maßnahmen

- Soforthilfe bei Dürre durch Lieferung von Nahrungsmitteln, Medikamenten u. a.
- Rückkehr zur traditionellen Weidenutzung, Verringerung des Viehbestandes
- Anbau von Nahrungsmitteln zum Eigenbedarf und nicht nur für den Export, Vorratswirtschaft für die Trockenzeit und Dürrejahre
- Nutzung anderer Energieträger und Baumaterialien als Holz
- Aufforstung, Umweltschutz
- Familienplanung und Ausbildung von Fachkräften
- Aufbau des Handels und einer Kleinindustrie

M1 *Frauen beim Dammbau – das durch den Staudamm aufgestaute Wasser dient zur Hebung des Grundwasserspiegels*

Hilfe zur Selbsthilfe

Beispiel Sanje in Burkina Faso

Ein Dorf im Zentrum des westafrikanischen Staates Burkina Faso heißt Sanje. Seine rund 2000 Einwohner leben in 70 Gehöften, die jeweils einer Großfamilie gehören. Die meisten haben Brunnen, die aber nur zwei bis zehn Meter tief sind und zur Trockenzeit versiegen. In der Mitte eines jeden Gehöfts befindet sich sein „Herz": der Kornspeicher. Die Vorräte werden sorgsam gehütet. Auf sie wird zurückgegriffen, wenn durch Ausbleiben des Regens die Ernte gering ist oder ganz ausfällt. Hunger müssen die Bewohner aber erst dann leiden, wenn die Dürre mehrere Jahre andauert. Wird in guten Jahren mehr geerntet als zur Selbstversorgung nötig ist, wird ein Teil der Ernte verkauft.

Veränderungen in Sanje

Sanje ist ein Beispiel dafür, dass **Entwicklungshilfe** auf lange Sicht das Leben verbessern kann:

- Eine Landschule wurde von Frankreich gebaut. In ihr lernen die Kinder lesen, schreiben und wie man Ackerbau betreibt.
- Chinesische Entwicklungshelfer gruben einen 40 m tiefen Brunnen, der auch in Trockenjahren Wasser führt.
- Ein Staudamm entstand mit der Hilfe der katholischen Mission. Das Wasser dient zur Bewässerung, als Tränke und zur Fischzucht.
- In einer Baumschule werden Setzlinge von Bäumen gezogen und kostenlos an die Bauern zur Aufforstung verteilt.
- Neben der Gewinnung von Nahrungsmitteln wird der Anbau von Marktprodukten gefördert, um das Einkommen zu steigern.

Info

Hilfe zur Selbsthilfe

Der Sahel gehört seit Jahrzehnten zu den Problemregionen unserer Erde. Natur und Mensch haben sie dazu gemacht. Den Bewohnern der Sahelzone muss auf Dauer geholfen werden. Aber reicht es aus, Nahrungsmittel, Medikamente und Kleidung einzufliegen und in Flüchtlingslagern zu verteilen?
Um die Menschen nicht in eine ständige Abhängigkeit von den helfenden Staaten und Organisationen zu drängen, sind Selbsthilfe, Mitbestimmung und Mitverantwortung gefragt. Das gängige Konzept der Entwicklungshilfe lautet daher „Hilfe zur Selbsthilfe".

1 Beschreibe die Lage des Staates Burkina Faso (Atlas).

2 Diskutiert, wieso die im Dorf Sanje geleistete Entwicklungshilfe als Hilfe zur Selbsthilfe bezeichnet wird.

Merke
Die Sahelzone ist ein verletzliches Ökosystem, das durch eine Übernutzung stark gefährdet ist. Sie soll durch eine nachhaltige Nutzung geschützt werden. Entwicklungshilfe leistet einen Beitrag zur Verbesserung der Lebensverhältnisse.

Grundbegriff
- Entwicklungshilfe

1 Nenne Merkmale von Entwicklungsländern.

2 Hinsichtlich der Lebensbedingungen spricht man von einem Nord-Süd-Gefälle auf der Erde. Erkläre.

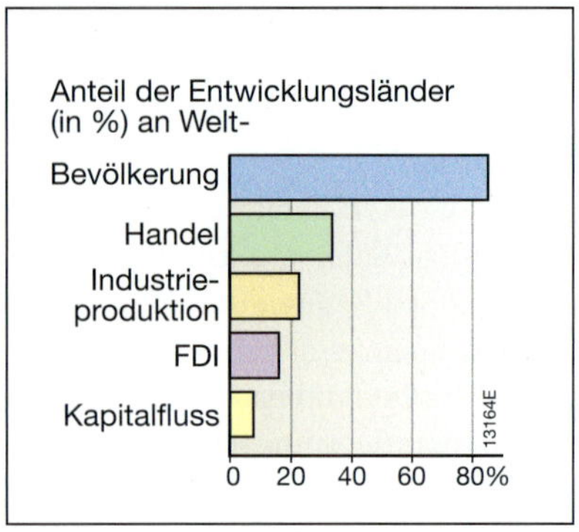

M1 *Entwicklungsländer im statistischen Vergleich (FDI = Ausländische Direktinvestitionen)*

Bevölkerung:

hohe Geburtenrate; steigende Lebenserwartung; hohes Bevölkerungswachstum („Bevölkerungsexplosion"); zunehmende Verstädterung (Landflucht); unzureichende Ernährung (Hunger und Unterernährung); hohe Analphabetenrate; erhebliche soziale Ungleichheiten.

Politische Verhältnisse:

vielfach Militärregierungen; häufig innen- und außenpolitische Auseinandersetzungen (Militärputsche, Bürgerkriege, militärische Konflikte).

Wirtschaft:

geringer Industrialisierungsgrad; Landwirtschaft dominierender Erwerbszweig; ein großer Teil der Menschen arbeitet im informellen Sektor; Kinderarbeit ist weit verbreitet; unzureichende technologische Basis; geringe Produktivität; schwach ausgebaute Infrastruktur; geringer Energieverbrauch; starke Exportabhängigkeit; Devisenmangel; hohe Verschuldung.

Umwelt:

verstärkte Ressourcennutzung; Gefährdung des Gleichgewichts zwischen Natur und Gesellschaft (Vernichtung tropischer Wälder, Desertifikation); „Import" umweltbelastender Industrien.

M3 *Kennzeichen von* ***Entwicklungsländern*** *(Auswahl)*

Lebensbedingungen von Arm und Reich

Länder mit niedrigem und mittlerem Einkommen	Zugang zu sauberem Wasser (in % der Bevölkerung)	Zugang zu sanitären Einrichtungen (in % der Bevölkerung)	Kindersterblichkeit unter 5 Jahren (je 1 000 Kinder)	Besuch weiterführender Schulen (in % der Jugendlichen)	Krankenhausbetten (je 1 000 Einwohner)
Afrika südlich der Sahara	56	37	163	30	k.A.
Europa und Zentralasien	92	85	32	90	8
Lateinamerika und Karibik	91	77	31	86	k.A.
Naher Osten und Nordafrika	89	76	53	73	k.A.
Ostasien und Pazifik	79	51	33	71	3
Südasien	84	37	83	50	1
Industrieländer mit hohem Einkommen	100	100	7	100	6

© Globus Quelle: Weltbank 2007 1569

M2 *Vergleich der Regionen der Erde hinsichtlich sozialer Bedingungen*

Arbeit mit Statistiken

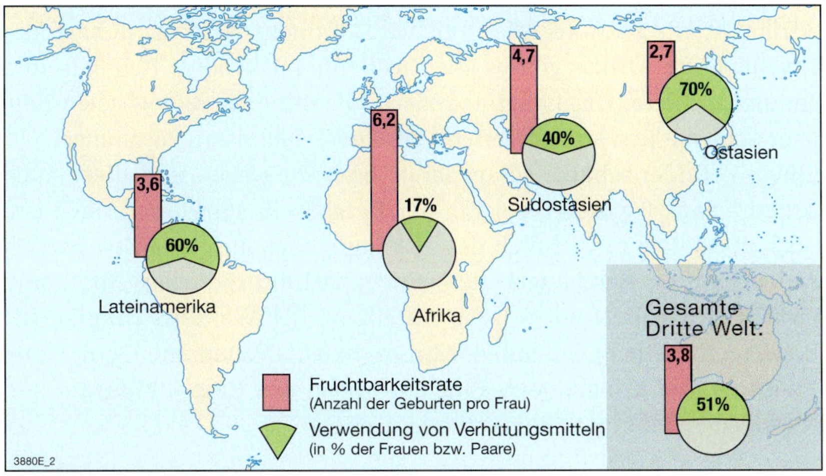

M4 *Familienplanung in den Entwicklungsländern*

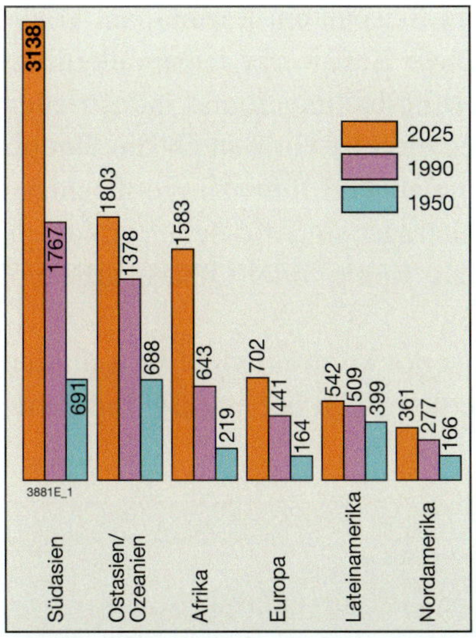

M5 *Bevölkerungswachstum in Millionen*

Äthiopien	49
Burkina Faso	51
Elfenbeinküste	52
Namibia	47
Republik Südafrika	50
Tschad	47
Deutschland	79
Japan	82

M7 *Lebenserwartung (2008)*

	Mann	Frau
Äthiopien	52	68
Burkina Faso	65	85
Elfenbeinküste	40	62
Namibia	17	18
Rep. Südafrika	14	16
Tschad	47	64
Deutschland	unter 5	
Japan	unter 5	

M8 *Analphabeten in % (2005)*

M6 *Gründe für die hohe Kinderzahl in den Entwicklungsländern*

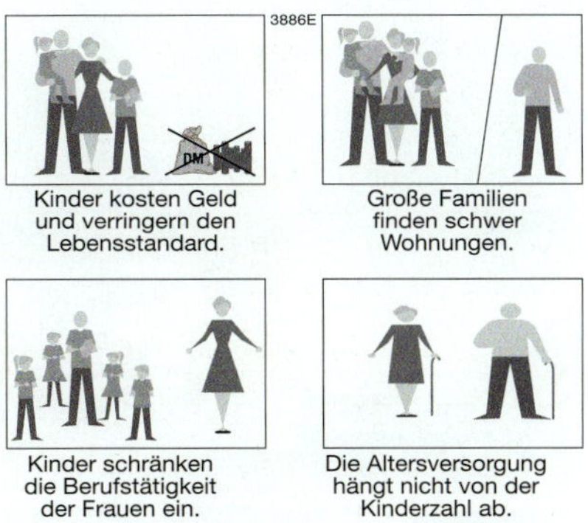

M9 *Gründe für die geringe Kinderzahl in den Industrieländern*

So gehst du bei der Arbeit mit Statistiken vor:

1. Lesen
Angabe des Titels, der Quelle und des Entstehungsjahres, des zeitlichen Rahmens, der Maßeinheit, der Zahlenart (z.B. absolute, relative oder Prozentzahlen); Ablesen von Einzeldaten

2. Auswerten
Gegenüberstellen und Vergleichen von Werten, Aufzeigen von Entwicklungen und Tendenzen, Herstellen von Zusammenhängen, Aufzeigen von Einflussfaktoren und Ursachen

3 Begründe: Afrika ist ein Kontinent mit vielen Entwicklungsländern (Arbeitsheft, S. 28).

4 Werte die Statistiken aus. Nutze dazu die oben beschriebene Schrittfolge.

5 Vergleiche Afrika mit anderen Regionen der Erde.

Merke
Die meisten Länder Afrikas sind Entwicklungsländer. Sie haben große wirtschaftliche und soziale Probleme. Aufgrund des hohen Bevölkerungswachstums kann die Ernährung vieler Menschen nicht gesichert werden.

Grundbegriff
- Entwicklungsland

1 Informiere dich über die Lage und Bodenschätze folgender Bergbaugebiete im südlichen Afrika: Abbaufelder am Oranje/Vaal, Copperbelt/Shaba, Cabinda, Etoscha und Namib (Atlas). Fertige eine Tabelle an.

Vom „Fluch des Rohstoffreichtums"
Der Reichtum an Bodenschätzen gilt häufig als gute Voraussetzung für die wirtschaftliche Entwicklung eines Landes. In der Praxis ist das häufig ganz anders. Die Gründe sind vielfältig:

- Rohstoffeinkommen verführen (ähnlich wie Lottogewinne) dazu, Geld zu verprassen. Sie ersparen es den Regierungen, darüber nachzudenken, wie das Land durch bessere Leistungen konkurrenzfähiger werden und so mehr Geld verdienen kann.
- Rohstoffeinkommen wecken Begehrlichkeiten und fördern Korruption. Es ist verlockender, als Beamter oder Geschäftsmann in jene unproduktiven Positionen zu gelangen, wo Rohstoffeinnahmen verwaltet und in Form von staatlichen Aufträgen verteilt werden, als selbst produktiv zu werden.
- Demokratische Kontrolle funktioniert nicht, weil auch schlechte Regierungen ihre Wähler immer wieder durch Verteilung von Rohstoffgeldern zufriedenstellen können.
- Der Kampf um den Zugang zu den Rohstoffquellen führt immer wieder zu gewaltsamen Konflikten, die einen Teil der Einnahmen wieder verschlingen.
- Rohstoffexporte bringen viele Devisen (z.B. US-Dollar) ins Land, wodurch deren Kurs im Vergleich zur eigenen Währung sinkt. Es kommt so zu einer Überbewertung der Landeswährung. In der Folge werden auch die Importwaren im Vergleich zu heimischen Produkten preisgünstiger. Das Ergebnis: Es wird mehr importiert – zu Lasten lokaler Produzenten.
- Gemeinsam bewirken all diese Faktoren, dass die Rohstoffe aufgebraucht werden, ohne dass mit den Einnahmen die Grundlage für eine langfristige Entwicklung geschaffen würde.

(Aus: Rauch, Th.: Afrika im Prozess der Globalisierung. – Braunschweig 2007)

M1 *Trügerischer Reichtum*

Bergbau und Industrie im Überblick

Afrika ist ein an Rohstoffen reicher Kontinent. Trotz zunehmender Erschließung Afrikas gibt es aber bis heute nur wenige Bergbau- und Industriegebiete. Das hängt in erster Linie mit dem geologischen Bau, aber auch mit den komplizierten Verkehrsverhältnissen zusammen.
Obwohl Bodenschätze schon lange bekannt waren und diese auch örtlich genutzt wurden, begann der Bergbau in stärkerem Maße erst nach 1960. Die hinsichtlich des Abbauumfangs für die Weltwirtschaft bedeutsamsten Bergbaugebiete befinden sich im südlichen Afrika und in Westafrika. Besonders hohe Anteile an der Weltförderung besitzt Schwarzafrika bei Diamanten, Chrom, Bauxit, Vanadium, Gold, Uran, Phosphat und Kobalt, doch auch der Abbau von Eisen-, Mangan- und Kupfererzen oder von Steinkohle ist wichtig.

Gewaltige Ressourcen an Energierohstoffen

Dazu gehören neben Steinkohle und Erdöl auch Wasser. Es wurden große Wasserkraftwerke errichtet, zum Beispiel am Kariba-, am Volta- oder am Cahora-Bassa-Staudamm. Diese Kraftwerke liegen allerdings weit abseits von den großen Bevölkerungsballungen und industriellen Verbrauchern. In den ländlichen Gebieten ist Holz noch die Hauptenergiequelle. Der wachsende Brennholzbedarf führt zu großflächigen Abholzungen. Aber „moderne" Energieträger sind auf dem Vormarsch. Die Zahl der Wärmekraftwerke, die auf Kohle- oder Ölbasis arbeiten, wächst.
Durch den Bau großer Wasserkraftwerke konnten viele Ortschaften und Haushalte mit Strom versorgt werden, doch der erhoffte Industrialisierungsschub blieb aus.

M2 *Kobalt- und Kupferabbau bei Lubumbashi im Südosten Kongos*

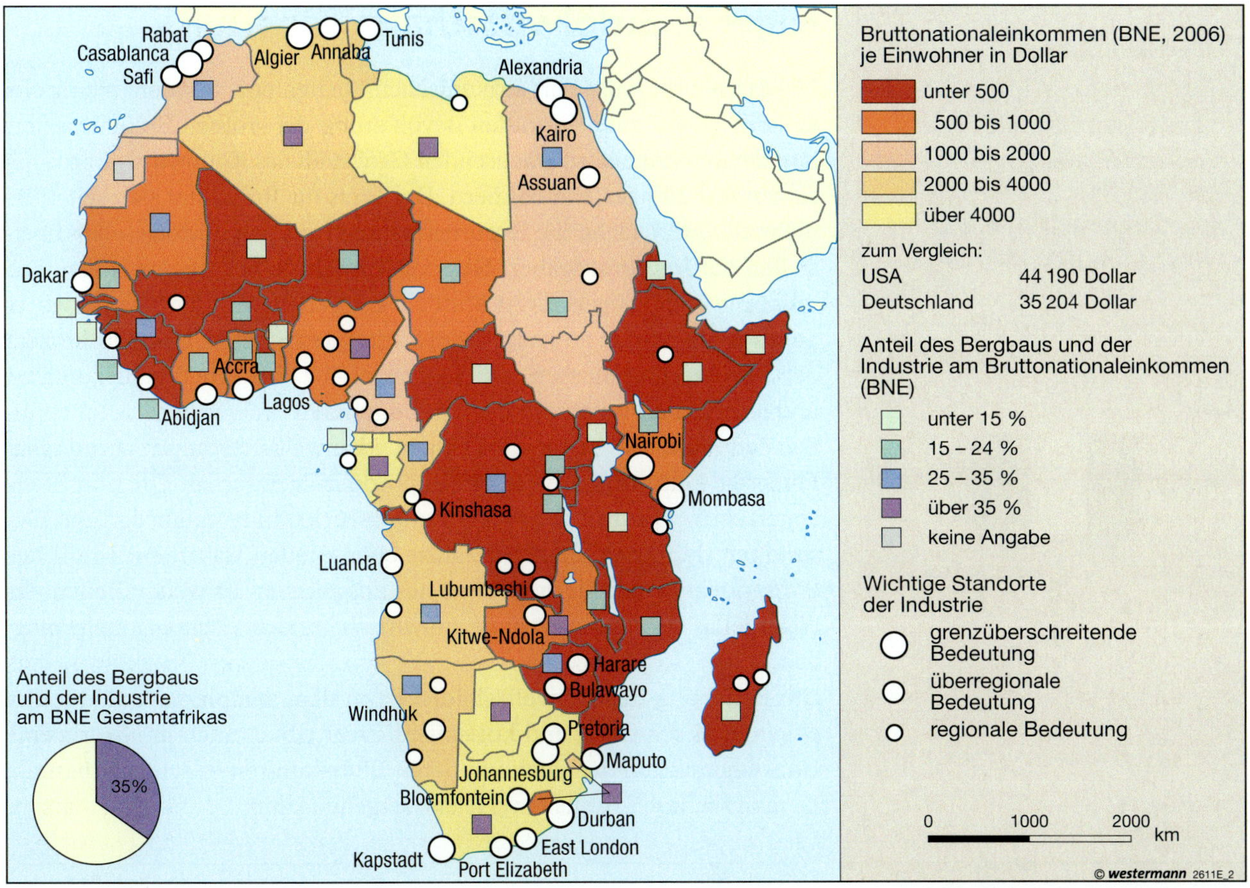

M3 *Bergbau und Industrie Afrikas*

Probleme mangelnder Industrialisierung

Bergbau und Industrie erbringen zusammen nur etwa ein Drittel der wirtschaftlichen Leistungen Afrikas. Ein Großteil der Industrieproduktion des Kontinents stammt allein aus der Republik Südafrika.

Obwohl die Länder Afrikas seit der Erlangung ihrer Unabhängigkeit versuchten, die verarbeitende Industrie aufzubauen, existieren in vielen Ländern noch immer keine Industriebetriebe. Wenn, dann entstanden vor allem exportorientierte Betriebe (Textil- und Nahrungsmittelindustrie). Eine Aufbereitung oder Veredlung der geförderten Rohstoffe findet hingegen kaum statt. Ein Großteil der Staatseinnahmen stammt bei den meisten afrikanischen Staaten somit aus dem Agrar- und Rohstoffsektor. Das erweist sich als problematisch (M1).

Obwohl sich die Einnahmen afrikanischer Staaten aus Rohstoffexporten seit 2002 erhöht haben, ist der Abstand zu den Industriestaaten der Erde weiter gewachsen. Dabei wirken sich die vergleichsweise sehr niedrigen Lohnkosten in Afrika positiv auf den industriellen Fortschritt aus. Einige internationale Industriekonzerne verlagern bereits Produktionsanlagen nach Afrika. Doch die wachsenden Einnahmen kommen nur einem geringen Teil der Bevölkerung zugute.

2 a) Nenne Länder mit niedrigem BNE pro Einwohner (M3).
b) Nenne Ursachen für das geringe Bruttonationaleinkommen (BNE) vieler afrikanischer Länder.

3 Warum zieht Rohstoffreichtum nicht automatisch einen hohen wirtschaftlichen Entwicklungsstand nach sich (M1)?

Merke
Afrika ist wirtschaftlich gering entwickelt, obwohl der Kontinent über reiche Rohstoffe verfügt. Die Einnahmen aus Rohstoffexporten steigen zwar, aber die Lebensbedingungen der Bevölkerung sind insgesamt schlecht.

Nigeria: Erdölwirtschaft

Info

Nigeria in Zahlen

Fläche:	923 768 km²
Einwohner:	148,1 Mio. (2008)
Hauptstadt:	Abuja
Bevölkerungsdichte:	160 Einw./km²
BNE:	620 US-$/Einw. (2006)
Währung:	Naira (N) (1 Euro = 169 N, Stand: 09.09.08)

Nigeria nimmt unter den afrikanischen Staaten eine Sonderstellung ein. Es ist das Land mit der größten Bevölkerung, der größten Erdölförderung und der am schnellsten wachsenden Großstadt des Kontinents: Lagos mit seinen fast 14 Mio. Einwohnern. Der Preis für Rohöl hat sich seit 1995 mehr als verdreifacht, die Exporteinnahmen aus dem Erdölgeschäft übertreffen die Importausgaben Nigerias seit Jahren bei weitem. Eigentlich müsste es den Nigerianern ähnlich gut gehen wie den Menschen in Saudi-Arabien oder anderen Erdöl fördernden Staaten. Doch 70 Prozent der Bevölkerung müssen mit weniger als 1 US-$ pro Tag auskommen und leben damit unterhalb der Armutsgrenze.

Die Erdölförderung ist mit erheblichen Umweltbelastungen verbunden: Flüchtige Gase und andere Nebenprodukte werden an Ort und Stelle abgefackelt. Die rußigen Verbrennungsrückstände gefährden die Gesundheit der Anwohner. An zahlreichen Stellen ist zudem Erdöl aus Förderlöchern oder lecken Pipelines ausgetreten. In weiten Teilen des Nigerdeltas sind daher weder Landwirtschaft noch Fischfang mehr möglich.

Die Behebung der Umweltschäden ist in dem sumpfigen Gelände des Nigerdeltas schwierig und kostspielig. Zwar gibt es auch in Nigeria eine Umweltgesetzgebung, doch um deren Einhaltung ist es schlecht bestellt, da man sie durch Bestechung leicht umgehen kann.

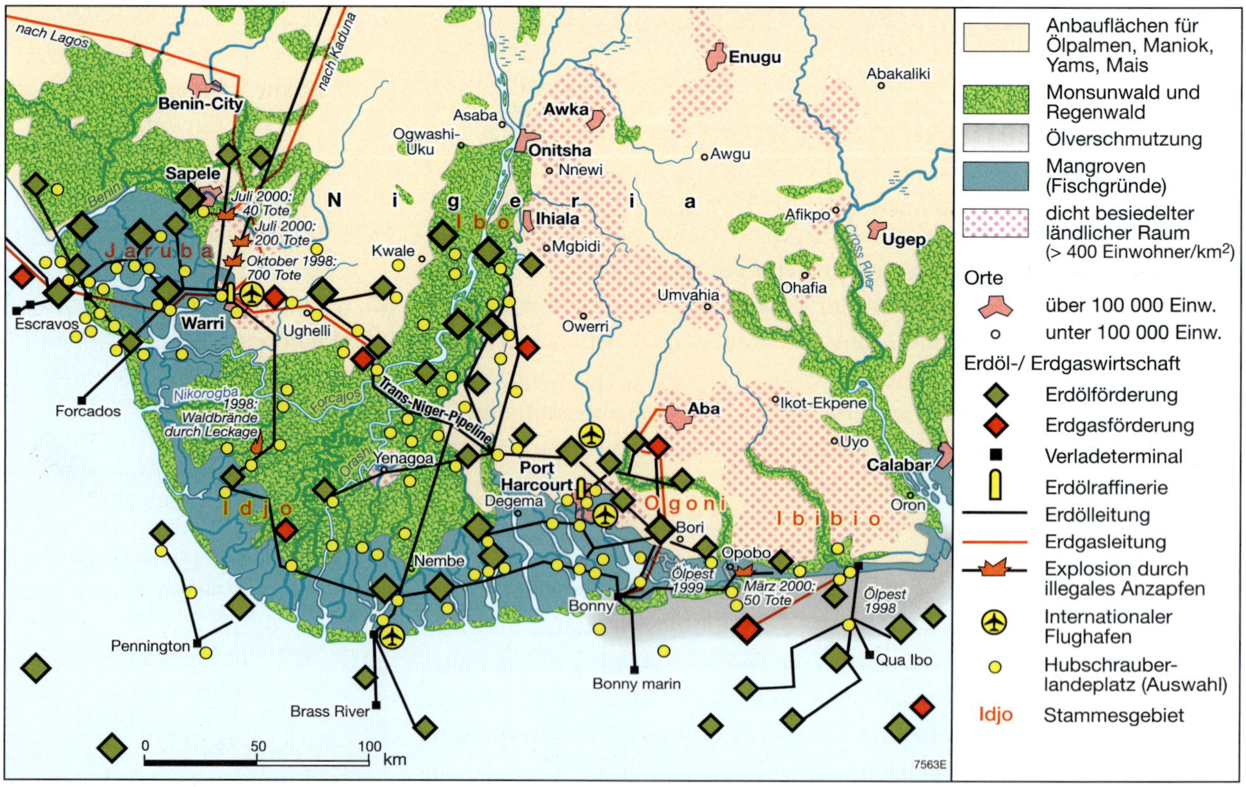

M1 *Erdölwirtschaft im Nigerdelta*

Folgen der Monowirtschaft

Durch die Gewinne beim Erdölexport konnten anfänglich neue Betriebe wie Wasserwerke, Stahlwerke und Raffinerien errichtet und die Infrastruktur durch den Bau von Straßen und Häfen leicht verbessert werden. 1982 führten aber sinkende Ölpreise auf dem Weltmarkt und rückläufige Fördermengen Nigeria in erhebliche Zahlungsschwierigkeiten. Die Staatsverschuldung stieg und bremste die wirtschaftliche Entwicklung. Im Jahr 2002 geriet die nigerianische Volkswirtschaft in eine weitere schwere Krise. Politische Unruhen waren die Folge. Auswirkungen der Monowirtschaft in Nigeria:

- Die Abhängigkeit von den Weltmarktpreisen ist groß, da die Wirtschaft Nigerias einseitig auf das Erdöl ausgerichtet ist.
- Die Infrastruktur ist vor allem auf die Erdölwirtschaft ausgerichtet und daher unzureichend.
- Der Bergbau und die Landwirtschaft wurden vernachlässigt. Heute müssen ehemalige Exportgüter eingeführt werden.
- Der Exportanteil der Landwirtschaft beträgt nur noch zwei Prozent. Die Landflucht hat ein großes Ausmaß angenommen.
- Die Bevölkerung versucht teilweise, durch Anzapfen der Pipelines und Verkauf des Erdöls auf dem Schwarzmarkt ihre Armut zu lindern. Oft verseucht auslaufendes Öl die Böden. Explosionen fordern Todesopfer; allein 1998 kamen dabei etwa 700 Menschen um.

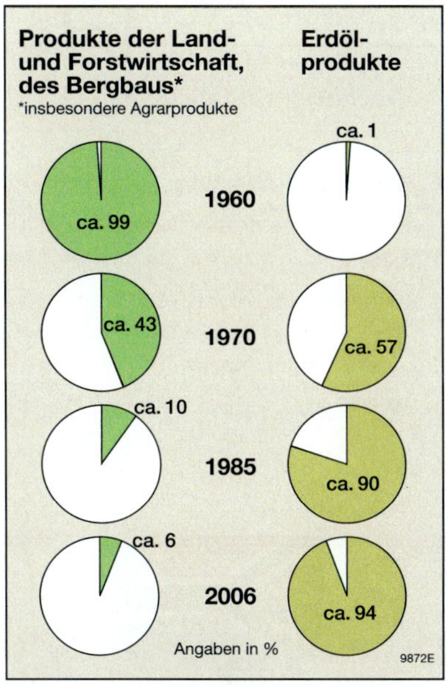

M3 *Anteil des Erdöls an den nigerianischen Exporten*

1 Suche in M1 wichtige Erdölfördergebiete in Nigeria auf und beschreibe ihre Lage.

2 Erkläre, warum der Reichtum an Erdöl in Nigeria zum Problem wird.

3 Erkläre den Begriff Monowirtschaft, vergleiche mit Monokultur.

Info

Monowirtschaft

Ein einseitiges Vorherrschen eines oder sehr weniger Wirtschaftszweige in einem Land oder in einem Gebiet bezeichnet man als **Monowirtschaft**. Oft verfügen Staaten mit ausgeprägter Monowirtschaft über große Mengen eines Rohstoffs, den sie exportieren. Die Preise für die Rohstoffe unterliegen starken Schwankungen je nach Bedarf auf dem Weltmarkt. Im Gegenzug müssen teure Fertigwaren importiert werden. Dadurch geraten Länder mit Monowirtschaft in wirtschaftliche Abhängigkeit.

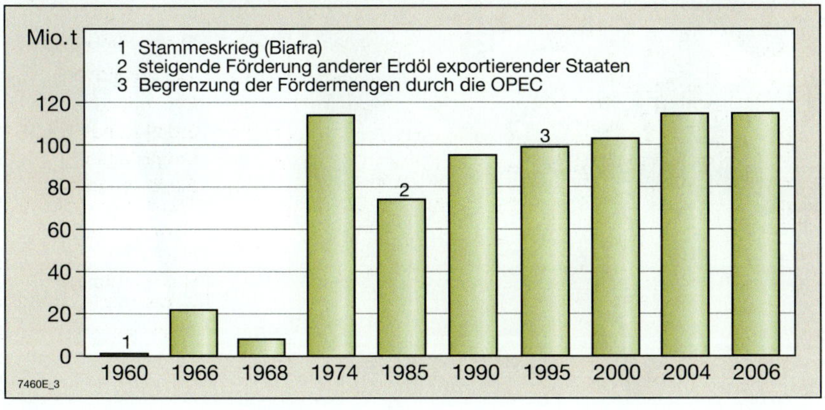

M2 *Erdölförderung in Nigeria*

Merke
Nigeria ist reich an Bodenschätzen. Exportiert werden vor allem Erdöl, Erdgas und Steinkohle, aber auch landwirtschaftliche Produkte. Die Wirtschaft ist einseitig auf Erdöl ausgerichtet. Die Monowirtschaft bremst die weitere Entwicklung des Landes.

Grundbegriff
- Monowirtschaft

„Unser Land ist anders als der Rest von Afrika!"

Diese Aussage kannst du oft in Südafrika hören. Tatsächlich nimmt das Land eine Sonderstellung unter den afrikanischen Staaten ein. Es verfügt einerseits über die meisten gut ausgebildeten Arbeitskräfte, eine leistungsfähige Industrie und Landwirtschaft sowie über eine gute Infrastruktur. Seine günstige Lage am Kap der Guten Hoffnung und der Export strategischer Rohstoffe verstärken diese Sonderstellung noch. Andererseits sehen die Südafrikaner aber ihr Land auch als „Mikrokosmos der Welt". Hier konzentrieren sich alle Probleme, die sowohl in Afrika und weltweit auftreten: Spannungen zwischen Reich und Arm, Weiß und Schwarz sowie Nord und Süd.

Land im Umbruch

Lange machte Südafrika als das Land der **Apartheid** international Schlagzeilen. Apartheid bedeutet die Trennung von Menschen nach der Hautfarbe. So gab es zum Beispiel nach Hautfarbe unterteilte Schulen oder Strände. Schwarze hatten kein Wahlrecht. Sie mussten außerhalb der Ballungsräume in Homelands oder am Rand der Städte der Weißen in Townships leben, wo die Lebens- und Arbeitsumstände dürftig waren. Heute ist die Apartheid gesetzlich abgeschafft.
Nur zusammen und nicht gegeneinander können alle Bevölkerungsgruppen das „neue" Südafrika aufbauen. Eine Forderung heißt deshalb: Sich in gemeinsamer Verantwortung gegenseitig achten und verstehen lernen.

Info

Steckbrief Südafrika

Fläche:	1,219 Mio. km^2
Einwohner:	48,3 Mio. (2008)
Hauptstadt:	Pretoria
Bevölkerungsdichte:	40 Einw./km^2
BNE:	5390 US-$ /Einw. (2006)
Währung:	Rand (R) (1 Euro = 13,30 R, Stand: 04.03.09)

1 Erläutere die Sonderstellung Südafrikas.

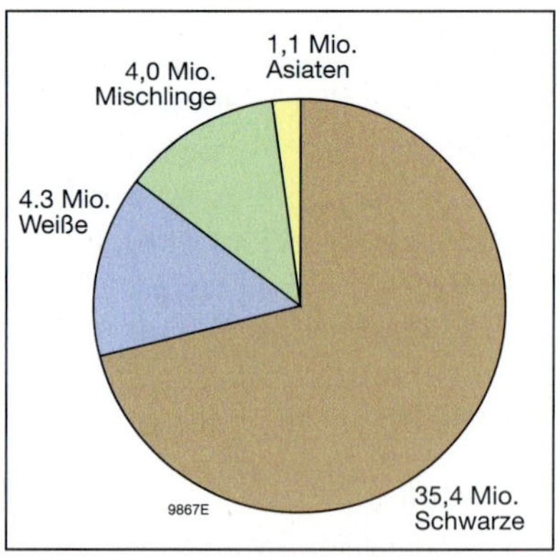

M1 *Bevölkerung nach ethnischen Gruppen*

M2 *In einer Balletschule in Johannesburg (2008)*

Unterwegs in Südafrika

Der Tourismus ist eine Erwerbsquelle in Südafrika. Jährlich besuchen viele Touristen das Land. Sie nutzen die gut ausgebauten Unterkünfte in Gästefarmen und Naturreservaten im Binnenland oder an den Stränden der Ozeane. Ob Schwimmer, Wanderer, Tierfreund oder Faulenzer, jeder findet etwas. Besonders sehenswert ist die Landschaft im östlichen Südafrika. Hier fällt Afrika in steilen Stufen zu einem schmalen Küstensaum ab.

Südafrika gehört zu den Ländern der Erde, in denen Naturerhaltung eine große Rolle spielt. Über sechs Prozent des Landes, dies entspricht etwa der Fläche der Benelux-Länder, sind als Schutzgebiete für Pflanzen und Tiere reserviert und müssen erhalten werden.

Im Osten Südafrikas liegt an der Grenze zu Mosambik der Krüger-Nationalpark. Er wurde bereits 1898 zum Naturschutzgebiet erklärt. Mit ungefähr 21 000 km^2 ist er etwa so groß wie Hessen. Jährlich beobachten in Autos oder in Bussen 400 000 Besucher Löwen, Elefanten, Antilopen, Büffel oder Paviane.

Mit Rücksicht auf den Tierbestand wurde die Höchstgeschwindigkeit auf 40 km pro Stunde beschränkt. Mitten im Park, in Skukuza, befindet sich eine wissenschaftliche Station, die das Leben der Tiere erforscht, die natürliche Vegetation beobachtet und dazu beiträgt, das noch relativ intakte Ökosystem zu erhalten. Die Wissenschaftler verschaffen sich auch einen Überblick über die Tierbestände. Damit die Tragfähigkeit des Krüger-Nationalparks nicht überschritten wird, muss man von Zeit zu Zeit die Wildbestände dezimieren.

M3 *Blick vom Tafelberg (Kapstadt)*

2 „Der Krüger-Nationalpark sollte künftig als Weidegebiet für Rinder genutzt werden." Bewerte diese Aussage eines Politikers. Denke dabei an mögliche Folgen für die Tier- und Pflanzenwelt.

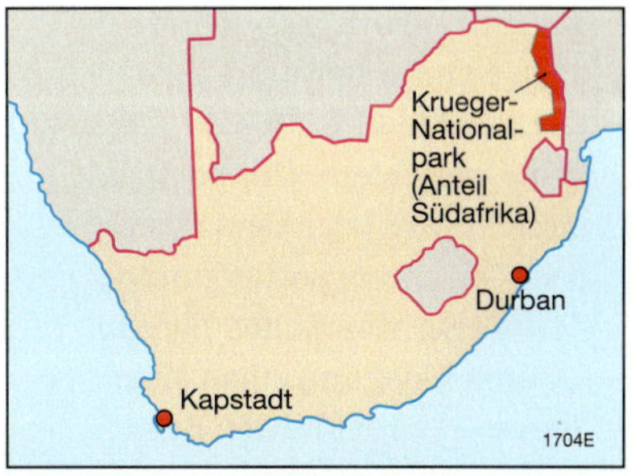

M4 *Lage des Krüger-Nationalparks*

Merke
Die Republik Südafrika nimmt eine Sonderstellung unter den Staaten Afrikas ein. Ihre Naturschönheiten ziehen jährlich viele Touristen an. Viele Probleme der Apartheid sind auch heute noch nicht ganz überwunden.

Grundbegriff
- Apartheid

Info

Einfahrt in eine Goldmine

Schon von weitem sehen wir goldgelbe Schlammhalden, Abraumhalden und Fabrikanlagen der Goldmine „Vaal Reef“. Am Eingang erfolgt eine Belehrung, keine Steine aufzuheben. Unsere Gruppe begibt sich zum Förderkorb und wir sausen mit hoher Geschwindigkeit in den Schacht. Schnell sind wir in 3000 m Tiefe angelangt. Die Temperatur beträgt 32 °C, die Luft ist staubig. Dank der Belüftungsanlagen ist es aber gerade noch erträglich. Bergmann zu sein ist schwer, auch wenn wir vor Ort viele Geräte entdecken, die die Arbeit heute erleichtern. Das goldhaltige Gestein wird nach dem Hauen nach oben transportiert und dort weiter verarbeitet. Für fünf Gramm Gold muss man eine Tonne Gestein fördern. Beim Verlassen der Goldmine werden wir mit dem Detektor kontrolliert, alle waren ehrlich.

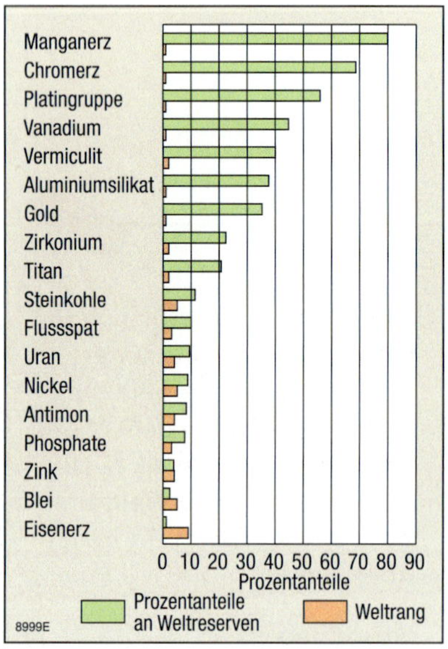

M1 *Südafrikas Anteile (in %) und Rangplatz bei ausgewählten Weltmineralreserven (2005)*

Wirtschaftsgigant des Kontinents

Mit Abstand ist Südafrika das am stärksten industrialisierte Land des Kontinents. Zum Aufbau einer eigenständigen verarbeitenden Industrie führten die weite Entfernung zu großen Märkten der Welt und die Isolierung infolge der Apartheid. Diese Sonderstellung wird durch gut ausgebildete Fachkräfte, eine leistungsfähige Landwirtschaft sowie über eine gute Infrastruktur verstärkt. Seit 1994 wächst die Wirtschaft, was zu neuen Arbeitsplätzen geführt hat. Die steigende Zahl der Arbeitsuchenden konnte damit aber noch nicht ausgeglichen werden.
Der wichtigste Motor wirtschaftlicher Entwicklung ist der Bergbau. Die ersten Diamanten wurden 1866 gefunden. Den weltgrößten Diamanten barg man in nur neun Metern Tiefe. Heute geschieht der Abbau 600 m unter Tage. Bei der Gewinnung von 1,2 kg Diamanten entsteht ein Abraum von 10 000 t. Aus einem wilden Goldgräberlager wurde in kurzer Zeit das heutige Finanzzentrum Johannesburg erbaut. In der Umgebung liegt die traditionelle Bergbauprovinz Gauteng.

Bergbauproduktion	45	Eisenbahnstreckennetz	25
Industrieproduktion	40	Eisenbahntransport	63
Stromerzeugung	60	Telefonanschlüsse	52
Stahlproduktion	66	Fläche	4
Autoherstellung	46	Bevölkerung	5
Maiserzeugung	36		

M2 *Der prozentuale Anteil Südafrikas an Produktionsleistungen, Fläche und Bevölkerung aller afrikanischen Länder (= 100 %)*

M3 *In einer Diamantenmine*

Die „Lokomotive" des Landes

Die Provinz Gauteng ist das wirtschaftlich leistungsstärkste Ballungsgebiet Südafrikas und ganz Schwarzafrikas. Viele Unternehmen mit internationaler Bedeutung haben hier ihren Sitz. Die Provinz ist auch das größte Verwaltungs-, Bildungs- und Forschungszentrum Südafrikas. Darüber hinaus wurde der Flughafen Johannesburg zu einer wichtigen Drehscheibe des globalen Luftverkehrs. Hier setzen fast alle Touristen aus Übersee ihren Fuß zum ersten Mal auf südafrikanischen Boden.

Gauteng erlebte in den letzten beiden Jahrzehnten einen bedeutenden wirtschaftlichen Strukturwandel. Das verarbeitende und das Dienstleistungsgewerbe verdrängten dabei den traditionellen Goldbergbau immer mehr. Wichtige Industriezweige sind heute zum Beispiel die Metallurgie, der Automobilbau, die Chemie und die Energieerzeugung. Mithilfe des breit gefächerten verarbeitenden Gewerbes sowie des technischen und wissenschaftlichen Know-hows soll die Provinz zur „Lokomotive" bei der Umgestaltung des Landes werden.

M5 *Ballungsgebiet Gauteng*

Leben in SOWETO

Die ständig zunehmende städtische schwarze Bevölkerung lebt in ihrer Mehrheit in Townships abseits der „weißen" Stadtviertel. Am bekanntesten ist wohl SOWETO (SOuth WEstern TOwnship) bei Johannesburg. Da es hier an Arbeitsmöglichkeiten mangelt, pendeln täglich Tausende Menschen in das Zentrum. Das Verkehrsnetz ist überlastet. Die Townships zeichnen sich allgemein durch Gleichförmigkeit und dürftige Infrastruktur aus. Einheitshäuser bestimmen das Siedlungsbild, nur wenige Straßen sind geteert, es fehlt an öffentlichen Einrichtungen, Bildungsstätten und Krankenhäusern. Am Rand der Townships befinden sich Squatter Camps, sogenannte informelle oder „wilde" Siedlungen. Trotz vielfältiger Bemühungen sind die Lebensumstände hier noch immer dürftig.

M4 *In Soweto*

1 Beschreibe den wirtschaftlichen Entwicklungsstand der Republik Südafrika.

2 Erkläre die Funktion der Provinz Gauteng als „Lokomotive" der Wirtschaft.

Merke
Die Republik Südafrika ist das wirtschaftlich am stärksten entwickelte Land Afrikas. Der Bergbau (Diamanten- und Goldgewinnung) ist der Motor der Entwicklung. Lange Zeit wurde die schwarze Bevölkerung benachteiligt.

Teste dich selbst!

Das Leben in den einzelnen Teilen Afrikas verläuft sehr unterschiedlich. Vergleiche die hier dargestellten Lebensverhältnisse und informiere dich im Internet über die aktuelle Situation in den genannten Ländern. Wie unterscheidet sich das Leben in Afrika von dem in Europa?

Das Wichtigste kurz gefasst:

Räumliche Orientierung

Afrika ist ein Kontinent mit verschiedenen Gesichtern. Die Menschen gehören verschiedenen Völkern an.
In Schwarzafrika liegen die Ursprünge der menschlichen Entwicklung. Die Kolonialzeit stellte einen schweren Einschnitt in der Geschichte der Region dar.

Ausstattung des Naturraumes

Das Relief Afrikas ist einfach gegliedert: es wechseln sich Schwellen und Becken miteinander ab. Die Flüsse haben sich in ihrem Verlauf daran angepasst. Ihre Wasserführung wird vom Niederschlag beeinflusst. Verteilt über das Jahr fallen nur am Äquator ganzjährig hohe Niederschläge. In den anderen Regionen wechseln sich Regen- und Trockenzeiten miteinander ab. Die Vegetation hat sich daran angepasst.

Soziale und wirtschaftliche Merkmale

Die Länder Afrikas sind überwiegend wirtschaftlich gering entwickelt und haben viele soziale Probleme. Aufgrund des hohen Bevölkerungswachstums kann die Ernährung vieler Menschen nicht gesichert werden. Die meisten Länder gehören zu den Entwicklungsländern.

Entwicklungsstand ausgewählter Länder

Raumanalysen dienen dem Erfassen von Naturfaktoren und Merkmalen des Lebens und Wirtschaftens in einem bestimmten Gebiet. Dazu müssen Informationen beschafft, verarbeitet und für eine Dokumentation aufbereitet werden. Eine Hauptinformationsquelle stellt der Atlas dar.
Für Kenia ist der Tourismus eine wichtige Einnahmequelle. Die touristische Erschließung ist sowohl mit positiven als auch mit negativen Auswirkungen auf die Entwicklung des Landes verbunden.
Nigeria ist reich an Bodenschätzen, vor allem an Erdöl, Erdgas und Steinkohle. Die Wirtschaft ist einseitig auf Erdöl ausgerichtet. Monowirtschaft bringt viele Probleme für die Entwicklung eines Landes.
Die Republik Südafrika ist das wirtschaftlich am stärksten entwickelte Land Afrikas. Auf Grundlage reicher Bodenschatzvorkommen entwickelte sich eine leistungsfähige Industrie.

Grundbegriffe

Schwellen
arid
humid
periodische Wasserführung
tropischer Regenwald
Wanderfeldbau
Dauerfeldbau
Plantage
Savanne
Desertifikation
Entwicklungshilfe
Entwicklungsland
Monowirtschaft
Apartheid

Rio de Janeiro/Brasilien – Blick auf den Zuckerhut

M1 *Anglo- und Lateinamerika*

M2 *Macchu Picchu – die Ruinenstadt der Inka, 2450 m ü. M.*

1 Beschreibe die Gliederungen Amerikas (M1, Arbeitsheft, S. 29).

Ausgewählte Kulturmerkmale Lateinamerikas

Religionen:	dominierend ist das Christentum, hier Katholizismus; Naturreligionen
Sprachen:	vorherrschend Spanisch und Portugiesisch, Indianersprachen
Bevölkerung:	Weiße (Kreolen) als Nachfahren der eingewanderten Spanier, Portugiesen und anderer Europäer; Indios, Schwarze, Mischlinge
Wirtschaftsformen:	Marktwirtschaft, Sozialismus, Subsistenzwirtschaft
Lage:	Kulturgrenzen als sensible Nahtstellen, z. B. die Grenze zwischen Mexiko und den USA

Info

Gliederungen Amerikas

Physisch-geographisch betrachtet gliedert sich der Doppelkontinent Amerika in Nordamerika (einschließlich Mittelamerika) und in Südamerika. Die Landenge von Tehuantepec mit dem Panamákanal bildet die Grenze zwischen beiden Teilen.
Bei einer Gliederung unter kulturellen Gesichtspunkten, das heißt nach Kulturerdteilen, ist Nordamerika (ohne Mittelamerika) identisch mit Angloamerika, Mittel- und Südamerika dagegen bilden Lateinamerika.

M3 *Markt in Ecuador*

M4 *Toronto*

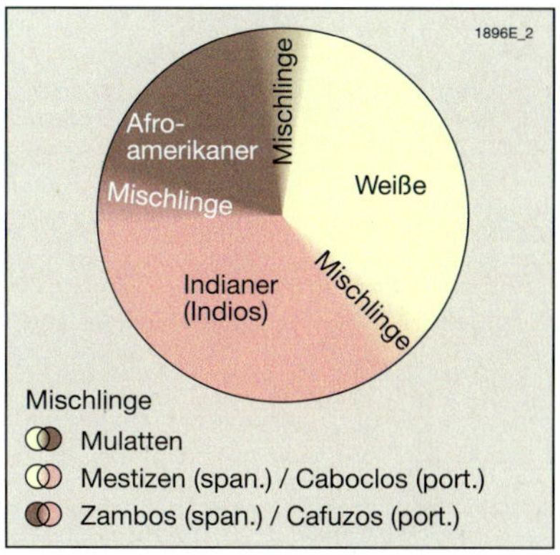

M6 *Bevölkerungszusammensetzung Lateinamerikas*

Ausgewählte Kulturmerkmale Angloamerikas

Religionen:	dominierend ist das Christentum, hier Protestantismus; Vielzahl anderer Religionen
Sprachen:	überwiegend einheitliches Sprachgebiet, Englisch dominierend, Französisch in einigen Teilen Kanadas, Spanisch im Westen der USA
Bevölkerung:	Weiße als Nachfahren europäischer Einwanderer; Schwarze, Hispanics, Asiaten, Indianer
Wirtschaftsform:	Marktwirtschaft
Lebensstil:	American way of life, geprägt unter anderem durch eine starke Mobilität

WWW

www.newig.geographie.uni-kiel.de/

2 Vergleiche Lateinamerika hinsichtlich seiner kulturellen Merkmale mit Angloamerika.

3 Werte M6 aus.

M5 *Der Nationalstolz der Amerikaner zeigt sich auch in üppigem Flaggenschmuck*

Merke
Der Doppelkontinent Amerika wird physisch-geographisch in Nord- und Südamerika, nach kulturellen Gesichtspunkten in Anglo- und Lateinamerika gegliedert.

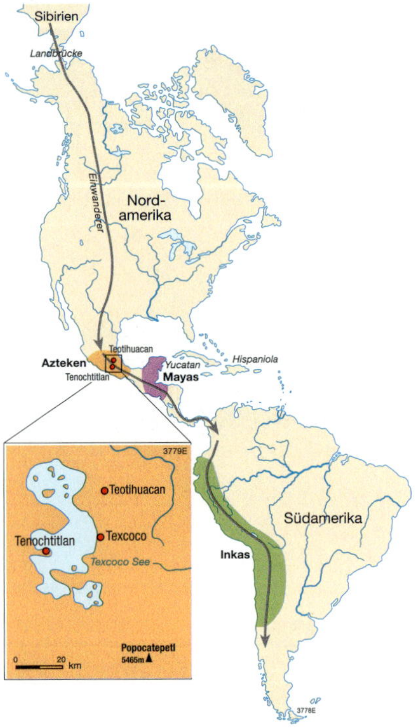

M1 *Siedlungsgebiete der indianischen Hochkulturen in Lateinamerika*

1 Beschreibe die Lage der ehemaligen Siedlungsgebiete der indianischen Hochkulturen Lateinamerikas (M1).

Azteken und die „Stadt im See“

Die Azteken wanderten im 14. Jahrhundert in das Hochtal von Mexiko ein. Sie errichteten innerhalb von 200 Jahren ein Reich, als dessen Mittelpunkt sie Tenochtitlan, eine Stadt im Texcocosee, erbauten. Sie war eine für damalige Verhältnisse hoch entwickelte Stadt mit Prachtstraßen, Pyramiden und schwimmenden Gärten. Auf ihren Kriegszügen plünderten die Azteken Städte und unterwarfen während der Herrschaft des Königs von Tenochtitlan 450 Stadtstaaten mit rund drei Millionen Menschen.

Maya und die „Stadt des Kosmos“

Die Maya besaßen kein gemeinsames Reich, sondern es gab viele Stadtstaaten, die sich häufig bekriegten. Das Volk erfand eine Hieroglyphenschrift, schuf prachtvolle Bauten und Wandmalereien und erkundete den Kosmos. Die Stadt Copán war als Sinnbild des Kosmos gedacht. Ihre Siedlungen errichteten die Maya um 300 v. Chr. an Handelswegen und Flussläufen. Die Gesellschaft der Maya glich einer Pyramide mit dem König an der Spitze und den Bauern als Basis.

Inka und die „Stadt in den Wolken“

Die Inka gründeten das größte Reich Südamerikas. Den Zusammenhalt des Reiches gewährleistete man durch ein von Cuzco strahlenförmig ausgehendes 40 000 km langes Straßennetz mit Hängebrücken und Schutzmauern. Die Inka errichteten monumentale Bauten. Ein Beispiel ist Machu Picchu, die „Stadt in den Wolken“. In 2500 m Höhe gelegen, wird sie von den steilen Berggipfeln der Anden eingerahmt und oft von Wolken bedeckt. Machu Picchu war die Residenz der Inka, die nie von den Spaniern erobert wurde.

M2 *Goldmaske der Inka*

M3 *Maya-Ruinen in Mexiko*

Eroberung der „Neuen Welt"

Von 1799 bis 1804 bereiste Alexander von Humboldt Südamerika. Er sammelte Gesteine, umfangreiches Material zur Tier- und Pflanzenwelt und erforschte das Leben und die Sprachen der indianischen Bevölkerung. Seine Ergebnisse veröffentlichte er in dem Werk „Reise in den Teil der Neuen Welt, der unter dem Äquator liegt".

So friedvolle Absichten verfolgten die spanischen Eroberer nicht. Sie unterwarfen 1521 das Aztekenreich, die Gebiete der Maya sowie 1533 das Reich der Inka. Die Bevölkerung reduzierte sich infolge eingeschleppter Krankheiten, Misshandlungen und Zwangsarbeit. Die Menschen wurden in nach europäischem Vorbild erbauten Städten und Dörfern angesiedelt und zum christlichen Glauben bekehrt.

Die Portugiesen begannen 1500 an der Ostküste Südamerikas Hafenstädte zum Austausch von Waren zwischen Kolonie und Mutterland zu errichten. Sie legten wie später die Spanier Plantagen an, auf denen neben den aus Afrika verschleppten Sklaven auch die indianischen Bewohner sehr hart arbeiten mussten.

Koloniale Folgen

Der koloniale Einfluss ist bis heute erkennbar. Viele der lateinamerikanischen Städte sind von spanischer Architektur geprägt und haben einen schachbrettartigen Grundriss. Einige Millionenstädte weisen Merkmale angloamerikanischer Städte auf. Auch nach der Erringung der politischen Unabhängigkeit blieben wirtschaftliche Abhängigkeiten von den Industrieländern. Die in der Kolonialzeit entstandenen großen sozialen, wirtschaftlichen und räumlichen Gegensätze bestehen heute noch.

Viele Indios führen heute ein ärmliches Leben in den Slums der Städte, in ländlichen Gebieten und in den Anden. Nur wenige von ihnen, vorwiegend im Amazonastiefland, konnten ihre traditionelle Lebensweise bewahren.

M4 *Zentraler Platz in Montevideo*

Info

Alexander von Humboldt

wurde 1769 in Berlin geboren. Nach dem Studium der Finanzwissenschaft, Geologie, Anatomie und Astronomie unternahm er erste Forschungsreisen durch Nordwest- und Westeuropa. Von 1799 bis 1804 ging er auf eine Expedition nach Südamerika. In den folgenden Jahren führte er Expeditionen nach Asien und Russland durch. Seine Beobachtungen fasste er in mehr als 30 Büchern zusammen. Geographie wurde zum wichtigsten Lebensinhalt dieses vielleicht berühmtesten deutschen Gelehrten des 19. Jahrhunderts. Er starb 1859 in Berlin.

2 Erarbeite ein Referat zu einer der indianischen Hochkulturen. Nutze dazu Nachschlagewerke und das Internet.

3 Erläutere die starken europäischen Einflüsse in Lateinamerika.

Merke

Die indianischen Hochkulturen wurden durch die europäischen Eroberer zerstört. Während der Kolonialzeit entstanden große räumliche, wirtschaftliche und soziale Gegensätze. Sie bestehen bis heute.

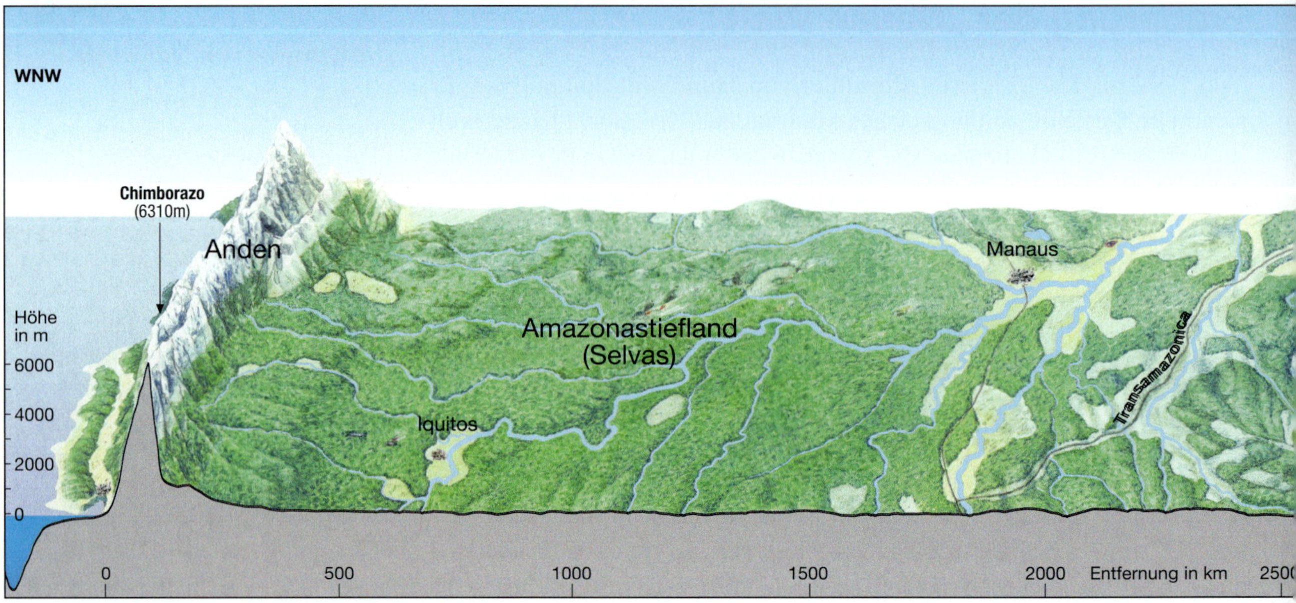

M1 *Landschaftsprofil durch Südamerika*

M2 *Großlandschaften*

Relief und Großlandschaften Lateinamerikas

Mittel- und Südamerika weisen hinsichtlich ihres geologischen Baus verschiedene Gemeinsamkeiten auf: Parallel zur Westküste verlaufen Kettengebirge, die Kordilleren, hier Anden genannt. Ihrer Entstehung nach gehören sie zu den jungen Faltengebirgen. Ebenso wie die nordamerikanischen Kordilleren bestehen die Anden aus mehreren Gebirgsketten, die abflusslose Hochbecken einschließen. Mittelamerika wird zum größten Teil von den Kordilleren eingenommen, nur die Halbinsel Yucatán weist ausgedehnte Tiefländer auf. Nach Osten geht Mittelamerika in das Senkungsgebiet des Golfs von Mexiko und des Karibischen Meeres über, aus dem die Großen und Kleinen Antillen als Inselbögen herausragen. Der Osten Lateinamerikas wird von ausgedehnten Bergländern und großen Tiefländern eingenommen.

1 Zeige Gemeinsamkeiten zwischen dem Relief Nord- und Südamerikas auf (Atlas).

2 Erläutere die Entstehung der Anden nach der Theorie der Plattentektonik.

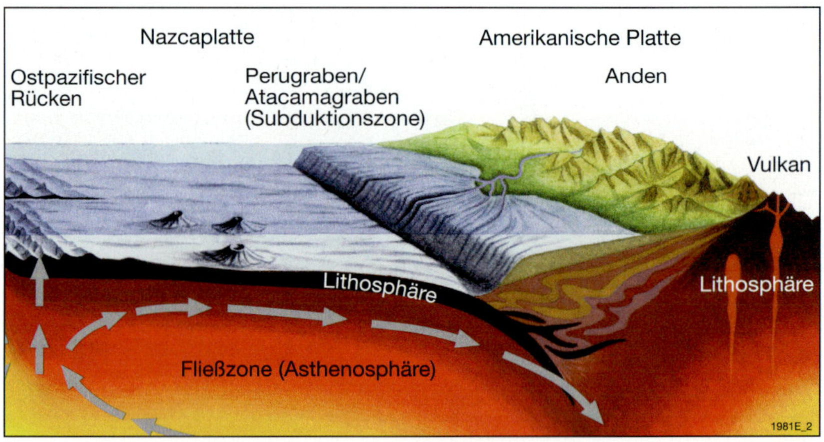

M3 *Entstehung der Anden – ein Blockbild*

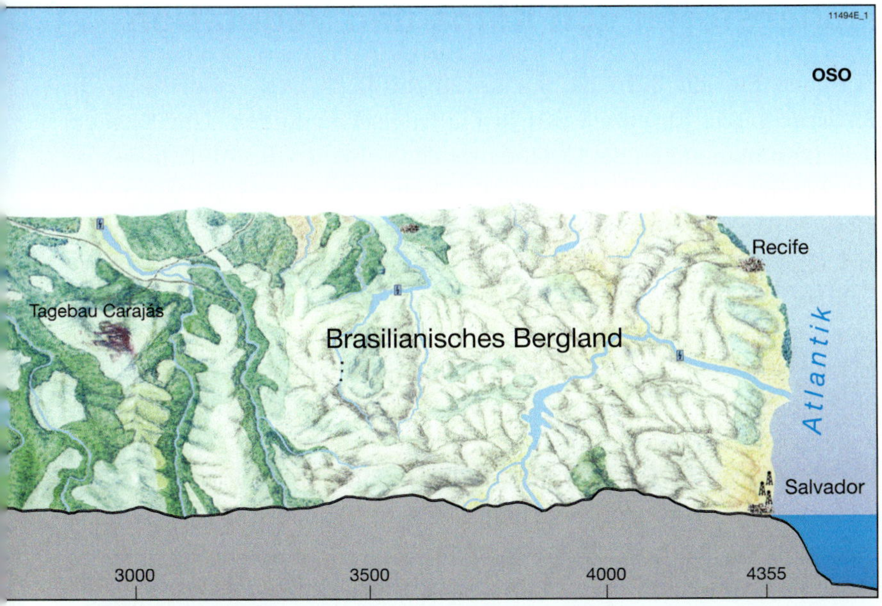

Merke
Das Relief Südamerikas weist Gemeinsamkeiten mit dem von Nordamerika auf. Während im Westen ein lang gestrecktes Faltengebirge (Anden) liegt, befinden sich in der Mitte und im Osten ausgedehnte Tiefländer (Amazonastiefland) bzw. Bergländer (Bergland von Brasilien).

M4 *Im Amazonastiefland*

Amazonastiefland

Im Zusammenhang mit der Gebirgsbildung der Kordilleren entstand das weiträumige Becken, das vom Amazonastiefland eingenommen wird. Etwa zwei Drittel der Fläche von ca. 7 Mio. km^2 gehören zu Brasilien. Der Amazonas entwässert das Gebiet, wobei er vielfach als eine Kette von Seen und Sümpfen erscheint. Hier breitet sich das größte zusammenhängende Regenwaldgebiet der Erde aus.

M5 *In der Pampa*

Pampa

Die Pampa, eine weite Ebene, nimmt große Teile Argentiniens ein. Ursprünglich eine baumlose Steppe (Grasland) wurde sie weitgehend kultiviert. Der heiße Norden eignet sich weniger für eine agrarische Nutzung, der Süden dagegen ist die Kornkammer ganz Südamerikas (Weizen, Mais, Soja und Sonnenblumen).

1 Ermittle die Klima- und Vegetationszonen, an denen Lateinamerika Anteil hat (Atlas).

2 Beschreibe die Höhenstufen in den Anden (Zusammenhänge zwischen: Höhenlage-Klima-Vegetation-Landwirtschaft).

3 Vergleiche die Höhenstufen der Anden mit den Klimazonen zwischen Äquator und Pol (Gemeinsamkeiten und Unterschiede).

Höhenstufen von Klima und Vegetation

„Erleben Sie alle Klimazonen an einem Tag!" Das versprechen die Reiseprospekte für eine Fahrt in die tropischen Anden. Und tatsächlich, fährt man mit einem Geländewagen über einen der Andenpässe ins Hochland, dann verändern sich die Temperaturen und die Vegetation ähnlich wie auf einer Reise vom Äquator zu den Polen: Ist es unten auf Meereshöhe noch fast 30 °C heiß, so liegt auf 6000 m schon ewiger Schnee. Man spricht von **Höhenstufen von Klima und Vegetation**.

Die Vegetation passt sich diesen Bedingungen an: Mit zunehmender Höhe ist das Pflanzenwachstum nicht mehr so üppig wie auf Meereshöhe, die Zahl der Pflanzenarten geht zurück. Während es im tropischen Regenwald Baumriesen von 60 m Höhe gibt, findet man auf 4000 m Höhe nur noch niedrige Büsche und Gräser. In über 5000 m Höhe ist dann auch das Ende der Mattenzone erreicht. Das Gras wird spärlich, bis schließlich nur noch Fels und Eis vorkommen.

In einem tropischen Gebirge von 2500 bis 3000 m Höhe herrschen ähnliche Temperaturen wie bei uns in Mitteleuropa im Frühling. Es gibt dort Dörfer und große Städte und die Bauern pflanzen Weizen, Gerste und Kartoffeln an – und das in einer Höhe, wo in den Alpen längst nichts mehr wächst und schon Gletscherski gefahren wird.

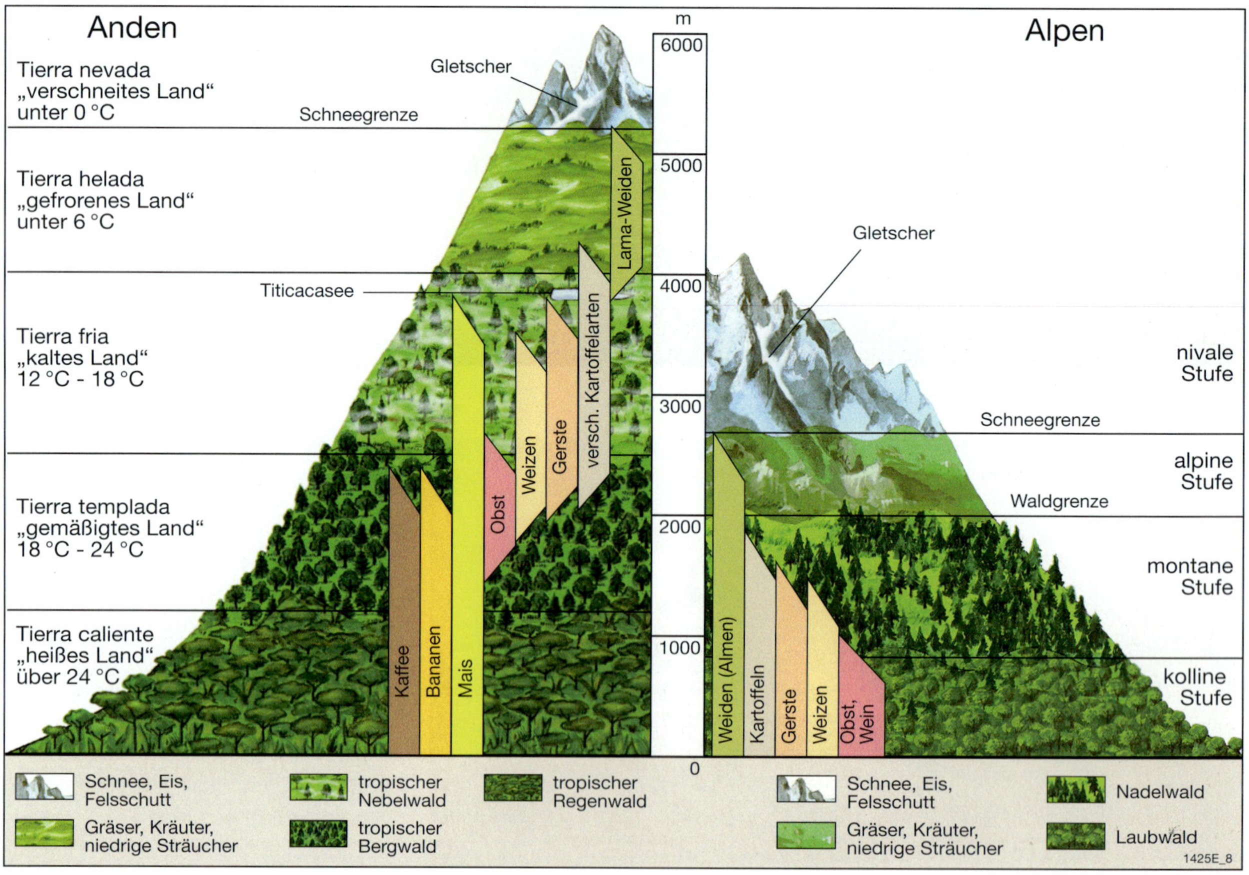

M1 *Höhenstufen in den tropischen Anden und den Alpen*

El Niño: anthropogen- oder naturbedingt?

Zwischen der Westküste Südamerikas und Australien/Südostasien kommt es in Abständen von mehreren Jahren immer wieder zu einem außergewöhnlichen Ereignis. Bei einer normalen Wetterlage treibt der Südostpassat warmes oberflächennahes Meerwasser vom südamerikanischen Kontinent über den Pazifik nach Australien/Südostasien. Dort verdrängt es das kalte Wasser, welches in großer Tiefe in Richtung Osten strömt und als Auftriebswasser den kalten, nährstoffreichen Humboldtstrom bildet.

In einem El-Niño-Jahr kehrt sich dieser Kreislauf um (M2). Insbesondere im Pazifikraum, aber auch bis nach Afrika und Nordamerika hat dies verheerende Auswirkungen. Dazu gehören das Ausbleiben der Fischschwärme vor der peruanischen Küste, schwere Regenfälle und Überschwemmungen an der Westküste Südamerikas, Hitze, Trockenheit und Missernten in Australien, Südasien oder Südafrika. El Niño ist natürlichen Ursprungs, jedoch wird angenommen, dass der anthropogene Treibhauseffekt zukünftig zu seiner Intensivierung beitragen könnte.

4 Begründe, warum El Niño ein Naturphänomen ist. Werte dazu M2 aus.

Merke
Mit zunehmender Höhe verändern sich Temperaturen und Vegetation vergleichbar ihrer Nord-Süd-Abfolge.
El Niño wirkt als Naturphänomen im Pazifischen Ozean.

Grundbegriff
- Höhenstufen von Klima und Vegetation

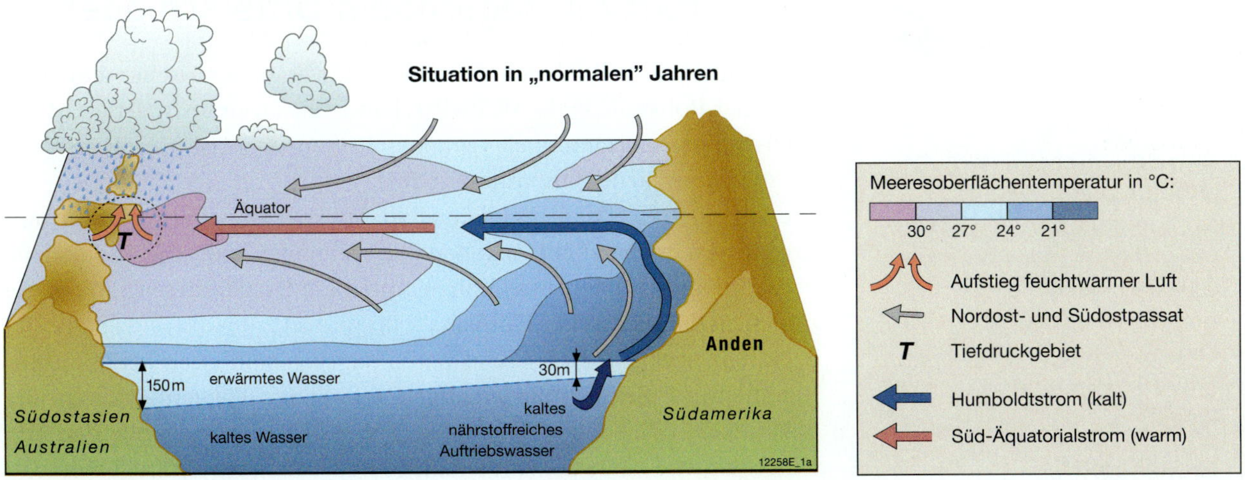

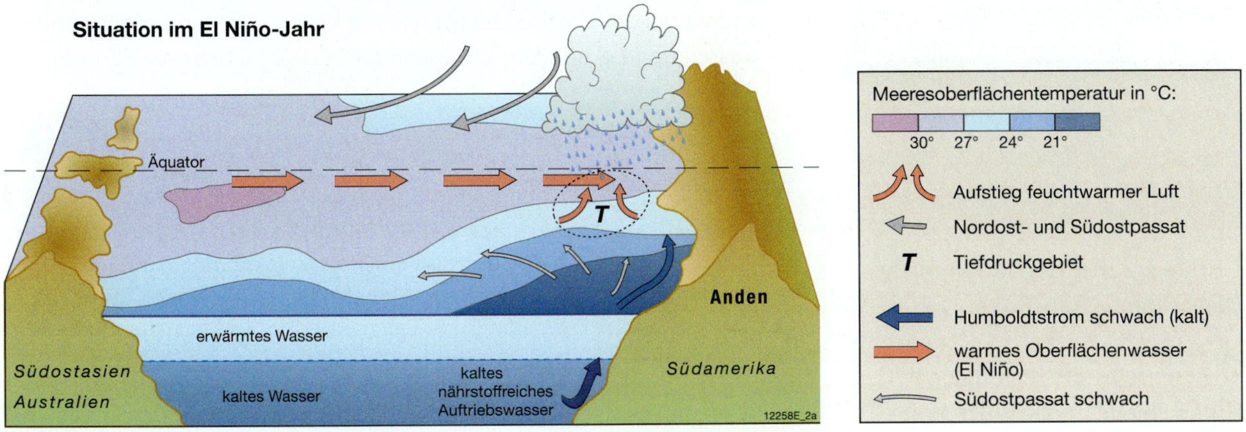

M2 *Das Wetterphänomen El Niño*

M1 *Flugzeugbau in Brasilien*

M2 *Ackerbau in den Anden auf 2000 m Höhe*

Wirtschaft mit regionalen Unterschieden

Merke
Die Länder Amerikas weisen unterschiedliche Wirtschaftsstrukturen auf. Während Nordamerika von den hoch entwickelten Industrieländern USA und Kanada eingenommen wird, gehören zu Lateinamerika ausschließlich Entwicklungs- und Schwellenländer.

Grundbegriffe
- Schwellenland
- räumliche Disparitäten

Jahrhundertelang war Lateinamerika als Lieferant agrarischer und bergbaulicher Rohstoffe in die Weltwirtschaft einbezogen. Inzwischen ist der Industrialisierungsgrad weit vorangeschritten, er weist jedoch regional große Unterschiede (Disparitäten) auf.
Die wirtschaftlich bedeutendsten Länder sind Brasilien, Mexiko und Argentinien mit einer entwickelten verarbeitenden Industrie. Industrielle Fertigprodukte haben einen hohen Anteil am Export dieser Länder. Sie zählen zu den **Schwellenländern**.
In mittelamerikanischen Kleinstaaten dagegen sind noch heute Kaffee, Bananen und Zuckerrohr wichtige Exportgüter. Für einige karibische Inseln stellt der Tourismus eine bedeutende Einnahmequelle dar. Die wirtschaftliche Säule der Andenländer ist der monostrukturelle Bergbau (Erze, Bauxit). Der Großteil der Bevölkerung lebt aber auch hier von der Landwirtschaft. Zahlreiche Menschen können sich in Lateinamerika nicht ausreichend ernähren. Viele Kinder besuchen nie eine Schule.

Info

Räumliche Disparitäten

Unter **räumlichen Disparitäten** werden im Allgemeinen Ungleichheiten hinsichtlich des wirtschaftlichen und gesellschaftlichen Entwicklungsstandes zwischen Ländern der Erde (globale Disparitäten) oder innerhalb größerer regionaler Einheiten (z. B. Lateinamerika, Andenstaaten, mittelamerikanische Kleinstaaten) oder eines Landes verstanden. Disparitäten äußern sich in unterschiedlichen Lebensbedingungen und ungleichen Entwicklungsmöglichkeiten.

1 Erläutere den Begriff räumliche Disparitäten (Info-Box).

2 Beschreibe die regionalen Unterschiede in der Wirtschaft Lateinamerikas.

Vergleichen von Statistiken

So gehst du beim Vergleichen von Statistiken vor:

Willst du den Inhalt verschiedener Materialien vergleichen, gehe in fünf Schritten vor:

1. Lege das Thema fest, unter dem der Vergleich stattfinden soll.
2. Überlege, welche Aspekte zum Thema gehören. Dazu eignet sich zum Beispiel die Anlage einer Mind-Map.
3. Bearbeite die Materialien, anhand derer du vergleichen willst, immer unter einem der Aspekte. Suche hier nach Gemeinsamkeiten und nach Unterschieden. Hierzu kann man gut eine Tabelle erstellen.
4. Fasse die wesentlichen Ergebnisse des Vergleichs zusammen. Kann man zum Beispiel verschiedene Gruppen voneinander abgrenzen?
5. Suche nach den Ursachen (und eventuell den Folgen) für die Gemeinsamkeiten und die Unterschiede.

Erstaunlich!

Ein Sprichwort sagt: „Man kann nicht Äpfel mit Birnen vergleichen!“ Das ist im Prinzip richtig. Es gibt jedoch eine Ausnahme, wenn man für beide einen gemeinsamen Nenner finden kann – einen Aspekt, unter dem sie sich vergleichen lassen. Äpfel und Birnen sind Früchte.
Man könnte also sagen: In Korb 1 (mit zehn Äpfeln) liegen doppelt so viele Früchte wie in Korb 2 (mit fünf Birnen).

Land	Ew. 2006 in Mio.	BIP 2006 in Mrd. US$	Anteil am BIP (2006 in %) Landwirtschaft	Industrie	Dienstleistungen	Export 2007 in Mrd. US$	Import 2007 in Mrd. US$	Arbeitslosigkeit 2007 in %
USA	299,4	13164	0,9	21,1	78,0	1163	2017	4,6
Kanada	32,6	1272	2,3	26,4	71,3	449	407	6,0
Mexiko	104,2	839	4,0	26,0	58,0	272	283	3,7
Brasilien	183,9	1068	5,0	31,0	64,0	161	121	9,3
Argentinien	39,1	214	8,0	36,0	56,0	56	45	7,5
Kolumbien	45,5	153	12,0	36,0	52,0	30	33	12,6
Chile	16,4	147	4,0	48,0	48,0	68	47	7,8
Peru	27,6	92	7,0	38,0	55,0	28	20	8,4
Kuba	11,3	61	3,2	18,2	76,1	3	10	1,9
Ecuador	13,2	41	7,0	35,0	59,0	14	14	9,8
Costa Rica	4,4	22	9,0	29,0	62,0	9	13	4,6
Panamá	3,3	17	8,0	19,0	73,0	9	13	6,4
Bolivien	9,4	11	14,0	34,0	2,0	4	3	7,3
Honduras	7,0	9	14,0	31,0	55,0	2	5	3,1
Nicaragua	5,5	5	20,0	30,0	50,0	2	3	5,2
Guyana	0,8	1	30,0	25,0	45,0	0,5	0,8	11,7

M3 *Wirtschaftsdaten ausgewählter amerikanischer Staaten (nach: Fischer WA 2009)*

Tipps zur Auswertung von Tabellen und Diagrammen

- Die Überschrift bzw. der Tabellenkopf informiert über das Thema.
- Die Bezeichnung der Zeilen und Spalten gibt Auskunft über die Zahlenwerte und Größenverhältnisse.
- Vergleiche die Extremwerte (den höchsten und niedrigsten Wert) mit den übrigen Werten.
- Fasse die Gesamtaussage zusammen. Verwende die Bezeichnungen der Überschrift, der Zeilen und Spalten.

3 Werte M3 aus. Vergleiche die Wirtschaftsdaten ausgewählter Länder.

4 Zeichne zu den BIP-Anteilen für drei ausgewählte Länder je ein Kreisdiagramm. Vergleiche.

Verstädterung in Lateinamerika

Lateinamerika verzeichnet ein starkes Bevölkerungswachstum. Steigende Bevölkerungszahlen sind vielfach mit Armut und Wanderungen vom Land in das vermeintliche „Schlaraffenland Großstadt" verbunden.
In Lateinamerika ist die Verstädterung weit vorangeschritten. Drei von vier Bewohnern leben inzwischen in Städten. Zu den größten Städten der Welt gehören Mexiko-Stadt (siehe Seite 220) und São Paulo. Mehrere Jahrzehnte lang trug die Land-Stadt-Wanderung am stärksten zum Wachstum der Städte bei. Heute ist außerdem noch das natürliche Wachstum der städtischen Bevölkerung dafür verantwortlich. So ist die Bevölkerung von São Paulo auf über zehn Millionen angewachsen. Im Ballungsraum leben sogar etwa 18 Mio. Menschen.
In einigen Städten kommt es zur überdurchschnittlichen Konzentration von Menschen, Industriebetrieben, Verwaltungsinstitutionen sowie sozialen und kulturellen Einrichtungen. Dieser Prozess wird Metropolisierung genannt. Die Metropolen bieten der Wirtschaft günstige Standortbedingungen und den Menschen mehr Möglichkeiten, Arbeit zu finden, sich zu bilden, einzukaufen, einen Arzt aufzusuchen oder sich zu vergnügen. Zunehmend haben diese „Megastädte" nicht nur in Lateinamerika mit Arbeitslosigkeit, Armut, Slumbildung, Kriminalität, Verkehrschaos und starker Umweltbelastung zu kämpfen.

M1 *Lateinamerikanische Städte*

1 Welche Zusammenhänge bestehen zwischen Bevölkerungswachstum, Verstädterung und Metropolisierung (Text, M1, M2, Arbeitsheft, S. 30)?

2 Nenne Gründe für die Land-Stadt-Wanderung.

3 Vergleiche die städtische Bevölkerungsentwicklung in Industrie- und Entwicklungsländern (M6).

	1960	1970	1980	1990	2000	2010
Südamerika	51	60	68	75	80	83
Nordamerika	70	74	74	75	77	80
Europa	58	65	69	72	75	77
Westasien	35	44	52	63	70	75
Afrika	19	23	27	32	38	44
Ostasien	23	25	27	34	39	43

M2 *Verstädterung (in Prozent) im weltweiten Vergleich*

Info

Metropolisierung

Prozess der Konzentration eines hohen Anteils der Bevölkerung, der Wirtschaft und Verwaltung, der sozialen und kulturellen Einrichtungen in zumeist nur einer Stadt eines Landes, der Metropole. Ursachen für die **Metropolisierung** liegen in Entwicklungsländern vor allem in der Unterentwicklung der meisten Landesteile. Die Armut zwingt die Menschen, ihre Dörfer zu verlassen. Das Hauptziel ihrer Wanderung ist die Metropole.

M3 *São Paulo – eine der größten Metropolregion der Welt*

Land-Stadt-Wanderung

Der Prozess der Land-Stadt-Wanderung ist in den Entwicklungsländern, so auch in denen Lateinamerikas, besonders stark ausgeprägt und beeinflusst dort die Lebensbedingungen entscheidend. Vom Land wandern besonders die wirtschaftlich und sozial aktiven jungen Menschen, die unverheiratet sind, in die Städte. Es lassen sich vier Arten der Wanderungsbewegung unterscheiden:

1. Wanderarbeit – „Zirkulationswanderung“ – vorwiegend Männer, periodische Rückkehr aufs Land;
2. „Eine Familie – zwei Haushalte“ – Männer mit einfacher städtischer Unterkunft;
3. „Leben in zwei Welten“ – Ehefrauen sind zu den Männern in die Stadt gezogen, gehören aber noch zur Dorfgemeinschaft;
4. Leben in der Stadt – ohne bedeutende Kontakte zum Heimatraum.

Die Ursachen der Wanderungen unterteilt man in die Push-Faktoren (abstoßende Wirkung), die einen beachtlichen Druck auf die Landbevölkerung ausüben, ihre ländlichen Regionen zu verlassen. Die Pull-Faktoren (anziehende Wirkung) dagegen erklären die Attraktivität der Stadt.

Jahr	städtische Bevölkerung (in %)	Wachstumsrate der städtischen Bevölkerung (in %)
Industrieländer		
1950	53,8	2,4
1970	66,8	1,5
1990	71,6	0,8
2000	74,9	0,8
2020	81,1	0,5
Entwicklungsländer		
1950	17,0	4,3
1970	24,7	3,7
1990	32,8	4,2
2000	45,1	3,3
2020	58,2	2,2

M6 *Daten zur Bevölkerung*

M4 *Arbeitsuchende in Mexiko-Stadt*

Merke
Lateinamerika ist stark verstädtert. Die lateinamerikanische Stadt weist wie die nordamerikanische große soziale Gegensätze auf.

Grundbegriff
- Metropolisierung

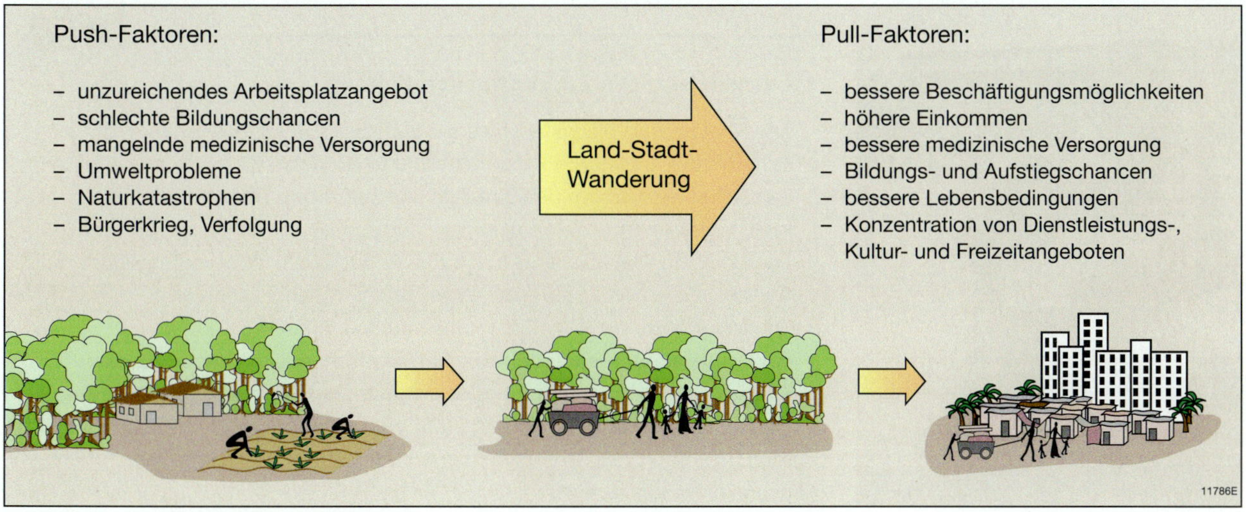

M5 *Push- und Pull-Faktoren*

Mexiko-Stadt

Anteile der Agglomeration Mexiko-Stadt am Staat Mexiko:

Fläche:	0,3 %
Bevölkerung:	ca. 20 %
Erwerbstätige:	42 %
Arbeitsplätze:	40 %
Industrieproduktion:	ca. 55 %
Energieverbrauch:	ca. 17 %
Bruttosozialprodukt:	40 %
Kraftfahrzeuge:	ca. 25 %

M2 *Landesflagge und Nationalpalast am Zocalo, Mexiko-Stadt*

Mexiko-Stadt: Die größte Metropole Lateinamerikas

Der Großraum von Mexiko-Stadt ist mit schätzungsweise 23 Mio. Einwohnern eine der größten Agglomerationen der Erde. Jeder vierte Mexikaner lebt hier und täglich kommen fast 2000 Menschen hinzu, die ihr Glück in der Stadt finden wollen. Eine Ursache ist die nach wie vor hohe Zuwanderung, vor allem von jungen Menschen. Sie kommen insbesondere aus ländlichen Regionen und entfliehen den schwierigen Lebensbedingungen in ihren Heimatregionen: den geringen Einkommen, den fehlenden Bildungsmöglichkeiten, der unzureichenden Ernährung und der mangelhaften Gesundheitsfürsorge. Doch ihre Hoffnung auf ein besseres Leben, auf Arbeit und ein ausreichendes Einkommen erfüllt sich nur selten.

1 Beschreibe die Lage von Mexiko und Mexiko-Stadt.

2 Nenne Ursachen für die Tätigkeit im informellen Sektor.

M1 *Schuhputzer*

Info

Dienstleistungen im informellen Sektor

Die Straßen und Plätze in Mexiko-Stadt sind voll von Kleinhändlern, Schuhputzern, Gelegenheitsarbeitern und Kindern, die gegen etwas Geld Autoscheiben säubern und Kunststücke aufführen. Diese Art von Tätigkeiten wird unter der Bezeichnung „informeller Sektor" zusammengefasst. Dieser ist ein spezifischer Bereich der Wirtschaft in Entwicklungsländern. Inzwischen gehört er aber auch zum Bild westlicher Städte.
Die Ursache für die Tätigkeit im informellen Sektor liegt im Mangel an Arbeitsplätzen im modernen Bereich von Industrie, Handel, Dienstleistungswesen und Exportlandwirtschaft. Vor allem Einwanderer und Frauen sichern sich damit Beschäftigung und minimale Einkünfte. Dennoch leben sie häufig unter der Armutsgrenze, zudem sind sie weder arbeitsrechtlich noch sozial abgesichert.

M3 *Mexiko-Stadt im Smog*

M4 *Müllplatz am Rande der Stadt*

Problemregion: Mexiko-Stadt

Problemfeld Infrastruktur

Mit der enormen Vergrößerung der Stadt kann die Infrastruktur kaum Schritt halten. An eine flächenhafte Versorgung mit Schulen oder Krankenhäusern ist nicht zu denken. Viele Slumbewohner zweigen sich illegal den elektrischen Strom vom öffentlichen Stromnetz ab. Kritisch einzuschätzen ist die Wasserversorgung. 700 mm Jahresniederschlagsmenge reicht für die Wasserversorgung des Stadtgebiets nicht mehr aus. Die Seen der Umgebung sind ausgetrocknet, die Grundwasserreserven gehen dem Ende entgegen. Deshalb wird Wasser aus entfernten Flussläufen in die Stadt gepumpt. Trotzdem haben fünf Millionen Einwohner keinen direkten Zugang zum Trinkwasser und müssen mit Tankwagen versorgt werden. Für über sechs Millionen Menschen gibt es keine Abwasserkanalisation. Häufig dienen Sickergruben als Entsorgungssystem.

Problemfeld Verkehrsbelastung

Mexiko-Stadt ist eine der verkehrsreichsten Städte der Welt. Obwohl die Masse der Bevölkerung öffentliche Verkehrsmittel wie U-Bahn und Autobusse benutzt, verpesten rund vier Millionen Autos täglich die Luft und verursachen einen Lärm, der weit über der von der Weltgesundheitsorganisation festgelegten Toleranzgrenze liegt. Das Straßennetz ist durch Kraftfahrzeuge hoffnungslos überlastet, riesige Verkehrsstaus sind an der Tagesordnung. Mexiko-Stadt gilt deshalb als die Metropole mit der weltweit höchsten Luftverschmutzung. Nicht zuletzt wegen ihrer Kessellage liegt oft wochenlang eine Dunstglocke über der Stadt. Etwa eine Million Menschen erkranken jährlich an den Folgen dieser unerträglichen Luftverschmutzung. Etwa die Hälfte aller Bewohner leidet ständig an Atemwegserkrankungen oder Entzündungen der Binde- und Schleimhäute.

3 Bewerte die Vor- und Nachteile der hohen Konzentration von Bevölkerung und Wirtschaft in der Metropole. Wie könnte das anhaltende Bevölkerungswachstum der Metropole gebremst werden?

4 Zwei Drittel der bebauten Fläche der Metropolitanregion werden von Elendsquartieren eingenommen. In ihnen wohnt rund die Hälfte der Bevölkerung.
a) Wie sind diese hohen Anteile zu erklären?
b) Schildere die Lebensbedingungen der Bevölkerung.

Merke
Mexiko-Stadt ist die älteste lateinamerikanische Stadt. Das enorme Wachstum bringt soziale und Umweltprobleme mit sich.

Info

Brasilien in Zahlen (2005)

Fläche: 8,55 Mio. km^2
Einwohner: 186 Mio.
Hauptstadt: Brasília
Bevölkerungsdichte: 22 Einw./km^2
BNE: 3550 US-$ pro Einw.
Sprachen: Portugiesisch, etwa 180 Indianersprachen
Währung: Real (R$) (1 Euro = 2,74 R$ Stand: 09.09.08)
BRA – Länderkennzeichen

1 Beschreibe Brasilien als ein Land der Gegensätze.

2 Nenne Merkmale eines Schwellenlandes (Minilexikon, Internet).

M1 *Die Großregionen Brasiliens*

Kontrastreiches Brasilien

Der Reichtum an Ressourcen, die vielseitige Produktionsstruktur und der hohe Grad an Industrialisierung sind Faktoren, die Brasilien in die Reihe der Schwellenländer einordnen lassen. Jedoch bestehen ausgeprägte innere Disparitäten. In kaum einem anderen Land sind die Kontraste zwischen Arm und Reich, zwischen moderner Industrie und veralteten Landwirtschafts- und Besitzstrukturen so extrem. Es scheint, die Menschen wohnten in zwei verschiedenen Welten: Nach Angaben der Vereinten Nationen lebt fast die Hälfte der brasilianischen Bevölkerung in absoluter Armut. Was die Brasilianer eint, sind ihre Sprache und Religion sowie der Traum, dass das Land eines Tages eine große Nation sein wird.

Norden
- Amazonasgebiet mit ausgedehnten tropischen Regenwäldern,
- dünn besiedelt, Lebensraum der Indianer
- reich an Ressourcen
- Erschließungsgebiet mit ökologischen und sozialen Folgen

Mittelwesten
- Übergang von tropischen Regenwäldern in Feuchtsavannen
- nördlicher Teil gehört zur Planungsregion Amazonia Legal
- Nutzung zur Viehzucht

Nordosten
- ärmste Region des Landes
- Trockensavannen, Dürregefahr
- überwiegend landwirtschaftliche Nutzung
- alte Besitzstrukturen (Großgrundbesitz, Landarbeiter)
- starke Abwanderung in die Städte

Süden und Südosten
- dicht besiedelt, Städteballungen, Gegensätze zwischen Arm und Reich
- industriell hoch entwickelt
- Reichtum an Ressourcen
- größtes Kaffeeanbaugebiet der Erde

M2 *Großregionen – unterschiedlicher Entwicklungsstand*

M3 *Auf dem Staudamm Itaipu*

Brasília – Stadt vom Reißbrett

Brasília ist seit 1960 Hauptstadt Brasiliens. Bereits 1823 wurde die Idee von einer Hauptstadt im Landesinneren geboren. Mit der Verlegung des Regierungssitzes sollte das überbevölkerte Rio de Janeiro als Hauptstadt abgelöst und die Entwicklung des Landesinneren voran gebracht werden. So entstand in nur vier Jahren in einem nahezu unbewohnten Savannengebiet in einer Höhe von über 1000 m das „geplante“ Brasília. Anfangs litt die neue Hauptstadt unter der geographischen Isolation, auch wenn sie über ein ausgebautes Verkehrsnetz mit allen Teilen des Landes verbunden war. Durch Einwanderungen aus den ärmeren Regionen des Landes wuchs sie schnell zu einer Millionenstadt mit Kontrasten zwischen Arm und Reich wie überall im Land. Rund um die Stadt entstanden schnell wachsende Trabantenstädte.

Flugzeugform als Grundriss

Brasília wurde am Ufer eines Sees gebaut, der durch das Anstauen des Flusses Paraná entstand und die Stadt an drei Seiten begrenzt.
Der Grundriss Brasilias, entworfen vom Stadtplaner Lucio Costa, ähnelt der Form eines Flugzeuges. Den „Rumpf“ bildet die Hauptachse der Stadt, hier befinden sich die Büros der Bundesregierung. In den „Flügeln“ sind Wohngebäude und ausländische Botschaften angeordnet. An der Nase des „Rumpfes“ liegt der „Platz der drei Gewalten“, der vom Obersten Gerichtshof, dem Kongress- und Regierungsgebäude umrahmt wird. Der Palácio da Alvorada ist die Residenz des Präsidenten.
Die moderne Hauptstadt wurde für Beamte und Autos konzipiert. Sie wird aber kaum den Bedürfnissen ihrer Einwohner gerecht, da die einzelnen Stadtteile weit voneinander entfernt liegen.

M4 *Brasília – Blick vom Fernsehturm*

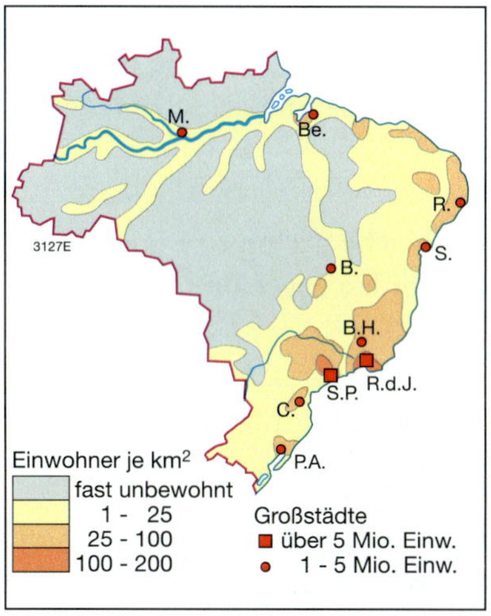

M5 *Bevölkerungsdichte Brasiliens*

3 Wiederhole deine Kenntnisse zu Klima- und Vegetationszonen. Ordne Brasilien ein.

4 Beschreibe die Lage von Brasília.

5 Brasília ist bereits die dritte Hauptstadt Brasiliens. Informiere dich über die Gründe der Haupstadtverlegung.

Merke
Brasilien zählt zu den Schwellenländern. Innerhalb des Landes bestehen räumliche Disparitäten. Die Hauptstadt Brasília ist eine geplante Stadt. Die Entwicklung des Landesinneren sollte damit voran gebracht werden.

1 Nenne Gründe für die starke industrielle Entwicklung des Südens.

2 Welche wichtigen Bodenschätze werden abgebaut (Atlas)?

3 Man sagt: „Die Städte sind gespalten in Arm und Reich; wie das ganze Land". Begründe.

4 Rio ist ein Spiegel für die inneren Probleme Brasiliens. Belege die Aussage.

Im Industriedreieck Brasiliens

Im Süden, so sagen die Brasilianer, schlägt das Herz des Landes. Fast die gesamte Industrie konzentriert sich hier auf engstem Raum. Die Säulen des industriellen Großraumes bilden die Bundesstaaten Rio de Janeiro, São Paulo und Minas Gerais.

Die wirtschaftliche Entwicklung

Der Ausgangspunkt der raschen Entwicklung waren Goldfunde im Bundesstaat Minas Gerais (port.: allgemeine Minen). Rio de Janeiro entwickelte sich als Durchgangstor für den Gold- und Diamantenhandel zur wichtigsten Hafenstadt des Landes. Ouro Prêto (port.: schwarzes Gold) war im 18. Jahrhundert das Zentrum eines Goldrausches. In der Umgebung der Stadt suchen bis heute zahlreiche Glücksritter nach Edelsteinen.
Der Abbau der reichen Erzvorkommen um Belo Horizonte führte dazu, dass sich der Süden zum Zentrum der Schwerindustrie entwickelte. Brasilien ist heute einer der größten Stahlproduzenten der Erde.
Die wirtschaftliche Bedeutung des Südens wuchs weiter durch den Aufschwung des Kaffeehandels. An der Südostküste zwischen Rio de Janeiro und São Paulo erstreckt sich heute das weltweit größte Kaffeeanbaugebiet. Mit der Erschließung des Hinterlandes für den Kaffeeanbau entwickelte sich São Paulo zum bedeutendsten Verkehrsknotenpunkt Südbrasiliens. Aufgrund der vielen Wasserkraftwerke entlang der Flüsse siedelten sich dort neue Industriezweige an.
Nicht nur die Einwohnerzahl São Paulos wächst. Die Stadt verzeichnet auch ein starkes Flächenwachstum. Es wird erwartet, dass sich zwischen São Paulo und Rio de Janeiro ein geschlossenes Siedlungsband entwickelt, ähnlich wie sich in den USA Städtebänder herausgebildet haben.
Alle zwei Minuten wird in São Paulo ein Kind geboren. Das sind im Jahr 260000 neue „Paulistas". Von den sieben Millionen Kindern in der Region leben 20 Prozent auf der Straße.

M1 *Diamantensucher*

M2 *Ouro Prêto*

Rio de Janeiro – Gesichter der Stadt

Die Metropole Rio de Janeiro (oft einfach nur Rio genannt) ist ein bedeutendes Verkehrs-, Industrie- und Dienstleistungszentrum des NNLandes. Rio war über zwei Jahrhunderte Brasiliens Hauptstadt. Der Hafen stellt ein Bindeglied zwischen dem stärker entwickelten Süden des Landes und Nordostbrasilien dar. Vom Landesinneren durch Berge abgeschnitten nimmt Rio de Janeiro inzwischen das gesamte Gebiet zwischen Küste und Hinterland ein. Geschäfts- und Nobelviertel stehen in scharfem Kontrast zu den Elendsvierteln (Favelas), in denen eine der sechs Millionen Einwohner Rios haust.
Die berühmtesten Wahrzeichen der Stadt sind der Zuckerhut und die 38 m hohe Christusstatue, die sich auf dem Corcovado-Berg befindet. Alljährlich nehmen viele Menschen an einem farbenprächtigen Karneval teil.

Die Copacabana – Rios legendärstes Viertel

Nirgends soll die Sonne so groß aufgehen wie am Strand von Copacabana. An dem 4 km langen, schönsten Stadtstrand der Welt leben heute dicht gedrängt 170 000 Menschen. Die Avenida Atlântica »teilen« sich Millionäre und Prominente mit Bettlern, Straßenkindern und Prostituierten.
Gleich hinter ihr ist die Copacabana ein ganz normales Wohn- und Geschäftsviertel. In letzter Zeit hat die Stadtverwaltung vieles unternommen, um sein recht angegriffenes Image wiederherzustellen. Inzwischen ist es kaum wiederzuerkennen und bedeutend sicherer geworden. Eine spezielle Touristenpolizei wurde aufgestellt, der Strand hell beleuchtet, finstere Plätze restauriert und der gesamte Promenadenabschnitt erneuert. Zahlreiche Parkplätze mussten einem durchgehenden Fahrradweg weichen, der auch von Joggern und Rollschuhfahrern frequentiert wird. Die Copacabana gleicht mitunter einem einzigen Sportplatz.
(Nach: http://de.travel.yahoo.com/travel/de/suedamerika/Laender/Brasilien/R.../attractionsten.htm, 03.07.01)

M3 *Blick vom Zuckerhut auf die Copacabana*

Info

Favelas im Umbruch

Jacarezinho ist ein Slum in Rio. Vor Jahren kamen die bitterarmen Menschen meist aus dem Nordosten Brasiliens in der Hoffnung auf ein besseres Leben. Doch daraus wurde häufig nichts und so bauten sie sich auf freien Flächen neue Heime aus Pappe, Wellblech und Steinen. Es entstanden die Favelas. Winzige, staubige, stinkende Gassen führen den Berg hinauf. Niemand bezahlt hier Steuern, keiner ist hier registriert, Strom und Wasser werden illegal abgezapft. Doch Jacarezinho soll nicht das bleiben, was es ist, die „Menschen sollen Bürger“ werden.
In ein paar Jahren könnte der Slum so aussehen wie die wenige Kilometer entfernte „Favela bairro“. Dort sind die Straßen geteert und haben Namen. Es gibt ein Strom- und Wassernetz, Geschäfte, Kindergärten. Und auf dem Sportplatz dürfen nur die Jugendlichen kicken, die die Schule besuchen. Innerhalb von nur sechs Jahren wandelte sich diese Favela schon in ein fast normales Stadtviertel.

Merke
Der Süden Brasiliens ist das wirtschaftliche Zentrum des Landes. In der Metropole Rio de Janeiro wird der Gegensatz zwischen Arm und Reich besonders deutlich.

Info

Amazonien

Amazonien ist viermal so groß wie Deutschland, hat indes nur 2,1 Mio. Einwohner. Und von diesen leben 80 % in der Großstadt Manaus.
Trotz der geringen Bevölkerungsdichte sind in keinem einzigen Teilstück des brasilianischen Amazonasgebiets Natur und Umwelt noch völlig intakt.

1 Beschreibe die Lage von Amazonien.

2 Berichte über die Bedeutung tropischer Regenwälder.

3 Diskutiert die Lebensweise der Amazonasindianer. Vergleicht mit eurem Leben.

Naturraum Amazonien

Amazonien ist mit 3,6 Mio. km² das größte tropische Tiefland der Erde. Zwei Drittel davon liegen in Brasilien. Die Vegetation und die Tierwelt des tropischen Regenwaldes in Amazonien sind in ihrer Vielfalt einzigartig. Hier gibt es in den unterschiedlichen Stockwerken des Waldes schätzungsweise 1,5 bis 2 Mio. Pflanzen- und Tierarten. Das Klima ist feuchtwarm, also typisch für den tropischen Regenwald. Fast täglich kommt es zu heftigen Niederschlägen.

Amazonas – wasserreichster Strom der Erde

Mit 6437 km ist der Amazonas zwar nur der zweitlängste Fluss der Erde, dafür aber der wasserreichste: Aus ihm stammen 15 Prozent des Süßwassers, das in die Ozeane fließt (70-mal mehr als beim Hochwasser führenden Rhein). Der Strom hat mehr als 200 Nebenflüsse, davon sind 15 über 2000 km lang. Sein Einzugsgebiet umfasst 7,2 Mio. km²; das sind 40 Prozent Südamerikas.
Im Mündungsgebiet ergießt er seine lehmfarbenen Wassermassen in einer ca. 250 bis 300 km breiten Trichtermündung in den Atlantischen Ozean. Bei Ebbe wird das Meerwasser von den Fluten des Amazonas fast 200 km von der Küste abgedrängt. Die Flutwelle des Atlantiks dagegen dringt bis 850 km stromaufwärts vor. Gefährlich ist eine vier bis fünf Meter hohe Springflut, „Pororoca" genannt. Sie stellt eine Ursache für die Ausbildung der Trichtermündung dar. Ihr verdankt der Riesenstrom auch seinen Namen Amazonas (indianisch: Wasserwolkenlärm).

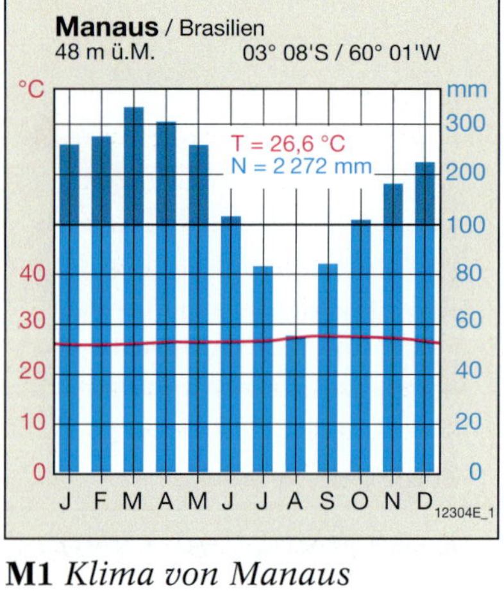

M1 *Klima von Manaus*

M2 *Der Amazonas bei Manaus*

Leben im Einklang mit der Natur

In den Regenwäldern Amazoniens leben heute mehr als 100 000 Indianer in rund 120 Gruppen und Stämmen. Völlig abgeschieden von der westlichen Zivilisation entwickelten und bewahrten sie über Jahrtausende ihre Kulturen. Im Einklang mit den Gesetzen der Natur decken sie Grundbedürfnisse wie Wohnen, Essenund Kleidung.

Ohne den tropischen Regenwald zu zerstören, entnehmen sie ihm fast alles, was sie zum Leben brauchen: Die Stämme und Wedel der Palmen dienen zum Häuserbau und Fertigen von Matten und Tragekörben. Aus großen Bäumen werden Einbäume geschlagen.

Ihre wichtigste Nahrungsquelle sind kleine Felder. Für die Versorgung einer Familie genügt eine Pflanzung von etwa 50 mal 60 m. Nach zwei bis drei Jahren geben sie das Feld auf, da die Nährstoffe des Bodens aufgebraucht sind. Der Wald kann sich so erholen. Die Indianer ernähren sich zudem von den Früchten des Waldes, jagen Vögel, Säugetiere und Fische.

Bei vielen Indianervölkern gehört Körperschmuck zur alltäglichen Bekleidung. Aus Pflanzen gewonnene Farbe dient der Körperbemalung und pflegt gleichzeitig die Haut.

Durch die Erschließung Amazoniens und die Ausbeutung seiner Naturressourcen drohten die letzten Rückzugsgebiete der Indianer vereinnahmt zu werden. Deshalb gründeten 1984 Vertreter der Amazonasindianer die „Koordination der Indianerorganisationen des Amazonasbeckens" (COICA).

M3 *Indianer beim Fischfang*

Info

Yanomami

Die Yanomami gelten als der größte Ureinwohnerstamm der Erde. Sie sind ein Indianervolk, das im Grenzgebiet von Brasilien und Venezuela beheimatet ist. Etwa 8 000 von ihnen leben in Brasilien, 12 000 in Venezuela. Oft gründen mehrere Familien zusammen ein Dorf. Dazu brennen sie ein Stück Regenwald ab. Sie bauen vor allem Bananen, Maniok, Mais, Zuckerrohr und Tabak an. Ist der Boden nach etwa fünf Jahren erschöpft, ziehen sie weiter. Der Wald braucht Jahrzehnte, um wieder nachzuwachsen. Andere Familien betreiben keinen Feldbau, sondern durchstreifen als Jäger und Sammler den tropischen Regenwald.

4 Nimm zu folgender Prophezeiung der Indianer Stellung: „Wenn eines Tages die Bäume sterben, dann werden auch die Indianer schwinden."

Merke

Amazonien ist eine Landschaft im Norden Brasiliens, die vom wasserreichsten Fluss der Erde, dem Amazonas, durchflossen wird.

Im tropischen Regenwald leben zahlreicher Indianervölker, deren Lebensraum bedroht ist.

Vielfältige Nutzung Amazoniens

Die wachsende Armut und der starke Bevölkerungsanstieg haben dazu geführt, dass der tropische Regenwald systematisch abgeholzt wird, um Nahrungsmittelpflanzen anbauen zu können.

Immer mehr Touristen erkunden die Natur Amazoniens und die Kultur seiner Bewohner. Häufig fahren sie dazu mit Schiffen stromaufwärts und steuern Dschungel-Lodges an.

Das wasserreiche Amazonasbecken eignet sich für die Errichtung von Wasserkraftwerken. An zahlreichen Stellen wurden Staumauern gebaut. Die Stauseen überschwemmen den Regenwald.

In Amazonien gibt es umfangreiche Vorkommen unterschiedlichster Bodenschätze. Riesige Tagebaue durchziehen die Landschaft. Rekultivierung wird nicht betrieben.

Der Einschlag von Edelhölzern führt zur Zerstörung großer Waldareale. Wird ein Urwaldriese gefällt, reißt er Dutzende andere Bäume mit um. Es entsteht eine Schneise.

Für den Abtransport der Stämme werden Schneisen zu Straßen ausgebaut. Immer mehr Erschließungsstraßen zerschneiden den Regenwald Amazoniens. Die größte ist die Transamazônica.

M1 *Sojafeld in Brasilien*

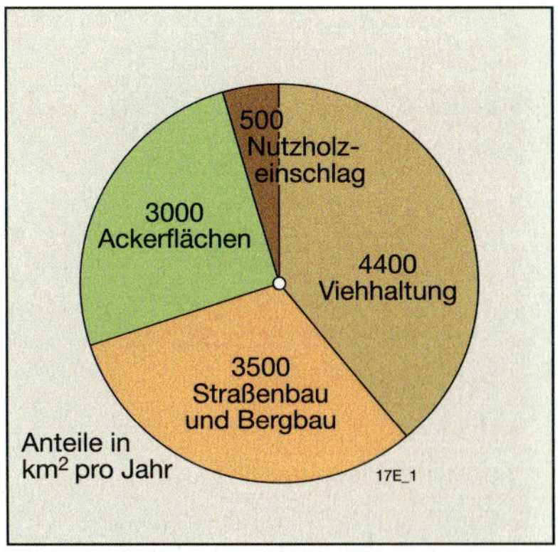

M2 *Vernichtung des tropischen Regenwaldes in Brasilien*

WWW

www.faszination-regenwald.de

Verhängnisvolle Nutzung

Weite Flächen des tropischen Regenwaldes sind in den letzten Jahrzehnten der menschlichen Nutzung zum Opfer gefallen. Die Zerstörung des **Ökosystems** beginnt mit dem Schlagen von wertvollen Tropenhölzern. Danach erwerben zahlreiche Farmer das Land. Sie holzen und brennen den stehen gebliebenen Rest des Waldes ab und betreiben anschließend Rinderzucht.

So war das zumindest noch vor ein paar Jahren. Dann entdeckte man, dass man mit Sojaanbau mehr Gewinn erwirtschaften kann, als mit der Viehwirtschaft. Deshalb nimmt der Sojaanbau in Monokultur immer mehr zu. Holz-Vieh-Soja, das ist eine verhängnisvolle Reihenfolge, die negative Auswirkungen auf den Naturraum hat.

Kleine Bohne, große Wirkung

Die Weltmarktnachfrage nach Soja, auch aus Brasilien, wird in den kommenden Jahren noch ansteigen. Verantwortlich dafür ist der wachsende Bedarf, insbesondere, in Europa und China, wo die Hülsenfrucht hauptsächlich an Schweine, Hühner und Rinder verfüttert wird. Was jetzt erreicht werden muss, ist ein Umdenken bei den Farmern vor Ort, bei den Importeuren und den Verbrauchern.

Die Europäische Union zum Beispiel importiert etwa 30 Mio. t Sojamehl pro Jahr allein für Viehfutter. Jeder Deutsche verbraucht durch seinen jährlichen Konsum von Milch, Eiern und Fleisch die Ernte eines 230 m² großen Sojafeldes. Das entspricht etwa der Fläche eines Tennisplatzes.

(Nach: www.wwf.de/presse, 06.02.07)

1 Auch unser Fleischkonsum schafft Probleme für den Regenwald. Erkläre.

2 Erkundige dich in einem Supermarkt nach Sojaprodukten.

3 Erstelle nach den Ergebnissen von Aufgabe 2 eine Liste von Produkten, die Soja enthalten.

Merke

Der tropische Regenwald ist ein sensibles Ökosystem. Die Nutzung seiner Reichtümer gefährdet ihn. Die Vernichtung des tropischen Regenwaldes stellt eine Bedrohung für unseren Planeten dar.

Grundbegriff

- Ökosystem

Nachhaltige Entwicklung: Beispiel Amazonien

Im Spannungsfeld zwischen wirtschaftlichen, sozialen und ökologischen Interessen erhielt seit Beginn der 1990er-Jahre eine **nachhaltige Entwicklung** einen zunehmenden Stellenwert. Ausgelöst durch den Widerstand der Indianer, regionaler Umweltgruppen und der Kautschukzapfer, aber nicht zuletzt auch auf Druck der Weltbank und anderer internationaler Organisationen wurden Pilotprogramme zum Erhalt der tropischen Regenwälder entwickelt. Diese Programme, welche die brasilianische Regierung ab 1992 mit internationaler Hilfe startete, sind der bisher umfassendste Versuch, lokale Gruppen mit regionalen, nationalen und internationalen Akteuren in ein gemeinsames Konzept zur Verringerung der Waldvernichtung einzubinden. Es beinhaltet folgende Maßnahmen:

- Ausweisung von Schutzgebieten für die indianische Urbevölkerung, in denen die wirtschaftliche Nutzung stärker eingeschränkt ist.
- Sicherung angepasster Wirtschaftsweisen durch Ausweisung von Sammlerreservaten zur Gewinnung von Kautschuk, Paranuss, Baumölen und -harzen. Ebenso gehören die Aufbereitung und Vermarktung ökologisch angepasster Produkte aus diesen Rohstoffen dazu.
- Einrichtung ökologischer Korridore (33 Prozent der Fläche), welche die bereits unter strengem Naturschutz stehenden Areale verbinden.
- Erlass von Regeln zur Kontrolle und Bekämpfung von Waldbränden.
- Forstmanagement mit nachhaltigem Holzeinschlag, das heißt, dass nicht mehr Holz aus dem Wald entnommen werden darf, als auf natürliche Weise wieder nachwachsen kann. Zudem werden Edelholzplantagen für den Export angelegt und Konzessionen zur Waldnutzung mit der Auflage verbunden, vernichtete Wälder aufzuforsten. Auch der Holzhandel hat Richtlinien zum Schutz des Regenwaldes entworfen.

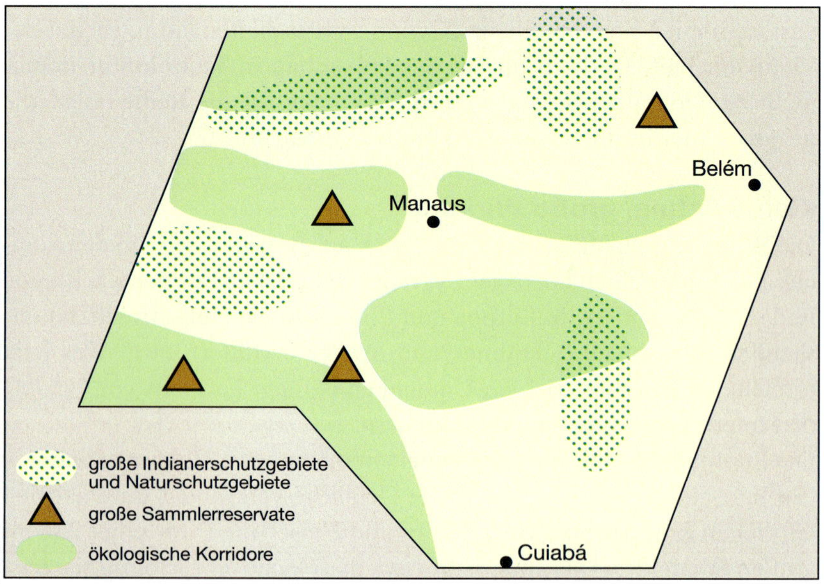

M2 *Ansätze nachhaltiger Entwicklung*

- keine Abholzung unberührter Regenwaldregionen
- Einführung einer Wiederaufforstungsabgabe für die Holzfirmen
- schonende Fällmethoden zur Minderung der Schädigung benachbarter Bäume
- Holzeinschlag nur mit Zustimmung der örtlichen Bevölkerung
- Beschränkung des Handels auf Hölzer aus nachhaltiger Forstwirtschaft

M1 *Entwurf von Verhaltensrichtlinien für den Holzhandel*

Info

Nachhaltigkeit

Dieser Begriff stammt ursprünglich aus der Forstwirtschaft und wurde um 1700 vom Oberberghauptmann Hans Carl von Carlowitz in der Silberstadt Freiberg (Sachsen) erdacht. Es sollte immer nur so viel Holz geschlagen werden, wie durch Wiederaufforstung nachwachsen kann.

1 Fertige eine Mind-Map zum Ökosystem tropischer Regenwald an (Arbeitsheft, S. 31).

Merke

Die tropischen Regenwälder können nur durch eine nachhaltige Entwicklung genutzt und gleichzeitig geschützt werden. Dazu sind verschiedene Programme aufgelegt worden.

Grundbegriff

- nachhaltige Entwicklung

Eine Wandzeitung anfertigen

So fertigst du eine Wandzeitung an:

- Suche geeignete Materialien (Bilder, Zeitungsartikel, Karten, Internettexte u. a.).
- Verfasse eigene knappe Texte zum Thema.
- Überlege eine Gliederung und klebe Texte mit Bildern und anderen Abbildungen kombiniert auf.
- Formuliere auch Fragen für eine Diskussion des Themas.

Die „grüne Lunge" der Erde

Die Abholzung der tropischen Regenwälder ist eine ernste Gefahr für die gesamte Erde.

„Es ist, als hätten die Länder der Erde beschlossen, alle ihre Bibliotheken zu verbrennen, ohne nachzusehen, was eigentlich darin steht." (Umweltwissenschaftler)

Das Weltklima ist in Gefahr!

Nigeria: 90 % der Regenwälder zerstört!

Waldzerstörung durch Hamburger

Regenwald oder Rohstoffe?

Jede Minute 60 Fußballfelder Tropenwälder vernichtet!

Der tropische Regenwald ist ein Wärmespeicher. Durch die Sonnenstrahlung verdunsten große Mengen Wasser. Dabei wird Wärme frei. Dies wirkt sich sogar bis in die Polarzonen kältemildernd aus.

SCHÜTZT DEN TROPISCHEN REGENWALD!

Brasilien schafft größtes Urwald-Schutzgebiet

Rio des Janeiro/dpa. Brasilien hat im Amazonas-Regenwald nach eigenen Angaben das größte Urwaldschutzgebiet der Erde geschaffen. Die sieben zusammenhängenden Nationalparks hätten eine Gesamtfläche von knapp 16 Mio. ha. Das Naturschutzgebiet ist damit knapp halb so groß wie Deutschland. In der Region im Bundesstaat Pará – der von Landkonflikten, illegaler Abholzung und der sklavenähnlichen Ausbeutung der Indios besonders schlimm betroffen ist – soll eine Strategie der nachhaltigen Entwicklung angewandt werden. Abholzung wird grundsätzlich verboten. Im gesamten Amazonas-Regenwald sind nun 42 Prozent der Fläche geschützt.

(Quelle: Mitteldeutsche Zeitung vom 06.12.2006)

M3 *Wandzeitung zum tropischen Regenwald*

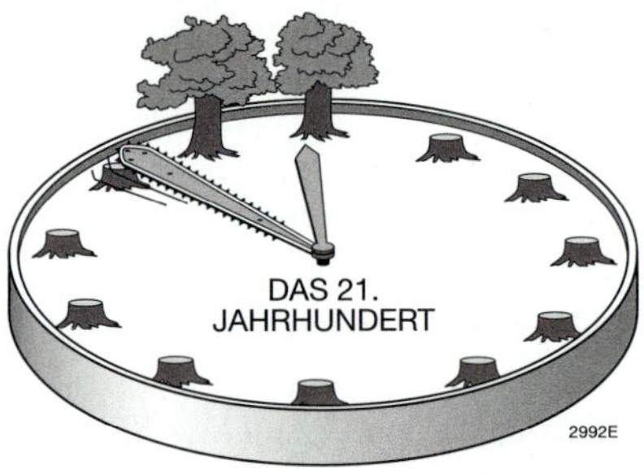

M1 *Die Situation des Regenwaldes aus Sicht eines Karikaturisten*

Ein Streitgespräch zum Thema: „Regenwälder nutzen oder schützen?" führen

„Wenn die Zerstörung der tropischen Regenwälder nicht gestoppt wird, gibt es in 50 Jahren keine Wälder mehr." Das behaupten viele Umweltschutzverbände. Im Kreuzfeuer der Kritik stehen Regierungen und Firmen, die angeblich rücksichtslos den Regenwald abholzen. Beschuldigt werden auch die Industrienationen wegen ihres großen Bedarfs an Tropenholz. Weltweit bemühen sich Organisationen um Programme zur Erhaltung oder sinnvollen Nutzung des Regenwaldes. Die Interessenkonflikte sind vorprogrammiert. Ihr könnt die Meinungsverschiedenheiten in der Klasse nachspielen, indem ihr ein Streitgespräch führt.

So führt ihr ein Streitgespräch:

1. Vorbereitung
Bildet mithilfe der Rollenkarten Interessengruppen, die sich darauf vorbereiten, ein Mitglied für das Streitgespräch zu entsenden.
Arbeitet das Material im Buch durch. Besorgt euch auch Materialien, die nicht im Buch stehen. Sammelt Argumente für oder gegen die Nutzung des Regenwaldes. Sucht nach Alternativen und Kompromissen.

2. Durchführung
Bestimmt eine Leiterin oder einen Leiter des Streitgesprächs und mindestens sechs Journalisten bzw. Journalistinnen für die Beobachtung und Berichterstattung.

3. Auswertung
Bewertet den Ablauf der Diskussion und das Ergebnis. Die Mitglieder des Streitgesprächs und das Publikum äußern sich und diskutieren ihre Auffassungen.

M2 *Karikatur*

Vielfalt an tropischen Nutzpflanzen und Früchten

Dichter, immergrüner Wald

Reichtum an Tierarten

- Lebensraum der Indianer
- Grundstoffe für Arzneimittel und Kosmetika
- 40 – 50 Prozent aller Pflanzen- und Tierarten

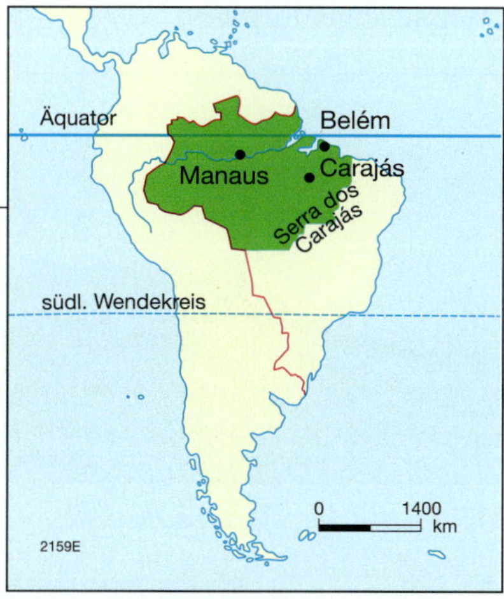

- weltweit größter Speicher von Kohlendioxid
- große Bedeutung für Erhalt des Gleichgewichts des Weltklimas, „tropische Wettermaschine“

Eingriffe in das Ökosystem und ihre Folgen

- Roden der Wälder zur Gewinnung von Edelhölzern
- Roden und Anlegen von Großflächen für Ackerbau und Viehzucht
- Bau von Siedlungen durch Einwanderer aus dicht besiedelten Gebieten
- Bau von Straßen zur Erschließung der Wälder
- Abbau von Bodenschätzen (z.B. Gold, Nickel)
- Bau von Staudämmen zur Energieerzeugung

→

- Zerstörung der Wälder, Ausrottung von seltenen Tier- und Pflanzenarten
- Zerstörung des Nährstoffkreislaufes zwischen Vegetation und Boden; Auswaschen der Böden
- Freisetzen von CO_2 durch Brandrodung, Verstärkung des Treibhauseffekts
- Eingriff in den Wasserhaushalt Amazoniens und der gesamten Erde; Dürren und Überschwemmungen
- Zerstörung der traditionellen Lebensweisen der Amazonasindianer
- Verschmutzung von Luft und Wasser durch Düngemittel und Industrieabfälle
- Entwicklung einer niedrigen Buschvegetation auf brachgelegten Großflächen

M1 *Panamá-Stadt*

Panamá und sein Kanal

Der Panamákanal (82 km lang) wurde 1914 eröffnet. Er erspart Schiffen auf dem Weg von San Francisco nach New York die Umfahrung Südamerikas (ca. 14000 km). Mit den jährlichen Einnahmen von über einer Milliarde Dollar für die Schiffsdurchfahrten ist der Kanal ein wichtiger Wirtschaftsfaktor für den Staat Panamá.

Aufgrund der zunehmenden Schiffsgrößen reichen die Kapazitäten der Wasserstraße jedoch nicht mehr aus, sodass ein Rückgang des Schiffsverkehrs befürchtet wird. Aus diesem Grund wurde 2006 per Volksentscheid die Erweiterung des Panamákanals beschlossen. Dann könnten Schiffe mit einer Fracht von 12000 Containern (statt bisher 4500) den Panamákanal passieren.

Kritiker des Erweiterungsprojektes befürchten große Umweltschäden durch die Kanalerweiterung, da es zu Anhebungen der Staustufen kommen muss und bei der Schiffsschleusung verstärkt Süßwasser in die Ozeane abgeführt wird.

1 Beschreibe den Verlauf des Panamákanals.

2 Begründe die Bedeutung des Kanals für Panamá.

3 Informiere dich im Internet zum aktuellen Stand der Kanalerweiterung. Zum Beispiel unter www.pancanal.com/eng/expansion/index.html.

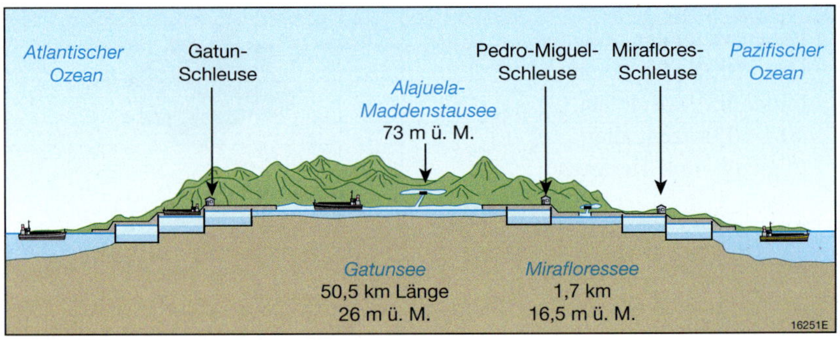

M3 *Profil des Panamákanals*

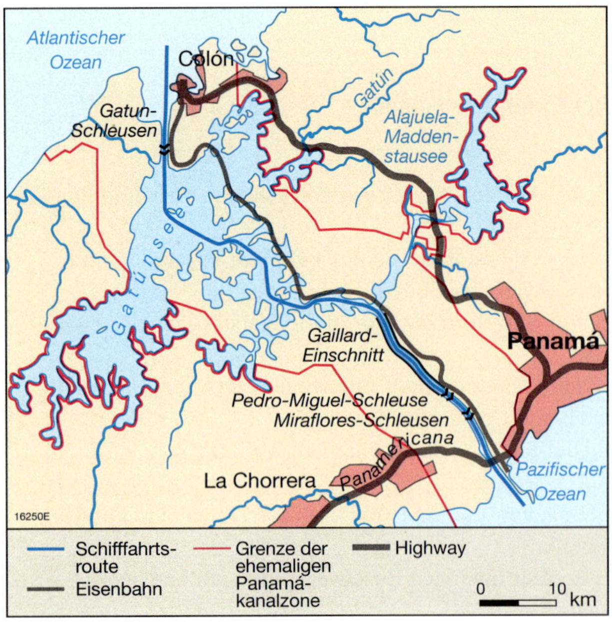

M2 *Verlauf des Panamákanals*

M4 *An einer Schleuse des Panamákanals*

Kokaanbau – warum?

Zum festen Bestandteil der Kultur der Menschen in den Anden zählt seit Jahrtausenden das Kauen von Kokablättern. Die Kokapflanze ist aber auch die Grundlage für die Herstellung von Kokapaste, Grundstoff der gefährlichen Droge Kokain.
Obwohl Anbau und Weiterverarbeitung von Koka offiziell verboten sind, ist der Kokaanbau in Bolivien, Peru und Kolumbien ein wichtiger Wirtschaftsfaktor. Er bringt höhere Gewinne als jede andere Agrarkultur und auf diese Einnahmen ist die relativ arme Landbevölkerung angewiesen.
Seit den 1990er-Jahren werden jedoch auf Druck der USA die Kokaanbauflächen reduziert, denn in die USA und Kanada gelangen große Teile der illegalen Kokaproduktion. Mithilfe staatlicher Zahlungen bzw. von Entwicklungshilfe werden Anbaukulturen wie Reis, Kakao, Kaffee, Ananas und Bananen als Alternativen für die Landbevölkerung gefördert, um dadurch gleiche Verdienstmöglichkeiten zu ermöglichen.

Merke
Der Panamákanal stellt für den Staat Panamá einen wichtigen Wirtschaftsfaktor dar. Koka ist trotz Verbot in den Andenländern eine wichtige Anbaukultur.

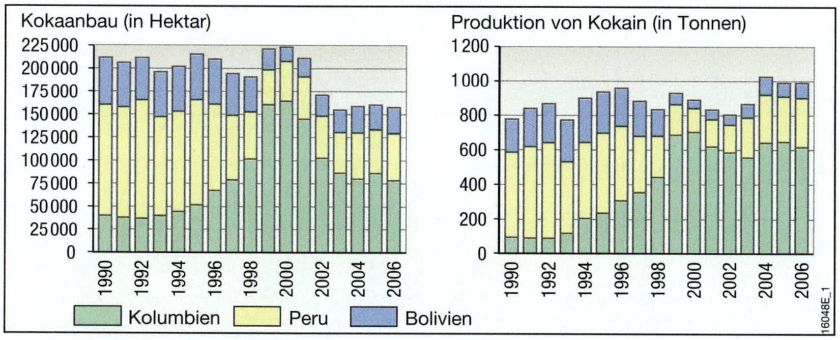

M5 *Koka-Produktion in Kolumbien, Peru und Bolivien*

4 Erläutere die Entwicklung der Kokaproduktion (M5).

5 Begründe, warum der Kokaanbau trotz Verbots für die Landbevölkerung häufig die einzige Lebensgrundlage darstellt.

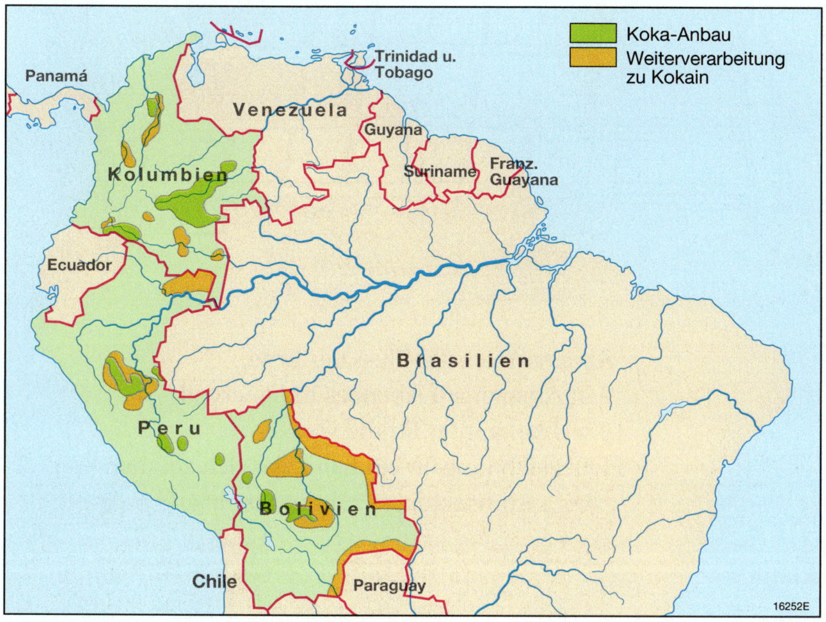

M6 *Koka-Anbaugebiete Südamerikas*

M7 *Kokafeld und -pflanze*

Teste dich selbst!

Löse das Pyramidenrätsel. Übertrage es zunächst in dein Heft.
Finde das Lösungswort, indem du die Treppe der Pyramide hinab steigst.

1 Staat in den Anden
2 Elendsviertel in den Städten
3 langgezogenes Faltengebirge
4 Hauptstadt Brasiliens
5 Staat, der an Angloamerika grenzt
6 eine Metropole Lateinamerikas
7 Indianervolk der ehemaligen Hochkultur
8 wasserreichster Fluss der Erde
9 in Amazonien lebendes Indianervolk
10 weltbekannter Strand von Rio
11 Bezeichnung für ein Land, das sich auf dem Weg vom Entwicklungs- zum Industrieland befindet

Das Wichtigste kurz gefasst:

Grundbegriffe

Höhenstufen von Klima und Vegetation
Schwellenland
räumliche Disparitäten
Metropolisierung
Schwellenland
Ökosystem
nachhaltige Entwicklung

Kultur- und Naturraum im Überblick

Lateinamerika besteht aus Südamerika, der mittelamerikanischen Festlandsbrücke und den karibischen Inseln. Die Region ist geprägt durch die gemeinsame spanische und portugiesische Sprache und die Vermischung verschiedener Kulturen und Völker.
Lateinamerika hat Anteil an nahezu allen Klima- und Vegetationszonen. Das Relief wechselt zwischen Hochgebirgen im Westen sowie ausgedehnten Berg- und Tiefländern.

Verstädterung und Metropolisierung

Die lateinamerikanischen Städte wachsen rasant. Durch den ständigen Zuzug von Menschen aus ländlichen Gebieten ufern sie aus. Es bilden sich Metropolen wie Mexiko-Stadt und São Paulo. Verkehrs- und Umweltprobleme, Armut sowie Arbeitslosigkeit sind die Folge. Moderne Geschäfts- und Wohnviertel stehen im krassen Widerspruch zu den Armenvierteln.

Brasilien: Räumliche Gegensätze

Brasilien ist ein Schwellenland. Es weist starke landschaftliche, wirtschafts- und sozialgeographische Kontraste auf.
Das wirtschaftliche Zentrum Brasiliens liegt im Dreieck São Paulo – Minas Geiras – Rio de Janeiro. Hier konzentrieren sich Bergbau, Industrie und Bevölkerung.

Amazonien

Im Amazonastiefland liegt das größte zusammenhängende tropische Regenwaldgebiet der Erde. Es ist eine wahre Schatzkammer an Ressourcen wie Holz und Erzen. Die Erschließung zielt insbesondere auf den Holzeinschlag, die Gewinnung von Acker- und Weideland sowie die Bodenschätze ab. Dadurch wird in den Kreislauf der Natur eingegriffen und der Lebensraum der Indianer eingeengt. Das Ökosystem des tropischen Regenwaldes wird empfindlich gestört.

Unsere Welt –

„Jedem Kind einen Computer"

Dieses Projekt läuft seit 2005. Ziel ist es, Schulen in Entwicklungsländern mit speziellen, 180 US-Dollar teuren Laptops auszustatten. Diese sind an die Bedingungen und Bedürfnisse der Kinder in Entwicklungsländern angepasst. Finanziert wird das Projekt durch Spenden.

Gute Ausstattung – schlechte Nutzung
Obwohl 90 % aller weiterführenden Schulen in Deutschland mit Computern/Laptops ausgestattet sind und drei Viertel einen Internet-Zugang besitzen, wird der Computer nur unzureichend in den Unterricht eingebunden. Lediglich 18 % der Schüler nutzen ihn häufig.

M1 *Große Begriffsverwirrung*

Große Begriffsverwirrung

Martina, Angela und Christian bereiten als Hausaufgabe für den Geographieunterricht eine Einteilung der Welt in reiche und arme Länder vor. Sie recherchieren in Büchern, Zeitungen und im Internet. Nach einer Weile vergleichen sie ihre erfassten Ergebnisse: „In meinem Buch steht, dass Entwicklungsländer arme Länder mit wenig Industrie sind. Im Vergleich dazu sind Industrieländer reich und sie haben viele Industriebetriebe. Noch wichtiger für die Wirtschaft sind inzwischen die Dienstleistungen. Dann habe ich noch den Begriff Schwellenländer gefunden. Gemeint sind Länder, die auf dem Sprung zur Industrialisierung sind", berichtet Martina. „Meine Ergebnisse lauten ganz anders", wundert sich Christian, „Die Welt wird in Erste, Zweite, Dritte und Vierte Welt eingeteilt. ‚Dritte-Welt-Länder' sind arme Länder, werden also Entwicklungsländer sein. Allerdings sind Länder der Vierten Welt noch ärmer. Die Erste Welt dagegen ist reich, gemeint sind demnach die Industrieländer. Die Zweite Welt umfasst Länder des ehemaligen Ostblocks. Was hast du gefunden Angela?" „In meinem Text wird nicht mehr zwischen Erster und Dritter Welt unterschieden. Es gibt nur Eine Welt. Der Begriff soll ausdrücken, dass eine Einteilung der Welt in ‚Erste, Zweite, Dritte...' wertend und überheblich ist. Es gibt nur eine Erde mit ungleich entwickelten Ländern", berichtet Angela. „Im englischsprachigen Ländern werden deshalb nur noch ‚developed' und ‚devoloping countries' unterschieden, also entwickelte und sich entwickelnde Länder."

1 Beschreibe, wie man die Länder der Erde in arme und reiche Staaten einteilt.

2 Erkläre, warum man heute von der Einen Welt spricht.

3 In M2 sind die wichtigsten Grundbedürfnisse der Menschen vorgestellt. Beschreibe.

4 Vergleiche die Merkmale von Industrie- und Entwicklungsländern.

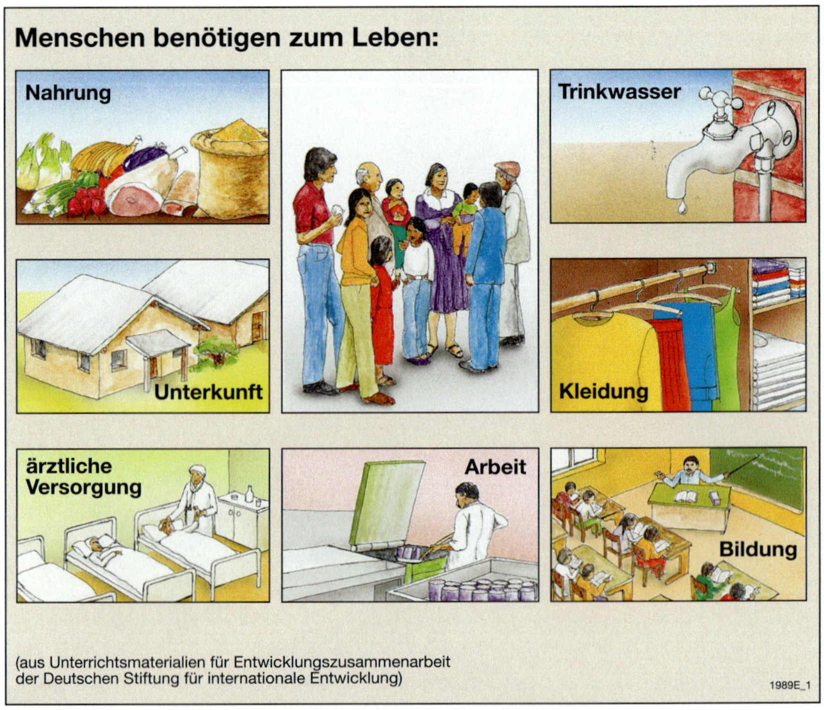

M2 *Die wichtigsten Grundbedürfnisse des Menschen*

Arme Länder – Reiche Länder

„Aber wie bestimmt man, ob ein Land arm oder reich ist“, will Martina wissen. „Das wichtigste Merkmal sind die Lebensbedingungen der Menschen“, hat Christian herausgefunden. „Diese sind in den Entwicklungsländern schlechter als in Industrieländern. Die Grundbedürfnisse der meisten Menschen können dort nicht befriedigt werden. Viele Menschen, vor allem Kinder sind unterernährt und sterben an Hunger, Wassermangel oder an Krankheiten, weil kein Geld für den Arzt da ist. Sehr viele Menschen haben keine Arbeit oder arbeiten für wenig Lohn. Auch die Kinder müssen, statt in der Schule zu lernen, bereits Geld verdienen, damit die Familie überlebt. Ein Dach über dem Kopf können sich auch nicht alle Menschen leisten. Allein in Brasilien leben nach UNICEF-Berichten sieben Millionen Kinder auf der Straße. Besonders viele davon in den großen Städten“.

„Armut und Reichtum lassen sich auch am Bruttonationaleinkommen (BNE) der Länder ablesen“, ergänzt Angela. „Das BNE ist der Gesamtwert aller in der Landwirtschaft und Industrie erzeugten Produkte und erbrachten Dienstleistungen eines Landes während eines Jahres. Da in Dienstleistungen und in der Industrie höhere Werte erwirtschaftet werden als in der Landwirtschaft, ist das BNE in Industrieländern höher als in Ländern, in denen viele Menschen noch in der Landwirtschaft arbeiten. Der Unterschied zwischen armen und reichen Ländern wird noch deutlicher, wenn man das BNE pro Einwohner vergleicht. Dabei dividiert man das BNE eines Landes durch die Zahl der Bevölkerung.“

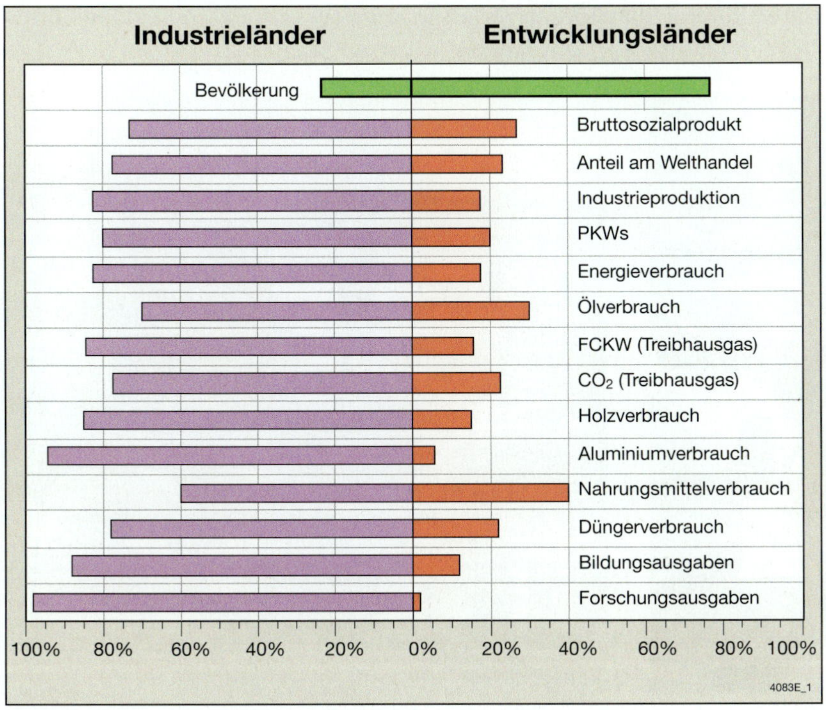

M3 *Industrie- und Entwicklungsländer im Vergleich*

Millionen Kinder sterben

New York – Zehn Millionen Kinder unter fünf Jahren sterben nach UN-Angaben jährlich weltweit. Etwa die Hälfte der Todesfälle könnte durch ausreichende medizinische Versorgung oder genügend Ernährung vermieden werden, wird in einem am Dienstagabend veröffentlichten UN-Bericht betont. Trotz eines allgemein festzustellenden Weltwirtschaftswachstums sind Hilfen für arme Bevölkerungsschichten noch immer unzureichend, insbesondere in Afrika.

(Aus: Süddeutsche Zeitung, Nr. 70, 24.03.04)

M4 *Zeitungsartikel*

5 Erläutere den Begriff Bruttonationaleinkommen (BNE).

6 Belege, dass besonders Kinder von der Unterentwicklung betroffen sind.

Merke
Eine Gliederung der Erde ist die nach unterschiedlichem wirtschaftlichen Entwicklungsstand der Länder, wobei keine einheitliche Begriffsverwendung für die Ländertypen existiert.

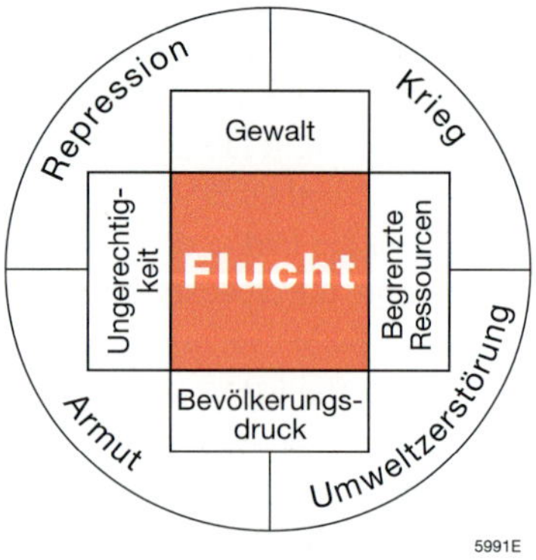

M1 *Fluchtgründe*

1 Belege, dass Migration in der Vergangenheit und in der Gegenwart das Leben der Menschen begleitet.

2 Nenne Gründe, warum Menschen ihre Heimat verlassen.

WWW

www.unhcr.ch

Menschen verlassen ihre Heimat

Täglich kommen Menschen aus anderen Ländern nach Deutschland. Sie wollen vorübergehend oder auf Dauer bei uns leben. Aus unterschiedlichen Gründen haben sie ihre Heimat verlassen – freiwillig, aber auch unfreiwillig. Heute leben in Deutschland über 6,7 Mio. Ausländer, allein 1,7 Mio. von ihnen stammen aus der Türkei.

Bevölkerungswanderungen (**Migrationen**) gab es auch in der Vergangenheit. Allein im 19. Jahrhundert verließen Millionen Europäer ihre Heimat. Manche wanderten aus, weil sie nur so ihre politische und religiöse Freiheit finden konnten, andere gingen, um der materiellen Not zu entgehen. Vernichtete Kartoffelernten und damit verbundene Hungersnöte veranlassten beispielsweise Mitte des 19. Jahrhunderts die Hälfte der irischen Bevölkerung zur Auswanderung in die USA. Zwischen 1933 und 1945 flohen Hunderttausende vor der Schreckensherrschaft der Nationalsozialisten aus Deutschland.

Heute leben etwa 125 Mio. Menschen außerhalb des Landes ihrer Geburt. Darunter sind viele Millionen Wanderarbeiter mit ihren Familien. Das sind Menschen, die ihr Land verlassen haben, um in einem anderen Staat einen Arbeitsplatz zu finden.

Die Zahl der Flüchtlinge auf der Erde hat sich in den letzten 20 Jahren versechsfacht. Über 25 Mio. Personen werden vom Flüchtlingshilfswerk der Vereinten Nationen (UNHCR) betreut. Zumeist handelt es sich dabei um Menschen, die aus Furcht vor Verfolgung außerhalb des Staates leben, dessen Staatsangehörigkeit sie besitzen. Betreut werden aber auch sogenannte Binnenflüchtlinge. Das sind Menschen, die gezwungen waren, ihren Heimatort zu verlassen, die aber in anderen Regionen ihres eigenen Landes Zuflucht fanden.

M2 *Flucht vor einem Hurrikan (Florida, 2004)*

M3 *Vertreibung 1945*

Erzwungene Migration

Der Großteil der heute zu beobachtenden Wanderungsbewegungen findet in Entwicklungsländern statt, wobei häufig Binnenwanderungen zu beobachten sind. Grenzstreitigkeiten und innerstaatliche Machtkämpfe, die mit Waffengewalt ausgetragen werden, sind oftmals Ursache für erzwungene Migration. Immer häufiger ist dabei zu beobachten, dass die Vertreibung der Zivilbevölkerung nicht nur Begleiterscheinung von (Bürger)Kriegen ist, sondern ein wichtiges Ziel militärischer Einsätze darstellt.

Besonders in Südasien und im südlichen Afrika leben etwa 40 Prozent der Bevölkerung in absoluter Armut, das heißt, ihr Tagesverdienst beträgt nicht mehr als einen US-Dollar. Weltweit wird dieses Schicksal von etwa eine Milliarde Menschen geteilt. Eine steigende Zahl von ihnen verlässt die Heimat in der Hoffnung auf bessere Lebensbedingungen.

Umweltflüchtlinge verlassen ihre Heimat

Besondere Beachtung verdient zudem eine wachsende Gruppe von Menschen, deren Existenz durch Umweltschäden gefährdet ist. Solche Veränderungen können plötzlich und unerwartet durch Erdbeben oder Wirbelstürme auftreten. Im Sommer 2004 mussten im Bundesstaat Florida 2,5 Mio. Menschen auf der Flucht vor dem Hurrican Frances ihr Heim verlassen. Es war die größte Evakuierung in der Geschichte der USA. Manche Veränderungen setzen hingegen allmählich ein. Geschätzt wird, dass zum Beispiel etwa 100 000 Menschen das Gebiet um den Aralsee in Russland wegen dessen Austrocknung und der damit zusammenhängenden Probleme verlassen haben. Konflikte um sauberes Trinkwasser und fruchtbare Ackerflächen könnten sich in Zukunft weltweit verschärfen und für steigende Zahlen von Migranten sorgen.

M4 *Flüchtlingslager im Sudan*

Nach Angaben der UN sind heute schon weltweit 25 Mio. Menschen vor den Folgen der Erderwärmung auf der Flucht – mehr als diejenigen, die durch Krieg oder Verfolgung vertrieben werden. Diese Zahl könnte bis 2050 auf 150 Mio. Menschen anwachsen. Allein im tief liegenden Bangladesch wird mit 20 Mio. Menschen gerechnet, die ihre Heimat aufgrund von Überflutung verlassen werden. Völkerwanderungen ähnlichen Ausmaßes werden für Indien, Kambodscha, Thailand und die Philippinen vorhergesagt.

(Nach: Fischer Weltalmanach 2008, S. 712)

M5 *Klimaflüchtlinge*

3 Erläutere, weshalb die Zahl der Umweltflüchtlinge in Zukunft steigen wird.

4 Verfolge über eine Woche die Berichterstattung in einer Tageszeitung und schneide Artikel aus, die sich mit Flucht und Migration befassen. Ordne die Artikel nach Fluchtgründen.

Merke
Bevölkerungswanderungen (Migrationen) über Ländergrenzen hinweg gab es zu allen Zeiten. Auch heute verlassen Tausende täglich weltweit ihre Heimat aus unterschiedlichen Gründen. Dazu zählen Armut, Kriege, politische Verfolgung und Umweltprobleme.

Grundbegriff
- Migration

Ein Ziel, viele Wege

„Wir sind nicht nur verantwortlich für das, was wir tun, sondern auch für das, was wir nicht tun."

M1 *Zitat von Molière*

M3 *Ärztliche Versorgung für alle – ein wichtiges Ziel*

WWW

www.bmz.de
www.ded.de

Unser Leben ist eng mit dem der Menschen in anderen Ländern verflochten. Wenn wir uns für den Frieden im Nahen Osten engagieren, dann sichern wir auch unseren Frieden. Wenn wir helfen, die Armut im Senegal zu vermindern, dann sichern wir damit auch unser Einkommen. Und wenn wir dazu beitragen, den Wald in Vietnam zu erhalten, dann sichern wir uns auch hier die Luft zum Atmen.
Entwicklungszusammenarbeit hilft nicht nur den Entwicklungsländern, sondern auch den Industrieländern. Manchmal sogar ganz direkt, denn durch Investitionen in die Entwicklungszusammenarbeit entstehen viele Handelsbeziehungen oder andere Partnerschaften, die am Ende für alle Seiten einen Gewinn bringen. Entwicklungspolitik ist ein Weg, die Zukunft für uns und für nachfolgende Generationen zu sichern.
(Nach: Bundesministerium für wirtschaftliche Zusammenarbeit, 2004)

M4 *Gründe für Entwicklungszusammenarbeit*

1 Nimm Stellung zu dem Zitat von Molière (M1).

2 Belege, dass die Ziele der Millenniumserklärung (M2) nur in ihrem Zusammenwirken zu erreichen sind.

Im Jahr 2000 kamen die Staats- und Regierungschefs von 150 Ländern zu einem Gipfeltreffen in New York zusammen. Hier wurde die sogenannte Millenniumserklärung verabschiedet:

1. Der Anteil der Weltbevölkerung, der unter extremer Armut und Hunger leidet, wird halbiert.
2. Allen Kindern muss eine Grundschulausbildung ermöglicht werden.
3. Die Gleichstellung der Geschlechter und die politische, wirtschaftliche und soziale Beteiligung von Frauen wird, besonders im Bereich der Ausbildung, gefördert.
4. Die Kindersterblichkeit wird verringert.
5. Die Gesundheit der Mütter wird verbessert.
6. HIV/Aids, Malaria und andere übertragbare Krankheiten werden bekämpft.
7. Der Umweltschutz wird verbessert.
8. Eine weltweite Entwicklungspartnerschaft wird aufgebaut.
9. Mit vereinten Kräften will die internationale Gemeinschaft diese Ziele bis zum Jahr 2015 erreichen.

(Nach: Bundesministerium für wirtschaftliche Zusammenarbeit, 2004)

M2 *Die Millenniumserklärung*

Aids und die Auswirkungen

Die Immunschwächekrankheit Aids wurde erstmals 1981 in den USA festgestellt. Durch die Ansteckung mit HIV (= Humanes Immunschwäche-Virus) entwickelt sich beim Menschen ein Fehler im Abwehrsystem des Körpers. Erreger, die normalerweise keine Bedrohung darstellen, führen zu dauerhaften Erkrankungen. HIV kann durch sexuelle Kontakte und Bluttransfusionen übertragen werden. Aids ist weltweit am stärksten in den Ländern südlich der Sahara verbreitet (M5).

Die Auswirkungen von Aids auf die Wirtschaft sind groß. Drei Viertel der Aids-Fälle treten in der Altersgruppe der 20- bis 45-Jährigen auf, den Menschen, die im besten berufsfähigen Alter sind. Ihre Arbeitskraft fehlt auf den Feldern, in den Fabriken und in Dienstleistungsbetrieben. Statt die Wirtschaft anzukurbeln, sinken infolge dieses „brain drains" die Ernten, schließen Betriebe und das Bruttonationaleinkommen sinkt.

M6 *Aufklärungsunterricht in Südafrika*

Südafrika: Aufklärung gegen Aids – ein mühsamer Weg

Nachdem Mary Makokha (32) vor drei Jahren acht Verwandte innerhalb eines Monats durch Aids verloren hatte, beschloss sie, etwas gegen die Epidemie zu unternehmen. Sie zog von Matatile nach Durban und trat in eine Organisation ein, die die Menschen über HIV und Aids aufklären will. „Zunächst habe ich Aufklärungsbroschüren und Kondome in der Stadt verteilt", berichtet Frau Makokha. „Da habe ich große Probleme bekommen. Es ist in unserer Kultur nicht üblich, dass Frauen öffentlich über Sex reden. Und einem Mann kann man oft nur schwer davon überzeugen, dass er seine Gewohnheiten ändern muss. Frauen, an die wir Kondome verteilen, werfen diese aus Angst vor ihren Männern weg. Um die Ausbreitung von Aids zu verhindern, müssen wir endlich mit unseren Traditionen brechen. Doch der Kampf ist schwer. Schlimm ist auch, dass Menschen, die an Aids erkrankt sind, von der Gesellschaft ausgegrenzt werden."

3 Welche Auswirkungen hat die Aids auf die wirtschaftliche Entwicklung eines Landes.

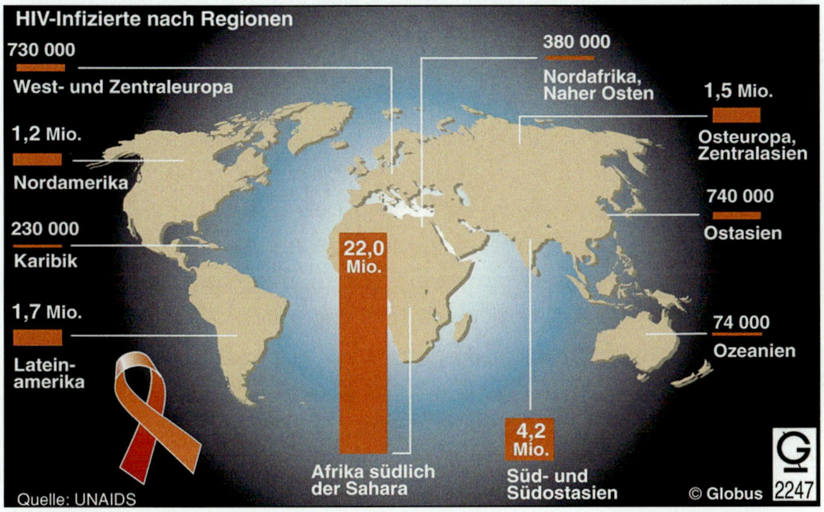

M5 *HIV-Infizierte nach Regionen (2007)*

Merke
Es gibt unterschiedliche Wege zur Überwindung von Unterentwicklung. Die meisten Entwicklungsländer benötigen Hilfe zur Selbsthilfe von den Industrieländern.

Grundbegriff
- Entwicklungszusammenarbeit

M1 *Fair gehandelte Produkte*

Fair Trade: Fairer Preis für harte Arbeit

2003 haben Mitarbeiter des Ministeriums für wirtschaftliche Zusammenarbeit und Entwicklung das Dorf Kotokpa in Benin besucht. Sie haben versprochen, sich für faire Exportchancen für die afrikanischen Baumwollstaaten einzusetzen. Doch das wird schwierig. Umstritten sind nach wie vor die Subventionen für Baumwolle aus westlichen Ländern, die einen fairen Welthandel erschweren.
Die Situation der Baumwollpflanzer kann auch in kleinen Schritten verbessert werden: In einigen Dörfern Benins haben sich die Bauern zusammengefunden und Genossenschaften gegründet. Jedes Mitglied der Genossenschaft baut Baumwolle an. Die Ernte verkaufen sie direkt an eine Hilfsorganisation in Deutschland. Dafür müssen sie die Baumwolle selbst zum Hafen von Cotonou bringen. Die Genossenschaft hat sich Geld von der Bank geliehen und davon einen gebrauchten Lastwagen gekauft. Die Bauern verdienen jetzt mehr als früher, denn die Hilfsorganisation zahlt für die Baumwolle einen Mindestpreis, der über dem Weltmarktpreis liegt. Die Genossenschaftsmitglieder verdienen somit mehr und haben ein gesichertes Einkommen. Eine solche Organisation ist **TransFair**.

1 Erkläre, wofür der Begriff Fair-Trade steht.

2 Begründe, warum Eine-Welt-Läden eingerichtet wurden und aus welchem Grund Leute dort einkaufen.

Info

TransFair

TransFair ist ein unabhängiger Verein, in dem inzwischen 40 Organisationen der Entwicklungszusammenarbeit vertreten sind (z. B. Brot für die Welt, Misereor, Gepa). Durch „faire“ Geschäftsbedingungen soll Kleinbauern, Landarbeitern und Handwerkern in Entwicklungsländern geholfen werden.

TRANSFAIR
FAIRTRADE

M2 *Beim Shoppen*

Global Denken – lokal Handeln

Stefanie ist auf der Suche nach einem T-Shirt für den Sommer. In einer Boutique entdeckt sie zwei passende Modelle: pink mit der weißen Aufschrift „cotton.“ Doch im Preis unterscheiden sich die beiden um 5 Euro.
Stefanie fragt die Verkäuferin nach dem Grund. „Das liegt daran, dass das eine T-Shirt aus fair gehandelter Baumwolle genäht worden ist, das andere aus Baumwolle zu Weltmarktpreisen“, erklärt sie. „Und was habe ich davon, wenn ich nun die 20 Euro für das fair gehandelte T-Shirt bezahle?“, will Stefanie wissen. „Damit unterstützt du die Baumwollpflanzer in Afrika“, antwortet die Verkäuferin. „Die T-Shirts werden teurer verkauft, damit die Baumwolle zu einem höheren Preis als dem Weltmarktpreis von den Pflanzern gekauft werden kann. Mit dem höheren Preis kannst du einen Beitrag zur Entwicklungszusammenarbeit leisten. Denn durch den Kauf unterstützt du die Baumwollpflanzer in Afrika und hilfst ihre Lebensbedingungen zu verbessern. Du denkst global dadurch, dass du lokal handelst.“

Eine-Welt-Läden

Es sind meist kleine, unscheinbare Läden in einer Nebenstraße oder im Gemeindehaus. Die Verkäufer sind häufig Mitglieder der Gemeindejugend oder einer Eine-Welt-Gruppe. Im Laden duftet es nach exotischen Gewürzen und die Vielfalt der Produkte ist so bunt wie die ganze Welt: Kaffee, Tee, Zucker, Honig, Schmuck, Juteartikel, Baumwoll- und Seidentextilien, Musikinstrumente, Lederwaren, Kerzen, Möbel und noch vieles mehr aus über 30 Ländern dieser Erde findet sich hier im Angebot.

Vieles von dem, was wir täglich brauchen, stammt aus Afrika, Asien oder Lateinamerika und scheint uns heute unentbehrlich. Wer verzichtet schon gerne auf Kaffee, Kakao, Tee oder Südfrüchte? Im Supermarkt sind diese Waren für wenig Geld zu haben, doch die Bauern, die diese Waren angebaut haben, leben in Armut.

Vorteile der Eine-Welt-Läden

Die Waren, die im Eine-Welt-Laden angeboten werden, sind teurer als im normalen Supermarkt, sie haben ihren Preis, einen gerechten Preis. Kleinbauern und Handwerker werden damit angemessen entlohnt. Ihr Einkommen wird durch langfristige Verträge gesichert, sodass sie für ihre Zukunft planen können.

Ein Teil der Einnahmen kommt auch sozialen Projekten zugute, beispielsweise der Gesundheitsvorsorge, der Schul- und Berufsausbildung. Verkauft werden vor allem Produkte, die nach ökologischen Gesichtspunkten angebaut wurden, sodass weder die Bauern noch die Umwelt und die Verbraucher gefährdet werden. Schaut bei eurem nächsten Stadtbummel doch einmal in einem solchen Laden vorbei und informiert euch über die Produkte und ihre Herkunft.

M3 *In einem Eine-Welt-Laden*

Bananen-Siegel

BanaFair
FAIR TRADE BANANAS

www.banafair.de

Teppich-Siegel

RUGMARK

www.rugmark.de

Blumen-Siegel

BLUMEN AUS MENSCHEN- UND UMWELTSCHONENDER PRODUKTION

www.flower-label-program.org

WWW

www.weltlaeden.de

3 Besuche einen Eine-Welt-Laden und vermerke auf einer Weltkarte, aus welchen Ländern die einzelnen Produkte kommen.

Merke

Der Kauf von TransFair Produkten bzw. der von Waren in Eine-Welt-Läden unterstützt die Produzenten in den Entwicklungsländern, denn sie können durch langfristige Lieferverträge ihr Einkommen sichern.

Grundbegriff

- TransFair

M1 *Kolumbien*

Bessere Lebensbedingungen für die Slums: Kolumbien

Menschen in den Slums nehmen ihr Schicksal in die eigene Hand

„Jetzt brauche ich keine Angst mehr zu haben, dass eines meiner Kinder an Cholera sterben könnte", sagt Virginia Hurtado. Die Frau wohnt in einem Armenviertel von Cúcuta. Sie weiß noch, wie es war, als sich vor ihrer Holzhütte Abfallberge türmten: keine Müllentsorgung, keine Kanalisation. In der Gesundheitsstation des Viertels gab es keine Ärzte, nur Krankenschwestern; Medikamente waren fast unbezahlbar. „Unerträglich", sagt Virginia, „und überall Gewalt".
Doch nun führt die deutsche Gesellschaft für Technische Zusammenarbeit (GTZ) im Auftrag des Bundesministeriums für wirtschaftliche Zusammenarbeit (BMZ) ein Projekt durch. Es leistet Hilfe zur Selbsthilfe. Es soll die Lage von 200 000 Menschen am Stadtrand von Cúcuta und Los Patios verbessern und eine nachhaltige Entwicklung fördern. Da vor allem die Frauen in Kolumbien für die Gesundheit der Familie verantwortlich sind, richtet sich das Projekt besonders an sie.
Mütter werden über Gesundheitsfragen aufgeklärt. Kinder lernen in Schulen und Kindergärten das Einmaleins der Hygiene. Gemeinschaftsapotheken entstanden; die Medikamente können nun im Großhandel günstig eingekauft werden. Hausgärten ermöglichen nicht nur eine bessere Ernährung, sondern verschaffen den Frauen auch ein kleines Einkommen durch den Verkauf von Gemüse und Obst.
Latrinen und Kanäle wurden gebaut, die Müllentsorgung organisiert. Juanito, der 18-jährige Sohn von Virginia, gründete mit anderen Jugendlichen ein Kleinstunternehmen zur Abfallentsorgung. Auf Handkarren sammeln sie den Hausmüll ein. So werden in den Armenvierteln die Lebensbedingungen verbessert und die Arbeitslosigkeit geht zurück.
(Nach einem Zeitungsartikel von Enrique Delgado Aguilar im Badischen Tagblatt)

M4 *Ein Projekt zur Selbsthilfe*

Grundbedürfnisse nicht befriedigt bei 45 % der Einwohner, das heißt zum Beispiel:
- baufällige Hütten
- keine Toilette
- sehr unregelmäßige Wasserversorgung mit Tankwagen
- hohe Kindersterblichkeit

M2 *Lebensbedingungen in Cúcuta und Los Patios (500 000 Einw.)*

M3 *Fehlende Abwasserkanalisation*

M5 *Badende Kinder im Trinkwassertank*

Wir werten eine Karikatur aus

Karikaturen können dir in vielen Medien begegnen: in Zeitungen und Zeitschriften, in Filmen, Büchern und sogar im Internet. Sie sind ein Stilmittel, mit dem auf Probleme oder Missstände aufmerksam gemacht werden kann.
Um eine Karikatur richtig zu erfassen und auszuwerten, sollte man nach der folgenden Schrittfolge vorgehen.

So wertest du eine Karikatur aus:

1. Schritt: Orientierung
- Betrachte die Karikatur gründlich.
- Verschaffe dir zunächst einen Überblick und ordne die Karikatur einem Thema zu.
- Achte nun auf alle Details und überlege, welche Zusammenhänge dargestellt bzw. gemeint sind.

2. Schritt: Beschreibung
- Beschreibe den dargestellten Sachverhalt, achte auf Personen, Gegenstände und Handlungen sowie auf Gestaltungsmittel (Zeichnung, Text, gegebenenfalls Bildunterschrift).

3. Schritt: Erklärung
- Erkläre, wen oder was die Personen, Gegenstände oder Handlungen darstellen bzw. symbolisieren sollen.

4. Schritt: Wertung
- Lege dar, welche Personen, Handlungen oder Zustände aufgegriffen werden und was der Karikaturist aussagen und bewirken will.
- Prüfe, ob die kritische Sicht berechtigt und aktuell ist oder ob sie Fehler (z.B. unzulässige Verallgemeinerungen) enthält.
- Stelle dar, wie die Karikatur auf dich wirkt und welche Gedanken sie bei dir hervorruft.

Info

Karikatur

Die Karikatur ist eine als Spott- oder Zerrbild zu verstehende künstlerische Darstellung. Ihr Ziel ist es, gesellschaftliche und wirtschaftliche Zustände, Ereignisse und Personen dem Spott auszusetzen, um sie auf diese Weise zu kritisieren. Als Stilmittel setzt der Karikaturist die Übertreibung ein. Dabei führt er komplizierte Zusammenhänge auf ein Kernproblem zurück. Der Betrachter muss die Übertreibung erkennen und die Darstellung in die Wirklichkeit übertragen. Dabei bildet er sich ein Urteil und eine eigene kritische Meinung.

1 Werte die Karikatur aus. Orientiere dich an der Schrittfolge.

M6 *„Ich gebe dir erst mal Geld für ein neues Pferd."*

M7 *Karikatur*

Teste dich selbst!

Worldmapper – das „wahre“ Bild der Erde

„Bilder sagen mehr als tausend Worte ...“ Dieses Motto machen sich Forscher von der Universität Sheffield zu nutze. Sie weisen auf globale Entwicklungsunterschiede nicht mit Statistiken, sondern mit neuartigen Weltkarten hin.
Das Prinzip dieser Karten besteht darin, dass die Kontinente und Länder der Erde, die von Entwicklungen oder Krisen stärker betroffen sind, auch größer dargestellt werden; nur wenig oder gar nicht betroffene Regionen schrumpfen. Entstanden sind bereits hunderte Weltkarten. Sie sind verzerrt und wirken fast unwirklich. Aber ihre Stärke besteht darin, dass sie globale Ungerechtigkeiten und das Elend von Milliarden Menschen verständlicher und anschaulicher darstellen als Zahlen oder Berichte. Rund 600 Karten zu unterschiedlichen Themen sind inzwischen entstanden und im Internet abrufbar.

(Nach: http://www.rp-online.de/public/article/digitale/internet/403167/Das-wahre-Bild-der-Erde.html, 12.02.09)

1 Vergleiche Vor- und Nachteile von Worldmapper-Karten.

2 Werte die abgebildeten drei Worldmapper-Karten aus. Vergleiche dabei die unterschiedliche Größe ausgewählter Regionen und begründe sie.

3 Suche im Internet weitere Karten zu dich interessierenden Themen auf. Vergleiche sie mit Weltkarten aus deinem Atlas, sofern sie dort vorhanden sind (www.worldmapper.org).

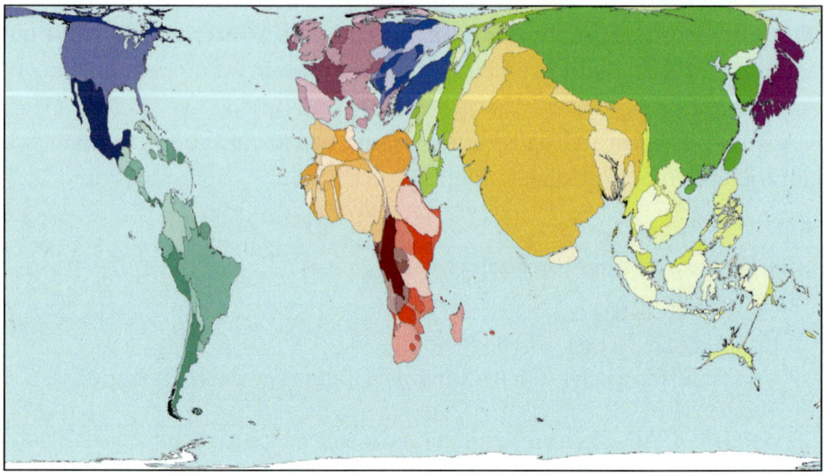

M1 *Weltbevölkerung (www.worldmapper.org, 20.12.08)*

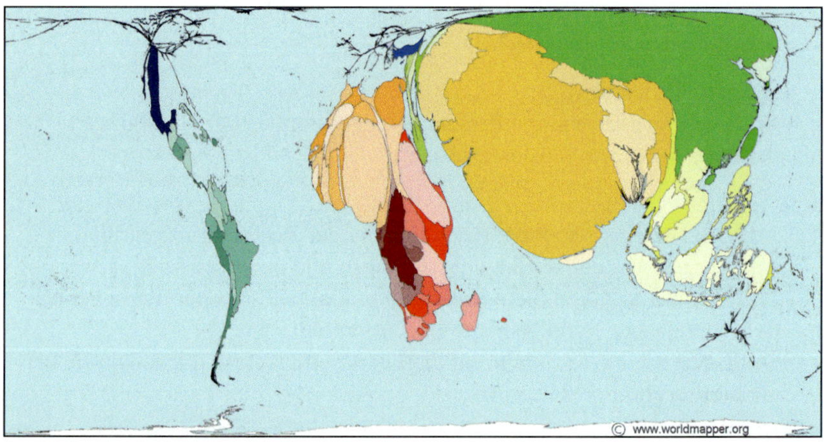

M2 *Armut: Menschen denen maximal 2 US-$/Tag zur Verfügung stehen, (www.worldmapper.org, 20.12.08)*

M3 *BNE/Einw. (www.worldmapper.org, 20.12.08)*

Das Wichtigste kurz gefasst:

Entwicklungsunterschiede

Die Staaten der Erde weisen unterschiedliche Entwicklungsstände auf. Eine Vielzahl von Definitionen unterteilen die Welt in arme und reiche Länder.
Häufig werden die Staaten der Erde in Industrie-, Schwellen- und Entwicklungsländer unterteilt. Die hoch entwickelten Industrieländern liegen in Angloamerika, Europa und Ostasien. Die Entwicklungsländer dagegen insbesondere in Afrika, Lateinamerika und Südostasien. Auf dem Weg Industrieländer zu werden, sind die sogenannten Schwellenländer. Das Bruttonationaleinkommen pro Einwohner ist ein Wert, der bei der Zuordnung eines Landes hilft.

Migration weltweit

Bevölkerungswanderungen gab es zu allen Zeiten. Heute verlassen vor allem in den Entwicklungsländern täglich Tausende Menschen ihre Heimat. Dafür gibt es die verschiedensten Gründe, zum Beispiel die unzureichende Versorgung mit Nahrung und Bildung, Umweltprobleme, Naturkatastrophen und kriegerische Auseinandersetzungen. Das bringt Probleme sowohl in den Auswanderungs- als auch in den Einwanderungsgebieten mit sich.

Entwicklungsmaßnahmen

Heute lassen sich die Entwicklungsmaßnahmen mit drei Schlagworte umreißen: Hilfe zur Selbsthilfe, Einsatz angepasster Technologie, nachhaltige Entwicklung. Große Bedeutung kommt im Rahmen der Entwicklungszusammenarbeit der Befriedigung von menschlichen Grundbedürfnisse zu. Einen besonderen Beitrag leisten dabei nichtstaatliche Hilfsorganisationen.
Mit dem Kauf von Fair Trade-Produkten kann jeder einen Beitrag zur Armutsbekämpfung in den Entwicklungsländern leisten.

Grundbegriffe

Migration
Entwicklungszusammenarbeit
TransFair

Brot für die Welt – Ein Stück Gerechtigkeit
caritas
CCF Kinderhilfswerk
MISEREOR – DAS HILFSWERK
terre des hommes – Hilfe für Kinder in Not
unicef
Deutsche Stiftung Weltbevölkerung
welt hunger hilfe

Apartheid (Seite 200)
(afrikaans = Gesondertheit) Rassentrennung zwischen Weißen und Nicht-Weißen in der Republik Südafrika.

arid (Seite 146)
Kennzeichnung des Klimas in Trockengebieten (lateinisch aridus = trocken, dürr): die mittlere jährliche Gesamtverdunstung übersteigt die mittlere jährliche Gesamtniederschlagssumme. Flüsse in Gebieten mit aridem Klima verdunsten häufig in ihrem Lauf oder enden in abflusslosen Seen bzw. Binnendeltas.

Aufschüttungsebene (Seite 122)
Als Aufschüttungsebene bezeichnet man eine Ebene, in der Lockermaterial von Flüssen abgelagert wird, vor allem im Bereich von Flussauen.

Bevölkerungsdichte (Seite 87)
Durchschnittliche Zahl der Einwohner eines Raumes je Flächeneinheit. Sie wird meist als Zahl der Einw./km^2 angegeben.

Bevölkerungswachstum (Seite 86)
Absolute Zunahme der Bevölkerung eines bestimmten Raumes.

Dauerfeldbau (Seite 183)
Das ganze Jahr über betriebener Feldbau. Die Felder werden dauerhaft (ohne Unterbrechung) genutzt. Dies ist in den Tropen möglich.

Dauerfrostboden (Seite 47)
Boden, der ständig bis in mehrere Hundert Meter Tiefe gefroren ist. Im Sommer taut nur die oberste Bodenschicht auf. Die Böden in polnahen Gebieten sind Dauerfrostböden.

Desertifikation (Seite 191)
Das Vordringen der Wüste in trockenheitsgefährdeten Raum verursacht durch menschlichen Eingriff, z.B. Umwandlung der Savanne in Wüste durch Überweidung oder Absenkung des Grundwasserspiegels.

Elendssiedlung (Seite 134)
Wohngebiet mit sehr schlechten Lebensbedingungen. Die Grundbedürfnisse der Bewohner können hier nicht ausreichend befriedigt werden. Man unterscheidet innerstädtische und außerstädtische Elendssiedlungen.

endogene Kräfte (Seite 67)
Kräfte, die durch erdinnere Vorgänge ausgelöst werden. Neben Magmabewegungen, Vulkanismus und Erdbeben zählen auch Bewegungen der Erdkruste und gebirgsbildenden Vorgänge zu den endogene Vorgängen.

Energieträger (Seite 162)
(Roh-)Stoff, der Energie in sich speichert, z.B. Kohle, Erdöl, Erdgas. Durch Verbrennen wird Wärme erzeugt, mit deren Hilfe man Strom gewinnen, heizen oder Auto fahren kann.

Entwicklungshilfe (Seite 193)
Hilfe aus den Industrieländern für die Entwicklungsländer, um sie in ihrem Kampf gegen Hunger, Armut und Arbeitslosigkeit zu unterstützen. Als Entwicklungshilfe werden zum Beispiel Geld oder Sachleistungen (z.B. Ausrüstungen, Maschinen u.ä.) zur Verfügung gestellt oder Entwicklungshelfer ausgesandt. Heute ist Entwicklungshilfe meistens Hilfe zur Selbsthilfe.

Entwicklungsland (Seite 194)
Land, das im Vergleich zu einem Industrieland weniger entwickelt ist. Die Entwicklungsländer werden auch unter der Bezeichnung „Dritte Welt" zusammengefasst. Sie weisen typische Merkmale auf, z.B. wenig Industrie, Hunger, geringe Lebenserwartung, ein hohes Bevölkerungswachstum, viele Analphabeten.

Entwicklungszusammenarbeit (Seite 244)
Maßnahmen zur Unterstützung des wirtschaftlichen Wachstums und der sozialen Entwicklung in den Ländern der Dritten Welt (moderne Bezeichnung für Entwicklungshilfe).

Erdbeben (Seite 60)
Erschütterung der Erdoberfläche, die durch Kräfte im Erdinneren verursacht wird. Erdbeben entstehen meist durch die ruckartige Verschiebung von Lithosphäreplatten.

exogene Kräfte (Seite 67)
Kräfte, die von außen auf die Erdoberfläche einwirken und sie gestaltet. Dazu zählen Wind, Wasser und Eis.

Faltengebirge (Seite 66)
Gebirge, das in erdgeschichtlich junger Zeit durch Auffaltung der ursprünglich waagerecht liegenden Gesteinsschichten entstanden ist (z.B. Alpen, Anden, Himalaya).

Flussoase (Seite 154)
Typ einer Oase, die Wasser durch einen Fluss erhält, der die Wüste durchfließt.

Gradnetz (Seite 22)
Darstellungen der Erde (Globus, Karte) sind mit einem Netz von Linien überzogen. Sie verlaufen von Norden nach Süden (Längenhalbkreise) und von Westen nach Osten (Breitenkreise). Das Gradnetz dient der Ortsbestimmung auf der Erde. Die Ortsangabe erfolgt in Grad.

Hauptstadt (Seite 31)
Jedes Land hat eine Hauptstadt. In ihr haben die Landesregierung und das Parlament ihren Sitz. Zumeist ist die Hauptstadt zugleich die größte und bedeutendste Stadt des Landes und damit auch politisches, kulturelles und wirtschaftliches Zentrum. In einigen Ländern wurden aus politischen Gründen kleinere Städte zur Hauptstadt erklärt und entsprechend ausgebaut, z.B. Brasíla in Brasilien, Abuja in Nigeria und Canberra in Australien.

Höhenstufen von Klima und Vegetation (Seite 214)
Durch die Änderung des Klimas mit der Höhe (besonders die Abnahme der Temperatur) verändern sich auch die Böden, die Vegetation und die landwirtschaftliche Nutzung. Daher unterscheidet man verschiedene Höhenstufen. So wie sich Klima und Vegetation der Erde ausgehend vom Äquator polwärts verändern, verändern sie sich in einem Gebirge mit zunehmender Höhe.

humid (Seite 146)
Humides Klima = feuchtes Klima. Kennzeichnung des Klimas in Gebieten mit Niederschlagswasserüberschuss; für Gebiete mit humidem Klima gilt somit, dass der Niederschlag größer ist als die Verdunstung.

Industrieland (Seite 100)
(Industriestaat, Industrienation) Im Vergleich zu einem Entwicklungs-

land weit entwickeltes Land mit einem hohen Pro-Kopf-Einkommen. Ein hoher Anteil an Beschäftigten in der Industrie und im Dienstleistungssektor sowie eine gut ausgebaute Infrastruktur sind weitere Merkmale eines Industrielandes.

Joint-Venture (Seite 91)
Zusammenarbeit von Unternehmen aus verschiedenen Ländern, um ein gemeinsames Projekt durchzuführen. Anfang der 1990er-Jahre entstanden Joint-Ventures vor allem zwischen westlichen Industriestaaten und osteuropäischen sowie ostasiatischen Ländern.

Klimazone (Seite 14)
Als Klimazonen werden großräumige Gebiete zusammengefasst, in denen die wesentlichen Züge des Klimas gleichwertig sind. Sie erstrecken sich in Gürteln um die Erde und sind im Wesentlichen durch den unterschiedlichen Einfallswinkel der Sonnenstrahlen bedingt.

Kontinentalklima (Seite 39)
Vorherrschender Klimatyp im Innern großer Landmassen. Kennzeichen sind große Temperaturunterschiede zwischen Sommer und Winter, Tag und Nacht sowie relativ geringe Niederschläge.

Kulturerdteil (Seite 9)
Ein Kulturerdteil ist eine Großregion der Erde, die kulturell weitgehend einheitlich (homogen) ist. So weisen beispielsweise Religion, Geschichte, Bevölkerung viele Gemeinsamkeiten auf. Durch seine jeweilige kulturelle Prägung unterscheidet sich ein Kulturerdteil von den anderen.

Meridian (Seite 22)
Halber Längenkreis, der jeweils vom Nordpol zum Südpol verläuft. Durch Greenwich (London) verläuft der Null-Meridian. Er teilt die Erdkugel in eine östliche und eine westliche Hälfte. Meridiane werden jeweils von 0° bis 180° in östlicher bzw. westlicher Richtung gezählt.

Metropole (Seite 34)
Oft Hauptstadt und zugleich politischer und wirtschaftlicher Mittelpunkt eines Landes mit vielfältigem Warenangebot, Dienstleistungen und zahlreichen kulturellen Einrichtungen wie Theatern, Opernhäusern.

Metropolisierung (Seite 218)
Prozess der Konzentration eines hohen Anteils der Bevölkerung, der Wirtschaft und Verwaltung, der sozialen und kulturellen Einrichtungen in zumeist nur einer Stadt eines Landes, der Metropole. Ursachen für die Metropolisierung liegen in Entwicklungsländern vor allem in der Unterentwicklung der meisten Landesteile. Die Armut zwingt die Menschen, ihre Dörfer zu verlassen. Das Hauptziel ihrer Wanderung ist die Metropole.

Migration (Seite 242)
Wanderung einzelner Menschen oder Menschengruppen, die mit einem Wechsel des Wohnsitzes verbunden ist. Gründe für die Migration können die Suche nach einem Arbeitsplatz, aber auch die Flucht vor Hunger und Krieg sein.

Monowirtschaft (Seite 199)
Ist die Wirtschaft eines Landes allein von einem Wirtschaftszweig abhängig oder einseitig auf die Produktion eines bestimmten Gutes ausgerichtet, so spricht man von Monowirtschaft.

Monsun (Seite 124)
Beständig wehende, halbjährlich die Richtung wechselnde Winde in den Tropen.

nachhaltige Entwicklung
(Seite 230)
(sustainable development) Entwicklung, deren Ziel es ist, dass nicht nur eine kurzfristige, sondern eine langfristige Verbesserung der Lebensbedingungen der Menschen erzielt wird. Dabei wird auch auf die Schonung der Umwelt geachtet. Nachhaltige Entwicklung beinhaltet eine nachhaltige Verbesserung der Befriedigung von Grundbedürfnissen.

Naturereignis (Seite 68)
Naturereignisse sind zum Beispiel Vulkanausbrüche, Erdbeben, Wirbelstürme und Überschwemmungen.

Naturkatastrophe (Seite 68)
Naturereignisse, die Menschen und/oder deren Eigentum schweren Schaden zufügen, werden als Naturkatastrophen bezeichnet.

Neulandgewinnung (Seite 106)
Die Gewinnung neuer Landflächen wird unterschieden in die Neulandgewinnung an der Küste (zum Küstenschutz und zur Gewinnung von Nutzfläche) und in Trockengebieten. Neulandgewinnung in Trockengebieten erfolgt durch Bewässerungssysteme.

Nomaden (Seite 150)
Angehörige einer Volksgruppe oder eines Stammes, die mit seinen Viehherden von Weideplatz zu Weideplatz ziehen. Nomaden nehmen all ihren Besitz (z.B. Zelte, Kochgeräte, persönliche Dinge) auf ihrer Wanderschaft mit.

Oase (Seite 148)
Eine vom Menschen genutzte „Insel" in der Wüste. Durch vorhandenes Grund- oder Flusswasser ist der Anbau von Nutzpflanzen (z.B. Obst, Gemüse, Getreide) möglich.

Ökosystem (Seite 229)
System, in dem die Umweltfaktoren Klima, Tiere, Pflanzen, Wasser, Boden und Menschen in enger Wechselwirkung stehen.

ozeanischer Rücken (Seite 60)
Langgestrecktes, untermeerisches Gebirge, das in allen Ozeanen vorkommt. Hier tritt ständig Magma an die Erdoberfläche. Es drängt den Meeresboden zu beiden Seiten eines zentralen Grabens (Rift) auseinander.

Passat (Seite 146)
Großräumig wirksamer, richtungsbeständiger Wind in der Tropenzone, der durch das Luftdruckgefälle von den subtropischen Hochdruckgürteln zum Äquator hin entsteht. Für die Tropenzone nördlich des Äquators ist der Nordost-Passat typisch, für die Tropenzone südlich des Äquators der Südost-Passat.

periodische Wasserführung
(Seite 178)
Phänomen, das vor allem bei den Flüssen in den wechselfeuchten Tropen zu beobachten ist. Dort entspringende Flüsse führen Wasser nur bzw. hauptsächlich in der Regenzeit.

In der Trockenzeit trocknen sie ganz oder teilweise aus.

Plantage (Seite 184)
Landwirtschaftlicher Großbetrieb, der vor allem in den Tropen (Klimazone) vorkommt. Hier werden in Monokultur hochwertige Produkte für den Weltmarkt (z.B. Kautschuk, Kaffee, Bananen) angebaut. Plantagen besitzen Anlagen zur Aufbereitung oder Verarbeitung der angebauten Nutzpflanzen.

Plattentektonik (Seite 61)
Eine Theorie über den Bau der Erdkruste und die Entwicklung der Kontinente und Ozeane. Danach ist die Erdkruste in verschiedene Platten gegliedert, die sich langsam bewegen.

räumliche Disparität (Seite 216)
Unausgeglichenheit der räumlichen Ausstattung von Regionen. So gibt es Regionen mit einem großen Angebot an Arbeitsplätzen und guten Lebensbedingungen sowie solche mit hoher Arbeitslosigkeit und ungünstigen Lebensverhältnissen. Entsprechend der Ausstattung der verschiedenen Räume unterscheiden sich auch deren Entwicklungsmöglichkeiten. Viele Länder versuchen, mit gezielten Maßnahmen bestehende räumliche Disparitäten abzubauen.

Ressource (Seite 46)
Eine Ressource ist ein natürliches Produktionsmittel und Hilfsquelle. Zu den Ressourcen eines Landes gehören die Rohstoffe, aber auch Umweltgüter wie Luft und Wasser, die für die wirtschaftliche Tätigkeit des Menschen erforderlich sind.

Savanne (Seite 186)
tropische Grasländer zwischen der Wüste und dem tropischen Regenwald. Je nach Dauer der Regenzeit und der Niederschlagsmenge ändert sich die Vegetation. Die Savannen werden unterteilt in Dornstrauch-, Trocken- und Feuchtsavanne.

Schalenbau (Seite 58)
Der Erdkörper ist ähnlich wie eine Zwiebel aus mehreren Schalen aufgebaut. Im Erdinnern befindet sich der Erdkern, darüber der innere und der äußere Erdmantel und darüber die Erdkruste.

Schwarzerde (Seite 45)
Humusreicher und deshalb dunkelfarbiger, sehr fruchtbarer Boden. Er hat sich auf dem Löss, z.B. der Magdeburger Börde, entwickelt.

Schwelle (Seite 175)
In einem Becken auftretende rückenartige Erhebung.

Schwellenland (Seite 216)
Auch als Newly Industrializing Country bezeichnet; Entwicklungsland, das in seiner Entwicklung verhältnismäßig weit fortgeschritten ist. Merkmale eines Schwellenlandes sind: hohes Pro-Kopf-Einkommen der Bevölkerung (i.d.R. über 5000 US-$ pro Kopf), beträchtlicher Anteil der verarbeitenden Industrie an der Entstehung des Bruttoinlandsproduktes (20 % und mehr), ein hoher Fertigwarenanteil am Export, ein schnelles Exportwachstum von Industriewaren. Ein gemeinsames negatives Merkmal aller Schwellenländer ist, dass die gesellschaftliche und soziale Entwicklung im Land mit der wirtschaftlichen nicht Schritt hält. So herrschen kaum demokratische Verhältnisse vor, die Versorgung der Menschen mit Sozialleistungen (z.B. Schulbildung, Gesundheitsbetreuung, Altersversorgung) ist gering entwickelt, und das soziale Gefälle zwischen Stadt und Land ist extrem groß. Zu den Schwellenländern zählen beispielsweise Brasilien, Mexiko und China.

Seebeben (Seite 80)
Erschütterung der Erde (Erdbeben), deren Herd unter einem Meeresgebiet liegt.

Steppe (Seite 40)
Baumarme bis baumlose Pflanzenformation; Gräser und Stauden bilden die dominierende Vegetationsform. Steppen treten in den außertropischen Klimazonen auf. Typisch ist die sommerliche Trockenzeit; die Summe der Jahresniederschläge beläuft sich auf Werte zwischen 400 und 600 mm.

Taiga (Seite 40)
Nördlicher Nadelwaldgürtel (auch „borealer Nadelwald“ genannt), der in Russland, Skandinavien, Kanada und Alaska verbreitet ist.

Terrassenfeldbau (Seite 112)
Ackerbau auf Terrassen. Die Felder sind stufenartig an Berghängen angelegt. Erst durch das Anlegen von Terrassen können steilwandige Teile des Berglandes überhaupt landwirtschaftlich genutzt werden. Die Terrassen verhindern auch die ungehemmte Abtragung.

Tiefseegraben (Seite 62)
Lang gestreckte, meist rinnenförmige Einsenkung im Meeresboden mit Tiefen bis zu 11034 m (Witjas-Tief).

TransFair (Seite 246)
Der 1992 gegründete gemeinnützige Verein Transfair mit Sitz in Köln vergibt für einzelne Handelsgüter das Siegel für den Fairen Handel in Deutschland. Der offizielle Vereinsname lautet „TransFair - Verein zur Förderung des Fairen Handels mit der Dritten Welt e.V.“. Produkte, die bisher in Deutschland mit dem Fair-Trade-Siegel ausgezeichnet wurden, sind Kaffee, Tee, Kakao, Bonbons, Wein, Orangensaft, Honig, Bananen, Reis, Baumwolle, Ananas, Schokolade, Blumen, Vanille, Sportbälle und Äpfel.

Tropen (Seite 12)
Zone der Erde beiderseits des Äquators bis 23,5° N/S (Wendekreise) mit ganzjährig hohen Temperaturen. Innerhablb der Tropen steht die Sonne zwei Mal im Jahr im Zenit.

Tropischer Regenwald (Seite 180)
Immergrüner Wald in den Tropen (Klimazone), der durch einen deutlichen Stockwerkbau gekennzeichnet ist.

Tsunami (Seite 80)
Extrem hohe Welle von großer Energie und Zerstörungskraft an den Küsten. Der Tsunami wird durch Erdbeben oder Vulkanismus am Meeresboden ausgelöst.

Tundra (Seite 40)
Baumlose Kältesteppe des Subpolargebietes. Dort wachsen nur niedrige Zwergsträucher, Moose, Flechten und Gräser.

Vegetationszone (Seite 15)
Vegetationszonen sind gürtelartig um die Erde verlaufende Räume, die

sich durch eine bestimmte Pflanzenbedeckung auszeichnen. Die Pflanzen sind den Klimazonen angepasst. Es gibt folgende Vegetationszonen: polare Kältewüste, Tundra, nördlicher Nadelwald, sommergrüner Laub- und Mischwald, Steppe, Hartlaubgehölze, Wüste, Halbwüste, Savannen, tropischer Regenwald.

Verstädterung (Seite 134)
Zunahme der Stadtbevölkerung gegenüber der Landbevölkerung. Die Verstädterung zeigt sich im Raum dadurch:
1. dass sich Städte vergrößern und ins Umland wachsen,
2. dass sich Dörfer vergrößern und stadtähnlich werden (weniger Bauernhöfe, mehr Industriebetriebe, Neubausiedlungen).

Verwitterung (Seite 67)
Zerfall von Gesteinen an der Erdoberfläche unter Einwirkung physikalischer und chemischer Kräfte. Die Verwitterung ist die Voraussetzung für die Abtragung und beeinflusst damit wesentlich die Formung der Erdoberfläche, außerdem lockert sie diese und ermöglicht somit die Bodenbildung.

Vulkanismus (Seite 60)
Zusammenfassender Begriff für alle Vorgänge, die mit den an die Erdoberfläche dringenden Gesteinsschmelzen (Magma) zusammenhängen.

Wadi (Seite 147)
Flussbett in der Wüste oder der Savanne, das den größten Teil des Jahres trocken ist und nur nach starken Regenfällen Wasser führt.

Wanderarbeiter (Seite 95)
Zumeist ungelernte Arbeiter ohne feste Anstellung. Sie ziehen über Land und verdingen sich dort, wo gerade viel Arbeit anfällt und deshalb zusätzliche Arbeitskräfte eingestellt werden. In der Landwirtschaft ist dies z.B. während der Ernte der Fall. Besonders viele Wanderarbeiter sind als Bauhelfer tätig.

Wanderfeldbau (Seite 182)
Ursprüngliche Anbauform im tropischen Regenwald, wobei nach einigen Jahren des Anbaus die Felder (und zum Teil auch die Siedlungen) verlegt werden, da die Nährstoffe im Boden aufgebraucht sind und die Erträge deutlich zurückgehen.

Wendekreis (Seite 12)
Wendekreise nennt man die beiden Breitenkreise der Erde, über denen die Sonne einmal im Jahr senkrecht steht, danach scheinbar „wendet" und sich wieder dem Äquator nähert. Die beiden Wendekreise liegen auf den Erdhalbkugeln bei 23,5° N/S.

Wirbelsturm (Seite 97)
(tropischer Wirbelsturm). Das ist ein sich kreisförmig bewegender, wandernder Luftwirbel, der in tropischwarmen Gewässern der drei Weltmeere entsteht. Kennzeichen tropischer Wirbelstürme sind eine windstille Zone im Kern (Auge) und orkanartige Windgeschwindigkeiten im äußeren Ring. Je nach Entstehungsgebiet werden tropische Wirbelstürme als Hurrikan (Atlantik), Taifun (Pazifik) oder als Zyklon (Indischer Ozean) bezeichnet. Tropische Wirbelwinde können durch ihre hohe Sturmstärke Sturmfluten erzeugen und an den Küsten verheerende Zerstörungen anrichten.

Wüste (Seite 147)
Wüsten sind typisch für die Trockenräume der Erde. Kennzeichen sind Vegetationsarmut und es fallen kaum Niederschläge (unter 100 mm im Jahr). Nach der Lage unterscheidet man Wendekreiswüsten, Küstenwüsten und Binnenwüsten. Nach der Größe und Beschaffenheit des Bodenmaterials unterscheidet man Sandwüsten, Kieswüsten und Felswüsten.

Zeitzone (Seite 24)
Eine von insgesamt 24 international festgelegten Zonen, die die Erde von Norden nach Süden umspannen und jeweils etwa 15 Längengrade umfassen. In einer Zeitzone gilt dieselbe Uhrzeit. Von Zone zu Zone ist die Uhrzeit jeweils um 1 Stunde verschieden.

Zenit (Seite 12)
Gedachter Himmelspunkt, der sich senkrecht über einem Punkt auf der Erde befindet. Am Äquator steht die Sonne zweimal im Jahr im Zenit, d.h. ihre Strahlen treffen senkrecht auf die Erdoberfläche. Nördlich von 23,5° Nord und 23,5° Süd steht die Sonne niemals im Zenit.

An diesem Buch sind folgende Autorinnen und Autoren beteiligt:
Matthias Baumann, Franz Bösl, Kerstin Bräuer, Ulrich Brameier, Wilfried Büttner, André Demmrich, Anette Dippold, Werner Eckert-Schweins, Dieter Engelmann, Ursula Faust-Ern, Ulrike Feine, Timo Frambach, Renate Frommelt-Beyer, Peter Gaffga, Wolfgang Gerber, Horst Gräning, Gerhild Haller, Reinhard Hoffmann, Ute Irmscher, Peter Kirch, Gottfried Kirschen, Karin Kortschakowski, Norma Kreuzberger, Hans Kronfeldner, Wolfgang Latz, Thomas Michael, Frank Müller, Heidemarie Müller, Eva Munzinger-Basch, Jürgen Nebel, Frank Peterhoff, Frank Prehl, Hans-Joachim Pröchtel, Simone Reutemann, Thomas Rößner, Dieter Sajak, Carola Schön, Veronika Selbach, Doris Steinberg, Dietrich Strohbach, Bernhard Stuch, Sylvia Trauzold, Joachim Vossen, Walter Weidner, Dorothea Wiktorin und Thomas Zehrer.

Bildquellen

A1PIX, Taufkirchen: 99 M5 (JTB); action press, Hamburg: 68 M3 (Wolfgang Reuter), 242 M2 (Zuma Press); akg-images, Berlin: 242 M3; Angermayer, Tierbildarchiv, Holzkirchen: 181 M6, 181 M7; Arend, Jörg, Wedel: 73 o.li., 73 o.m., 73 o.re.; argus Fotoagentur, Hamburg: 187 M4 (Raupach); Associated Press, Frankfurt/M.: 118/119 (Saurabh Das), 126 M4 (Mustafa Quraishi); Behnsen, Frank, München: 27; Berger, M., Braunschweig: 85 M7, 213 M5; Bilderberg, Hamburg: 35 M3 (Reiser), 83 M2 (Grames), 143 M3, 244 M3 (Fischer); Burkard, Hans-Jürgen, Hamburg: 51 M3, 182 M1, 231 M3 Hintergrund; Cartoon-Caricature-Contor, Pfaffenhofen/www.c5.net: 232 M2 (Haitzinger), 249 M7 (Haitzinger); Christoph & Friends/Das Fotoarchiv, Essen: 68 M2 (Xinhua), 172/173 o.m. (Müller): Colditz, Margit, Halle: 6 m.li., 12 li., 12 m., 83 M4, 85 M5, 89 M2, 89 u., 92 M2, 111 m., 112 M2, 112 M3, 184 M1, 189 M2, 189 M4, 208 M3, 209 M4, 220 M1, 223 M4, 224 M1, 224 M2, 225 M3, 226 M2, 228 o.re., 233 o.li.; Coppo, Pietro, Venedig 1520: 21 M3; Corbis, Düsseldorf: 11 M4 (Schlenker/zefa), 56/57 (Reuters), 66 M2 (Galen Rowell), 79 M3 (Tim Page), 94 M2 (Xiaoyang Liu), 136 M3 (Reuters), 145 M4 (Bickel), 219 M4 (Maze), 228 m.li. (Buddy Mays); Dain, Jean-Philippe, F-Paris: 107 M3 o.re.; ddp, Berlin: 70 M3 (Jens Schlüter); Demmrich, André, Berlin: 12 re., 126 M3, 161 M2, 161 M3, 169 M2, 208 M2, 231 M3 m.; Deutsche Stiftung Weltbevölkerung, Hannover: 245 M6; Deutsche Welthungerhilfe, Bonn: 193 M1 (Schipulle); DLR, Oberpfaffenhofen: 128.1; Domrös, M., Mainz: 123 M3; dpa-Infografik, Frankfurt/M.: 93 M3 (Globus), 163 M3 (Globus), 194 M2 (Globus), 245 M5 (Globus); Eck, Thomas, Berlin: 6 m.re., 19 M3, 19 M6, 24 M1, 82 M1b, 82 M1c; Eidg. Institut für Schnee- und Lawinenforschung SLF, CH-Davos: 69 M6, 69 M7, 69 M8; Englebert, V., Cali/Kolumbien: 233 o.re.; European Communities: 6/7 o.m.; Falk, U., Bad Homburg: 218 M3; Focus, Hamburg: 18 M1 (Shawn G. Henry), 52 M2 (Mayer/Magnum), 91 M8 (Camp/Matrix), 95 M3 (Greg Girard/Document China), 120 u. (R. Crandall), 137 M5 (D. Mehta/Contact Press Images), 148 M2 (Sibert/Odyssey), 152 M3 (Ed Kashi), 162 M1 (R. Azzi/Woodfin Camp), 190 M4 (Amos Schliack), 216 M2 (Perkins/Magnum), 228 m.re. (S. Maze/Woodfin Camp); Fotolia.com: 36 M1 (Veniamin Mikov), 234 M1 (Daniel Ho); Französisches Verkehrsamt, Frankfurt/M.: 7 u.re.; Friedel, Michael, Steingau/Dietramszell: 227 M3; Gartung, W., Freiburg: 150 M1; Geisen, H.: 249 M6; Germanischen Nationalmuseum, Nürnberg: 20 M1; Gerster, Georg, Zumikon-Zürich: 157 M4, 191 M6; Getty Images, München: Titel (China Photos), 32 M2 (Maria Stenzel/National Geographic), 120 li., 127 M5 (Popperfoto), 221 M3 (Gonzalez); GPS GmbH, Gräfelfing: 151 M3; Gräning, H., Lubmin: 22 M2; Greenpeace e.V. Fotoredaktion, Hamburg: 228 o.li. (Alberto César); Greiner, Alois, Braunschweig: 19 M4; Grenzebach, Klaus, Alten-Buseck: 185 Ölpalme; Griese, Dietmar, Hannover: 8, 26 Illus o., 142 M1, 149 M5, 152 M1, 192 o.; Haverland, T., Soest: 128.2; HB-Verlag, Hamburg: 82 M1a, 98 M3; Hoffmann, Reinhard, Trier: 178 M1; Hoffmann-Burchardi, Helmut, Düsseldorf: 147 M4 li.; Hörig, R., IND-Poona: 120 o.re.; Huber, Bildagentur, Garmisch-Partenkirchen: 96 M1 (Picture Finders), 132 M2, 144 M2, 63 M5 (Schmid), 175 M3 (F. Damm), 201 M3 (Gräfenhain), 211 M4; IISG, NL-Amsterdam: 86 M2 (de Jong); images.de, Berlin: 108 M2 (Sean Sprague/Still Pictures), 235 M7 groß (Mark Edwards/Still Pictures), 239 (Weychardt); Imaginechina, Shanghai: 92 M1 (Wu jianguo); Jacobshagen, V., Berlin. 59 re.; JAPAN-PHOTO-ARCHIV, Obersulm: 100 M2 (Hartmut Pohling), 106 M2 (Hartmut Pohling); Jüngst, Reiner, Wolfenbüttel: 7 m.li., 120 m., 120 u.re., 134 M1; Jupiterimages, Ottobrunn: 19 M7 (P.A.N./IFA-Bilderteam), 80 u. (SIV/IFA-Bilderteam), 168 M1 (Lauer/IFA-Bilderteam), 172/173 o.l. (TPL/IFA-Bilderteam), 174 M1 (Oertel/IFA-Bilderteam), 234 M4 (IFA-Bilderteam), 246 M2 (DIAF/SDP/IFA-Bilderteam); Jürgens, Berlin: 50 M1, 50 M2; KNA-Bild, Bonn: 6 u.li., 10 M1, 128.4, 134 u., 190 M3; Knobloch/GTZ, Aachen: 248 M3, 248 M5; Kranz, P., Braunschweig: 19 M5; Kuhr. E., Diekholzen: 7 o.re.; Lachmeyer, Karl-Heinz, München: 10 M2; Lade, Helga, Fotoagenturen, Frankfurt/M.: 202 M3 (H.R. Bramaz); laif, Köln: 6 o.li. (Sasse), 38 M3 (B&C Alexander), 41 M3 (Arcticphoto), 79 M4 (The New York Times/Redux), 90 M4 (Wolf), 95 M4 (R. Jones/Sinopix), 163 M6, 179 M3 (Riehle), 209 M5 (Christian Heeb), 229 M1 (REA), 243 M4 (Hollandse Hoogte); Lange, J., Braunschweig: 167; Langer, M., Bremen: 47 M2; Look, München: 7 m. (Per-André Hoffmann); mauritius images, Mittenwald: 11 M5 (Torino), 42 M1 (Pcholkin), 85 M6 (Pigneter), 111 o. (Mayer), 131 M4 (René Truffy), 147 M4 m. (Thonig), 147 M4 re. (Thonig), 155 M5 (Mertens), 185 Kaffee (Hambach), 185 Kautschuk (Camara Tres), 206/207 (age), 213 M4 (Vidler), 221 M4 (age fotostock), 222 M3 (age), 228 u.re. (age); Messinger, C., Berlin: 186 M1, 186 M2; NASA, USA-Houston: 164 M2; Nowosti, Berlin: 48 M1; Okapia-Bildarchiv, Frankfurt/M.: 113 M4 (Hans Reinhard), 130 M3 (Kiepke); Pacific Press Service, Tokio: 140/141 (Nomachi); PACIFIC STOCK, Honolulu: 185 Ananas; Picture Press, Hamburg: 11 M3 (Kessel), 126 M2 (Ullal), 157 M3 (Ihrt/stern); picture-alliance/dpa, Frankfurt/M.: 35 M2 (Scheidemann), 38 M4 (Angela Merker), 41 M2 (TASS), 41 M5 (RIA Nowosti), 41 M6, 45 M2 (TASS), 53 M3 (TASS), 65 M4 (K. Shikaki), 68 M4, 85 M3 (Gerd Korinthenberg), 91 M6 (C. Rehder), 91 M7 (epa AFP), 124 M2 (S. D'souza/AFP), 126 M1 (Udo Bernhart), 143 M2 (epa Nabil Mounzer), 153 M5, 166 M1 (Udo Bernhart), 166 M2 (AFP), 172/173 u.l. (Ksiazeh), 172/173 o.r. (AFP), 187 M5 (Sämmer), 200 M2 (EPA/Kim Ludbrook), 203 M4 (Gero Breloer), 216 M1 (Paulo Fridman/Bloomberg News/Landov), 247 M3 (Norbert Neetz/epd); picture-alliance/ZB, Frankfurt/M.: 19 M8, 28/29 (Transit/Tom Schulze), 70 M1 (Matthias Hiekel); Protze, Notburga, Halle: 83 M3, 84 M1, 84 M2, 210 M3; Radke, R., Nieder-Olm: 172/173 m.m.; RESTEC, Tokio: 105 M3; Reutemann, Simone, Leipzig: 7 u.li.; Reuters, Hamburg: 238 (Sotunde); Richter, Björn, Bonn: 220 M2; Sander, Gabriele, Braunschweig: 7 m.re.; Schmidt-Kallert, E., Essen: 172/173 m./u.r., 172/173 m.l.; Scholz, U., Gießen: 109 o., 114 M2; Schönauer-Kornek, Sabine, Wolfenbüttel: 26 Illus u., 31 M4, 33, 36 o.li., 54, 74 m., 74 u.li., 76/77, 82 o., 102 M1, 115, 116, 138, 145 o.li., 150 M2, 151 u., 170, 204, 236; Schuster, Bildagentur, Oberursel: 111 u.; Sinopictures, Berlin: 86 M4; Six, R., Karlsruhe: 60 M1; Spiegel spezial, Faszination Fernost 4/98: 115 (Vorlage/Textauszüge); Stern, L., Kamenz: 169 M3; Strohbach, Dietrich, Berlin: 174 M2; Studio X, F-Limours: 6 u.re. (Gamma), 233 o.m. (Gamma); Taubmann, Wolfgang, Bremen: 90 M2; Tekülve, R., Essen: 129 M1; TopicMedia Service, Ottobrunn: 235 M7 klein (Weinzierl); Touristik Marketing, Hannover: 188 M1; TransFair, Köln: 246 M1; Trebels, Rüdiger, Düsseldorf: 240 M1; ullstein bild, Berlin: 178 M2 li. (Still Pictures), 178 M2 re. (Still Pictures), 228 u.li. (Göttlicher/Caro Foto); Visum Foto GmbH, Hamburg: 32 M1 o. (G. Ludwig/plus 49), 32 M1 u. (T. Cojaniz/plus 49), 34 M1 (Christoph Keller), 41 M4 (The Image Works); Weber, H., Wiesbaden: 128.3; Weidner, Walter, Altlußheim: 129 M2, 172/173 u.m.; Westerkamp, D., Hamburg: 196 M2; Wingert, B., Riesa: 158 M1; Wostok Verlag, Berlin: 37 M3, 49 M5 (Kawer/RIA Nowosti); Wüst, Herbert, Braunschweig: 99 M6, 103 M2; www.worldmapper.org/© Copyright 2006 SASI Group (University of Sheffield) and Mark Newman (University of Michigan): 250 M1, 250 M2, 250 M3; Zitti, Arnaldo: 69 M5.